Klaus Siepenkort **Metallarbeiten an Dach und Fassade**

Metallarbeiten an Dach und Fassade

Klempner-/Spenglertechnik und Metallleichtbau

4. Auflage

mit 451 Abbildungen und 49 Tabellen

Klaus Siepenkort

Klempnermeister, leitet als öffentlich bestellter und vereidigter Sachverständiger für das Klempnerhandwerk ein Planungsbüro für Klempnertechnik; verantwortlicher Redakteur der Zeitschrift KlempnerMagazin.

Bibliografische Information der Deutschen Nationalbibliothek
Die Deutsche Nationalbibliothek verzeichnet diese Publikation in der Deutschen Nationalbibliografie; detaillierte bibliografische Daten sind im Internet über https://portal.dnb.de abrufbar.

4., überarbeitete und erweiterte Auflage 2023

Maßgebend für das Anwenden von Regelwerken, Richtlinien, Merkblättern, Hinweisen, Verordnungen usw. ist deren Fassung mit dem neuesten Ausgabedatum, die bei der jeweiligen herausgebenden Institution erhältlich ist. Zitate aus Normen, Merkblättern usw. wurden, unabhängig von ihrem Ausgabedatum, in neuer deutscher Rechtschreibung abgedruckt.

Aus Gründen der besseren Lesbarkeit wird bei Personenbezeichnungen und personenbezogenen Hauptwörtern die männliche Form verwendet. Entsprechende Begriffe gelten im Sinne der Gleichbehandlung grundsätzlich für alle Geschlechter. Die verkürzte Sprachform hat nur redaktionelle Gründe und beinhaltet keine Wertung.

Das vorliegende Werk wurde mit größter Sorgfalt erstellt. Verlag, Herausgeber und Autor können dennoch für die inhaltliche und technische Fehlerfreiheit, Aktualität und Vollständigkeit des Werks keine Haftung übernehmen.

Wir freuen uns, Ihre Meinung über dieses Fachbuch zu erfahren. Bitte teilen Sie uns Ihre Anregungen, Hinweise oder Fragen per E-Mail: rudolf-mueller@vuservice.de oder telefonisch unter: 0 61 23 92 38-258 mit.

Lektorat: Elke Wolf, Mechernich
Satz und Umschlaggestaltung: Satz+Layout Werkstatt Kluth GmbH, Erftstadt
Druck und Bindearbeiten: Westerman Druck, Zwickau

Printed in Germany

ISBN: 978-3-481-04375-9 (Buch-Ausgabe)
ISBN: 978-3-481-04376-6 (E-Book-Ausgabe)

Vorwort

Metallwerkstoffe für Dach und Fassade sind mit ihren vielfältigen Oberflächenvarianten in der modernen Architektur nicht wegzudenken und gewinnen in diesen Zeiten noch weiter an Bedeutung. Ein Grund hierfür ist der Klimaschutz, denn mit langlebigen und bauphysikalisch sicheren Dach- und Fassadenkonstruktionen aus Metall lässt sich nicht nur Energie einsparen, sondern auch Energie erzeugen. Am Ende ihrer langen Lebenszeit ermöglicht eine Gebäudehülle aus Metall sogar den recyclingfähigen Rückbau und erfüllt damit die Kriterien der Kreislaufwirtschaft. Klempner/Spengler und Metallleichtbauer sind die zuständigen Experten und zählen somit zu wichtigen Klimaschützern innerhalb der Baubranche. Doch die Auswirkungen der Pandemie, des Klimawandels sowie der Energiekrise mit ihren neuen Gesetzgebungen stellen die Unternehmen der Branche heute vor große Herausforderungen. Hinzu kommt der Fachkräftemangel, der ein Verschlanken sämtlicher Arbeitsprozesse im Projektgeschäft erfordert – von der Planung bis zur Bauausführung. Dementsprechend war es nun an der Zeit, auch das Fachbuch „Metallarbeiten an Dach und Fassade" – seit dessen Erstauflage in 2005 – in die mittlerweile 4. Auflage zur führen.

Neben der Anpassung an aktuell geltende Normen und Fachregeln sowie einer redaktionellen Neuordnung der einzelnen Kapitel, zählen Themen wie Prozessoptimierung, Digitalisierung und effiziente Bauweisen von Metalldächern und Metallfassaden zu den Schwerpunkten der Neuauflage 2023. Das neu aufgenommene Kapitel „Digital planen, messen, vorbereiten" beschäftigt sich beispielsweise mit der strukturierten Projektierung einer Gebäudehülle aus Metall, und beschreibt die vollständige Prozesskette von CAD-Planung und Visualisierung, der Datenübermittlung an die Fertigungsmaschinen bis hin zum Verlegeplan für die Baustellenmontage.

Da sich Metalldächer perfekt für die Installation von Solarmodulen eignen, entwickelt sich für Klempner/Spengler ein lukratives Betätigungsfeld. Voraussichtlich gibt es auf Bundesebene künftig sogar eine Solarpflicht. Daraus ergibt sich für Klempner/Spengler, jedes Metalldach von vornherein so auszuführen, dass sich dies für eine problemlose und statisch sichere Montage von Solarmodulen eignet. Im Kapitel „Solartechnik auf Metalldeckungen" informiert das Fachbuch, worauf bei der Montage zu achten ist und welche fachgerechten Installationsmöglichkeiten es gibt – auch für den nachträglichen Einbau.

Großstadtklima bedeutet vielfach eine Mischung aus Abgasen und aufgewirbelten Schmutz, der nicht mit dem Regenwasser ins Erdreich absickern kann. Laut Naturschutzbund Deutschland (NABU) wäre eine entscheidende Verbesserung des Stadtklimas erreicht, wenn nur fünf Prozent aller Gebäudeoberflächen begrünt würden. In dieser Neuauflage informieren wir über ein lukratives Betätigungsfeld mit Begrünungen auf Metalldachkonstruktionen sowie über spezielle Retentionsmodule zur Befestigung auf Falzdächern.

In alpinen Lagen sind Metalldachkonstruktionen extremen Witterungsbedingungen ausgesetzt. Charakteristisch für das Wetter in der Bergwelt und dessen Einfluss auf Dachkonstruktionen sind Starkwindereignisse, heftige Gewitter mit großen Regenmengen sowie hohe Schneelasten im Winter. Das neue Kapitel „Alpines Bauen" zeigt am Beispiel der Schweizer Spenglertechnik, wie Metalldächer entsprechend robust geplant und ausgeführt werden können.

Auch das erstmalig in der 3. Auflage aufgenommene Kapitel „Metallleichtbau" wurde deutlich ergänzt. Mit ihren statischen Reserven bieten Leichtbausysteme beispielsweise ideale Einsatzmöglichkeiten im Bereich der Flachdachsanierung. Anhand eines Praxisbeispiels wird gezeigt, wie hiermit eine technisch einwandfreie und wirtschaftlich interessante Wandlung vom Flachdach zum energetisch optimierten Gefälledach realisiert werden kann. Darüber hinaus wird auf die fachgerechte Montage und die bauphysikalisch sichere Funktion von Sandwichelementen für Dächer und Fassaden eingegangen.

Klaus Siepenkort

Münster, im September 2023

Inhalt

Inserentenverzeichnis

1 Allgemeine Klempnerarbeiten

Unter dem Begriff „Allgemeine Klempnerarbeiten" versteht man die Herstellung und Montage von standardmäßigen Bauteilen aus Metall zum Schutz des Bauwerks. Zu den standardmäßigen Bauteilen zählen – vom First angefangen – Kaminverwahrungen, Ortgänge, Kehlen, Rinnen, Fallrohre, Fensterbänke, Mauerabdeckungen, Sockel, Gesimse und viele unterschiedliche Anschlüsse.

Gerade bei der Ausführung von Routinearbeiten werden jedoch erfahrungsgemäß Fehler gemacht, die in vielen Fällen kostspielige Bauschäden und Ärger mit den Kunden nach sich ziehen. Deshalb befasst sich dieses Kapitel mit den alltäglichen Metallarbeiten des Klempners und des Dachdeckers. Vorangestellt wird das Thema „Thermische Längendehnung von Metallbauteilen", das eine wichtige Grundlage für schadenfreies Bauen mit Metall und somit für alle nachfolgenden Kapitel darstellt. Hierin geht es um Dachentwässerungsanlagen, Verwahrungen und Anschlüsse an Bauwerksteile.

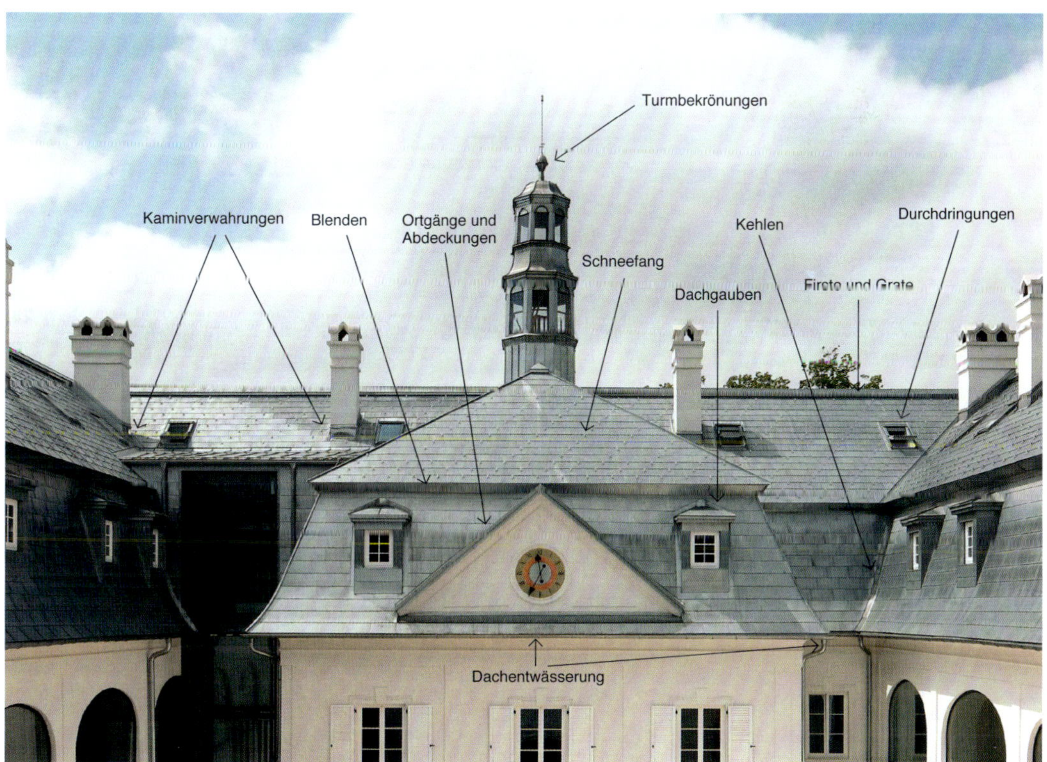

Abb. 1.1: Bauteile für „Allgemeine Klempnerarbeiten"

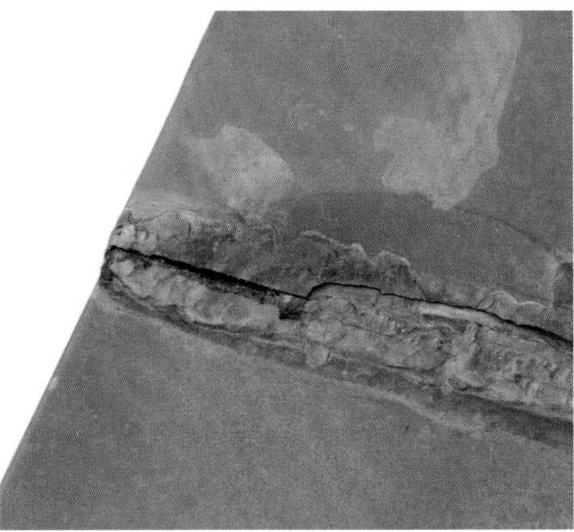

Abb. 1.2 und 1.3: Bauschäden durch dehnungsbehinderte Konstruktionen

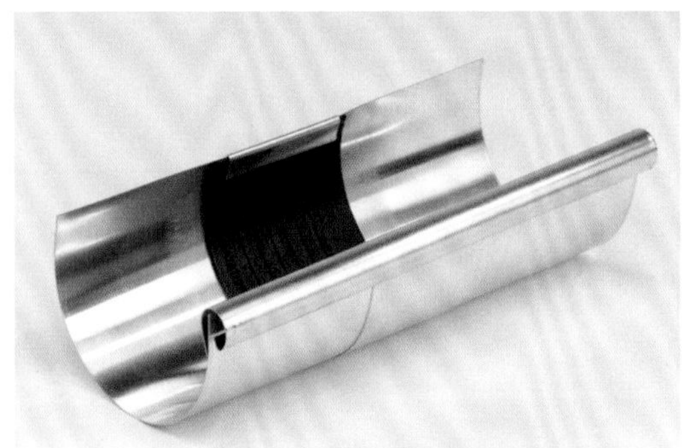

Abb. 1.4:
Rinnen-Dehnungselement mit Blende

1.1 Thermische Längendehnung von Metallbauteilen

Dehnungsbehindernde Konstruktionen zählen zu den häufigsten Schadensursachen bei Metallarbeiten an Dach und Wand. Deshalb befasst sich dieses Kapitel mit der temperaturbedingten Längenänderung von Metallbauteilen und zeigt Möglichkeiten, wie diese Dehnungsbewegungen schadlos aufgenommen werden können.

Jeder Klempner und Dachdecker kennt das Problem mit immer wieder undichten Rinnennähten, die schon zum dritten oder vierten Mal nachgelötet wurden. Grund dafür ist die Längenänderung der Rinne bei Temperaturwechsel, die bei der Montage nicht berücksichtigt wurde – eine „unendliche Geschichte" ist vorprogrammiert. Aber nicht nur Rinnen, sondern auch alle anderen Bauteile wie Kehlen, Ortgänge, Metalldächer, Metallfassaden, Mauerabdeckungen usw. sind von dieser physikalischen Größe betroffen.

Damit Schäden von vornherein vermieden werden, muss jeder Dachdecker und Klempner diese Einflussgröße kennen und genau wissen, wie Dehnungsbewegungen der unterschiedlichen Bauteile aufgenommen werden können.

Jeder Stoff besitzt einen Wert für die Ausdehnung bei Temperaturwechsel, den sogenannten Ausdehnungskoeffizienten. In der nachstehenden Tabelle sind die Ausdehnungskoeffizienten der wichtigsten Metallwerkstoffe zusammengefasst.

Sie werden in Millimeter pro Meter mal Kelvin angegeben (mm/mK).
1 Grad Temperaturunterschied ist gleich 1 Kelvin.

In der Klempnertechnik geht man im Sommer bei langer Sonneneinstrahlung von einer Erwärmung der Baustoffe bis auf 80 °C aus, im Winter von einer Abkühlung bis auf –20 °C. Der Temperaturunterschied beträgt demnach 100 °C (= 100 Kelvin).

Tabelle 1.1: Ausdehnungskoeffizienten von Metallen

Material	Ausdehnungskoeffizient (Lt) (mm/mK)
Aluminium	0,024
Blei	0,029
Edelstahl	0,016
Kupfer	0,017
Stahl, verz.	0,012
Titanzink	0,022

Für die Berechnung der Längendehnung einzelner Bauteile wird die nachstehende Formel angewendet:

$$\Delta L = L \cdot Lt \cdot (t2 - t1)$$

Es bedeuten:

ΔL = Längenänderung (mm)

L = Bauteillänge (m)

Lt = Ausdehnungskoeffizient (mm/mK)

t2 – t1 = Temperaturdifferenz (K)

Wird also eine Dachrinne aus Titanzink mit einer Länge von 15 m bei einer Temperatur von 10 °C montiert, errechnet sich die thermische Längenänderung (Dilatation) der Rinne wie folgt:

$$\Delta L = 15\ m \cdot 0{,}022\ mm/mK \cdot (80 - 10)$$

$$\Delta L = 15\ m \cdot 0{,}022\ mm/mK \cdot 70\ K$$

$$\Delta L = 23{,}1\ mm$$

An dieser Rinne ist also eine thermische Längenänderung von etwa 23 mm zu erwarten. Bei diesem physikalischen Prozess wirken Kräfte von mehreren Tonnen! Ist diese Rinnenlänge, z.B. durch Rinnenwinkel, nun an beiden Enden begrenzt und sind keine Dehnungseinrichtungen vorgesehen, wird

Abb. 1.5: Endlos-Dehnungsband

Abb. 1.6: Einkopf-Dehnungselement

die Rinne deformieren und durch Materialermüdung an der schwächsten Stelle reißen. Dies geschieht vorwiegend im Bereich der Verbindungsnähte.

Um diese Schäden zu vermeiden, sind alle Metallbauteile so auszuführen, dass sie sich schadlos ausdehnen und wieder zusammenziehen können. Dies wird z.B. durch indirekte Befestigungen, Schiebenähte, Dehnungselemente und spezielle Gleitbefestigungen erreicht.

Aus den Erfahrungen der Praxis haben sich für die unterschiedlichen Metallbauteile und Konstruktionen Richtwerte für die maximalen Abstände von Bewegungsausgleichern ergeben:

- eingeklebte Einfassungen; Winkelanschlüsse; Rinneneinhänge; Dachrandeinfassungen; eingeklebte Shedrinnen in der Wasserebene: 6 m,
- Mauerabdeckungen; Dachrandabschlüsse außerhalb der Wasserebene; innen liegende, nicht eingeklebte Dachrinnen, Zuschnitt > 500 mm: 8 m,
- Scharen für Dacheindeckungen und Wandbekleidungen; innen liegende, nicht eingeklebte Dachrinnen, Zuschnitt < 500 mm Hängedachrinnen > 500 mm Zuschnitt: 10 m,
- Hängedachrinnen bis 500 mm Zuschnitt: 15 m.

Die Richtwerte gelten für die gestreckte Länge von Bauteilen. Für die Abstände von Ecken oder Festpunkten gelten jeweils die halben Längen.

Dehnungsausgleicher werden handwerklich hergestellt oder industriell gefertigt. Industriell gefertigte Elemente mit Dilatationsstreifen aus Synthesekautschuk werden aufgrund der zeitsparenden Montage heute bevorzugt eingesetzt. Auf dem Markt sind für die verschiedenen Bauteile unterschiedliche Dehnungselemente verfügbar. So werden Rinnenelemente mit und ohne Blende, Endlosband für Abdeckungen mit unterschiedlichen Zuschnitten, Einkopfelemente, z.B. für Wandanschlüsse und Ortgänge und Zweikopfelemente für eingeklebte innen liegende Rinnen, eingesetzt. Ein- und Zweikopfbewegungsausgleicher müssen ca. 500 bzw. 1.000 mm länger ausgeführt sein als der Zuschnitt der Blechteile, in die der Einbau erfolgen soll.

1.2 Dachentwässerung

Bauen bedeutet „Kampf gegen das Wasser" – und dieser ist das Tagesgeschäft der Dachhandwerker, aber auch die Hauptursache für Schäden und Reklamationen. Die Erfahrung zeigt, dass aus konstruktiven oder architektonischen Gründen seitens der Planer und Bauherren Entwässerungselemente zu klein ausgelegt oder nicht überlaufsicher montiert werden. Bei der Planung und Ausführung einer Entwässerungsanlage darf es keinerlei Kompromisse geben, sondern ausschließlich fachgerechte und funktionierende Lösungen, die das Niederschlagswasser kontrolliert und schadlos vom Gebäude ableiten.

Unkontrolliert abgeleitetes Niederschlagswasser von Dächern, Balkonen oder Loggien kann die Fassade durchfeuchten und durch mitgeschwemmten Staub, Ruß usw. verunreinigen. Auch unerwünschte Auswaschungen des Bodens können entstehen. Aus diesem Grund lässt man das Niederschlagswasser der Dachflächen nur in Ausnahmefällen frei über die Traufe abfließen. Bei der Planung von Entwässerungsanlagen sind neben der fachgerechten Dimensionierung der Rinnen und Fallrohre auch die Einwirkungen von Schnee und Eis zu berücksichtigen. So können Wassereinbrüche aufgrund aufstauenden Schmelzwassers Bauwerksschäden verursachen. Herabfallende Schnee und Eislasten können wegen fehlender Sicherheitseinrichtungen Personen gefährden, die sich in diesem Bereich aufhalten.

Grundsätzlich gilt sowohl für außen als auch für innen liegende Rinnen: Jede Dachfläche mit einer in das Gebäude abgeführten oder am Gebäude verlaufenden Entwässerung muss mindestens einen Ablauf sowie einen Notüberlauf erhalten, der schadlos ins Freie entwässert. Da Regenereignisse oberhalb des Berechnungsregens stets zu erwarten sind, laufen vorgehängte Dachrinnen dann auch planmäßig an der Rinnenvorderkante über ins Freie – sofern sie richtig montiert sind. Für die fachgerechte Planung und Ausführung ist deshalb die Einhaltung der Fachregeln und einschlägigen Normen von entscheidender Bedeutung. Nachstehend ein Überblick.

Normen und Fachliteraturquellen (Stand Mai 2023)

- DIN EN 12056-3: Schwerkraftentwässerungsanlagen innerhalb von Gebäuden – Dachentwässerung, Planung und Bemessung
- DIN 1986-100: Entwässerungsanlagen für Gebäude und Grundstücke – Bestimmungen in Verbindung mit DIN EN 752 und DIN EN 12056
- DIN EN 612: Hängedachrinnen und Regenfallrohre aus Metallblech; Begriffe, Einteilung und Anforderungen
- Richtlinien für die Ausführung von Klempnerarbeiten an Dach und Fassade – Klempnerfachregeln (Hrsg. ZVSHK) und Fachinformation „Bemessung von vorgehängten und innenliegenden Rinnen"
- Deutsches Dachdeckerhandwerk Regelwerk (Hrsg. ZVDH), hierin: Merkblatt zur Bemessung von Entwässerungen (April 2023)
- Basiswissen MF-Drain von Markus Friedrich Datentechnik
- Siepenkort, Klaus: Klempnerdetails an Dach und Fassade (ca. 70 Seiten Details zum Thema Dachentwässerung), Verlagsgesellschaft Rudolf Müller GmbH & Co. KG, Köln 2020

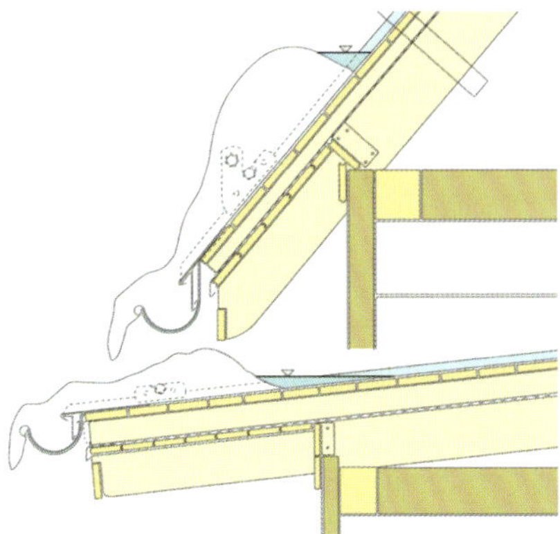

Abb. 1.7: An Dachüberständen können sich regional Eisschanzen bilden und den Tauwasserabfluss behindern. Die Überflutungsbereiche sind mit Falzdichtungen und/oder Unterdächern vor Feuchteschäden zu schützen.

Traufbereiche sicher ausführen

Bei der Dachentwässerung spielt insbesondere die Ausführung der Traufbereiche für den schadlosen Abfluss des Niederschlagswassers oder den Rückhalt von Schneemengen eine bedeutende Rolle. Immerhin gelangt der gesamte Niederschlag von der Dachfläche an dieser Stelle in die Dachrinne, bevor er im Rohrnetz der Haus- und Grundstücksentwässerung abgeleitet wird. Eine Besonderheit, die bei Dachüberständen zu beachten ist, liegt in der Gefahr der regional auftretenden Eisschanzenbildung in dem oft kalten, ungedämmten Traufbereich. Da an den Überflutungsbereichen vor der Eisschanze Tauwasser in die Falze eindringen kann, sind im Traufbereich entsprechend Dichtbänder einzulegen und/oder ein wasserdichtes Unterdach vorzusehen. Der Einbau und die Art einer Schneefangeinrichtung erfolgt nach länderspezifischen Anforderungen und Herstellerangaben. Für Dachrinnen wird eine individuelle normengerechte Dimensionierung gemäß DIN EN 12056-3 und DIN 1986-100 gefordert. Innen liegende Rinnen sind bei nachgewiesener Abflussleistung mit Notüberläufen und freiem Auslauf auf schadlos überflutbare Grundstücksflächen auszurüsten. Ausführliche Hinweise zur Bemessung siehe Kapitel 1.2.7.

Entscheidende Bauteile zur schadlosen Entwässerung der Rinnen sind typischerweise der Rinnenabfluss, Rinnenstutzen und der Notüberlauf, deren einwandfreie Funktion grundsätzlich gewährleistet sein muss. Hierzu sind die korrekte normengerechte Dimensionierung, die einwandfreie handwerkliche, zwängungsfreie Ausführung sowie die regelmäßige Reinigung/Instandhaltung von entscheidender Bedeutung. Die beste Leistung eines Rinnenstutzens wird durch eine strömungsgünstige trichterförmige Ausführung und/oder einen kastenförmigen Sammler erzielt. Wichtig: Um die optimale Abflussleistung zu erzielen, ist der Rinnenausschnitt an die Öffnung der zumeist industriell hergestellten Stutzen anzupassen und der volle Abflussquerschnitt freizuhalten.

Tipp:

Anhand zahlreicher typischer und außergewöhnlicher Bausituationen wird im Fachbuch Klempnerdetails an Dach und Fassade auf 70 Seiten gezeigt und beschrieben, wie Traufausbildungen und Rinnenabflüsse ausgeführt werden können, um das Regenwasser schadlos vom Gebäude abzuleiten. Hier ein Beispiel:

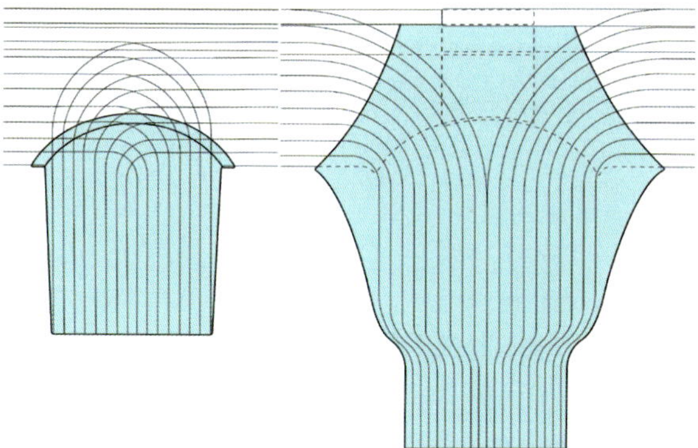

Abb. 1.8: Strömungsgünstige Trichterstutzen sollten bevorzugt zum Einsatz kommen. Der Rinnenausschnitt ist an die Öffnung anzupassen.

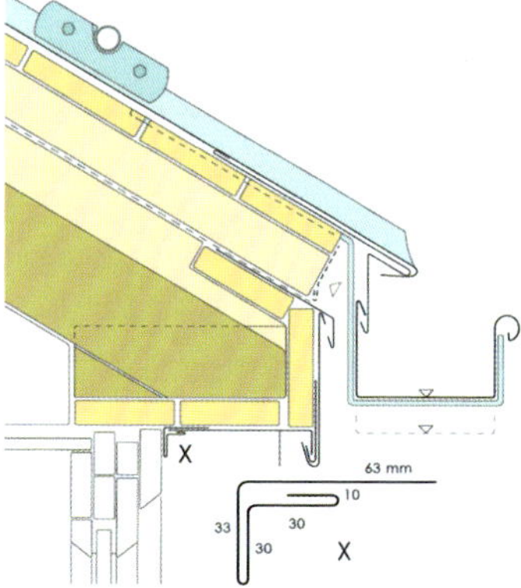

Abb. 1.9: Traufe Metalldach mit Unterdach und „Traufenkasten"

Traufe Metalldach mit Unterdach und „Traufenkasten

Beschreibung: Traufausbildung einer Metalldeckung mit Unterdach, Dachüberstand und vorgehängter Rinne. Die Zuluftöffnung für die Hinterlüftungsebene mit zweiter Entwässerungsebene ist unterhalb der Rinne angeordnet und mit einem Lochblech als Kleintierschutz abgedeckt. Die Unterdeckbahn ist mit einem Tropfblech verbunden und entwässert ins Freie. Die senkrechte Stirnblende und die Untersicht des gedämmten Traufenkastens sind mit Metallprofilen in Falztechnik bekleidet, also indirekt und nicht sichtbar befestigt (!). Die Rinnenträger sind flächenbündig eingelassen und mit ca. 30 bis 35 mm Abstand zur Zuluftöffnung/Stirnblende des Traufenkastens auf der Holzkonstruktion befestigt. Die Umfalzung der Scharendungen erfolgt in ein Traufen-Einhangprofil mit Rückfalz, das je nach Anforderung zusätzlich mit einem Vorstoßstreifen gesichert werden kann bzw. sollte. Die Umfalzung der Schar am Traufblech bleibt ca. 30° geöffnet, um das Abtropfverhalten zu fördern und Kapillarwirkung zu unterbinden.

Arbeitsfolge:

1. Bekleidung der Untersicht und der Stirnblende des Traufenkastens
2. Montage des Tropfbleches
3. Verlegung der Unterdeckbahn als zweite Entwässerungsebene
4. Montage der Konterlattung
5. Einfräsen der Unterkonstruktion und Montage der Rinnenträger
6. Abdecken der Lüftungsöffnungen mit Kleintierschutz, z. B. Lochblech
7. Einbau des Rinnenprofils (normengerechte Dimensionierung)
8. Traufen-Einhangblech mit Rückfalz montieren (für Doppel-/Winkelstehfalzsystem)
9. Verlegen der Schare mit Traufeneinhang (Ausführung z.B. stehend/schräg, Schwäbische Variante). Dehnungsabstände am Traufeneinhang beachten!

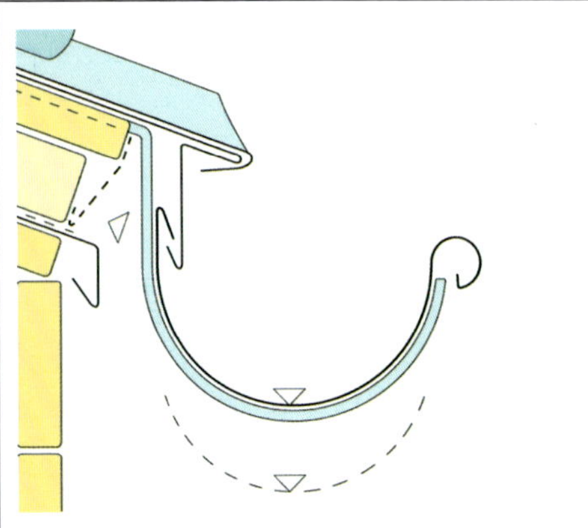

Abb. 1.10: Halbrunde vorgehängte Rinne

Abb. 1.11: Kastenförmige Rinne

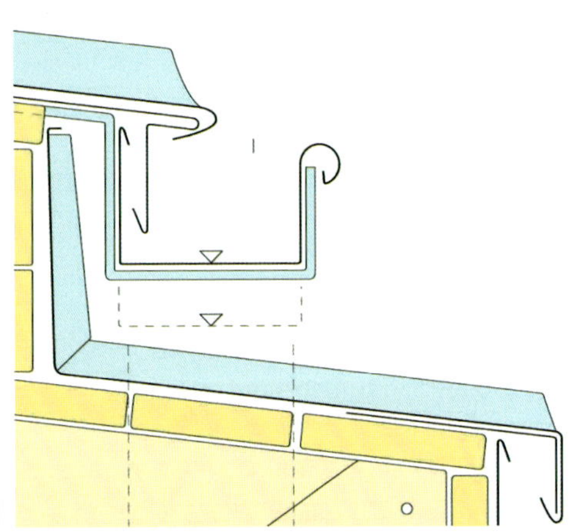

Abb. 1.12: Vorgehängte Rinne als Gesimsrinne

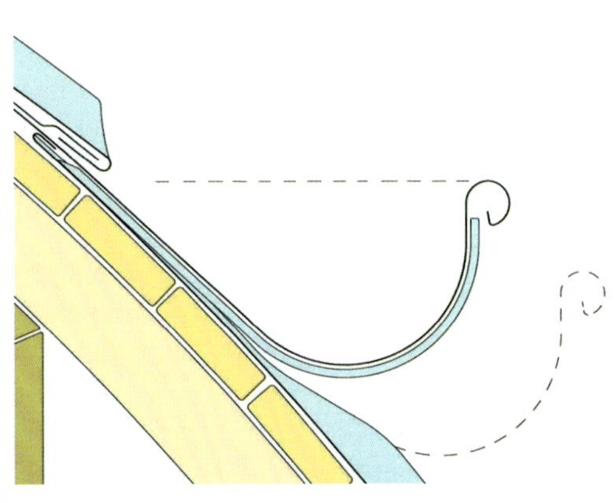

Abb. 1.13: Aufliegende Rinne (Aufdachrinne)

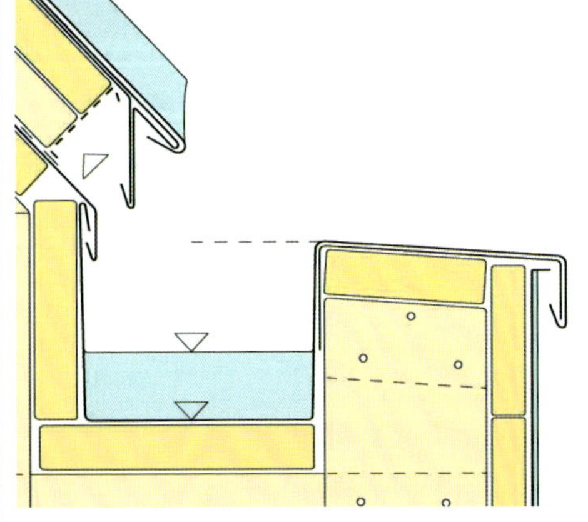

Abb. 1.14: Gesims- bzw. Attikarinne mit Notüberlauf ins Freie

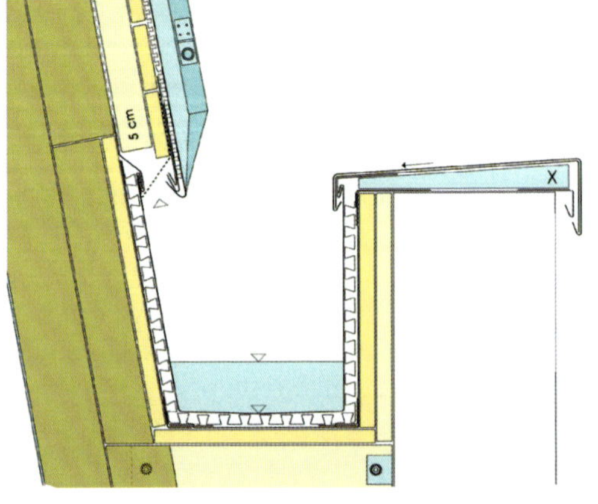

Abb. 1.15: Gesims- bzw. Attikarinne ohne Notüberlauf ins Freie, mit Sicherheitsrinne

Abb. 1.16: Außen liegende Dachrinne

1.2.1 Dachrinnen und Zubehör

Dachrinnen haben die Aufgabe, das Niederschlagswasser zu sammeln und in die Regenfallleitungen abzuleiten. Sie können als selbsttragende Profile in Rinnenhaltern oder als nicht selbsttragende Rinnen auf einer durchgehenden Unterlage verlegt werden.

Die wichtigsten zu berücksichtigenden Einflussfaktoren für eine fachgerechte und wirtschaftliche Planung, Herstellung und Montage von Dachrinnen sind die Rinnenform, die bauliche Situation und die Einbaulage am Gebäude. Sie wirken sich auf die Erstellungskosten, auf die Niederschlags-Abflussleistung sowie die Befestigung am Gebäude aus.

Rinnenform

Die Rinnenform wird bestimmt durch die Abmessungen der einzelnen Rinnenteile. Diese bestehen aus der Höhe der Rinnenvorderseite, der äußeren Breite der Rinnensohle, der Höhe der Rinnenrückseite, dem Wulstmaß (Durchmesser oder Breite) und der oberen Öffnungsweite.

Im Vergleich zu kastenförmigen Rinnen zeichnen sich halbrunde geformte Rinnen durch ein günstigeres Strömungsverhalten und ein größeres Fassungsvermögen bei gleichem Zuschnitt aus. Sie haben schon bei einer geringen Füllmenge eine große Schwimmtiefe und transportieren die Schmutzstoffe besser ab. Halbrunde Dachrinnen sind einfacher herzustellen und preiswerter. Aus diesen Gründen sollten vorgehängte sowie innen liegende Dachrinnen vorzugsweise mit einer halbrunden Form ausgeführt werden.

Bauliche Situation

Unterschiedliche bauliche Gegebenheiten erfordern unterschiedliche Rinnenkonstruktionen. Die 4 Standard-Rinnenkonstruktionen am Bau sind die vorgehängte Rinne, die eingelegte (innen liegende) Rinne, die Attikarinne und die aufliegende Rinne oder Aufdachrinne.

1.2.2 Außen liegende Rinnen

Das Hauptunterscheidungsmerkmal der Dachrinnen ist die Einbaulage am Gebäude. Man unterscheidet außen liegende von innen liegenden Rinnen.

Die sicherste Konstruktion zur Ableitung des Niederschlagswassers ist eine Dachentwässerung über außen liegende Rinnen. Außen liegende Rinnen bieten den besten Gebäudeschutz, da das Überlaufen des Niederschlagswassers bei Starkregen gefahrlos über die Rinnenvorderkante möglich ist.

Außen liegende Rinnen werden deshalb bevorzugt eingesetzt.

Für außen liegende Rinnen werden i.d.R. industriell gefertigte Rinnen – halbrund (Normalfall) oder kastenförmig – einschließlich des ebenfalls industriell gefertigten Zubehörs verwendet. Die angewendete Norm ist die DIN EN 612 „Hängedachrinnen und Regenfallrohre aus Metallblech – Begriffe, Einteilung und Anforderungen". Sie gibt Wulstdurchmesser bei Dachrinnen, Werkstoffdicken und Nahtüberlappungen bei Regenfallrohren vor, nicht jedoch die detaillierten Fertigungsmaße.

Um die Passgenauigkeit und Kompatibilität mit bestehenden Dachrinnen, Regenfallrohren und Zubehör zu gewährleisten, ist es jedoch notwendig, die bisher handelsüblichen Formen und Maße einzuhalten, die über die Angaben der DIN EN 612 hinausgehen. Diese Detailmaße sind in den Tabellen 1.2 und 1.3 und den Abb. 1.17 und 1.18 für die Halbrund- und Kastenrinne dargestellt.

Tabelle 1.2: Halbrunde Dachrinne, Maße in mm

Nenngröße	Zuschnittbreite	d_1	d_2	e_1	f_1	g	Werkstoffdicke nach DIN EN 612 s_1				
	+1 −2	±1	+20	±1	min.	+1	Al	Cu	VSt	Zn	S.S [1)]
200	200	16	80	5	8	5	0,70	0,60	0,60	0,65	0,40
250	250	18	105	7	10	5	0,70	0,60	0,60	0,65	0,40
280	280	18	127	7	11	6	0,70	0,60	0,60	0,70	0,40
333	333	20	153	9	11	6	0,70	0,60	0,60	0,70	0,40
400	400	22	192	9	11	6	0,80	0,70	0,70	0,80	0,50
500	500	22	250	9	21	6	0,80	0,70	0,70	0,80	0,50

1) mindestens Klasse B

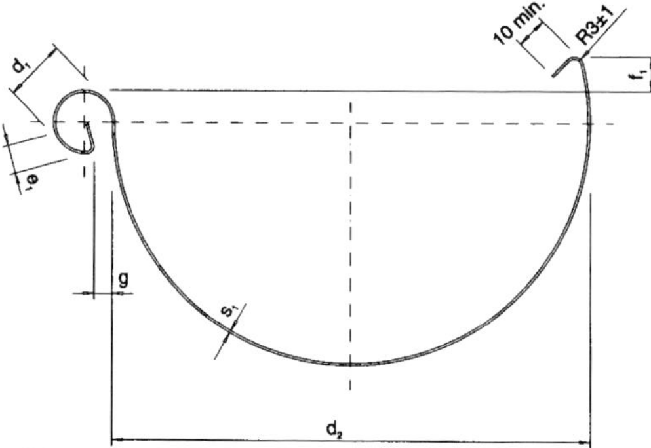

Abb. 1.17:
Darstellung und Bemaßung der halbrunden Rinne

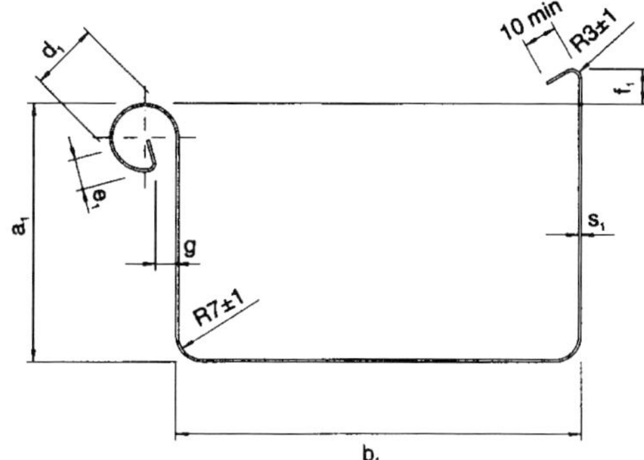

Abb. 1.18:
Darstellung und Bemaßung der kastenförmigen Rinne

Außen liegende vorgehängte Dachrinnen werden i.d.R. mit speziellen Rinnenziehmaschinen industriell vorgefertigt und in Standardlängen von 3 m geliefert. Dieses Maß hat sich bei Transport, Lagerhaltung und Montage bewährt. Einige Hersteller bieten jedoch auch den Service, bei entsprechenden Mengen oder Stückzahlen, projektbezogen auch Längen bis zu 6 m zu fertigen. So wird dem Fachunternehmer ermöglicht, eine individuelle Stückliste zu erstellen, die im Ergebnis zeitintensive Verbindungsnähte einspart und den Materialverschnitt minimiert.

Dachrinnen können den Fachregeln entsprechend mit oder ohne Gefälle zu den Abläufen verlegt werden. Durch nicht zu verhindernde Veränderungen der Unterkonstruktion, des Bauwerks oder im Bereich von Bewegungsausgleichern und Unebenheiten im Rinnenboden sind Wasserrückstände unvermeidbar und stellen deshalb auch keinen Mangel dar.

Für die „Selbstreinigung" der Rinne ist es jedoch vorteilhaft, Gefälle vorzusehen. Schmutzstoffe werden leichter fortgespült und die Rinne wird nahezu vollständig entleert. Zur Vermeidung von Korrosion ist die richtige Werkstoffkombination für Rinne, Rinnenträger und Befestigungsmittel erforderlich. In der Tabelle 1.4 sind die zulässigen Kombinationen aufgeführt.

Tabelle 1.3: Kastenförmige Dachrinne, Maße in mm

Nenn-größe	**Zuschnitt-breite**	**a_1**	**b_1**	**d_1**	**e_1**	**f_1**	**g**	**Werkstoffdicke nach DIN EN 612 s_1**				
	+1 −2	±1	0-1	±1	±1	min.	±1	Al	Cu	VSt	Zn	S.S [1]
200	200	42	70	16	5	8	5	0,70	0,60	0,60	0,65	0,40
250	250	55	85	18	7	10	5	0,70	0,60	0,60	0,65	0,40
333	333	75	120	20	9	11	6	0,70	0,60	0,60	0,70	0,40
400	400	90	150	22	9	11	6	0,80	0,70	0,70	0,80	0,50
500	500	110	200	220	9	21	6	0,80	0,70	0,70	0,80	0,50

1) mindestens Klasse B

Tabelle 1.4: Werkstoffzuordnung

Dachrinne/Regenfallrohr	Rinnenhalter/Rohrschelle	Befestigungsmittel
verzinkter Stahl	feuerverzinkter Stahl	St/S.S
Aluminium	feuerverzinkter Stahl Aluminium	St/S.S
Titanzink	feuerverzinkter Stahl feuerverzinkter Stahl mit Zink ummantelt	St/S.S
Kupfer	Kupfer verzinkter Stahl mit Kupfer ummantelt	Cu/St[1])/S.S
Edelstahl	Edelstahl feuerverzinkter Stahl mit Edelstahl ummantelt feuerverzinkter Stahl	Cu/St[1])/S.S
Kunststoff	feuerverzinkter Stahl feuerverzinkter Stahl mit Kunststoffbeschichtung	St./S.S

1) verzinkter Stahl – VSt – bei ummantelten Rinnenhaltern (Halter aus St)

Das Maß für Dachrinnengrößen wird auch heute noch häufig in „teilig“ angegeben. Sie wurden früher in der eigenen Werkstatt aus Tafelmaterial 2.000 · 1.000 mm gefertigt. Dazu zerschnitt man die Tafel für eine 6-teilige Rinne in 6 Teile von 1.000 · 333 mm. Danach wurden die Zuschnitte mit der Rund- und Wulstmaschine zur Rinne geformt. Die heutige Bezeichnung der Rinnengröße ist „Nenngröße“. Sie gibt den Zuschnitt der Rinne, hier „333“, in mm an.

Montage der Rinne

Nach der Montage der Rinnenhalter wird die Dachrinne, sofern Gefälle vorgesehen wurde, vom tiefsten Punkt ausgehend eingelegt.

Sie wird an ihrer Wulst über die Nase des Rinnenträgers eingedreht oder, bei Feder-Feder-Trägern, einfach in den Halter eingelegt.

Anschließend biegt man die hintere Feder um den Wasserfalz und, bei Feder-Feder-Trägern, die vordere Feder um die Wulst. Um die temperaturbedingte Längendehnung nicht zu behindern, sollten die Federn der Rinnenträger nicht zu stramm umgebogen werden.

Die einzelnen Rinnenteile werden dann in Abhängigkeit vom Werkstoff durch Weichlöten, Hartlöten, Nieten mit Dichteinlage, Nieten und Weichlöten, Kleben oder Kleben und Nieten wasserdicht miteinander verbunden. Spezielle Rinnenspannzangen erleichtern das fachgerechte Verbinden der einzelnen Rinnenteile.

Um eine korrekte Kalkulation und Materiallieferung zu gewährleisten, müssen Preisanfragen oder Bestellungen eindeutig formuliert werden.

Dachrinnen und Regenfallrohre werden nach der Europäischen Norm bezeichnet und gekennzeichnet. Aufgeführt werden:

- die Querschnittsform und Beschreibung des Erzeugnisses,
- die Nummer dieser Norm (EN 612),
- der Identifizierungsblock, bestehend aus der Zuschnittbreite der Dachrinne bzw. dem Durchmesser oder dem Querschnitt des Fallrohres in mm, der Art des Materials durch Angabe des Kurzzeichens nach den Tabellen und dem Buchstaben der Klasse im Fall des Werkstoffes nicht rostender Stahl (S.S.).

Um die gelieferten Materialien mit der Bestellung vergleichen zu können, müssen Hersteller ihre Waren etikettieren. Sofern bei der Bestellung nichts anderes vereinbart wurde, hat der Lieferant die Angaben auf einem Etikett jeder Liefereinheit von Dachrinnen oder Regenfallrohren anzubringen. Die Angaben beinhalten:

- den Handelsnamen oder das Markenzeichen des Herstellers,
- die Nummer dieser Europäischen Norm (EN 612),
- die Art des Erzeugnisses,
- die Art des Werkstoffes.

Beispiel:

Rechteckige Hängedachrinne

EN 612-333-Cu-X

Bezeichnung einer rechteckigen Hängedachrinne mit einer Zuschnittbreite von 333 mm aus Kupfer (Cu) mit einer Wulst (Wulstdurchmesser) der Klasse X

(x = Widerstandsmoment bzw. Stabilität der Wulst. Die Klasse y hat einen geringeren Widerstandsmoment aufgrund eines kleineren Wulstdurchmessers.)

Tabelle 1.5: Zuordnung von Prüflasten und Rinnenhalterabständen zu den Beanspruchungsreihen

Rinnenhalterabstand (Achsmaß)	**Leichte Belastung Klasse L (Prüflast 500 N)**	**Hohe Belastung Klasse H (Prüflast 750 N)**
in mm	Reihe	
≤ 740	1	3
≤ 840	2	4

Für Deutschland werden die Klassen H und L gefordert

Rinnenhalter

Der Rinnhalter trägt die Rinne. Auch für Rinnenhalter gilt die Norm DIN EN 1462. Die Tragfähigkeit wird danach in 3 verschiedene Klassen eingeteilt:

- H – für schwere Belastung,
- L – für leichte Belastung,
- O – für Dachrinnen mit oberer Öffnungsweite unter 80 mm.

Abb. 1.19:
Trägersysteme ermöglichen bei den entsprechenden baulichen Gegebenheiten eine problemlose und zeitsparende Montage der Dachrinne.

In schneereichen Gebieten, wie in Bayern, treten höhere statische Belastungen der Rinnenkonstruktion auf als in Westfalen. Die Dimensionierung bzw. der erforderliche Querschnitt der Träger ergibt sich aus der Schneelast H, L oder O und dem Regelabstand. Der Querschnitt der Rinnenträger wird in sogenannten Beanspruchungsreihen von Reihe 1 (geringste Beanspruchung) bis Reihe 4 (größte Beanspruchung) dargestellt. Die Detailmaße der handelsüblichen und in der Praxis bewährten Träger sind in den Tabellen 1.6 und 1.7 und in den Abb. 1.24 und 1.25 (siehe Seiten 29 bis 30) für die halbrunden und kastenförmigen Träger dargestellt.

Regional werden 2 unterschiedliche Ausführungen verwendet: Rinnenträger mit Nase und Feder (Kurzbezeichnung: NF) und Rinnenträger mit 2 Federn (Kurzbezeichnung: FF). Rinnenträger mit 2 Federn haben den Vorteil, dass der nachträgliche Einbau einer neuen Rinne bei Metalldächern relativ problemlos möglich ist. Nach dem Öffnen der Feder an der Wulst kann die alte Rinne leicht entnommen werden. Das Einlegen der neuen Rinne ist ebenso unproblematisch. Lediglich im Bereich der Lötnähte und Rinnenwinkeln ist es erforderlich, für die Rinnenmontage jeweils einen kleinen Bereich der Metalldeckung aufzunehmen.

Als tragendes Bauteil bestehen für Rinnenträger besondere Ansprüche an den Korrosionswiderstand. Deshalb sind die Träger in der DIN EN 1462 je nach Werkstoff oder Werkstoffkombinationen in 2 Klassen eingeteilt. Die Korrosionswiderstandsklasse „A“ bezeichnet die Verwendung von nichtrostendem Stahl, Kupfer, Aluminium, Stahl mit Überzug oder Beschichtung und feuerverzinkt nach DIN EN 1029 oder kunststoffbeschichtet mit mindestens 60 µm auf einem Zinküberzug mit einer mittleren Dicke von mindestens 20 µm.

Die Korrosionswiderstandsklasse „B“ bezeichnet die Verwendung von Stahl mit Beschichtung, feuerverzinkter oder schmelztauchveredelter Stahl nach EN 10142, EN 10214 oder EN 10215 und Kunststoffbeschichtung in einer Schichtdicke von mindestens 60 µm mit einem geeigneten Haftvermittler.
In Deutschland gilt die Klasse A.

Tabelle 1.6: Rinnenhalter für halbrunde Rinnen

1	2	3				4	5	6	7	8
Für Nenngröße nach Tabelle II.1	**c_1[3)]**	**Nennmaße für steigende Belastung $b_3 \cdot s_2$ Reihe[1)]**				**d_3**	**d_4**	**a_3**	**a_4**	**n**
		1	2	3	4	±1	+2	±1	±1	±1
200	230	25 · 4	25 · 4	25 · 4	–	[2)]	80	37	40	12
	270									
250	280	25 · 4	30 · 4	25 · 6	–		105	50	53	14
	330									
	410	25 · 4	–	–	–					
	500									
280	290	30 · 4	30 · 5	25 · 6	25 · 8		127	61	64	14
	350									
	390	30 · 4	–	–	–					
	480									
333	300	30 · 5	25 · 6	40 · 5	30 · 8		153	74	77	14
	370									
	450	30 · 5	–	–	–					
400	340	30 · 5	40 · 5	25 · 8	30 · 8		192	93	96	14
	410									
	410	30 · 5	–	–	–					
500	375	40 · 5	40 · 5	30 · 8	30 · 8		250	122	125	14
	515									

1) siehe Tabelle II.7
2) d3 = 6 mm bei s2 ≤ 5 mm; d3 = 7 mm bei s2 > 5 mm
3) Mindermaße von 3 mm sind zulässig; größere Abmessungen, bedingt durch die Lochung, sind zulässig.

Die Spalte 3 beinhaltet Teile der Artikelbezeichnung, die üblicherweise Nennmaße sind.

Montage von Rinnenhaltern und Halterungssystemen

Die Dachrinnenträger können mit oder ohne Gefälle zu den Abläufen montiert werden. Durch nicht zu verhindernde Veränderungen in der Unterkonstruktion und durch den Einbau von Bewegungsausgleichern sind Wasserrückstände unvermeidbar. Das verbleibende Niederschlagswasser beeinträchtigt die Lebensdauer der Rinne nicht.

Tabelle 1.7: Rinnenhalter für kastenförmige Rinnen

1	2	3				4	5	6	7	8	9	10
Für Nenngröße nach Tabelle II.2	**c_3[3)]**	**Nennmaße für steigende Belastung $b_3 \cdot s_2$ Reihe[1)]**				**d_2**	**b_2**	**a_2**	**a_5**	**a_6**	**c_2**	**n**
		1	2	3	4	±1	+2	±1	±1	±1	±1	±1
200	230	25 · 4	25 · 4	25 · 4	--	2)	70	18	31	34	34	12
	270											
250	280	25 · 4	30 · 4	25 · 6	--		85	20	44	47	46	14
	330											
333	300	30 · 4	25 · 6	40 · 5	30 · 8		120	20	62	65	65	14
	370											
400	330	30 · 5	40 · 5	25 · 8	30 · 8		150	20	77	80	79	14
	420											
500	350	40 · 5	40 · 5	30 · 8	30 · 8		200	20	97	100	99	14
	490											

1) siehe Tabelle II.7
2) $d_2 = 6$ mm bei $s_2 \leq 5$ mm; $d_2 = 7$ mm bei $s_2 > 5$ mm
3) Mindestmaße von 3 mm sind zulässig; größere Abmessungen, bedingt durch die Lochung, sind zulässig

Die Spalte 3 beinhaltet Teile der Artikelbezeichnung, die üblicherweise Nennmaße sind.

Sofern Gefälle geplant wurde, kann bei großen Toleranzen der Dachkonstruktion aus optischen und strömungstechnischen Gründen eine Änderung des Rinnengefälles erforderlich werden. Deshalb sollte vor der Rinnenmontage eine Messung, beispielsweise mit einer Schlauchwaage, durchgeführt werden. In diesem Fall ist der Bauherr zu benachrichtigen und es sind ggf. Bedenken anzumelden. Bei Metalldächern ist es i.d.R. notwendig, zunächst die Traufbohle für die Aufnahme der Träger mit Rinnenträger-Einlasssägen oder elektronischen Fräsen vorzubereiten. Um bei starken Regenfällen überlaufendes Niederschlagswasser vom Gebäude fernzuhalten, müssen die Rinnenhalter entsprechend der Dachneigung so abgebogen werden, dass die Rinnenhinterkante 10 mm höher angeordnet ist als die Rinnenwulst. Man nennt dies Rinnenüberhöhung (siehe Abb. 1.23). Zwischen den beiden Richt-Rinnenhaltern werden dann an der Nase oder der Wulstfeder und im Lauf Schnüre gespannt.

Das Gefälle wird nun nochmals mit einer Schnurwasserwaage oder einer Schlauchwaage überprüft und die Träger werden ggf. entsprechend nachgerichtet. Anschließend wird Träger für Träger angezeichnet, mithilfe des Abbiegegerätes angepasst und je nach Unterkonstruktion mit mindestens 2 Nägeln, Schrauben oder Nieten befestigt. Nach dem Befestigen ist meist ein nochmaliges leichtes Nachrichten erforderlich.

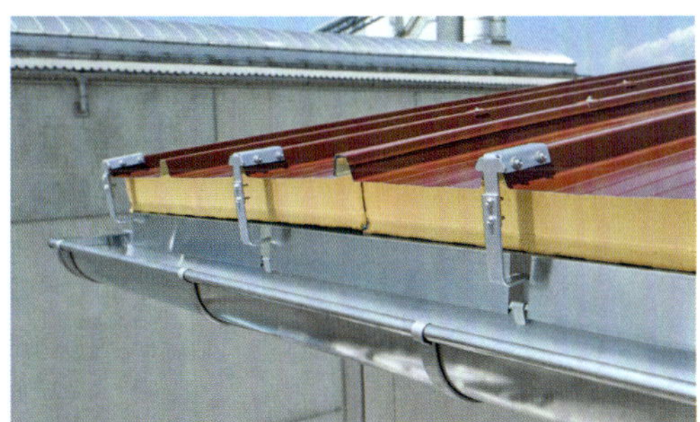

Abb. 1.20: Für die fachgerechte Montage von Dachrinnen an Sandwichelementen sind spezielle Rinnenhaken-Sets verfügbar. Sie setzen sich aus 2 Komponenten zusammen: einem Obergurthalter und einem passend geformten Rinnenhalter.

Abb. 1.21: Der Obergurthalter wird am Paneel platziert und an den vorgegebenen Lochungen verschraubt.

Abb. 1.22: Mittels beiliegender Schrauben wird der Rinnenhaken lotrecht an der Lasche des Obergurthalters befestigt.

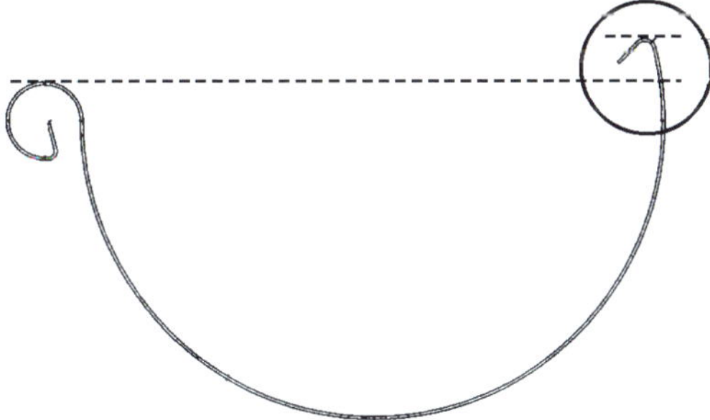

Abb. 1.23: Rinnenüberhöhung

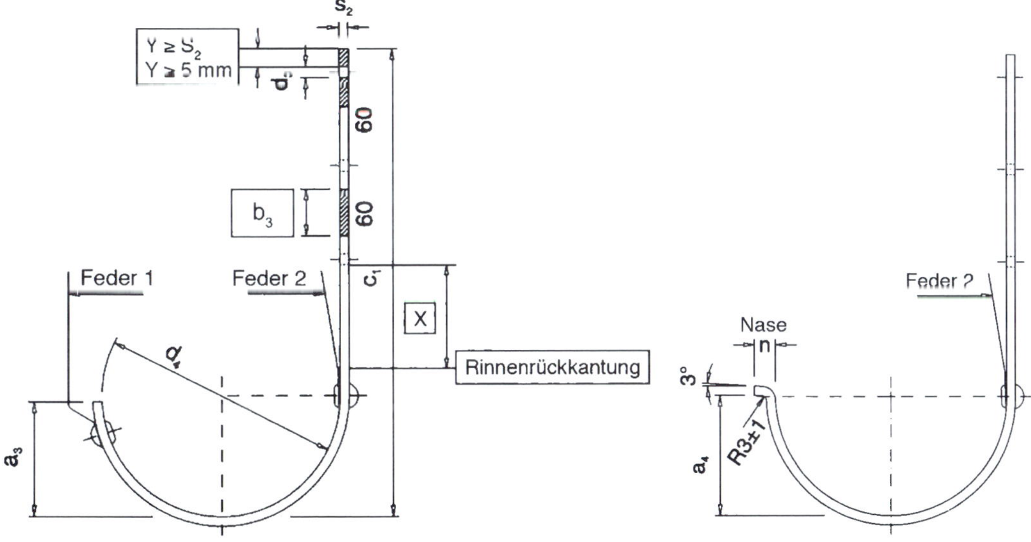

Abb. 1.24: Rinnenhalter für halbrunde Dachrinnen

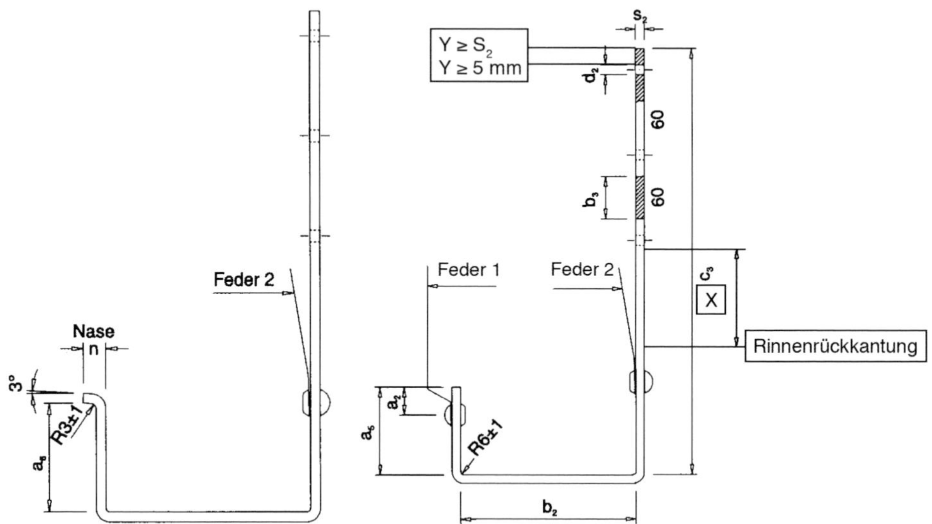

Abb. 1.25: Rinnenhalter für kastenförmige Dachrinnen

Das präzise und fluchtgerechte Montieren der Rinnenträger ist notwendig, um die Dachrinne anschließend spannungsfrei verlegen zu können. Schief eingebaute, verkantete Rinnenträger behindern die temperaturbedingte Längendehnung, was zu Materialermüdung und Schäden führen kann.

Industriell gefertigte Trägersysteme ermöglichen alternativ dazu eine problemlose und zeitsparende Montage der Rinnenträger, sofern die Unterkonstruktion dies zulässt. Hierbei wird eine Montageschiene mit Schrauben direkt an aufgehenden Wänden, vorgehängten Fassaden, Sparren, Stirnbrettern usw. befestigt. Die Rinnenhalter lassen sich an jeder beliebigen Stelle der Schiene durch einfaches Eindrehen montieren. Die Rinne wird dann gegen die hintere Nase des Rinnenhalters gedrückt und mit ihrer Wulst in die vordere Halternase eingeklickt. Das bislang notwendige Ausrichten der Halter mittels Schnur und Nachbiegen entfällt. Ein Einlassen der Rinnenhalter in die Traufbohle/Schalung ist nicht erforderlich.

Beispiel

Bezeichnung eines Rinnenhalters für eine kastenförmige Dachrinne bei Bestellung

- Nummer der Norm DIN EN 1462,
- Klasse des Korrosionswiderstands A oder B bzw. Werkstoffangabe,
- Abmessung nach Tabelle 1.9,
- Klasse der Tragfähigkeit H, L oder O.

Kastenförmiger Rinnenhalter nach DIN EN 1462, Werkstoff: Kupfer (A), Nenngröße: 333, 30 · 5 (H).
Abmessungen des Beispiels nach Abb. 1.11, Seite 20.

Wie diese Kappen montiert werden und was dabei zu beachten ist, zeigt das oben stehende Beispiel.

Abb. 1.26: Innen liegende Dachrinne

1.2.3 Innen liegende Rinnen

Bei architektonisch gestalteten und komplexen Dachgeometrien ergeben sich oft innen liegende Dachrinnen. Insbesondere an Sheddächern oder an Gebäuden mit größeren flach geneigten Dachlandschaften, z.B. Industrie- oder Verwaltungsbauten, ist der Einbau innen liegender Rinnen üblich. Mithilfe moderner Software und aktuellen Bemessungsdaten lassen sich innen liegende Rinnen schnell und präzise dimensionieren (siehe Kapitel 1.2.7). Bei sorgfältiger Planung und fachgerechter Ausführung schützen auch innen liegende Rinnen aus Metall die Bausubstanz nachhaltig.

Anders als bei frei vorgehängten Rinnen ist bei innen liegenden Rinnen der Notüberlauf über die Rinnenvorderkante nicht möglich. Da sich in oberen Etagen von Verwaltungsgebäuden oft Technikräume mit teuren EDV- und haustechnischen Anlagen befinden, verursachen fehlerhafte innen liegende Rinnenkonstruktionen nicht selten Schäden mit enormen wirtschaftlichen Folgen. Fehlen die notwendigen Sicherheitseinrichtungen zum Schutz vor überlaufendem Regenwasser bei Starkregen und eine präzise Rinnenbemessung, hat der ausführende Handwerksbetrieb unverzüglich Bedenken anzumelden (VOB Teil B § 4, Ziffer 3)! Als Sicherheitseinrichtungen dienen verschiedene Notüberläufe sowie Sicherheitsrinnen.

Aber auch andere Faktoren wie die Rinnenform und die Länge der Fließwege zu den Abläufen wirken sich auf die Funktion der Rinne aus. So haben die neuen Bewertungen ergeben, dass die Rinnenbreite nur in begrenztem Maße die erforderliche Rinnentiefe ersetzen kann und deshalb eher quadratische Rinnenquerschnitte anzustreben sind. Tiefere Rinnen wirken sich wiederum

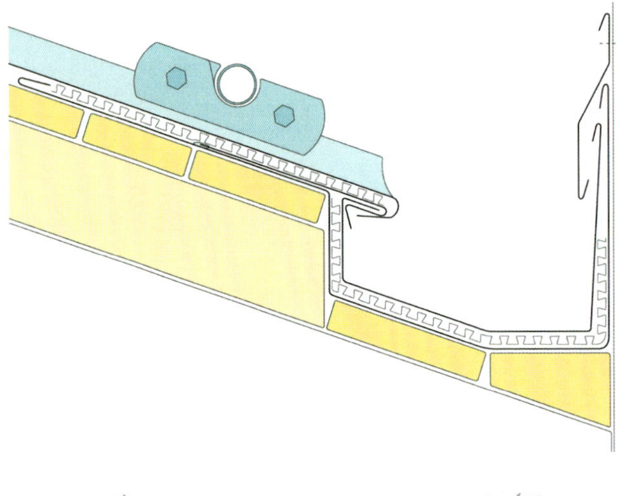

Abb. 1.27:
Shedrinne

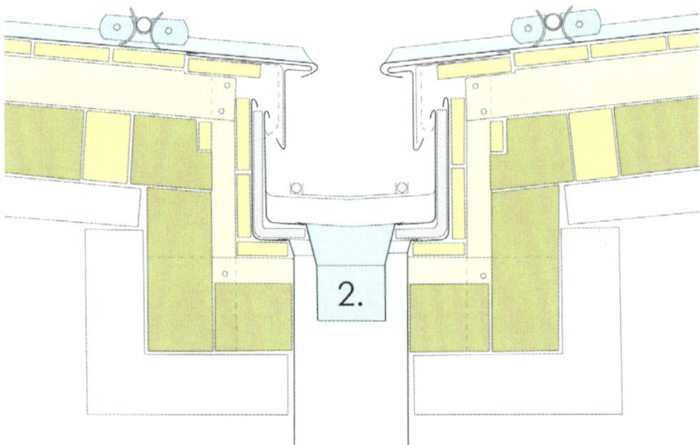

Abb. 1.28:
Innen liegende Kastenrinne mit Sicherheitsrinne aus Metall

auf die Planung der tragenden Elemente der Dachkonstruktion aus und sind deshalb schon bei deren Planung zu berücksichtigen. Kurze Fließwege zu den Abläufen sorgen für eine schnelle Ableitung des Niederschlagswassers und vermindern das Überlaufrisiko bei starken Regenfällen.

Darüber hinaus ist es sinnvoll und bei komplizierten Dachgeometrien auch erforderlich, Rinnenheizungen einzubauen. Sie verhindern die Vereisung der Rinne und Traufbereiche und schützen vor eindringendem Stauwasser.

Rinnenmontage

Innen liegende Rinnen sollen, unabhängig von der berechneten Regenabflussleistung, so bemessen sein, dass die Montage mit den üblichen Werkzeugen durchgeführt werden kann und die Rinne ohne großen Aufwand zu reinigen ist. Sie werden i.d.R. vor Ort ausgemessen und meistens konisch zugeschnitten und gekantet. Die einzelnen Rinnenteile werden dann in Abhängigkeit vom Werkstoff wasserdicht miteinander verbunden (siehe Tabelle 1.8). Für die temperaturbedingte Längendehnung werden Deh-

Abb. 1.29: Notüberlauf über vorgehängtem Rinnenkasten

Abb. 1.30: Notüberlauf über Wasserspeier in der Rinnenstirnseite

nungsausgleichselemente eingebaut. Dazu können Hochpunktschiebenähte handwerklich hergestellt oder handelsübliche Dilatationsstreifen aus Synthesekautschuk verwendet werden.

Innen liegende Rinnenkonstruktionen bedürfen einer erhöhten Sorgfalt bei der Planung und Verarbeitung. So ist bei einer besonderen Schutzwürdigkeit des Gebäudes eine Sicherheitsrinne mit eigener Entwässerung zu berücksichtigen, die im Einzelfall für sich alleine die gesamte anfallende Niederschlagsmenge ableiten kann. Die Sicherheitsrinne und die innen liegende Rinne sind mit einem Abstand, d.h. getrennt voneinenader, zu verlegen und ausreichend zu hinterlüften. Auf diese Weise wird der Einschluss von Feuchte verhindert und mögliche Korrosionsschäden werden vermieden (siehe Kapitel 11.2.8). Die Sicherheitsrinne kann aus geeigneten Abdichtungsbahnen oder Blechen hergestellt werden.

Tabelle 1.8: Verbindungsarten von Dachrinnen

Werkstoff	**Weich-löten**	**Weich-löten mit einreihiger Nietung**	**Doppelreihige Nietung mit Dichteinlage**	**Hartlösten**	**Schweißen**	**Kleben**
Kupfer	X	X	X	X	X	X
Titanzink	X	–	–	–	–	X
Aluminium	–	–	X		X	X
Nicht rostender Stahl	X	X	X	–	X	X
Verzinktes Stahlblech	X	X	X	–	–	X
Blei	X				X	X

1.2.4 Rinnenzubehör

Alle Bauteile, die neben Dachrinne und Regenfallrohr zum Aufbau der Entwässerungsanlage notwendig sind, zählen zum Zubehör.

Zeit ist Geld – so werden viele Rinnen-Zubehörteile wie Dehnungsausgleicher, Rinnenwinkel, Endstücke in unterschiedlichen Ausführungen, Ablauftrichter, Rinnenkästen, Traufbleche, Speier und Laubfanggitter oft nicht mehr handwerklich hergestellt. Die Herstellerindustrie bietet maschinell gefertigte Entwässerungssysteme, deren Einzelkomponenten zueinander passen und leicht zu montieren sind. Aber auch moderne Werkzeuge und Maschinen helfen, die Montage von Dachentwässerungsteilen zu beschleunigen und auch Sonderanfertigungen wirtschaftlich und fachgerecht herzustellen.

Nachfolgend werden die wichtigsten Zubehörteile sowie Tipps für deren Einbau dargestellt. Informationen zu Rinnenheizungssystemen runden dieses Kapitel ab.

Rinnenwinkel

Rinnenwinkel sind Richtungswechsel im Verlauf der Rinne. Dabei handelt es sich um Innen- oder Außenwinkel. Für 90°-Innen- oder -Außenwinkel ist es meist preiswerter, industriell hergestellte tief gezogene Bauteile zu verwenden. Rinnenwinkel für Richtungswechsel kleiner oder größer 90° werden i.d.R. handwerklich hergestellt.

Innenwinkel müssen meistens das gesammelte Niederschlagswasser von Dachkehlen aufnehmen. In diesen Fällen sollte hier eine Rinnenerweiterung oder ein Rinnenkessel vorgesehen werden.

Für die handwerkliche Fertigung und den passgenauen, fachgerechten Zusammenbau der Rinnenteile stehen spezielle Gehrungssägen und Spannvorrichtungen zur Verfügung.

Rinnen-Dehnungsausgleicher

Undichte Dachrinnen sind oft die Folge der nicht berücksichtigten Längenänderung der Rinne bei Temperaturwechsel (siehe auch Kapitel 1.1).

Die Folge ist die Verformung des Rinnenprofils bis hin zu Materialrissen.

Aus diesem Grunde müssen bei Hängedachrinnen bis 500 mm Zuschnitt im Abstand von 15 m gestreckter Bauteillänge Dehnungsausgleicher eingebaut werden – bei Hängedachrinnen mit einem Zuschnitt größer 500 mm im Abstand von 10 m. Für die Abstände von Festpunkten wie z.B. Rinnenwinkel oder nach innen geführte Rinnenstutzen gelten jeweils die halben Längen.

Es bestehen mehrere Möglichkeiten, Dehnungsausgleich für Dachrinnen zu schaffen. Dehnungsausgleicher wie sogenannte Hochpunktschiebenähte werden handwerklich hergestellt und, wie der Name schon sagt, am höchsten Punkt der Rinne platziert.

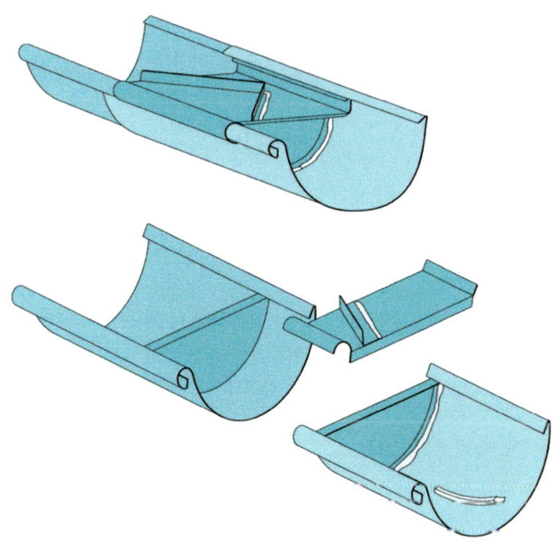

Abb. 1.31: Hochpunktschiebenaht

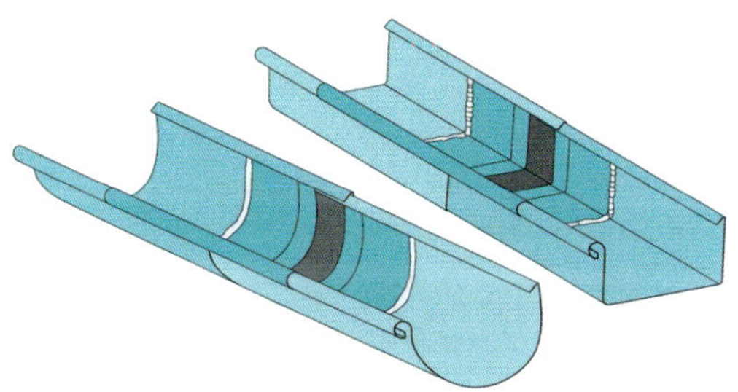

Abb. 1.32: Dehnungselement aus Synthesekautschuk

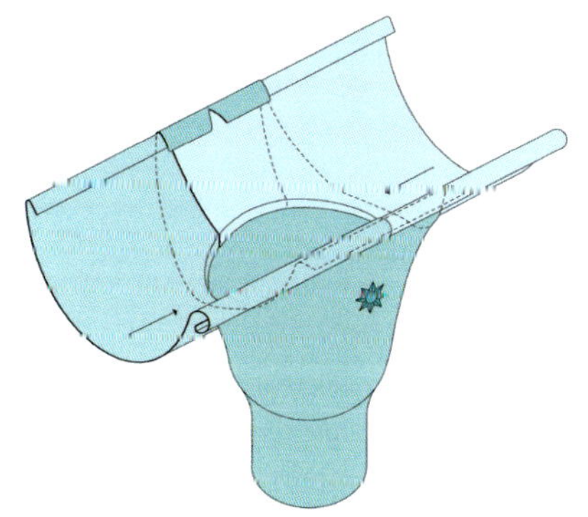

Abb. 1.33: Tiefpunktschiebenaht im Rinneneinhangstutzen

In der Regel werden jedoch industriell hergestellte Dehnungsausgleichselemente wie Dilatationsstreifen aus Synthesekautschuk verwendet. Der Vorteil dieser Elemente ist, dass sie schnell und ohne Berücksichtigung des Gefälles an jeder Stelle der Rinne eingebaut werden können. Bei großen Längen sollten die Rinnen in der Mitte zwischen den Dehnungselementen an einem Punkt (Rinnenträger) fixiert werden. Damit wird ein unkontrolliertes „Aufschieben" zur einen oder anderen Seite verhindert.

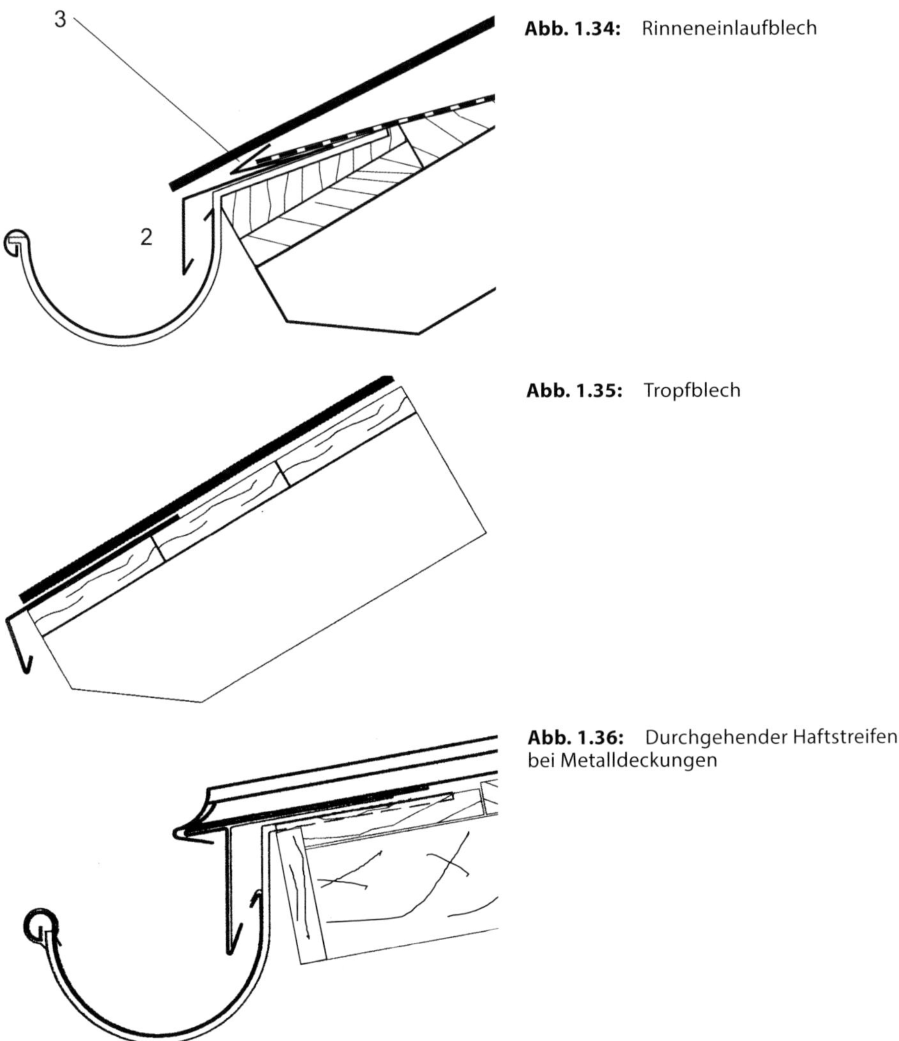

Abb. 1.34: Rinneneinlaufblech

Abb. 1.35: Tropfblech

Abb. 1.36: Durchgehender Haftstreifen bei Metalldeckungen

Weitere Dehnungsmöglichkeiten bieten sich an Rinnenabläufen, den tiefsten Stellen der Rinne. Die Rinnenteile werden im Bereich der Abläufe getrennt bzw. nur überlappt. Dabei ist die Rinnenöffnung so groß auszuschneiden, dass der erforderliche Querschnitt auch bei Ausdehnung der Rinne erhalten bleibt.

Rinnenendstücke

Rinnenendstücke, auch Rinnenböden genannt, schließen die Dachrinne ab. Sie sind i.d.R. flach oder als sogenannte Kugelböden im Handel erhältlich. Rinnenböden, die in kleinerem oder größerem Winkel als 90° zur Dachrinne montiert werden müssen, werden vor Ort angepasst und handwerklich hergestellt – gebördelt. Die Verbindung zur Rinne erfolgt i.d.R. durch Löten oder Falzen mit Dichteinlage. Da das Falzen ohne Hitzeeinwirkung erfolgt, können durch diese Verbindungstechnik unerwünschte Verfärbungen vermieden werden.

Rinnenverbinder

Spezielle Rinnenverbinder sind verfügbar für Bausituationen, in denen Rinnen nicht gelötet werden dürfen, oder bei Werkstoffen, die nicht oder nur sehr schwer gelötet werden können. Es handelt sich hierbei um eine flexible, wasserdichte Spannautomatik, die auch die thermische Längendehnung problemlos aufnimmt. Das System ist für halbrunde Dachrinnen nach DIN EN 612 aus Kupfer, Titanzink, Aluminium und Edelstahl einschließlich der vorpatinierten Varianten geeignet. Somit können auch architektonische Ansprüche an die Metalloberfläche im Bereich der Rinnennaht erfüllt werden. Der Rinnenverbinder ermöglicht eine besonders zeitsparende Montage ohne Verunreinigungen, Verfärbungen oder Verformungen, wie sie beim Löten entstehen können. Auch für den Einsatz in Reparaturfällen ist der Verbinder geeignet. Löcher oder gerissene Lötnähte sind schnell abgedichtet, ohne Dachdeckungen oder Einlaufbleche aufnehmen zu müssen.

Traufbleche

Traufbleche können mehrere Funktionen erfüllen. Sie werden als Rinneneinlaufblech, Tropfblech oder, bei Metalldeckungen, als Rinneneinlaufblech mit der Zusatzfunktion eines durchgehenden Haftstreifens (Traufstreifen) eingesetzt.

Rinneneinlaufbleche gleichen das Rinnengefälle gegenüber der waagerechten Traufkante aus und schützen die Unterkonstruktion vor Flugschnee und Treibwasser. Tropfbleche werden an Dachtraufen ohne Dachrinne verwendet. Sie haben die Aufgabe, das anfallende Niederschlagswasser und Schmelzwasser von Dächern und Unterdächern sicher abzuleiten.

Die Zuschnittbreite der Traufbleche wird u.a. von der notwendigen Mindestüberdeckung bestimmt, die sich aus der Dachneigung ergibt. So betragen die Überdeckungen der Deckwerkstoffe auf das Traufblech bei Dachneigung

- unter 15° mindestens 200 mm,
- von 15° bis 22° mindestens 150 mm,
- über 22° mindestens 100 mm.
- Bei Traufblechen an Unterdächern und bei verklebten oder verschweißten Unterdeckungen müssen Nähte systemgerecht wasserdicht hergestellt werden.

Zu berücksichtigen sind zusätzlich besondere klimatische Bedingungen und die Art des Deckwerkstoffes, die u. U. größere Überlappungslängen erfordern.

Traufbleche sollten zum Rückhalt von Treibwasser mit einem Rückfalz versehen werden. Die Befestigung der Traufbleche kann bei Längen unter 3 m direkt durch Nagelung oder Schrauben erfolgen. Zur Aufnahme der temperaturbedingten Längendehnung werden Längen über 3 m indirekt befestigt und an ihren Stößen einfach gefalzt oder 30 bis 50 mm, bei zurückspringenden Dachdeckungen mindestens 100 mm, überlappt.

Bei besonderen Witterungseinflüssen kann auch eine wasserdichte Ausführung der Traufenstöße erforderlich werden. In diesem Fall ist der Einbau von Dehnungsausgleichern erforderlich.

Laubfangeinrichtungen

Laubfangeinrichtungen an Dachrinnen haben die Aufgabe, in Bereichen mit starkem Laubaufkommen Entwässerungsleitungen vor Verstopfung und den daraus entstehenden Folgeschäden zu sichern. Die 3 üblichen Laubfangsysteme sind der Laubfangkorb zum Einstecken in den Rinnenablauf, die Regenwasserklappe mit integriertem Laubfangsieb und das Lauffanggitter zum vollflächigen Abdecken des Rinnenprofils.

Laubfangkörbe im Rinnenablauf haben den Nachteil, dass sie schon bei geringem Laubaufkommen den Regenwasserabfluss stark behindern. Bei der Verwendung von Laubfangkörben geht man von 50 % reduziertem Abflussvermögen des Rinnenablaufs aus. Zudem ist die Reinigung der Abläufe aufgrund der meist schwierigen Zugänglichkeit sehr aufwändig.

Regenwasserklappen mit integriertem Laubfangsieb sind in der Funktionsweise ähnlich. Sie werden jedoch an gut zugänglichen Stellen des Gebäudes montiert. So ist das Entfernen des Laubs im Gegensatz zum Laubfangkorb problemlos möglich. Das regelmäßige Prüfen und Reinigen der Laubfangsiebe ist dennoch erforderlich, um Schäden zu vermeiden.

Vorteilhafter ist deshalb der Einsatz von Laubfanggittern, die das gesamte Rinnenprofil abdecken. Sie sind jedoch i.d.R. teurer als die vorbeschriebenen Laubfänge. Laubfanggitter werden von unterschiedlichen Herstellern angeboten, deren Montageanleitungen zu beachten sind.

Rinnenheizsysteme

Rinnen- und Dachflächenheizungen haben die Aufgabe, Gebäude und Personen vor Schäden durch Vereisungen zu schützen. Vereisungen entstehen meistens im Traufbereich der Dachflächen durch den abtauenden Schnee der wärmeren Hauptdachflächen. Sie behindern den Schmelzwasserabfluss und können so zu Schäden durch eindringendes Stauwasser führen. Eisbildung in Regenfallrohren und an Dachrinnen und herabfallende Schneebretter beschädigen Bauteile und gefährden Personen. Spezielle Heizbänder, fachgerecht in Fallrohren, Rinnen und Traufbereichen der Dachflächen verlegt, verhindern die Eisbildung und haben sich als Schutz bewährt.

Abb. 1.37: Schneelast am Dach

Abb. 1.38: Dachflächen- und Rinnenheizungsanlage

1.2.5 Regenfallrohre

Regenfallleitungen, die überwiegend außerhalb des Gebäudes liegen, bestehen aus Regenfallrohren und Zubehörbauteilen wie Rinnenablaufstutzen, Schrägrohren, Rohrbogen, Rohrabzweigen, Regenwasserklappen und Standrohren. Wie diese Bauteile bezeichnet, hergestellt und montiert werden, sollen die nachfolgenden Kapitel im Einzelnen darstellen.

Regenfallrohre und Rohrschellen

Regenfallleitungen haben die Aufgabe, das gesammelte Niederschlagswasser von Gebäuden kontrolliert in das Grundstücksentwässerungssystem abzuleiten. Sie werden außerhalb oder innerhalb von Gebäuden an vorgehängte bzw. innen liegende Dachrinnen, Flachdächer, Balkone und Loggien angeschlossen. Die Querschnitte und die Maße der Regenfallrohre werden durch die abzuleitende Regenwassermenge auf Grundlage der Berechnung nach DIN EN 12056-3 und durch architektonische Anforderungen bestimmt. Regenfallrohre werden i.d.R. mit rundem oder quadratischem Querschnitt industriell gefertigt.

Die für die Herstellung relevante Norm ist die DIN EN 612 „Hängedachrinnen und Regenfallrohre aus Metallblech – Begriffe, Einteilung und Anforderungen". Sie gibt Werkstoffdicken und Nahtüberlappungen vor, nicht jedoch die detaillierten Fertigungsmaße. Diese Detailmaße sind in den Tabellen 1.9 und 1.10 auf Seite 40 und in den Abb. 1.39 und 1.40 auf Seite 41 für die Halbrund- und Kastenrinne dargestellt.

Tabelle 1.9: Nenngrößen und Werkstoffdicken runder Regenfallrohre

Nenngröße[1]	**d**[2]	**Werkstoffdicke nach DIN EN 612**				
	+1	Al	Cu	VSt	Zn	S.S[3]
60	60	0,70	0,60	0,60	0,65	0,40
80	80	0,70	0,60	0,60	0,65	0,40
100	100	0,70	0,60	0,60	0,65	0,40
120	120	0,70	0,70	0,70	0,70	0,50
150	150	0,70	0,70	0,70	0,70	0,50

1) Regional sind auch Regenfallrohre mit den Nenngrößen 76 und 87 noch üblich.
2) Innendurchmesser am oberen Ende
3) mindestens Klasse B

Tabelle 1.10: Nenngrößen und Werkstoffdicken quadratischer Regenfallrohre

Nenngröße[1]	**b**[1]	**Werkstoffdicke nach DIN EN 612**				
	+1	Al	Cu	VSt	Zn	S.S[2]
60	60	0,70	0,60	0,60	0,65	0,40
80	80	0,70	0,60	0,60	0,65	0,40
100	100	0,70	0,60	0,60	0,65	0,40
120	120	0,70	0,70	0,70	0,70	0,50
150	150	0,70	0,70	0,70	0,80	0,50

1) Innendurchmesser am oberen Ende
2) mindestens Klasse B

Regenfallrohrschellen

Die Befestigung der Regenfallrohre erfolgt mit meist runden oder quadratischen Rohrschellen, passend zum Werkstoff der Rohre.

Einige Hersteller von Metallhalbzeugen bieten patentierte Fallrohrschellen an, die den werkseitigen Färbungen der unterschiedlichen Metalloberflächen angepasst und besonders leicht zu montieren sind.

Bei Wohngebäuden bis zu 2 Vollgeschossen oder anderen Gebäuden bis 8 m Höhe ist eine konstruktive Bemessung ausreichend, ein Nachweis ist im Allgemeinen nicht erforderlich. Bei Gebäuden über 8 m bis zur Hochhausgrenze (hierbei muss sich der Fußboden mindestens eines Aufenthaltsraumes mehr als 22 m über der Geländeoberfläche befinden) muss die Befestigung der Regenfallrohre nachweisbar sein. Bei höheren Gebäuden erfolgt der statische Nachweis vom bauseitigen Planer.

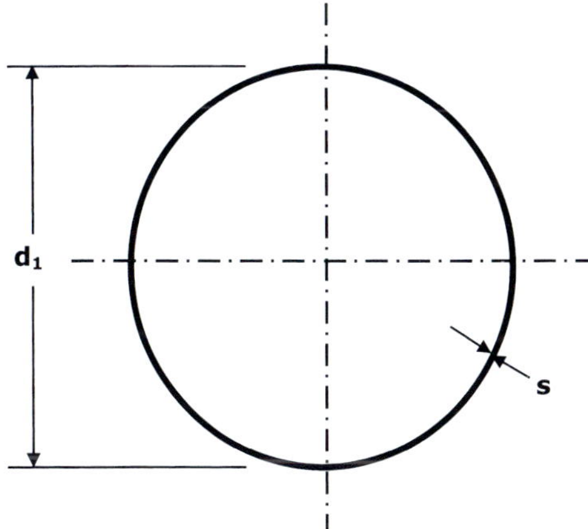

Abb. 1.39: Darstellung und Bemaßung kreisrunder Regenfallrohre

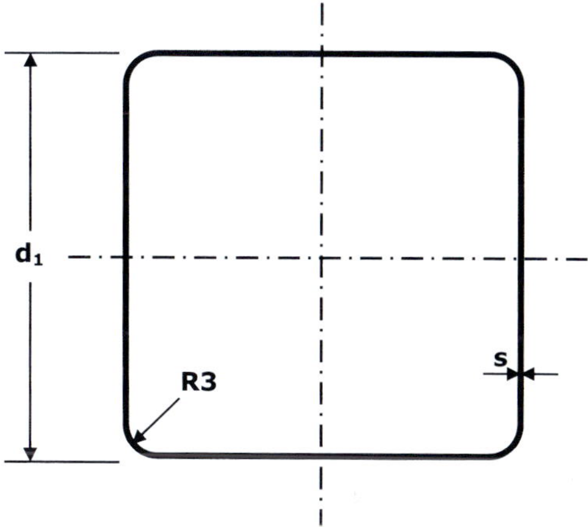

Abb. 1.40: Darstellung und Bemaßung quadratischer Regenfallrohre

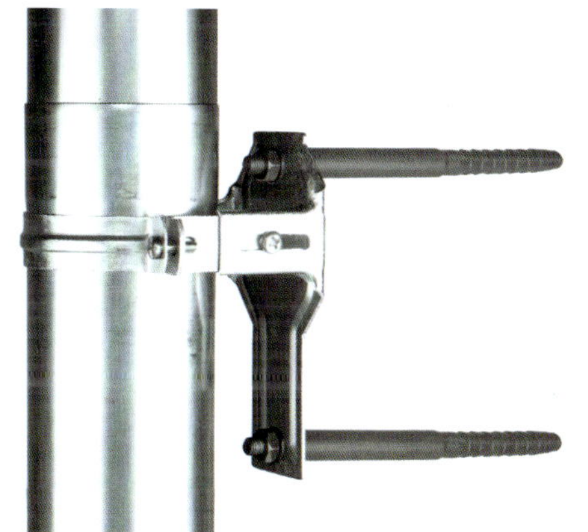

Abb. 1.41: Das Stützelement ist als Fallrohrbefestigung für Gebäudehöhen ab 8 m geeignet. Diese Variante für Mauerwerk, …

Abb. 1.42: … diese Variante mit Spezialdübeln für Wände mit WDVS.

Das Beispiel zeigt eine Fallrohrschelle, die gemäß Herstellangaben den neuen Anforderungen der Klempnerfachregeln 03/2016 entspricht. Die Schelle ist gleichzeitig Stützelement für Regenablaufrohre und in 2 Varianten verfügbar: sowohl für die Montage im Mauerwerk als auch mit Isolierverankerung bzw. WDVS-Dübel. Das WUS-Stützelement ist als Fallrohrbefestigung für Gebäudehöhen ab 8 m geeignet. Die Befestigung des Stützelements ist pro Rohrlänge 2 m unterhalb der Rohrmuffe oder des Wulstes anzuordnen. Der Wandabstand ist von 25 bis 60 mm verstellbar. Aus Gründen der temperaturbedingten Längenänderung muss ein Freiraum für die Längenausdehnung von mindestens 10 mm gewährleistet sein. Die Einzellänge der Rohre darf maximal 2 m betragen.

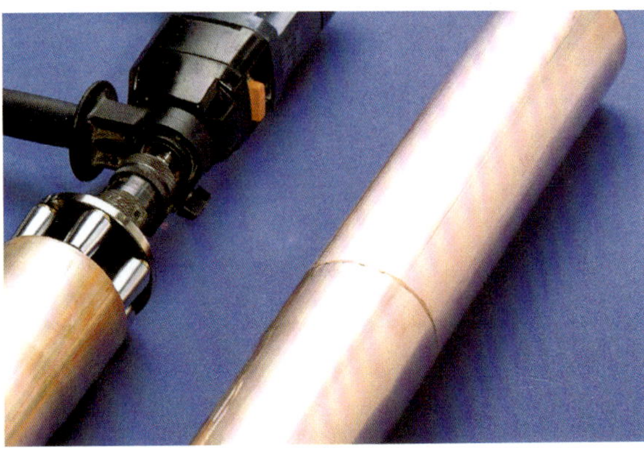

Abb. 1.43: Zylindrische Fallrohre, mit Spezialwerkzeug gemufft und anschließend gesteckt

Regenfallrohrmontage

Regenfallrohre werden üblicherweise in Einzellängen von 2 oder 3 m mit werkstoffgerechten Fallrohrschellen an der Gebäudewand befestigt.

Fallrohre können konisch gefertigt sein und sind ineinander steckbar oder sie sind zylindrisch geformt und werden mit einem Spezialwerkzeug gemufft und anschließend mindestens 50 mm gesteckt.

Aus Stabilitätsgründen darf der Abstand der Rohrschellen untereinander bei einem Innendurchmesser bis 100 mm höchstens 3 m und bei größerem Durchmesser höchstens 2 m betragen. Um mögliche Verunreinigungen, z.B. durch Laub, Nadeln oder Spinnweben zu vermeiden, ist ein Abstand zur Wand von mindestens 20 mm zu wählen.

Um ein Abrutschen der Fallrohre zu verhindern, sind bei allen Einzellängen über den Rohrschellen Wulste, Nasen, Muffen o.Ä. anzuordnen.

Bei Verlegung von Regenfallleitungen unter 10° Neigung, z.B. bei Leitungsverzügen oder Schrägrohren, sind die Verbindungen wasserdicht herzustellen. Bei Gesimsdurchführungen sind Futterrohre anzuordnen.

Für Reinigungszwecke und zur Erleichterung der Fallrohrmontage sollten sogenannte Schiebestücke am Übergang zum Regenstandrohr vorgesehen werden.

Aus Sicherheitsgründen werden Fallrohre innerhalb von Mauernischen mit dem Falz oder der Lötnaht zur Gebäudeaußenseite verlegt. So wird verhindert, dass Winterschäden am Mauerwerk aufgrund aufgeplatzter Rohrnähte entstehen.

Erfahrungsgemäß ist in den Nischen auch das Schließen der Schellenbügel der Rohrschellen schwierig. Hier leisten sogenannte Ösenschraubendreher hilfreiche Dienste.

Bei Fallrohren, die durch Gesimse oder sonstige Mauerwerksteile geführt werden müssen, werden sogenannte Futterrohre eingesetzt. Futterrohre dienen dem Korrosions- und Bauwerksschutz und ermöglichen eine freie thermische Längendehnung des Fallrohres.

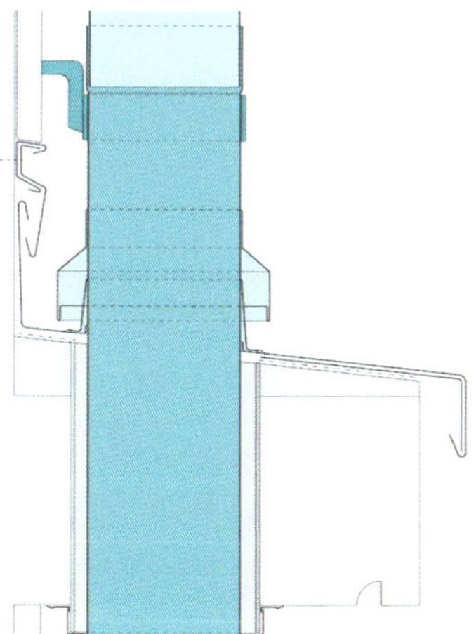

Abb. 1.44: Gesimsdurchführung mit Futterrohr

Abb. 1.45: Regensammler mit Wasserstandskontrolle

1.2.6 Regenfallrohrzubehör

Für die Herstellung einer Regenfallleitung werden außer den Regenfallrohren noch Bauteile wie Rinnenablaufstutzen, verschiedene Leitungsverzüge, Rohrabzweige, Regenwasserklappen und Standrohre benötigt, die mit den Fallrohren zu verbinden sind.

Rinnenablaufstutzen

Rinnenabläufe verbinden die Dachrinne mit der Regenfallleitung. Sie haben die wichtige Aufgabe, einen ungehinderten Abfluss zu gewährleisten und das anfallende Niederschlagswasser schnellstmöglich in die Regenfallrohre zu leiten. Dabei wirkt sich die Form des Ablaufs entscheidend auf die Abflussleistung aus. Messungen haben ergeben, dass die Abflussleistung trichterförmiger Rinnenabläufe etwa 30 % größer ist als bei zylindrisch geformten Abläufen. Grund dafür ist das günstigere Strömungsverhalten, das ein freies Entweichen der aus dem Rohr verdrängten Luft ermöglicht.

Aus diesem Grund sollten trichterförmige Rinnenabläufe standardmäßig vorgesehen werden.

An Dachbereichen mit besonders großem Wasserzulauf werden häufig Rinnenkessel mit großem Fassungsvolumen eingesetzt. Dies ist z.B. am Auslauf langer Dachkehlen der Fall. Rinnenkessel können als Tiefpunktdehnungsausgleicher genutzt werden und dienen gleichzeitig als architektonisches Gestaltungselement. Da im Handel viele unterschiedliche, seriengefertigte Rinnenkessel erhältlich sind, werden diese aus Kostengründen nur noch selten handwerklich gefertigt.

Fallrohrverzüge

Die durch Dachüberstände bedingten Rohrverzüge können durch Bogen und Winkel erfolgen. Damit das Regenwasser möglichst schnell abfließt,

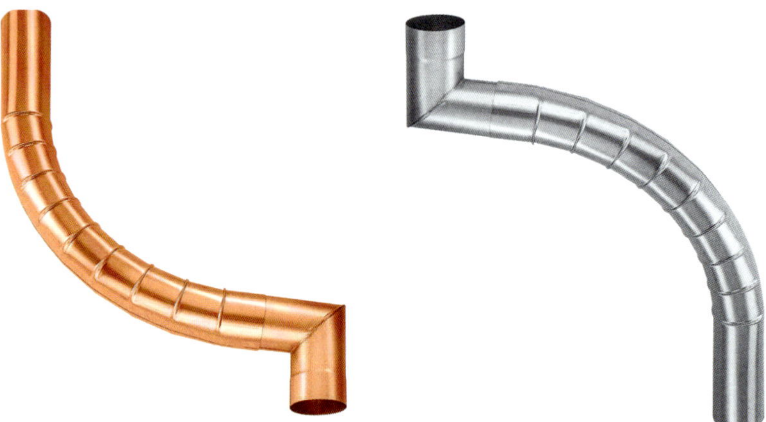

Abb. 1.46: Einwärts- oder auswärtsgeschwungener Gliederbogen

Abb. 1.47: Schwanenhals aus industriell gefertigten Rohrbogen **Abb. 1.48:** Sockelknie

sollten vorzugsweise strömungsgünstige Bögen und keine Winkel verwendet werden. Es ist zu beachten, dass Leitungsverzüge unter 10° die Abflussgeschwindigkeit verringern und sich auf die Dimensionierung der Entwässerungsanlage auswirken (siehe Kapitel 1.2.7).

Regenwasserklappen

Für die Nutzung von Regenwasser auf dem Grundstück werden Regenwasserklappen eingesetzt. Zur Befüllung von Regenwassertonnen eignen sich spezielle selbstschließende Regenwasserklappen. Sie verhindern ein Überlaufen der Tonnen.

Damit Verstopfungen der Grundstücksentwässerung, z.B. durch mitgespültes Laub, vermieden werden, können spezielle Regenwasserfilter verwendet werden.

Standrohre

Standrohre bilden den Übergang zwischen den Regenfallrohren und Grundleitungen. Sie dienen den dünnwandigen Regenfallrohren aus den verschiedenen Metallwerkstoffen als Schutz vor Beschädigung. Die Standrohre werden meistens aus massiven Werkstoffen gefertigt, die den mechanischen Einflüssen, z.B. von Gartengeräten, Kinderfahrzeugen und angestellten Fahrrädern, standhalten müssen.

Verwendet werden Rohre aus massivem Kupfer, verzinktem Stahl, nichtrostendem Stahl und Gussrohre (SML) sowie metallummantelte Kunststoffrohre. Metallummantelte Standrohre werden aus optischen Gründen dort verwendet, wo ein einheitliches Gesamtbild der Entwässerungsanlage gewünscht ist.

Standrohre sollten mindestens 1 m über Erdgleiche geführt werden. In Sonderfällen, wie z.B. an Schulen oder Einfahrten, können auch längere Standrohre erforderlich werden. Der Übergang vom Regenfallrohr zum Standrohr erfolgt mit einer Standrohrkappe. Sie dient als Zierkappe und Rutschsicherung.

1.2.7 Rinnenbemessung

Systeme zur Regenentwässerung sollen Schäden durch Überflutungen und Vernässungen infolge von Niederschlagsabflüssen vermeiden. Entwässerungssysteme können jedoch nicht so ausgelegt werden, dass mit Auftreten von Starkregen ein absoluter Schutz vor Überflutung und Vernässung gewährleistet ist. Überdimensionale Rinnen wären die Folge. Damit vorgehängte und innen liegende Rinnen wirtschaftlich gebaut und auch den optischen Ansprüchen entsprechend gestaltet werden können, wird das planmäßige Überlaufen in die Bemessung oder Dimensionierung des Entwässerungssystems einbezogen. Die Bemessung der Dachentwässerung ist in der DIN EN 12056-3 in Verbindung mit der DIN 1986-100 geregelt. Hierin ist eine detaillierte Bemessung von vorgehängten und innen liegenden Rinnen und der zugehörigen Rinnenabläufe auf hydraulischer Grundlage gefordert.

Dabei werden Faktoren berücksichtigt, die die Strömungsverhältnisse in der Dachrinne und in dem Regenfallrohr beeinflussen. So wirken sich z.B.

- die Wasserspiegeldifferenz zwischen Rinnenhochpunkt und Ablauf,
- die Fließweglängen bis zum Ablauf,
- der Rinnenquerschnitt,
- Verengungen,
- Winkel/Leitungsverzüge und
- Laubfangkörbe

auf die Abflussleistung einer Rinne oder eines Fallrohres aus.

Wegen der regional unterschiedlichen und immer häufiger auftretenden Starkregenereignisse erfolgen die Berechnungen heute mit den örtlichen Wetterdaten (Regenspenden) und nicht, wie früher, mit überregionalen Pauschalwerten. Die projektbezogenen Wetterdaten werden aus aktuellen Tabellenwerken, bei den örtlichen Behörden oder beim Deutschen Wetterdienst ermittelt.

Die Bauteile Rinne und Fallrohr werden voneinander unabhängig bemessen. So ist nach den neuen Bemessungsregeln im Ergebnis eine vorgehängte Rinne, Nennmaß 333, und ein daran angeschlossenes Regenfallrohr, Innendurchmesser 80 mm, durchaus möglich.

Neue KOSTRA-Werte

Seit 2005 ist der KOSTRA-Atlas des Deutschen Wetterdienstes die rechnerische Grundlage für die Bemessung von Entwässerungsanlagen. Kostra bedeutet „Koordinierte Starkniederschlags-Regionalisierungs-Auswertungen". Bemessungsregenspenden sind im Normalfall die regionalen Fünfminutenregenspenden, die einmal in 5 Jahren für die Hauptentwässerung und einmal in 100 Jahren für die Notentwässerung erwartet werden müssen. Diese Regelung gilt auch für alle Dachflächen, unabhängig von der Dachneigung und dem konstruktiven Aufbau. Am 1.1.2023 wurde ein neuer KOSTRA-DWD-Datensatz vom Deutschen Wetterdienst herausgegeben, der seitdem gültig ist. Für die Bemessung von Dachentwässerungsanlagen sind laut DIN 1986-100 die KOSTRA-DWD-Werte für eine Regendauer von 5 Minuten anzuwenden. Dabei sind 2 Werte für die Bemessung entscheidend:

- r(5,5) = 5-min-Regenspende, die einmal in 5 Jahren zu erwarten ist,
- r(5,100) = 5-min-Regenspende, die einmal in 100 Jahren zu erwarten ist.

Durch den neuen Datensatz haben sich 2 Änderungen ergeben, die den Arbeitsalltag der Dachhandwerker betreffen, informiert der Dachdecker-Verband Nordrhein in seinem Infobrief vom 16.3.2023: Zum einen sind die 5-minütigen Regenspenden, die für die Bemessung von Dachentwässerungen auschlaggebend sind, regional teilweise um bis zu 30 % im Gegensatz zum vorherigen Datensatz erhöht worden. Zum anderen wurde die Datenform geändert. Bis 2022 wurden die ermittelten Daten in Werteklassen mit Angabe einer Bandbreite angegeben. Dadurch sollte die räumliche Variabilität innerhalb der Rasterfelder „planbar" gemacht werden. Um diese Bandbreite in konkrete Zahlenwerte wandeln zu können, wurde der sogenannte Klassenfaktor eingeführt, wobei 0 die untere Klassengrenze war und 1,0 die obere Klassengrenze.

ZVDH-Merkblatt zur Dachentwässerung

Die DIN 1986-100 führt im Anhang 1 eine Tabelle mit Regenspenden der größten Städtezentren in Deutschland, die mit dem Klassenfaktor 1,0, also auf der sicheren Seite liegend, berechnet wurden. Auf diesen Anhang verweist das ZVDH-Merkblatt zur Bemessung von Entwässerungen. Mit dem Anfang 2023 veröffentlichten Datensatz des DWD werden diese Werteklassen aber nicht mehr explizit ausgegeben, sondern nur noch rechnerische Werte. Des Weiteren wurden bislang anhand der Dauerstufen D allgemeine Toleranzbereiche in Prozent angegeben, deren Anwendung vom DWD empfohlen wurde. Das waren für den Bereich der Dachentwässerung 10 % beim r(5,5) und 20 % beim r(5,100), die man auf den ursprünglichen KOSTRA-Wert anrechnen konnte (positiv wie negativ). Dieses System gibt es beim neuen KOSTRA-DWD-Datensatz nicht mehr. Mit den neuen rechnerischen Werten wird nun auch rasterfeldbezogen (5 x 5 km) der Toleranzbereich (UC) angegeben. Auch hier wieder als Empfehlung.

Hinweis: Die rechtliche Situation, ob die alten KOSTRA-Werte des Datensatzes KOSTRA2010 oder des neuen KOSTRA2020 angewendet werden müssen, war zum Redaktionsschluss dieser Neuauflage im Juni 2023 noch unklar. Bei Unsicherheiten geben die Innungen und Verbände des Klempnerhandwerks (ZVSHK) und des Dachdeckerhandwerks (ZVDH) entsprechende Auskünfte. Bei der Verwendung der neuen KOSTRA-Werte, die im Prinzip den Stand der Technik abbilden, sollten dies ausdrücklich mit dem Kunden vorab vereinbart werden.

Möglichkeiten für den Bezug der KOSTRA-Daten:

- kostenpflichtig beim DWD pro Rasterfeld (ab 70 Euro – Angebot des DWD)
- kostenlos beim DWD zur Eigenermittlung (sehr kompliziert aus unübersichtlichen Exceltabellen)
- Manche Kommunen geben Auskunft darüber
- Kostenpflichtige Software beispielsweise vom Institut für technisch-wissenschaftliche Hydrologie GmbH (itwh, ab ca. 450 Euro)
- Für Innungsmitglieder des Dachdeckerhandwerks sind die angebotenen Berechnungshilfen des Regelwerks kostenlos (Anbieter: Markus Friedrich Datentechnik)

Bemessungsgrundlagen

Eine Rinnenentwässerung sollte von der Regenwassereinzugsfläche über Rinnen und Abläufe, dem nach innen abgeführten Entwässerungssystem und den Grundleitungen bis hin zum Kanalanschluss gesamtplanerisch erstellt werden. Die sichere Funktion setzt eine umfassende Kenntnis auch der Abflussverhältnisse im nachgeschalteten Entwässerungssystem voraus. Für eine fachgerechte Planung ist die Einhaltung wichtiger Arbeitsschritte erforderlich:

Tabelle 1.11: Geltungsbereich der DIN-Normen

DIN-Norm	Geltungsbereich
DIN 1986 – Entwässerungsanlage für Gebäude und Grundstücke	Gebäudeentwässerung bis zur Grundstücksgrenze
DIN EN 12056 – Schwerkraftentwässerungsanlage innerhalb von Gebäuden	Schmutzwasseranlage und Dachentwässerung usw. bis zur Gebäudegrenze
DIN EN 752 – Entwässerungssysteme außerhalb von Gebäuden	Schmutzwasseranlage und Dachentwässerung ab Gebäudegrenze

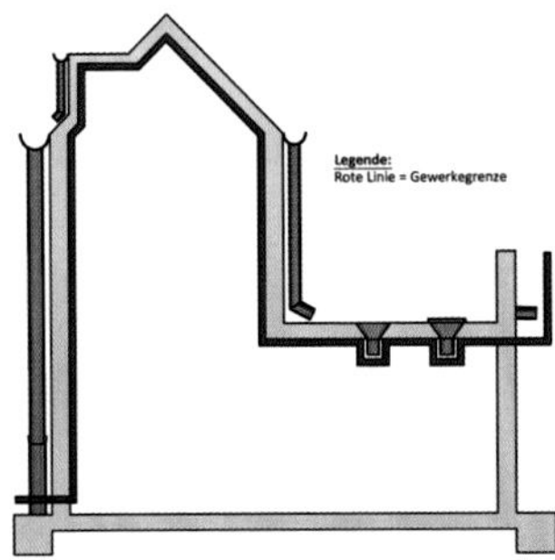

Abb. 1.49: Schematische Darstellung der Gewerkegrenze in Anlehnung an die DIN 1986-100

Tabelle 1.12: Abflussbeiwerte für die Ermittlung des Regenwasserabflusses nach DIN EN 1986-100

Art der Flächen	Abflussbeiwerte C
Dachflächen	1,0
Kiesdächer	0,5
Begrünte Dachflächen[1)]	
· für Intensivbegrünungen	0,3
· für Extensivbegrünungen ab 10 cm Aufbaudicke	0,3
· für Extensivbegrünungen unter 10 cm Aufbaudicke	0,5
1) Nach Richtlinien für die Planung, Ausführung und Pflege von Dachbegrünungen – Richtlinien für Dachbegrünungen	

1. Arbeitsschritt: Entwicklung eines Entwässerungskonzepts

Im Entwässerungskonzept werden die Elemente für den Abfluss des Niederschlagswassers vom Dach in die Entwässerungsanlage sowie über die Notüberlaufeinrichtungen ins Freie definiert: die Rinnenform, die Art des Ablaufs (gerade, trichterförmig oder mittels Sammelkasten) und die Art des Notüberlaufs, der über die Rinnenvorderkante oder mittels Speier erfolgen kann.

2. Arbeitsschritt: Ermittlung der am Gebäudestandort zu erwartenden Regenereignisse

Die für die Berechnung der Regenwasserabflüsse erforderlichen Daten der örtlichen Regenspenden (in Liter/Sekunde · Hektar = l/[s · ha]) werden anhand von aktuellen Tabellenwerken bei den örtlichen Behörden oder beim Deutschen Wetterdienst ermittelt (aktueller KOSTRA-Datensatz).

3. Arbeitsschritt: Verteilung der Abflüsse in der vorgegebenen Entwässerungskonzeption

Je nach baulicher Gegebenheit und optischen Anforderungen werden die Abflüsse positioniert. Hierbei ist es von Vorteil, kurze Fließlängen zu den Abflüssen einzuhalten. Kurze Fließweglängen verbessern das Abflussvermögen der Entwässerungsanlage.

4. Arbeitsschritt: Ermittlung der Fließweglängen in den Rinnen

Fließweg des Niederschlagswassers in der Rinne bis zum Rinnenstutzen.

5. Arbeitsschritt: Ermitteln der wirksamen Niederschlagsfläche

In diesem Schritt werden die auf die Fallrohre zuzuordnenden Dachgrundflächen in Quadratmeter (m^2) und damit die wirksam werdende Niederschlagsfläche berechnet.

6. Arbeitsschritt: Berechnung des Regenwasserabflusses

Der Regenwasserabfluss, gemessen in Liter/Sekunde (l/s), ist der entscheidende Wert für die Dimensionierung der Rinnen und Rohre. Dieser Wert ergibt sich aus der örtlichen Regenspende, der wirksamen Niederschlagsfläche und dem Abflussbeiwert. Der Abflussbeiwert bezeichnet das Abflussverhalten auf der Dachoberfläche. Für alle nicht Wasser speichernden Dachflächen, unabhängig von der Neigung des Daches, ist dieser Wert 1,0.

7. Arbeitsschritt: Bemessung des Rinnenquerschnitts und Ermittlung der Druckhöhe am Ablauf

Mit den bis zu diesem Schritt ermittelten Daten wird der Rinnenquerschnitt in Tabellen oder mit einer speziellen Berechnungssoftware bemessen. Dabei sind Rinnenwinkel, die das Abflussvermögen der Rinne beeinflussen, bei der Berechnung zu berücksichtigen. So wird das Abflussvermögen bei Richtungsänderungen von mehr als 10° mit einem Reduktionsfaktor von 0,85 abgemindert.

Die Größenbestimmung gilt für waagrecht verlegte Rinnen, wobei eine Rinne bis zu einem Gefälle von 3 mm/m als Rinne „ohne Gefälle" gilt.

8. Arbeitsschritt: Bemessung des Ablauftrichters in Verbindung mit der Fallleitung

Nach der Rinnenbemessung werden abschließend die Ablauftrichter und Fallleitungen dimensioniert. Hierbei müssen einzubauende Laubfangkörbe sowie Fallleitungsverziehungen berücksichtigt werden.

Werden Laubfangkörbe eingesetzt, muss das berechnete Abflussvermögen der Rinnenabläufe um 50 % reduziert werden. Bei Fallleitungen mit einer Fallleitungsverziehung von weniger als 10° wird das Abflussvermögen wie bei einer liegenden Leitung mit einem Füllungsgrad von h/di = 0,7 berechnet.

Bei strömungsungünstigen, relativ flachen Rinnen sind u.U. Wasserfangkästen vorzusehen, die das Abflussvermögen der Entwässerung erhöhen.

1.2.8 Beispiele für die Rinnenbemessung

Der für die Rinnenbemessung zu ermittelnde Wert ist der sogenannte Regenwasserabfluss, gemessen in Liter pro Sekunde (Formelzeichen Q, in l/s). Er bildet sich aus der Berechnungsregenspende bzw. der Jahrhundertregenspende (Formelzeichen $r_{T/Tn}$), der im Grundriss projizierten Niederschlagsfläche sowie dem Abflussbeiwert.

Die Berechnungsregenspende ist die örtliche Fünfminutenregenspende, die einmal in 5 Jahren ($r_{(D, T)}$) zu erwarten ist. Alle Regenwasserfall-, Sammel- und Grundleitungen werden nach diesem Wert bemessen.

Die Entwässerungs- und Notüberlaufsysteme müssen gemeinsam mindestens das am Gebäudestandort über 5 Minuten zu erwartende Jahrhundertregenereignis entwässern können ($r_{5/100}$), damit das Gebäude vor Durchfeuchtung geschützt ist. Dies gilt insbesondere für Dächer, die über innen liegende Rinnen entwässert werden. Die Einheit der Regenspenden wird in Liter pro Sekunde und Hektar angegeben (l/[s·ha]).

Bei aktuellen Messungen in ganz Deutschland wurden deutlich unterschiedliche Regenspenden festgestellt. Aus diesem Grund wird für die Bemessung der Entwässerungsanlage nicht mehr die übliche pauschale Regelung mit r = 300 l/(s·ha) für ganz Deutschland angewendet, sondern die Werte der neuen statistischen Erhebungen. Diese Werte werden in die Formel für die Berechnung des Regenwasserabflusses eingesetzt. Sie können bei den örtlichen Behörden und beim Deutschen Wetterdienst angefordert oder der DIN 1986-100 und den aktuellen Fachinformation im Rahmen der Fachregeln entnommen werden.

Die Formel für die Berechnung des Regenwasserabflusses lautet:

$$Q = r_{(D,T)} \cdot C \cdot A \cdot 1/10.000$$

Q Regenwasserabfluss in l/s

$r_{(D,T)}$ Berechnungsregenspende in l/(s · ha)
– im Normalfall die regionale Fünfminutenregenspende, die einmal in 5 Jahren erwartet werden muss.

C Abflussbeiwert
– 1,0 für alle nicht Wasser speichernden Dachflächen, unabhängig von der Neigung des Daches

A Im Grundriss projizierte Niederschlagsfläche in m^2

D Regendauer in Minuten

T Jährlichkeit des Regenereignisses

1. Arbeitschritt: Entwässerungskonzept

Vorgesehen ist eine vorgehängte halbrunde Dachrinne mit einem trichterförmigen Ablauf. Der Notüberlauf erfolgt über die Rinnenvorderkante.

Jede Dachfläche mit einer in das Gebäude abgeführten oder am Gebäude verlaufenden Entwässerung muss mindestens einen Ablauf und einen Notüberlauf mit freiem Abfluss über die Gebäudefassade erhalten.

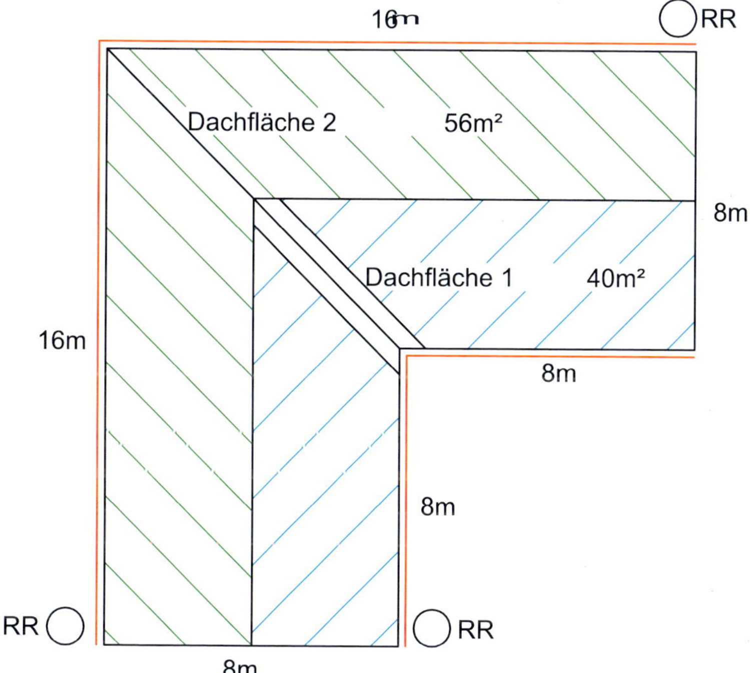

Abb. 1.50: Beispiel vorgehängte, halbrunde Rinne am Winkelbungalow mit Verteilung der Abflüsse

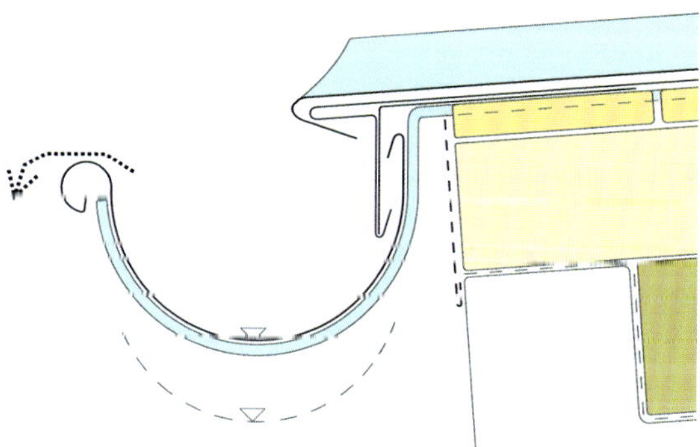

Abb. 1.51: Notüberlauf bei vorgehängten Rinnen über die Rinnenvorderkante

Bei der vorgehängten Rinne ist die Notüberlauffunktion unproblematisch, da das überlaufende Niederschlagswasser schadlos über die Rinnenvorderkante abgeführt werden kann. Deshalb ist besonders darauf zu achten, dass die Rinnenvorderkante (Rinnenwulst) tiefer angeordnet wird als der zum Gebäude gewandte Wasserfalz.

2. Arbeitsschritt: Ermittlung der am Gebäudestandort zu erwartenden Regenereignisse

örtlicher Berechnungsregen laut Wetterdaten z. B.:

$r_{5/5}$ = 312 l/(s·ha)

Ort	Dachflächen	
	Regendauer D = 5 min	
	Berechnungsregen in l/(s·ha)	Jahrhundertregen l/(s·ha)
	$r_{(5/5)}$	$r_{(5/100)}$
Musterstadt	312	610

3. Arbeitsschritt: Verteilung der Abflüsse in der vorgegebenen Entwässerungskonzeption

(Siehe Verteilung der Abläufe in Abb. 1.50)

4. Arbeitsschritt: Ermitteln der wirksamen Niederschlagsfläche und Teilstrecken-Längen der Rinne (siehe Tabelle 1.13)

5. Arbeitsschritt: Berechnung des Regenwasserabflusses

$$Q = r_{(D,T)} \cdot C \cdot A \cdot 1/10.000$$

$$Q \text{ Fläche 1} = \frac{312 \text{ l/(s} \cdot \text{ha)} \cdot 1 \cdot 80 \text{ m}^2}{10.000 \text{ m}^2\text{/ha}} = 2{,}50 \text{ l/s} > \text{für Rinne 1}$$

$$Q \text{ Fläche 2} = \frac{312 \text{ l/(s} \cdot \text{ha)} \cdot 1 \cdot 56 \text{ m}^2}{10.000 \text{ m}^2\text{/ha}} = 1{,}75 \text{ l/s} > \text{für Rinne 2/1}$$
$$= 1{,}75 \text{ l/s} > \text{für Rinne 2/2}$$

Tabelle 1.13: Auswertung des Berechnungsbeispiels Vorgehängte halbrunde Rinne

Flächen	**Teilstrecke**	**A (m²)**	**r (l/[s·ha])**	**C**	**Rinnenlänge**	**n-Rinnenwinkel (Stück)**	**Q**
Dachfläche 1	Rinne 1	80	312	1	16 m	1 St. (Beiwert 0,85)	2,5 l/s
Dachfläche 2	Rinne 2/1	56	312	1	16 m	0	1,75 l/s
Dachfläche 2	Rinne 2/2	56	312	1	16 m	0	1,75 l/s

6. Arbeitsschritt: Bemessung des Rinnenquerschnitts (siehe Tabelle 1.14)

Tabelle 1.14: Abflussvermögen von halbrunden Rinnen ohne Gefälle

L	Nennmaß 400				
	Q	anschließbare Dachfläche bei einer Regenspende r in l/(s·ha)			
		250	300	350	400
m	l/s	m²	m²	m²	m²
16	4,05	162	135	116	101
Rinne 1					

L	Nennmaß 333				
	Q	anschließbare Dachfläche bei einer Regenspende r in l/(s·ha)			
		250	300	350	400
m	l/s	m²	m²	m²	m²
16	2,24	90	75	64	56
Rinnen 2					

Für die Rinnenabschnitte der Fläche 1 ergibt sich das Nennmaß 400 (5-teilig). Sollten sich in anderen Situationen unterschiedliche Abmessungen für die zusammenhängenden Rinnenabschnitte ergeben, ist die Dachrinne insgesamt für das größere Nennmaß auszulegen. Aus Symmetriegründen werden üblicherweise auch die Rinnen mit dem gleichen Nennmaß ausgelegt, für die eine kleinere Abmessung ausreichen würde. Eine genauere Betrachtung der anderen Dachrinnenteile erubrigt sich.

Einfluss des Rinnenwinkels

Das für die Dachfläche 1 ermittelte Abflussvermögen muss aufgrund der 90°-Richtungsänderung der Strömung im Bereich der Fallleitung mit einem Reduktionsfaktor von 0,85 abgemindert werden.
Q-Rinne 4,05 · 0,85 (Beiwert Rinnenwinkel) = 3,44 l/s

Trotz der Abminderung kann der geforderte Volumenstrom von 2,5 l/s in der Rinne mit dem Nennmaß 333 problemlos transportiert werden.

Durch zusätzliche Fallleitungen oder geschickt angeordnete Abläufe können Rinnenlängen verändert werden. Auf diese Weise besteht die Möglichkeit, das Abflussvermögen zu erhöhen und Rinnen kleiner zu dimensionieren. In diesem Beispiel ist es sinnvoll, ein zusätzliches Fallrohr zur Fläche 1 vorzusehen.

7. Arbeitsschritt: Bemessung des Ablauftrichters in Verbindung mit der Fallleitung

Im 5. Arbeitsschritt wurden Regenwasserabflüsse von 2,5 l/s für Rinne 1 und 1,75 l/s für Rinne 2 ermittelt. Laut Tabelle 1.15 werden für beide Rinnen Fallleitungen mit einem Innendurchmesser von 100 mm und einem trichterförmigen Rinneneinhangstutzen zugeordnet. Bei der Montage des Trichterstutzens ist darauf zu achten, dass der Ausschnitt der Rinne entsprechend groß genug ausgeführt wird. Zu kleine Ausschnitte verringern den Querschnitt und vermindern das Abflussvermögen. Hier ist die Verwendung einer Schablone sinnvoll.

Wird der Rinneneinhangstutzen auch als Bewegungsausgleicher benutzt und steht damit nicht mehr der volle Einlaufquerschnitt am Stutzen zur Verfügung, ist dies bei der Bemessung zu berücksichtigen.

Tabelle 1.15: Abflussvermögen „Q" von runden Regenfallleitungen bei freiem Abfluss über Rinneneinhangstutzen

Rinne	**Fallleitung mit Rinneneinhangstutzen**	**Q**	Anschließbare Dachfläche **bei einer Regenspende r in l/(s · ha)**			
Nennmaße	di		250	300	350	400
	mm	l/s	m²	m²	m²	
Rinne 1						
400	**100**	**9,0**	**360**	**300**	**257**	**225**

Dieses Bemessungsbeispiel soll lediglich einen Einblick in die Bemessungsmethode darstellen. Für die genaue Bemessung der Dachentwässerung ist die Fachinformation „Bemessung von vorgehängten und innen liegenden Rinnen" anzuwenden. Fachinformation und Berechnungssoftware sind in einem Paket zusammengefasst.

Hinweis zu innen liegenden Rinnen

Anders als bei frei vorgehängten Rinnen kann das Niederschlagswasser bei innen liegenden Rinnen nicht gefahrlos über die Rinnenvorderkante abgeführt werden. Das bedeutet, dass überlaufendes Stauwasser in das Gebäude gelangen und große Schäden verursachen kann, sofern keine geeigneten Sicherheitsrichtungen vorgesehen sind. Zur Vermeidung von Bauschäden ist deshalb die Erstellung eines individuellen, projektbezogenen Entwässerungskonzeptes mit geeigneten Sicherheitseinrichtungen und einer ausreichenden Rinnendimensionierung besonders wichtig.

Die Verwendung einer speziellen Berechnungssoftware ist hier zu empfehlen. Der Vorteil einer EDV-unterstützten Rinnenberechnung liegt in der Fehlerminimierung bei den einzelnen Berechnungsschritten. Ablesefehler, wie sie bei der Verwendung von Tabellenwerken vorkommen können, sind hier ausgeschlossen. Ebenso werden die richtigen Arbeitschritte zur Bemessung der Rinnen durch die vorgegebene Berechnungsfolge – zwangsweise – eingehalten; die ausgegebenen Werte sind präziser.

Software zur Rinnenbemessung

- MF-Drain und weitere Programme von Markus Friedrich Datentechnik (www.friedrich-datentechnik.de)
- KOSTRA-DWD 2020R Dach (gültig seit dem 1.1.2023): Koordinierte Starkniederschlags-Regionalisierungs-Auswertungen für die Bemessung von wasserwirtschaftlichen Anlagen; itwh – Institut für technisch-wissenschaftliche Hydrologie GmbH (www.itwh.de); Deutscher Wetterdienst (www.dwd.de)

1.2.9 Regenwassernutzung

Regenwassermanagement stellt eine Notwendigkeit dar, denn sowohl bei Neubauten als auch beim Bauen im Bestand nimmt die Nutzung des Regenwassers einen immer wichtigeren Stellenwert in der Gebäudetechnik ein. Bereits heute errichten immer mehr Klempner-Fachbetriebe Regenwassernutzungsanlagen ein und halten sie regelmäßig instand.

Gerade im Bestand gibt es die Möglichkeit, bei Sanierungsmaßnahmen die Dachentwässerung vom Kanal abzukoppeln und das Regenwasser für die Gartenbewässerung zu nutzen oder in eine Versickerungsanlage auf dem Grundstück einzuleiten. In beiden Fällen spart der Kunde, abhängig von dem Gebührenmodell seiner Kommune, die Versiegelungsgebühr. Im Fall einer weitergehenden Nutzung können im Gebäude auch die Toiletten und die Waschmaschine angeschlossen werden. Dadurch ist eine ganzjährige Nutzung der Anlage möglich. Ist die Regenwassernutzung in Ein- und Zweifamilienhäusern bereits seit Jahren Stand der modernen Haustechnik, so kann derzeit eine zunehmende Nachfrage auch in Gewerbe- und Industriebetrieben verzeichnet werden. Dazu zählen sowohl der Betrieb von Sanitäranlagen sowie öffentlichen Einrichtungen bei Schulen, Büro- und Verwaltungsgebäuden als auch Fahrzeugwaschanlagen. Gründe dafür sind wachsendes Umweltbewusstsein und vor allem ständig steigende Kosten für Wasser und Abwasser.

Mit der Nutzung und Rückhaltung des Niederschlagswassers reduziert sich die kostspielige Aufbereitung zu Trinkwasser. Leitungssysteme und Abwasserreinigungsanlagen werden von zusätzlichem Fremdwasser entlastet. Regenwasser im Gebäude lässt sich hervorragend für die Toilettenspülung verwenden. Eine weitere gute Einsatzmöglichkeit besteht beim Wäschewaschen. Regenwasser ist sehr weiches Wasser, was weniger Kalkablagerungen in der Maschine und einen geringeren Waschmittelverbrauch bedeutet. Mittlerweile wird der Einbau von Anlagen zur Regenwassernutzung von einigen Kommunen unterstützt. Entsprechende Auskünfte über die Fördermöglichkeiten vor Ort können bei Bau- und Umweltämtern der zuständigen Kommune erfragt werden.

Abb. 1.52: Das aus der Dachentwässerung gesammelte Niederschlagswasser wird durch einen Filter in den Speicher geleitet. Der Regenwassermanager im Technikraum sorgt für die korrekte Verteilung und Nachspeisung.

Abb. 1.53: Die Kosten einer Regenwassernutzungsanlage für einen 4-Personen-Haushalt liegen bei etwa 4.000 Euro.

Aufbau der Anlage

Der Aufbau einer Regenwassernutzungsanlage sieht wie folgt aus: Das in den Rinnen und Fallrohren gesammelte Niederschlagswasser wird durch einen Filter in den Speicher geleitet. Je nach Platzverhältnis erlauben unterschiedliche Speicherausführungen einen Einbau sowohl innerhalb als auch außerhalb des Hauses. Durch eine beruhigte Zuführung des Regenwassers können sich Schmutzstoffe am Boden des Speichers ablagern, was zu einer weiteren Qualitätsverbesserung des Wassers führt. Um bei vollem Speicher ein Überlaufen zu vermeiden, muss ein Anschluss zum Kanal oder besser zu einer Versickerungseinrichtung eingebaut werden. Durch eine automatische Füllstandserfassung und Nachspeisung wird die Versorgung bei leerem Speicher durch die Einspeisung von Trinkwasser sichergestellt. Dabei erfolgt die Trinkwassernachspeisung bedarfsgerecht, d.h., es wird nur so viel Trinkwasser zugeführt, wie auch benötigt wird.

Die Kosten einer Regenwassernutzungsanlage für einen 4-Personen-Haushalt liegen bei etwa 4.000 Euro. Betrachtet man den durchschnittlichen Wasserverbrauch und das mögliche Einsparpotenzial durch einen verantwortungsbewussten Umgang mit Wasser sowie der Regenwassernutzung, so ergeben sich hier erhebliche Einsparungen durch den reduzierten Trinkwasserverbrauch: Eine Person benötigt durchschnittlich 128 l Wasser am Tag. Durch den Einsatz von Regenwasser im Haus können 50 % Trinkwasser eingespart werden.

Betriebssicherheit

Was für andere Haustechniken gilt, bestätigt sich auch bei der Regenwassernutzung: Die Betriebssicherheit ist maßgeblich von der richtigen Planung, Ausführung und Instandhaltung abhängig. Und hier ist der Profi gefragt. Die DIN 1989-1 „Regenwassernutzung" bildet die Grundlage zur sorgfältigen Planung. Auch die technische Weiterentwicklung der Produkte zur Regenwassernutzung hat erheblich zum sicheren Betrieb der Anlagen beigetragen. Zudem wurden immer mehr Funktionen in immer weniger Komponenten zusammengefasst. Unterdessen besteht eine moderne Regenwassernutzungsanlage lediglich aus 2 Hauptkomponenten: dem Regenspeicher mit integrierten Einbaukomponenten und dem „Regenwasser-Manager" mit der Pumpe und der Trinkwassernachspeisung, der im Haustechnik-Raum installiert wird.

Planung der Anlage

Die Planung der Anlage beginnt bereits bei der Auswahl der Auffangflächen, die für die zu erzielende Wasserqualität geeignet sein müssen. Wenn das Regenwasser für die Toilettenspülung oder die Waschmaschine im Wohnbereich genutzt werden soll, ist das Dach des Hauses als Auffangfläche zu bevorzugen. Hingegen kann für industrielles Prozesswasser durchaus das Wasser der Parkplätze und Hofflächen geeignet sein. Das Dachmaterial selber spielt ebenfalls eine Rolle. Tonziegel und Betondachsteine sind z.B. nahezu uneingeschränkt geeignet. Metalldächer bieten hohe Regenerträge durch ihre glatte Struktur. Dächer hingegen, die mit Bitumen eingedeckt sind, sorgen i.d.R. für eine dauerhaft gelbliche Einfärbung des Betriebswassers. Auch bei Gründächern muss berücksichtigt werden, dass es zu geringen Einfärbungen kommen kann. Auffangflächen, die nicht geeignet sind, sollten zur Nutzung nicht herangezogen werden.

Im Zulauf des Regenspeichers ist der Filter installiert, der das Regenwasser von der Schmutzfracht trennt. Die meisten Filter sind so konstruiert, dass der Schmutz mit einem Restanteil des Regenwassers direkt in die Kanalisation oder in die Versickerung eingeleitet wird.

Regenwasserspeicher

Die Speicherung des Regenwassers findet bei den meisten Anlagen im Erdreich statt. Die Behälter können aus unterschiedlichen Werkstoffen beschaffen sein. Bewährt haben sich bei kleineren Behältern bis zu 10 m³ die Werkstoffe Beton und Kunststoff. Größere Anlagen ab 50 m³ bis 600 m³ werden mit gekoppelten Behältern oder Speichern aus Betonfertigteilen ausgerüstet. Wenn die Regenspeicher für größere Anlagen Wassermengen zwischen 50 und 500 m³ speichern sollen, kommt meist eine Betonzisterne zur Anwendung. Wichtig ist, dass die Behälter zugänglich sind. So ist der Domschacht über die Geländeoberkante zu führen. Eine regelmäßige Inspektion und die Reinigung des Behälters nach 10 Jahren sind absolut hinreichend.

Der Regenwasser-Manager ist i.d.R. im Haustechnikraum installiert. Je nach Entfernung zum Regenspeicher wird das Regenwasser durch eine Pumpe dem Regenspeicher angesaugt oder bei größeren Entfernungen und Volumen-

Abb. 1.54: Der Metalldachfilter Hydrosystem 400 reinigt den abgeführten Niederschlag bis 130 m².

Abb. 1.55: Das System wird im Erdreich entweder vor einer Zisterne, Rigole oder vor einem Versickerungsschacht montiert.

strömen durch eine zusätzliche Tauchpumpe dem Regenwasser-Manager zugefördert. Von hier wird das Betriebswasser in der separaten Betriebswasserleitung zu den Entnahmestellen gepumpt.

Die intelligente Steuerung der Regenwassernutzungsanlage überwacht den Füllstand im Regenspeicher und sorgt dafür, dass bei Regenwassermangel Trinkwasser über den „Freien Auslauf" gemäß DIN EN 1717 in die Regenwassernutzungsanlage eingespeist wird. Die Pumpe kann dann das Wasser wahlweise aus dem Regenspeicher oder aus dem Zwischenspeicher für Trinkwasser entnehmen, je nachdem, wie die Steuerung den Füllstand im Regenspeicher ermittelt.

1.2.10 Regenwasserversickerung

Die Kombination von Regenwassernutzung und Regenwasserversickerung wirkt sich positiv auf die Umwelt aus und bietet technische Vorteile. Regenwassernutzungsanlagen sparen Trinkwasser und tragen somit zur Schonung der Wasserressourcen bei. Die Versickerung von Regenwasser ermöglicht die Abkopplung vom Kanalnetz, begünstigt den Wasserhaushalt und ist vorteilhaft bei Starkregen.

Wesentliche Vorteile entstehen für die Anwender durch die vollständige Abkopplung vom öffentlichen Kanalnetz, weshalb bei der Planung die Höhenlage der Kanalisation nicht mehr berücksichtigt werden muss.

Dadurch ergeben sich mehr Freiheiten bei der Planung. Zudem entfällt die notwendige Sicherung der Anlage gegen Rückstau aus dem Kanal. Durch die gemeinsame Ausführung von Regenwassernutzungs- und Regenwasserversickerungsanlage können demnach Baukosten eingespart und die Abwassergebühren und -beiträge gesenkt werden.

Filtersysteme

Vom Regenwasser mitgeführte und angeschwemmte Feinstpartikel und Schadstoffe sollten möglichst nicht in eine Versickerungsanlage gelangen. Feinstpartikel würden langfristig zu einer Verschlammung der Anlage führen, Schadstoffe könnten das Grundwasser gefährden. Durch eine vorgeschaltete Regenwassernutzungsanlage werden im Filter sowie durch Sedimentation im Speicher Feinstpartikel abgeschieden und gelöste Schadstoffe durch Fällung und Sorption im Speichersediment gebunden. Aufgrund der qualitativen Verbesserung des Wassers in der Regenwassernutzungsanlage kann der Überlauf bei ausreichenden Grundwasserabständen auch unterirdisch versickert werden. In manchen Fällen wird darüber hinaus durch eine vorgeschaltete Regenwassernutzungsanlage eine Versickerung in wasserwirtschaftlich sensiblen Gebieten somit überhaupt erst vertretbar. Hier 3 typische Kombinationsmöglichkeiten:

1. Regenwassernutzung mit nachgeschalteter Versickerungsmulde

Das nicht nutzbare Überlaufwasser des Regenwasserspeichers wird einer flachen Versickerungsmulde zugeführt. Vorteilhaft ist die einfache Bauausführung, die Versickerung über eine belebte Bodenschicht, die Möglichkeit zur Versickerung auch bei hohen Grundwasserständen sowie die Wartungsfreundlichkeit. Voraussetzungen sind ein ausreichendes Platzangebot und geeignete Gefälleverhältnisse.

2. Regenwassernutzung mit nachgeschalteter Rohrrigole

Das Überlaufwasser des Regenwasserspeichers wird einer Versickerungsrigole zugeführt. Rigolen sind mit Schotter oder Kies gefüllte und mit Boden überdeckte Körper. Sie werden eingesetzt, wenn die Flächen zum Bau einer Mulde nicht ausreichen oder der Speicherüberlauf zu tief unter dem Gelände liegt.

3. Regenwassernutzung mit Versickerungsspeicher

Das Überlaufwasser des Regenwasserspeichers wird einer Versickerungsrigole zugeführt, die in der Grube, die beim Aushub für den Regenwasserspeicher entstanden ist, angelegt wird. Diese Variante ist platzsparend, erfordert aber einen ausreichend großen Grundwasserabstand. Die Systeme werden von Herstellern komplett angeboten.

Der umweltgerechte Umgang mit Regenwasser ist, anders als beim Trinkwasser, in den einzelnen Bundesländern unterschiedlich geregelt. In den meisten Ländern ist die Versickerung genehmigungsfrei möglich, sofern eine Gefährdung des Grundwassers auszuschließen ist.

Um diesen Anforderungen gerecht zu werden, entwickelte die Firma 3P Technik GmbH einen speziellen Regenwasserfilter „Hydrosystem 400 metal" für den Einbau ins Erdreich. Er eignet sich für den Anschluss von Dachflächen bis 130 m^2 und besitzt hierfür eine Bauartzulassung gemäß Art. 41fBayWG, Zulassungsnummer LfU BY-41f-2010/2.1.0. Diese bescheinigt bei Metalldachanlagen einen mittleren Rückhalt bei Zink von mehr als 90 %

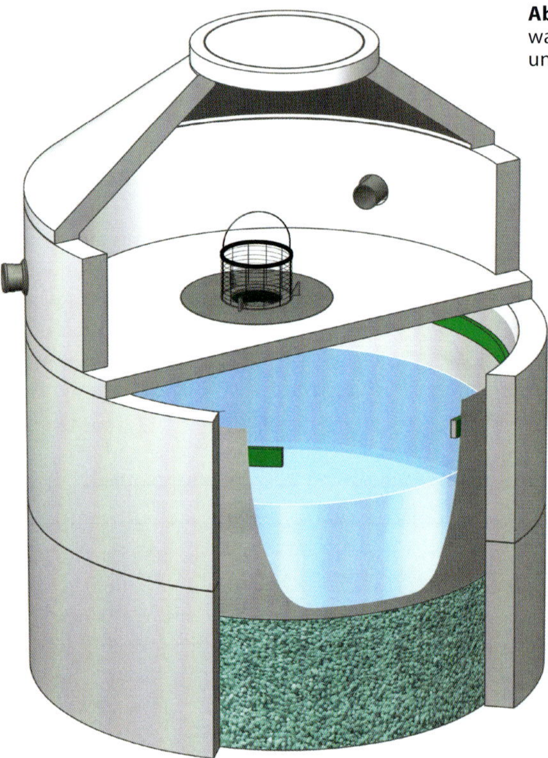

Abb. 1.56: Der Tecto MVS filtert Ablaufwasser unbeschichteter Metalldeckungen und ist bauartzugelassen (LfU).

und bei Kupfer von mehr als 98 %. Da dieser Filtertyp mit einem Aufstromverfahren arbeitet, entsteht kaum eine Höhendifferenz vom Zulauf zum Ablauf. Verfahrensbedingt und aufgrund der Lage des Filtereinsatzes unterhalb der Wasserlinie verschlammt der Filter nur sehr langsam und ist im Bedarfsfall leicht austauschbar.

Eine weitere Möglichkeit zur Filterung von Ablaufwasser unbeschichteter Metalldeckungen aus Kupfer, Zink oder Blei bietet das System Tecto MVS der Firma Mall. Es ist vom Bayerischen Landesamt für Umwelt bauartzugelassen und eignet sich für Dachflächen von 70 bis 600 m². Der Versickerungsschacht ist mit einem mehrstufigen Filter aus Granulatschicht (Ionenaustauscher), Geotextilflies und Spaltsiebfilter ausgestattet.

1.3 Kehlen

Als Kehlen bezeichnet man Wasser führende Verschneidungslinien von Dachflächen. Sie haben die Aufgabe, das Niederschlagswasser sicher zur Dachrinne abzuleiten. Die Ausführung von Kehlen richtet sich nach der Art der Dachdeckung, der Neigung der Dachflächen, der Kehlneigung, den baulichen Gegebenheiten und den örtlich auftretenden Niederschlagsmengen. Die nachstehenden Abbildungen zeigen verschiedene Ausführungsvarianten für die unterschiedlichen projektspezifischen Anforderungen.

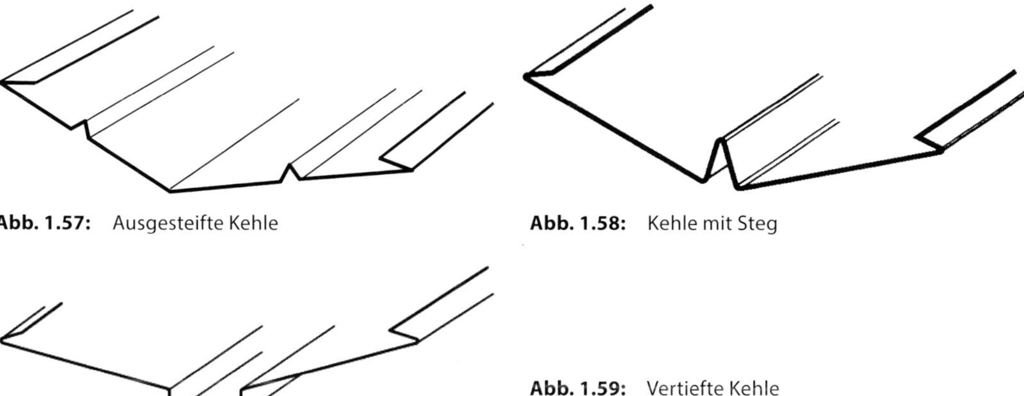

Abb. 1.57: Ausgesteifte Kehle

Abb. 1.58: Kehle mit Steg

Abb. 1.59: Vertiefte Kehle mit kastenförmigem Wasserlauf

Das Standard-Kehlprofil mit einer Kantung und Wasserfalzen an jeder Seite wird bei Metall-, Ziegel- oder Pfannendeckungen eingesetzt. Ein Nachteil dieses Kehlenprofils ist jedoch die geringe Stabilität. So wird durch Transport, Montage oder Eindecken mit Dachsteinen oft der Wasserfalz niedergedrückt. Ein Schutz gegen auftreibendes Wasser ist an diesen Stellen somit nicht mehr gegeben. Besser, jedoch etwas aufwändiger, ist die Verwendung von ausgesteiften Kehlen. Zusätzliche Kantungen machen das Profil stabiler und schützen vor Deformierungen.

Kehlen mit mittlerem Steg werden bei Verschneidungen von Dachteilen mit unterschiedlichem Gefälle eingesetzt. Der angekantete Steg verhindert bei Starkregenereignissen das Einschießen des Niederschlagswassers vom steilen in den flachen Dachteil. Der Steg sollte etwa 60 bis 80 mm hoch ausgeführt werden.

Bei Dachteilen mit unterschiedlichem Gefälle und Kehlneigungen von weniger als 15° werden vertiefte Kehlen eingesetzt.

Die Kehlenvertiefung beträgt mindestens 20 mm und der gesamte Wasserlauf mindestens etwa 80 mm.

Kehlen mit Schichtstücken, sogenannte Nocken, können bei Deckungen ab einer Kehlneigung von 25° verwendet werden. Die Länge und Breite der Nocken richtet sich nach den Abmessungen des Deckwerkstoffes. Die Überdeckung der Nocken untereinander beträgt mindestens 140 mm bei Dachneigungen über 45° und bei Dachneigungen unter 45° mindestens 160 mm.

Befestigung von Kehlen und Stoßverbindungen

Grundsätzlich ist bei der Befestigung der Kehlen zu beachten, dass die freie temperaturbedingte Längendehnung der einzelnen Bauteile ermöglicht wird. Deshalb sollten die Kehlbleche indirekt mittels Haften befestigt werden.

Bei Kehlen von mehr als 8 m Länge, deren Stöße wasserdicht, z.B. durch Löten, Schweißen, Nieten und Doppelfalzung mit Dichteinlage, ausgeführt werden müssen, ist der Einbau von Dehnungsausgleichselementen erforderlich. Die häufigste Verwendung finden Dehnungselemente mit Dilatationsstreifen aus Synthesekautschuk.

Die Stoßverbindungen können ab einer Kehlneigung von 15° als einfache Überdeckungen mit angereiften Kanten erstellt werden. Durch das Anreifen der Blechkanten verhindert man das Eindringen von Niederschlagswasser durch Kapillarwirkung.

Die Überdeckung der Kehlbleche ist abhängig von der Kehlneigung. Sie beträgt mindestens 100 mm bei einer Kehlneigung über 22° und mindestens 150 mm unter 22°. Bei einer Kehlneigung unter 15° werden die Kehlenstöße wasserdicht miteinander verbunden.

In den meisten Fällen wird die Gradzahl der Dachneigung angegeben. Sie darf jedoch nicht mit der Gradzahl der Kehlneigung verwechselt werden. Die Kehlneigung ist immer kleiner als die Dachneigung.

Stoßverbindungen von Kehlen im Überblick:

Ab Kehlneigung ≥ 15° können einfache Überdeckungen mit angereiften Kanten erstellt werden.

Die Überdeckungen der Kehlbleche untereinander betragen:

- bei Kehlneigung ≥ 22° mindestens 100 mm,
- bei Kehlneigung < 22° mindestens 150 mm,
- bei Kehlneigung < 15° wasserdichte Verbindung.

Kehlen mit ebenem Wasserlauf kommen bei Kehlneigungen 15° zur Anwendung. Nahtverbindungen bei Kehlneigung < 15° müssen wasserdicht erstellt werden.

1.3.1 Kehlen an Metalldächern

Für die unterschiedlichen Bausituationen an Metalldächern sind entsprechende Kehlausführungen erforderlich. Diese sind stets abhängig von der jeweiligen Kehlneigung. Dabei ist insbesondere zu beachten, dass die Kehlneigung grundsätzlich geringer ist als die Dachneigung. Für die Verbindungen der einzelnen Kehllängen ergeben sich hieraus bei

> 25° einfacher Querfalz,
> 10° einfacher Querfalz mit Zusatzfalz,
> 7° doppelter Querfalz (ohne Dichtband),
< 7° wasserdichte Ausführung.

Die Bauarten bzw. Querschnitte der Kehlen sind in Tabelle 1.16 dargestellt.

Die Kehlneigung ist grundsätzlich geringer als die Dachneigung.

Tabelle 1.16: Kehlausführungen an Metalldächern

Kehlneigung	Kehlausbildung	Abbildung
≥ 3°	Vertiefte Kehle mit Traufeneinhangblech. Zur Ableitung des Niederschlagswassers und dehnungstechnisch die optimale Ausführung – konstruktiv jedoch aufwändiger.	
≥ 7°	Kehlausführung mit beidseitigem, doppeltem Kehlfalz. Da durch die niedergelegten Falze keine Dehnungsbewegung möglich ist, ist die Kehllänge auf 6 m zu begrenzen.	
≥ 10°	Die Verbindung mit der Kehlschar durch den einfachen Falz mit Zusatzfalz ermöglicht die freie Längendehnung der Schare.	
≥ 25°	Kehlschar mit einfachem Falz (gute Ausdehnung)	

1.4 Dachrandabschlüsse und Abdeckungen

Dachrandabschlüsse und Mauerabdeckungen aus Metall haben die Aufgabe, das Niederschlagswasser kontrolliert abzuleiten, umso Bauwerksteile vor Durchfeuchtung und Verunreinigung zu schützen. Sie werden auch als architektonisches Gestaltungsmittel eingesetzt.

1.4.1 Dachrandabschlüsse

Unter Dachrandabschlüssen versteht man die Ausbildung der Dachdeckung oder der Dachdichtung am Dachrand. Hierzu zählt auch der Ortgang, der den Schnittpunkt von Dach und Giebelwand bildet. Dachrandabschlüsse werden oft mit Metallprofilen verwahrt, da sie den besten Schutz vor Witterungseinflüssen, insbesondere vor Sturm, bieten. Zudem hat man durch die Anpassungsfähigkeit und die vielfältigen Oberflächen der Metallwerkstoffe viele Variationsmöglichkeiten zur optischen Gestaltung.

Abb. 1.60

Abb. 1.61

Abb. 1.62

Abb. 1.60 bis 1.63: Verschiedene Dachrandabschlüsse

Da an Dachkanten besonders starke Windlasten zu erwarten sind, ist die sichere Befestigung der Metallprofile hier besonders wichtig. Auch die schadlose temperaturbedingte Längendehnung muss bei der Montage berücksichtigt werden. So sollten grundsätzlich alle Dachrandabschlüsse und Abdeckungen beweglich auf den entsprechenden Haltekonstruktionen befestigt werden. Sichtbare direkte Befestigungen sind unzulässig!

Abdeckungen von Randabschlüssen können mit selbsttragenden, gekanteten Klempnerbauteilen oder Industrieprofilen auf korrosionsgeschützten Haltebügeln oder Haltern befestigt werden. Für Dachrandausbildungen mit nicht selbsttragenden Profilen sind weitgehend vollflächig tragende Unterkonstruktionen erforderlich. Dachrandabschlüsse aus Metall können je nach Art der Dachdeckung und der architektonischen Gestaltung ein- oder mehrteilig ausgeführt werden. Die Abb. 1.66 bis 1.68 zeigen Konstruktionsvarianten für die unterschiedlichen Dachdeckungen.

Damit Dachrandausbildungen den gewünschten Schutz vor Durchfeuchtung bieten und Verschmutzungen von Wänden durch ablaufendes Niederschlagswasser weitgehend vermieden werden, sind einige konstruktive Regeln zu beachten. So sind in Abhängigkeit von der Gebäudehöhe und des

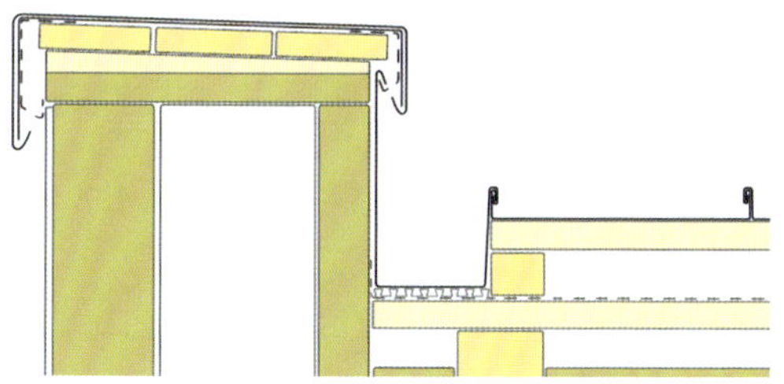

Abb. 1.64: Indirekt befestigte Mauerabdeckung

Abb. 1.65: Sichtbare direkte Befestigung, nicht erlaubt

verwendeten Metallwerkstoffes Überdeckungen der Unterkonstruktion, Abstände zum Mauerwerk, Gefällekonstruktionen und besondere Profilformen erforderlich.

Dabei sind folgende Richtwerte für Abstände und Höhen am Dachrand zu berücksichtigen:

- **Gebäudehöhe < 8 m**
  Höhe h_1: ≥ 25 mm
  Höhe h_2: ≥ 50 mm
- **Gebäudehöhe 8 bis 20 m**
  Höhe h_1: ≥ 25 mm
  Höhe h_2: ≥ 80 mm
- **Gebäudehöhe > 20 m**
  Höhe h_1: ≥ 25 mm
  Höhe h_2: ≥ 100 mm

Dachneigung > 5°: h_1 = 50 mm über wasserführende Ebene
Dachneigung ≤ 5°: h_1 = 100 mm über wasserführende Ebene

Der Richtwert für den Abstand Tropfkante vom Bauwerk beträgt ≥ 20 mm. Im Regenwasser mitgeführte Schmutzteilchen und Metalloxide, insbesondere bei Kupfer, können Ablaufspuren hervorrufen. Größere Abstände der Tropfkanten von 30 bis 50 zum fertigen Putz reduzieren die Verschmutzungsneigung und sind daher zu empfehlen.

An besonders zu schützenden Außenwänden (z.B. an weiß verputztem Mauerwerk) sollten Dachrandausbildungen deshalb mit Gefälle zum Dach ausgeführt werden und eine wandseitige Aufkantung an der Abdeckung aufweisen.

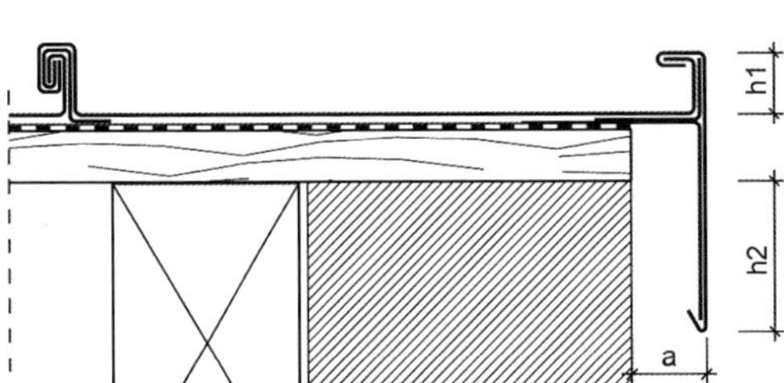

Abb. 1.66: Ortgang Metalldach, Blende winkelrecht eingefalzt

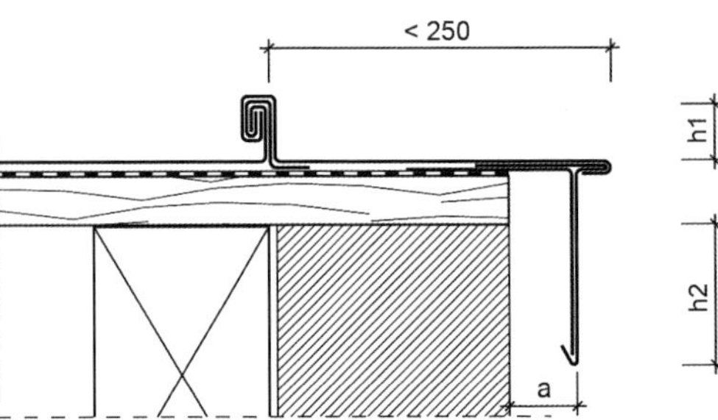

Abb. 1.67: Ortgang Metalldach, waagerecht mit Einhängeblech

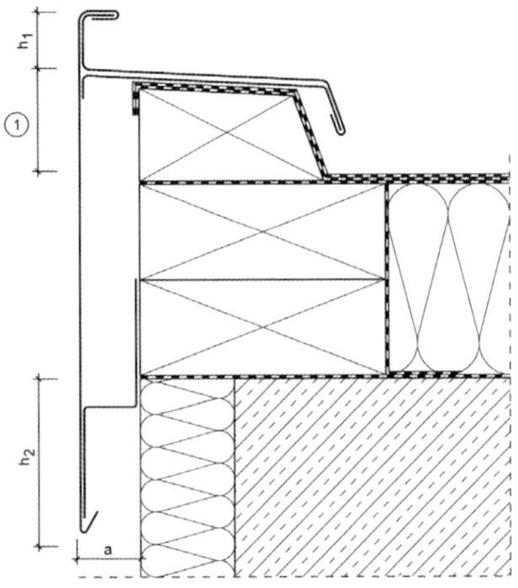

① Bei „Ortgang Flachdachabdichtung mit Metallabschluss" ist h_3 bei > 5° Neigung 50 mm und bei ≤ 5° Neigung 100 mm über wasserführendem Belag (Kies o. Ä.)

Abb. 1.68: Ortgang Flachdach mit hochgeführter Dachabdichtung und Metalldeckung

1.4.2 Abdeckungen

Abdeckungen von Bauwerksteilen findet man an Dachrandabschlüssen, frei stehenden Mauern, Gesimsen, Sockeln und Fenstern. Die Ausführung von Abdeckungen kann je nach Zuschnitt und Form ein- oder mehrteilig erfolgen. Die Abdeckungen sollten entweder ein ausreichendes Gefälle zur Dachseite aufweisen oder zu der Seite, die nicht dem Schlagregen oder einem erhöhten Windanfall ausgesetzt ist. Ist konstruktiv nur sehr geringes oder kein Gefälle möglich, kann eine Aufkantung an der Abdeckung der zu schützenden Seite einer Wandfläche ein Ablaufen des Niederschlagswassers verhindern. Für die Abstände der Tropfkanten vom Mauerwerk und die notwendige Überdeckung der Mauer siehe Richtwerte auf Seite 63.

Unterschieden werden die Abdeckungen in Abhängigkeit von der Werkstoffdicke und der Profilform in selbsttragende und nicht selbsttragende Profile.

Als selbsttragende Abdeckungen werden sowohl werkstattmäßig als auch industriell hergestellte Profile mit dem erforderlichen Zubehör zur Verbindung und Befestigung verwendet. Die Befestigung auf dem Untergrund erfolgt mittels korrosionsgeschützter Haltebügel, die die temperaturbedingte

Abb. 1.69: Durch ablaufendes Niederschlagswasser von Kupferbauteilen stark verunreinigte Außenwand

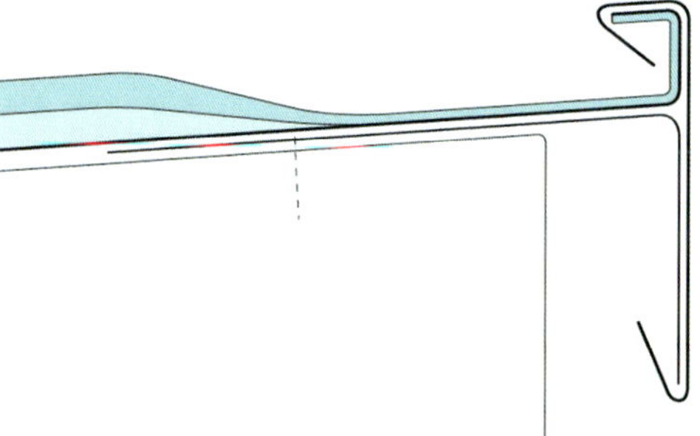

Abb. 1.70: Beispiel für Dachrandausbildungen an besonders zu schützenden Außenwänden

Abb. 1.71: Industriell hergestellte Systemabdeckung (Unterkonstruktion)

Abb. 1.72: Industriell hergestellte Systemabdeckung

Längendehnung der Abdeckung ermöglichen. Der Abstand der Haltebügel auf dem Untergrund richtet sich nach den örtlichen Windlasten.

Die Verbindung der Abdeckungen kann mittels unterlegter Wasser abführender Stoßbleche erfolgen. Hierbei ist ein Dehnungsabstand vorzusehen, der individuell errechnet wird (siehe Kapitel 1.1).

Nicht selbsttragende Abdeckungen werden auf Unterkonstruktionen wie Mauerwerk, Holzbohlen oder Beton montiert. Die thermische Längenänderung dieser Abdeckungen kann durch die indirekte Befestigung auf der Unterkonstruktion mit geschraubten oder genagelten Vorstoßblechen, Flachprofilen oder Haftstreifen erfolgen.

Abdeckungen können auch mit Spezialklebern auf dem Untergrund befestigt werden. Vorteile bei Klebebefestigungen sind zum einen die schnelle Montage und zum anderen die deutliche Minimierung der Trommelgeräusche bei Starkregen oder Hagel. Wegen des „Antidröhneffekts" werden vorzugsweise Fensterbänke mit Spezialklebern befestigt. Das Kleben von Metallbauteilen in der Klempnertechnik ist Stand der Technik und hat sich seit vielen Jahren bewährt. Natürlich sind für die fachgerechte Anwendung der Metallkleber die Verarbeitungshinweise der jeweiligen Hersteller zu beachten.

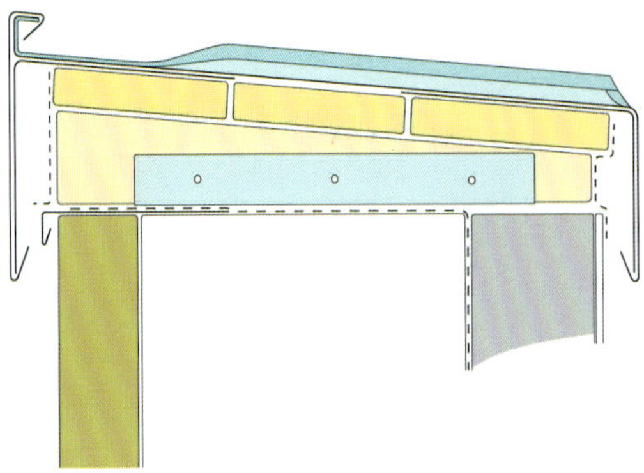

Abb. 1.73 Nicht selbsttragende Abdeckung auf einer Holzunterkonstruktion

Abb. 1.74 Aufkleben einer Gesimsabdeckung

Verbindungen

Die Verbindungen der Abdeckungen sollten Dehnungsbewegungen aufnehmen können. Da nicht selbsttragende Abdeckungen eine geringe Werkstoffdicke aufweisen, erfolgt die Verbindung vorzugsweise mit Stehfalzen. Jeder fachgerecht ausgeführte Stehfalz lässt Dehnungsbewegungen von etwa 3 bis 5 mm zu. Diese Verbindungstechnik ist zudem wirtschaftlich und optisch ansprechend. Werden Nähte genietet, gelötet oder geschweißt, sind Dehnungsausgleicher einzubauen.

Tabelle 1.17: Verbindungen von Abdeckungen

Verbindungen in Falztechnik bei kurzen Einzellängen	 Verschiedene Stehfalze in Abdeckungen
Verbindungen bei Maximallängen	 geschlossene Stoßverbindung mit Falzstreifen
	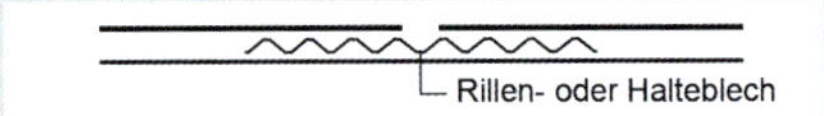 Rillen- oder Halteblech offene Stoßverbindung mit untergelegtem Blech
	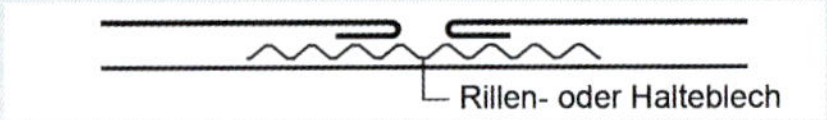 Rillen- oder Halteblech offene Stoßverbingung mit Umkantung und untergelegtem Blech
	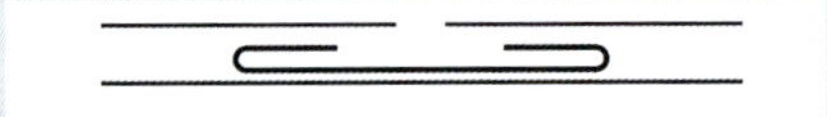 offene Stoßverbindung mit umgekantetem Unterlagsblech

Tabelle 1.18: Mindestdicken von Metallen

Werkstoff Metallbauteil	Aluminium	Kupfer	Verzinkter Stahl	Nichtrostender Stahl	Titanzink	Blei
Dachrandabschlüsse						
– nicht selbsttragend auf Unterkonstruktion	0,70 mm	0,60 mm	0,60 mm	0,40 mm	0,70 mm	2,00 mm
– selbsttragend auf Haltebügel	1,00 mm*	1,00 mm	0,80 mm	0,80 mm	1,00 mm	–
Dachanschlüsse	0,70 mm	0,60 mm	0,60 mm	0,40 mm	0,70 mm	1,25 mm
Einfassungen	0,70 mm	0,60 mm	0,60 mm	0,40 mm	0,70 mm	1,50 mm
Abdeckungen						
– nicht selbsttragend auf Unterkonstruktion	0,70 mm	0,60 mm	0,60 mm	0,40 mm	0,70 mm	2,50 mm
– selbsttragend auf Haltebügel	1,00 mm*	1,00 mm	0,80 mm	0,80 mm	1,00 mm	

* bei vorgefertigten Aluminium-Strangpressprofilen

1.5 Verwahrungen und Anschlüsse

Als Verwahrungen bezeichnet man Anschlüsse im Bereich des Übergangs vom Dach zu aufgehenden Bauwerksteilen. Da Anschlüsse sehr individuell geformt sein können, bietet sich eine Ausführung mit Kantprofilen aus Metall an. Mit Metall können schwierigste Anschlüsse realisiert werden. So wird für fast alle Deckungsarten, ausgenommen der Biberschwanzdeckung, Metall als Werkstoff für Anschlüsse empfohlen.

Man unterscheidet traufseitige, seitliche und firstseitige Anschlüsse (je nach Einbaulage) an Dachdeckungen und Anschlüsse an Abdichtungen. Da in diesen Bereichen unterschiedliche Bauwerksbewegungen auftreten können und Werkstoffwechsel überbrückt werden müssen, ist hier eine besonders sorgfältige Planung und Ausführung erforderlich. Anschlussdetails dürfen keine Zufallsprodukte sein, die sich während der Bauphase ergeben, sondern sie müssen geplant werden. Leider treten hier aufgrund unzureichender Planung und nicht fachgerechter Ausführung an Anschlüssen jedoch sehr häufig Bauschäden auf.

Verwahrungen an Dachdeckungen müssen regensicher[1] in das Dachdeckungsmaterial integriert und regendicht[2] an das Bauteil angeschlossen werden. Ebenso müssen Bauwerksbewegungen schadlos aufgenommen werden können. Wegen der unterschiedlichen Bauwerksbewegungen werden sie i.d.R. zweiteilig ausgeführt (einteilige Ausführungen sind die Ausnahme und auf eine Einzellänge von maximal 3 m begrenzt). Bei zweiteiligen Ausführungen wird der obere Schenkel des Anschlusswinkels von einem zusätz-

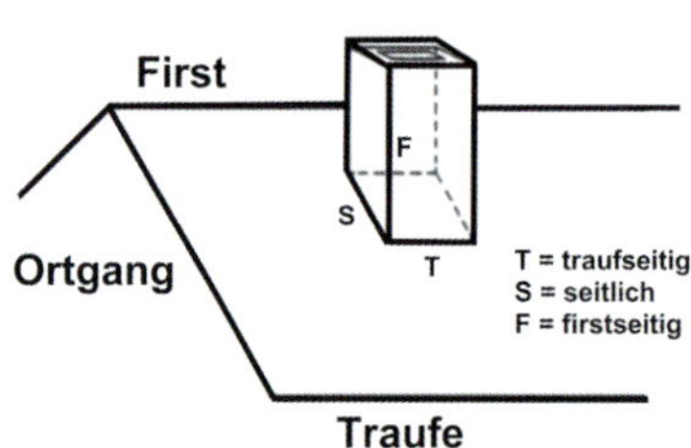

Abb. 1.75: Begriffe für Dachabschlüsse und Dachanschlüsse

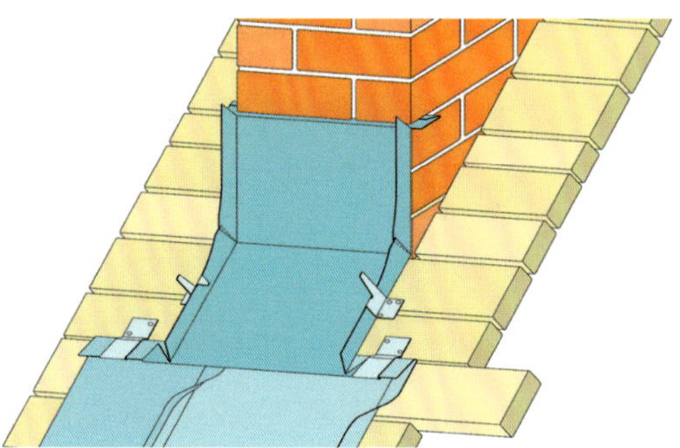

Abb. 1.76: Traufseitiger Anschluss

Abb. 1.77: Seitlicher Anschluss

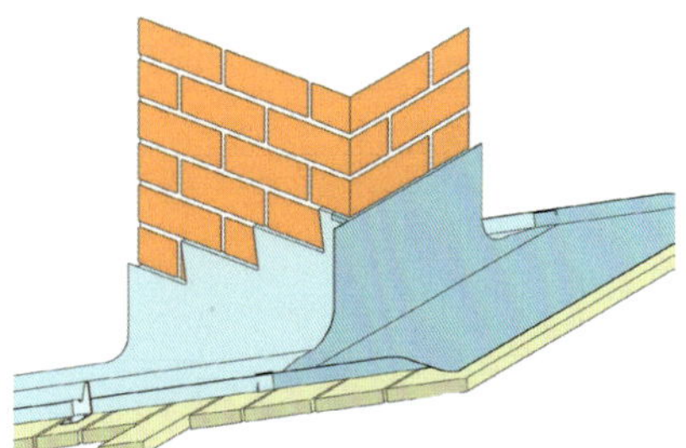

Abb. 1.78: Firstseitiger Anschluss

lichen und getrennt angebrachten Überhangstreifen (siehe Kapitel 1.5.5) überdeckt. Die Anschlusshöhen der wandseitigen Schenkel sind abhängig von der Dachneigung und der Einbaulage (F = firstseitig, T = traufseitig oder S = seitlich). Sie sind in der Tabelle 1.19 dargestellt. Für den Rückhalt gegen auftreibendes Wasser wird der firstseitige Anschluss mit einem Rückfalz von 15 bis 20 mm versehen. Die Befestigung erfolgt indirekt mittels Haften.

1.5.1 Traufseitige Anschlüsse

Traufseitige Anschlüsse überdecken immer den Deckwerkstoff. Die Überdeckungslänge ist abhängig von der Dachneigung und beträgt bis 15° mindestens 200 mm, von 15 bis 22° mindestens 150 mm und über 22° mindestens 100 mm. Die aufliegenden Bleche können der Kontur der Deckung entsprechend angeformt werden. In diesem Fall wird üblicherweise Blei, Weichkupfer oder gewelltes (plissiertes) Zinkblech wegen der guten Formbarkeit verwendet. Formstabile Bleche werden durch Ausschnitte (Zahnung) an die Deckung angepasst oder erhalten bei ebenen Deckwerkstoffen einen Umschlag. Das Anschlussblech wird i.d.R. nur am aufgehenden Bauteil gegen Abrutschen und Windsog gesichert.

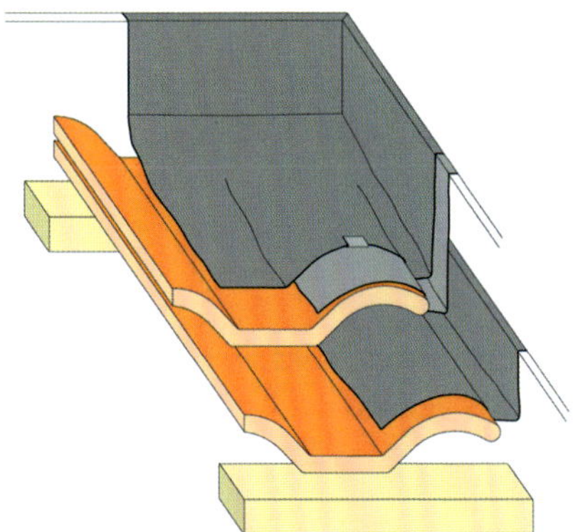

Abb. 1.79: Nockenanschluss

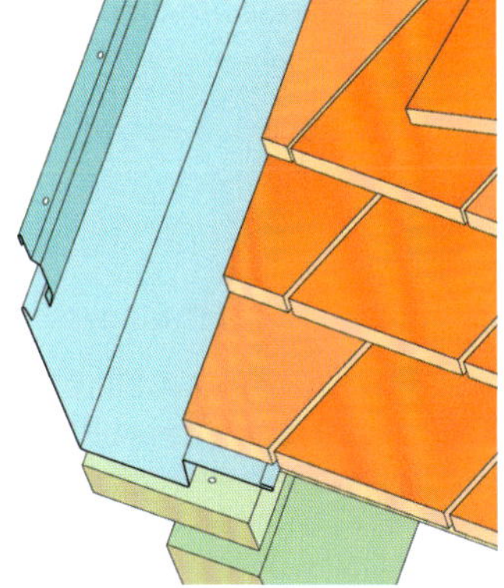

Abb. 1.80: Vertiefter Anschluss

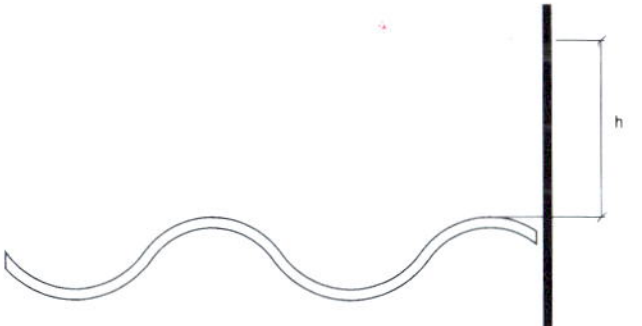

Abb. 1.81: Anschlusshöhe bei konturierten Deckwerkstoffen wie Wellprofiltafeln

Tabelle 1.19: Anschlusshöhen von Verwahrungen

Anschlusshöhe (h)	**Dachneigung**		
	< 5	< 22	≥ 22
Seitlich	150 mm	100 mm	80 mm[2)]
Traufe	150 mm[3)]	100 mm	80 mm
First[1)]	150 mm	150 mm	150 mm

1) Bei steilen Dachneigungen, großen Sparrenlängen oder in schneereichen Gebieten ist ggf. eine größere Anschlusshöhe, insbesondere bei firstseitigen Anschlüssen erforderlich.
2) Bei abgetreppten Anschlüssen und konturierten Deckwerkstoffen beträgt S über Oberkante Deckwerkstoff mindestens 65 m
3) Bei Terrassen mit Abdichtungen und Metallanschlüssen im Türbereich ist in Ausnahmefällen eine Verringerung der Anschlusshöhe möglich, wenn bedingt durch die örtlichen Verhältnisse zu jeder Zeit ein einwandfreier Wasserablauf im Türbereich sichergestellt ist. Dies ist dann der Fall, wenn sich im unmittelbaren Türbereich Terrassenabläufe oder andere Entwässerungsmöglichkeiten befinden. In solchen Fällen sollte die Anschlusshöhe jedoch mindestens 50 mm (oberes Ende des Anschlussbleches unter der Hebeschiene) über Oberfläche Belag betragen.

1 Die Bezeichnung „regensicher" bezieht sich auf die normale Einwirkung von Niederschlägen auf Dächer und Außenwandbekleidungen. Die Regensicherheit wird durch ausreichende vertikale und horizontale Überdeckung an den Stößen in Verbindung mit einer entsprechenden Neigung erreicht. Die Sicherheit gegen auftreibendes Regenwasser, gegen Stauwasser und Flugschnee erfordert zusätzliche Maßnahmen.

2 Die Bezeichnung „regendicht" bezieht sich auf die verstärkte Einwirkung von Niederschlägen mit auftreibendem Wasser auf Dächer und Außenwandbekleidungen. Regendichtheit wird durch geeignete Verbindungen gemeinsam mit einer entsprechenden Neigung und einer fachgerechten Verarbeitung erreicht. Die Sicherheit gegen Stauwasser erfordert zusätzliche Maßnahmen.

1.5.2 Seitliche Anschlüsse

Seitliche Anschlüsse werden unterschieden in unterliegende und aufliegende Dachanschlüsse. Wie sich aus dem Namen leicht erschließen lässt, liegt bei dem unterliegenden Anschluss das Metall unter, bei aufliegendem Anschluss auf der Deckung.

Unterliegende Metallanschlüsse

Die Montage von Anschlüssen aus Metall, die unterhalb der Dachdeckung liegen, kann auf einer vollflächigen Deckunterlage oder auf einer Lattung mit einem lichten Traglattenabstand von maximal 170 mm erfolgen. Anschlüsse mit Schichtstücken, sogenannte Nockenanschlüsse, und Bleianschlüsse kommen nur bei einer vollflächigen Deckunterlage oder bei Doppeldeckungen zur Anwendung.

Die Deckunterlage dient zur Aufnahme der Deckung oder Abdichtung und muss auf den zur Anwendung kommenden Werkstoff abgestimmt sein, z.B. Lattung, Schalung, Trapezblech u.Ä.

Beim einfachen Anschluss mit Wasserfalz soll aus Gründen der Selbstreinigung die Deckung nicht näher als 40 mm an die senkrechte Aufkantung herangeführt werden. Der vertiefte Anschluss sollte eine Mindesttiefe von 20 mm und eine Mindestbreite von 40 mm aufweisen. Beim Anschluss mit Steg sollte die Deckung bis zum Steg herangeführt werden.

Die Befestigung der untergelegten Anschlussbleche erfolgt an den Längsseiten mit Haften. Im Bereich der Höhenüberdeckung werden die Bleche mit Nägeln fixiert. Die Verbindung untereinander ist abhängig von der Dachneigung. So können die Bleche bei Dachneigungen über 15° einfach überdeckt werden. Die Überdeckung muss mindestens 100 mm betragen. Bei Dachneigungen unter 15° ist eine wasserdichte Verbindung erforderlich (Löten, Kleben, Schweißen, Nieten mit Dichteinlage).

Die Mindestüberdeckung der Deckwerkstoffe über die unterliegenden Metallanschlüsse beträgt bei konturierten Deckwerkstoffen 120 mm. Konturierte Deckwerkstoffe sind z.B. Wellprofiltafeln.

Ebene Deckwerkstoffe, wie z.B. Biberschwanzdeckungen, überdecken die Anschlussbleche bei Dachneigungen ab 35° mindestens 100 mm und über 50° mindestens 80 mm. Bei Dachneigungen unter 35° ist eine Überdeckung von mindestens 120 mm erforderlich.

Aufliegende Metallanschlüsse

Bei dem aufliegenden, überdeckenden Anschluss liegt das Metall direkt auf der Deckung und ist deshalb, zumindest teilweise, sichtbar. Deshalb ist dieser Anschluss hier aus optischen Gründen besonders sorgfältig auszuführen.

Aufliegende Anschlüsse können mit Schichtstücken (Nocken) bei konturierten und bei ebenen Deckwerkstoffen durchgehend aufliegend ausgeführt werden.

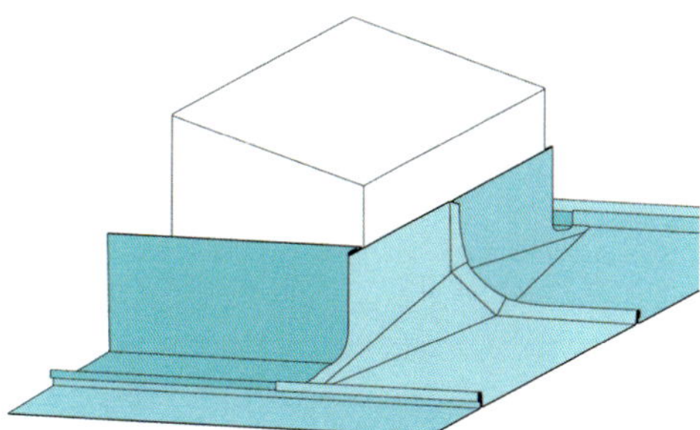

Abb. 1.82: Firstseitiger Kaminanschluss mit Gefällesattel, bei Kaminbreite ≥ 1 m

Bei Nockenanschlüssen wird auf jede einzelne, auf den Anschluss zulaufende Deckreihe ein Schichtstück gedeckt und gegen Abrutschen gesichert. Der Zuschnitt des Nockenanschlusses richtet sich nach der Form des Deckwerkstoffes.

Durchgehende aufliegende Anschlüsse werden auf der Deckung angeordnet und der Kontur des Deckwerkstoffes angepasst. Hierzu eignen sich besonders weiche Metallwerkstoffe wie z.B. Blei, Weichkupfer und gewellte (plissierte) Bleche, da sie leicht an den Deckwerkstoff angeformt werden können. Für eine bessere Stabilität erhalten Anschlüsse aus weichen Metallwerkstoffen an den dachseitigen Enden einen Umschlag. Alle anderen harten Metallwerkstoffe werden entsprechend der Kontur der Deckung zugeschnitten bzw. ausgezahnt.

Durchgehende Anschlüsse aus Metall müssen ebene Deckwerkstoffe mindestens 120 mm überdecken. Die Überdeckung mit Schichtstücken beträgt mindestens 80 mm. Bei konturierten Deckwerkstoffen ist es erforderlich, dass der nächste Hochpunkt ausreichend überdeckt wird.

Die Verbindung der Bleche erfolgt wie bei den unterliegenden Anschlüssen. So können die Bleche bei Dachneigungen über 15° einfach überdeckt werden. Die Überdeckung muss mindestens 100 mm betragen. Bei Dachneigungen unter 15° ist eine wasserdichte Verbindung erforderlich (Löten, Kleben, Schweißen, Nieten mit Dichteinlage). Die Verbindung von Bleianschlüssen erfolgt bei Dachneigungen unter 15° mit einer einfachen Überdeckung von mindestens 250 mm.

1.5.3 Firstseitige Anschlüsse

Firstseitige Anschlüsse werden als unterliegende Anschlüsse je nach Dachneigung und Dachdeckungsart flächig oder vertieft ausgeführt. Sie haben im Vergleich zu seitlichen und traufseitigen Anschlüssen die größte anfallende Niederschlagsmenge abzuleiten. Zudem ist in diesem Bereich mit größeren Schneemengen als an anderen Dachteilen zu rechnen. Deshalb ist hier eine besonders sorgfältige Ausführung erforderlich.

Aufgrund erhöhter Niederschlagsmengen, die bei Starkregen herabschießen und zum Überlauf führen können, werden der firstseitige und der aufgehende Schenkel im Überdeckungsbereich mit einem Wasserfalz von 15 bis

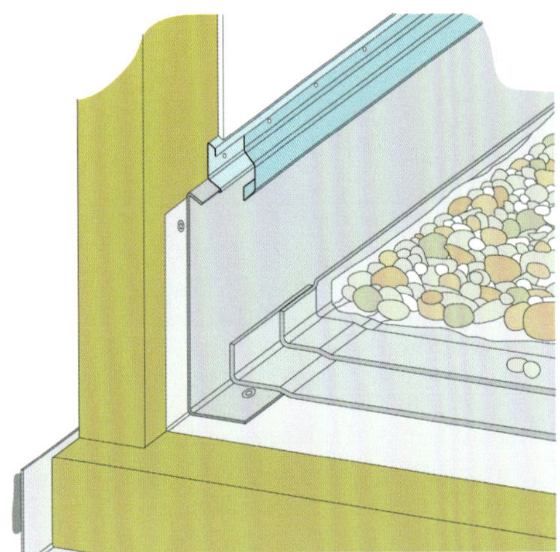

Abb. 1.83: Wandanschluss Abdichtung/Verbundblech

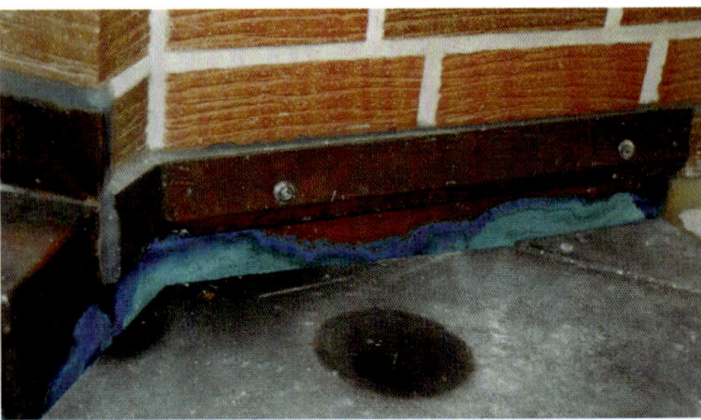

Abb. 1.84: Korrodierte Anschlussbleche

Abb. 1.85: Kappleiste für Dämmputzfassade

20 mm versehen. Für einen ungehinderten Abfluss der Niederschlagsmengen sollte ein Abstand von 100 mm zwischen der Dachdeckung und der Anschlussaufkantung eingehalten werden; bei Längen von mehr als 1 m sollte eine Gefällekonstruktion (Sattel oder Keil) erstellt werden.

1.5.4 Verwahrungen an Dachabdichtungen

Bei Verwahrungen an Abdichtungen werden die dachseitigen Teile der Anschlüsse und die Nähte der Bleche untereinander wasserdicht hergestellt. Die wandseitigen Anschlüsse werden regensicher verwahrt. Bei Abdichtungen aus Bitumenbahnen wird der dachseitige Blechschenkel für eine fachgerechte Verbindung mindestens 150 mm ausgeführt. Bei Abdichtungen aus Kunststoffbahnen verwendet man vorzugsweise spezielle Verbundbleche, passend zum Abdichtungssystem.

Für die Aufnahme die thermischen Längendehnung werden spezielle Dehnungsausgleichselemente montiert und Schleppstreifen am Übergang vom Metall zur ersten Abdichtungslage vorgesehen.

Das Berücksichtigen der thermischen Längendehnung ist in diesem Bereich besonders wichtig, da hier 2 unterschiedliche Werkstoffe mit unterschiedlichen Ausdehnungswerten (siehe Kapitel 1.1) miteinander verbunden werden. So sind für eingeklebte Anschlüsse (Einfassungen, Winkelanschlüsse, Traufbleche, Dachrandeinfassungen und Shedrinnen) Dehnungsausgleicher

Abb. 1.86:
Mit Bleiwolle können wartungsfreie Fugen erstellt werden.

im Abstand von maximal 6 m vorzusehen. Von Ecken oder Festpunkten sind Dehnungsausgleicher im Abstand von 3 m anzuordnen. Die Bleche werden mit speziellen Haften indirekt gleitend befestigt.

Bei Abdichtungen mit Anschlüssen aus Metall, besonders in der Wasser führenden Ebene, kann Korrosion auftreten. So wirken Kiesschüttungen, Sand und Ausgleichsschichtungen bei Belägen alkalisch bis sauer, stehendes Wasser aus Niederschlägen schwach sauer, Rückstände von Alterungsvorgängen bei ungeschützten Bitumendachbahnen, Schindeln, Anstrichen sowie Kunststoff-Bitumenbahnen (z.B. ECB) stark sauer.

Korrosionsschutz ist also im Bereich dieser Anschlüsse sehr wichtig. Als Maßnahmen zum Korrosionsschutz bieten sich besondere Anstriche oder auch die richtige Werkstoffwahl wie z.B. die Verwendung von Edelstahl in den kritischen Bereichen an. Werden Anstriche verwendet, sollten sie an aufgehenden Bauteilen mindestens 20 mm über Oberfläche Belag oder Kiesschüttung hochgeführt werden.

1.5.5 Kappleisten

Kappleisten sind mehrfach gekantete oder stranggepresste Metallprofile, die Anschlüsse von Dachdeckungen und Dachabdichtungen an aufgehende Bauwerksteile überdecken. Die unterschiedlichen Kappleisten können aufgesetzt, in Mauerwerksfugen eingeputzt oder in eingelassene Wandprofile geklemmt werden.

Aufgesetzte Kappleisten werden in einem Mindestabstand von 250 mm, Wandanschlussschienen im Abstand von mindestens 200 mm mit korrosionsgeschützten Befestigungsmitteln auf dem Untergrund fixiert.

Bei rauen Untergründen sollten aufgesetzte Kappleisten mit einem vorkomprimierten Dichtungsband hinterlegt werden. Für Anschlüsse an Dämmputzfassaden werden vorzugsweise spezielle industriell gefertigte Wandanschlussprofile eingesetzt.

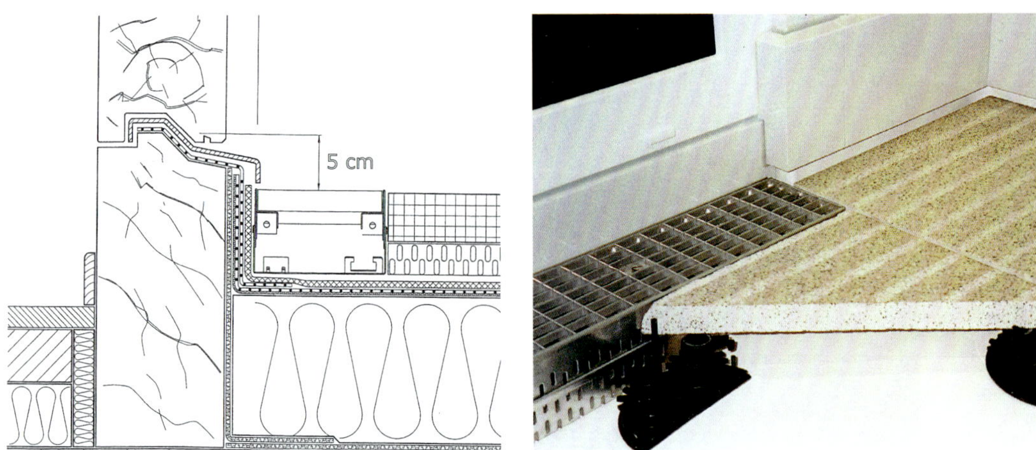

Abb. 1.87: Terrassenanschluss (Beispiel)

Wartungsfreie Anschlüsse

An schwer zugänglichen Wandanschlüssen, z. B. an denkmalgeschützten Kirchtürmen, sind wartungsfreie Fugenausbildungen zu bevorzugen. In der Klempnertechnik wird als Fugendichtmaterial in diesen Bausituationen Blei eingesetzt, und zwar in Form von Bleiwolle. Es handelt sich hierbei um eine bereits jahrhundertealte, bewährte Technik. Blei ist sehr weich, passt sich flexibel an Baufugen unterschiedlicher Art und Größe an und bietet nachhaltige Stabilität. Im Vergleich zu Mörtel verfügt Bleiwolle über eine ausgewiesene Plastizität. Damit kommt das Material vor allem als Dichtungsmittel von Metallanschlüssen in Mauerwerksfugen in Betracht. Bleiwolle bildet eine homogen abdichtende Sperrschicht und isoliert dadurch verlässlich gegen eindringende Feuchtigkeit. Dabei wird das Material durchlaufend verstemmt. Das Ergebnis ist eine dezente und glatte Metallfuge, die auch ästhetischen Ansprüchen gerecht wird. Aus diesem Grund und aus Gründen der Wartungsfreiheit kommt diese Dichttechnik oft zum Einsatz, nicht nur bei Kirchen.

Die erforderliche Menge an Bleiwolle ist abhängig von der Fugengröße und den Arbeitsbedingungen am Einsatzort. Die zu erzielende Dichte beträgt bis zu 11,0 kg/dm^3, was eine sorgfältige Verarbeitung erfordert. Bei schlecht verstemmten Bleifugen kann sich das Material mit der Zeit wieder ablösen und herausfallen.

1.5.6 Sonderfälle

Schräg verlaufende Anschlüsse lassen sich nicht direkt einem traufseitigen, seitlichen oder firstseitigen Anschluss zuordnen. In diesem Fall wird je nach der Beanspruchung örtlich entschieden, welche Anschlussvariante den sichersten Wetterschutz bietet.

In schneereichen Gegenden oder bei großen Sparrenlängen sind u.U. auch größere Anschlusshöhen erforderlich als in Tabelle 1.19, Seite 71, angegeben. Bei abgetreppten Anschlüssen und konturierten Deckwerkstoffen beträgt der seitliche Anschluss (S) über Oberkante Deckwerkstoff mindestens 65 mm.

Bei Terrassen mit Abdichtungen und Metallanschlüssen im Türbereich werden aufgrund der Barrierefreiheit meistens geringere Anschlusshöhen ausgeführt als gefordert. Dies ist in diesem Ausnahmefall auch möglich, wenn ein einwandfreier Wasserablauf, z.B. durch Terrassenabläufe im unmittelbaren Türbereich, sichergestellt ist. In solchen Fällen sollte die Anschlusshöhe jedoch mindestens 50 mm vom oberen Ende des Anschlussbleches unter der Hebeschiene über der Oberfläche des Terrassenbelags betragen.

2 Ausführungen von Metalldächern

Für technisch und gestalterisch anspruchsvolle Bauwerke wurde schon in den vergangenen Jahrhunderten von den großen Baumeistern Metall als Dachdeckungsmaterial eingesetzt. Langlebigkeit und Anpassungsfähigkeit an komplizierte Dachlandschaften veranlassen Architekten und Bauherren auch heute, Metall für ihr Bauvorhaben zu verwenden. Moderne Klempnertechnik ermöglicht es, dass dank energetisch optimierter, bauphysikalisch sicherer Metallkonstruktionen, die auch die Installation energiegewinnender Anlagen vereinfachen, das Schutzdach heutzutage zugleich ein Nutzdach ist.

Metalldachkonstruktionen bestehen aus mehreren Komponenten bzw. Funktionsschichten, die im System viele wichtige Aufgaben zu erfüllen haben. Hierzu zählen Wetterschutz, Feuchteabfuhr aus dem Gebäudeinnern, Wärmeschutz, Schallschutz und Brandschutz. Darüber hinaus müssen Metalldachkonstruktionen auch mechanischen Beanspruchungen standhalten können, wie Lasten aus Windsog, Winddruck, Schneelasten, Fremdlasten (z.B. durch Solaranlagen), temperaturbedingte Längenänderungen von Bauteilen und Formänderungen im Baugrund mit den daraus resultierenden Spannungen.

Entsprechend den jeweiligen Anforderungen der Architektur bieten eine Vielzahl an natürlichen und patinierten Metalloberflächen, Farbbeschichtungen und Walzprägungen sowie Verbindungstechniken zur Gliederung der Dachflächen passende Gestaltungsvarianten für ein Bauprojekt. Voraussetzung für eine erfolgreiche Kundenberatung und die fachgerechte Ausführung durch den Klempner- und Dachdeckerbetrieb ist eine fundierte Ausbildung im Klempnerhandwerk sowie die kooperative Zusammenarbeit mit Planern und Systemherstellern.

Dieses Kapitel beschreibt die verschiedenen Unterkonstruktionen und Verbindungstechniken der Metallscharen. Es zeigt technische Details und gibt praktische Verarbeitungshinweise zur fachgerechten Bauausführung.

Abb. 2.1: Das Metalldach ist das beste Dach, wenn es fachgerecht ausgeführt wird.

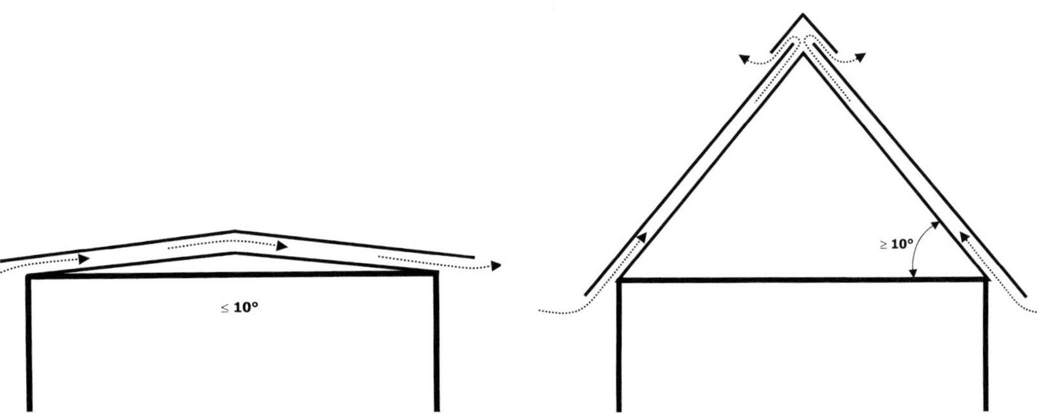

Abb. 2.2: Be- und Entlüftung von Traufe zu Traufe bei Dachneigung unter 5°

Abb. 2.3: Be- und Entlüftung von Traufe zu First bei Dachneigung größer 5°

2.1 Unterkonstruktionen für Metalldächer

Bei den Unterkonstruktionen für Metalldeckungen unterscheidet man zwischen einem belüfteten und einem nicht belüfteten Aufbau. Belüftete Aufbauten sind durch die Hinterlüftungsebene direkt oberhalb der Dämmung gekennzeichnet. Sobald unmittelbar oberhalb der Dämmung eine Unterspann- bzw. Unterdeckbahn angeordnet wird, handelt es sich auch bei vorhandenem Hinterlüftungsraum um einen **nicht** belüfteten Dachaufbau. Somit ergeben sich für den unbelüfteten Aufbau 2 Varianten: den unbelüfteten Aufbau **ohne** und den unbelüfteten Aufbau **mit** zusätzlicher belüfteter Luftschicht. Da die handwerklichen Falzdeckungen auf dicht gestoßener Schalung verlegt werden, gilt auch die Deckung selbst, im Sinne der DIN 4108-3, als unbelüftete Deckung – egal ob mit oder ohne strukturierter Trennlage. In den folgenden Abschnitten werden die unterschiedlichen Varianten und Funktionsweisen im Einzelnen beschrieben.

2.1.1 Der belüftete Dachaufbau

Beim belüfteten Dachaufbau ist die Luftschicht mit der Außenluft über Zu- und Abluftöffnungen verbunden.

Für den Kleintierschutz und um ein Expandieren der Dämmung und das Einengen des Hinterlüftungsraumes zu verhindern, werden Dämmschichten in der Regel mit geeigneten Bahnen abgedeckt. In diesem Fall handelt es sich dann um eine **unbelüftete** Konstruktion mit zusätzlicher Luftschicht, siehe Kapitel 2.1.2.

Die Ermittlung und die Angaben zur Höhe des Belüftungsraumes sowie zur Anordnung und Größe der Be- und Entlüftungsöffnungen erfolgen gemäß den Fachregeln des ZVSHK/ZVDH und sind Aufgaben des zuständigen Architekten oder Fachplaners.

An First und Traufe kommen meist Lochblechabdeckungen als Flugschneebremse oder Vogel- und Kleintierschutz zum Einsatz. Hierbei ist zu beachten, dass sie einen freien Belüftungsanteil von ≥ 45 % sowie einen Lochdurchmesser von ≥ 5 mm aufweisen müssen. Auch die hierdurch bedingte Verringerung des Lüftungsquerschnittes ist zu berücksichtigen.

Bei Dachneigungen, die kleiner als 5° sind, wird bei Satteldachkonstruktionen von Traufe zu Traufe be- bzw. entlüftet. Be- und Entlüftung sollten vorzugsweise als durchgehende Lüftungsschlitze vorgesehen werden.

Beim belüfteten Aufbau kann eingedrungene oder vorhandene Feuchtigkeit gut abgeführt werden – jedoch wird die Trennlage durch Befestigungsmittel perforiert. Die Dämmung ist nicht vor Wind und nur gering vor Kleintieren geschützt. Die Brandschutzanforderungen sind problemlos umzusetzen.

Nachweisfreie belüftete Holzunterkonstruktion

Gemäß DIN 4108-3 gibt es auch weiterhin nachweisfreie belüftete Konstruktionen:

a) Dächer mit einer Neigung von < 5°:

- diffusionshemmende Bahn mit s_d-Wert ≥ 100 Meter,
- maximale Sparrenlänge 10 m,
- Höhe des Belüftungsraumes oberhalb der Dämmung mindestens 2 ‰ der zugehörigen Dachfläche, mindestens jedoch 5 cm,
- Mindestlüftungsquerschnitte an 2 gegenüberliegenden Dachrändern mindestens 2 ‰ der zugehörigen Dachfläche mindestens jedoch 200 cm^2/m.

b) Dächer mit Dachneigung ≥ 5°:

- s_d-Wert unterhalb der Belüftungsschicht mindestens 2 m,
- keine Begrenzung der Sparrenlänge,
- Höhe des Belüftungsraumes oberhalb der Dämmung mindestens 2 cm,
- Mindestlüftungsquerschnitte an Traufe und Pult mindestens 2 ‰ der zugehörigen Dachfläche oder mindestens 200 cm^2/m,
- Mindestlüftungsquerschnitte an First und Grat mindestens 0,5 ‰ der zugehörigen Dachfläche oder mindestens 50 cm^2/m.

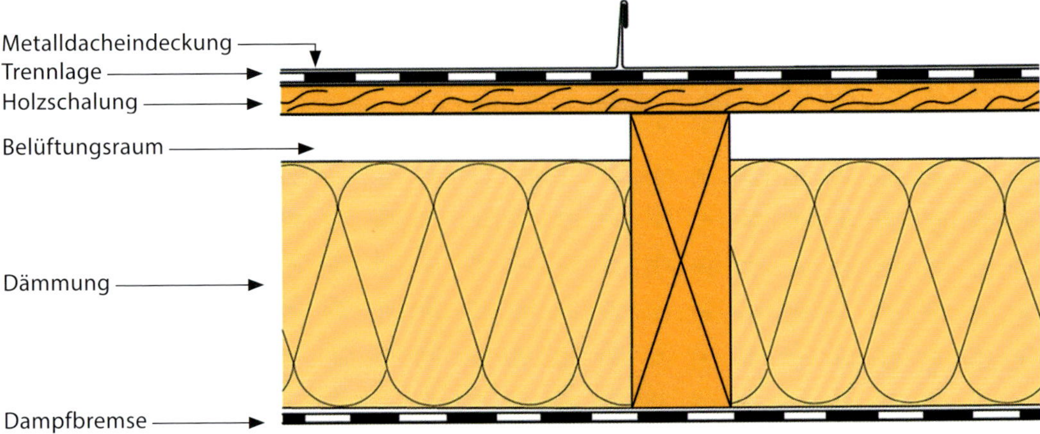

Abb. 2.4: Nachweisfreie belüftete Holzunterkonstruktion (bei Dachneigung < 5° Dampfbremse s_d-Wert ≥ 100 Meter)

2.1.2 Nicht belüftete Dachaufbauten

Metalldachkonstruktionen werden sowohl in der modernen Architektur als auch bei Bausanierungen immer häufiger unbelüftet und wärmegedämmt ausgeführt. Geringe Konstruktionshöhen ermöglichen dem Architekten einen kostengünstigen Dachaufbau und größere Freiheiten bei der Gebäudegestaltung. Zudem können mit dieser Variante die heutzutage hohen Anforderungen an den Wärmeschutz problemlos erfüllt werden. Da nicht belüftete wärmegedämmte Dachkonstruktionen jedoch eine eingeschränkte Feuchte-Abfuhrmöglichkeit besitzen, ist jeglicher Feuchteeintrag zu vermeiden – sowohl von innen als auch von außen. Dabei ist es sinnvoll, die Dachkonstruktion von vorneherein möglichst durchdringungsfrei und mit unkompliziert zu verwahrenden Anschlüssen zu konstruieren.

Feuchteeintrag von außen kann durch eine fachgerechte Verarbeitung des Metalldachsystems und, je nach System, durch zusätzlich eingelegte Dichtungsbänder in den Verbindungsfalzen sowie durch Trennlagen mit Drainagefunktion verhindert werden. Wichtig ist auch die Vermeidung von Feuchteeintrag während der Bauphase. Bei Metalldächern kann es u.U. Jahre dauern, bis die eingetragene Feuchte ausdiffundiert ist. Schäden an der Konstruktion und die Verringerung des Wärmeschutzes können die Folge sein. Aus diesem Grund dürfen die Bauteile der unbelüfteten Dachkonstruktion nur in trockenem Zustand und bei trockener Witterung eingebaut werden. Das Tagewerk ist vor dem Verlassen der Baustelle vor eindringendem Niederschlagswasser, z.B. durch Abplanen, zu schützen.

Ein nicht belüfteter Aufbau ohne zusätzliche Luftschicht ist weiterhin möglich, er bedarf jedoch eines rechnerischen Nachweises des Feuchteschutzes und neigungs- und materialunabhängig einer strukturierten Trennlage. Der Aufbau ist nicht fehlertolerant und führt eingedrungene Feuchtigkeit nicht oder nur schlecht ab. Die gemäß DIN 4108-3 geforderte zusätzliche regensichernde Unterdeckbahn wird von Haftennägeln perforiert. Für den Brandschutz ist entweder eine bituminöse Trennlage oder eine Trennlage mit Zulassung unter dem Strukturgeflecht zu verwenden.

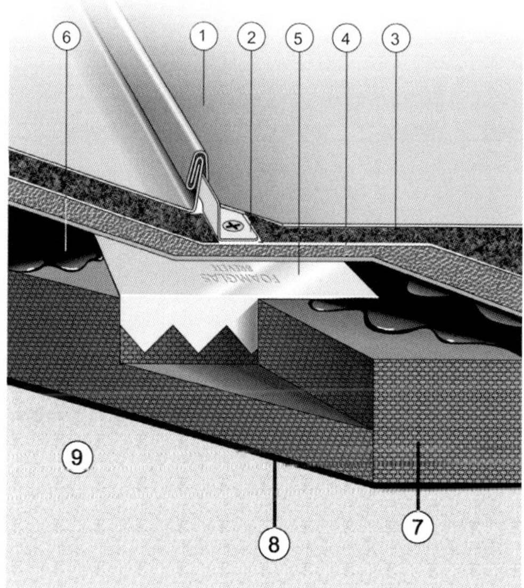

Abb. 2.5: Schaumglas-Dämmsystem. Die Befestigung der Hafte erfolgt auf Krallenplatten. Schaumglas-Metalldach-Boards werden überwiegend bei Industrie-Leichtdächern eingesetzt. Eine Verlegung auf Holzschalungen ist ebenfalls möglich.

Im Kompaktdach sind alle Schichten untereinander und mit dem tragenden Untergrund hohlraumfrei verklebt. Die Dämmplatten bieten der Abdichtung und der Metalldeckung eine verformungsfreie Unterlage. Das System zeichnet sich durch eine schlanke, einschalige Warmdachkonstruktion aus, die hohen wärmeschutztechnischen und bauphysikalischen Leistungsanforderungen entspricht.

Legende:

1. Metalldeckung
2. Schiebehaft
3. Trennlage
4. Dachabdichtung einlagig bituminös
5. Krallenplatten
6. Heißbitumendeckanstrich
7. FOAMGLAS®-Metalldach-Boards
8. Voranstrich
9. Traggrund, z.B. Beton, Stahltrapezblech, Holz

Ein unbelüfteter Konstruktionsaufbau ohne zusätzliche Luftschicht sollte mit metallischen Werkstoffen ausgeführt werden, siehe Kapitel 4 Metallleichtbau.

Nicht belüfteter Aufbau mit zusätzlich belüfteter Luftschicht

Der normative Name diese Konstruktionsvariante ist zwar etwas komplex – aber nachweisfrei. Die unbelüftete Konstruktion mit nicht belüfteter Deckung und zusätzlich belüfteter Luftschicht gilt als unbelüftet, da sich direkt oberhalb der Dämmung keine Luftschicht befindet, sondern diese zu ihrem Schutz mit einer Unterspann- bzw. Unterdeckbahn abgedeckt ist. Die Falzdeckung aus metallischen Werkstoffen gilt als unbelüftete Deckung, da diese auf einer dicht gestoßenen Holzschalung verlegt wird. Die Konterlattenebene bildet hier die zusätzliche belüftete Luftschicht. Die Nachweisfreiheit ist gegeben, wenn bestimmte Voraussetzungen eingehalten werden:

Für Dächer mit einer Neigung von $< 5°$ gilt:

- Verwendung einer diffusionshemmenden Bahn mit s_d-Wert $\geq$ 100 Meter,
- maximale Sparrenlänge 10 m,
- Höhe des Belüftungsraumes mindestens 2 ‰ der zugehörigen Dachfläche, oder mindestens 5 cm,
- Mindestlüftungsquerschnitte an 2 gegenüberliegenden Dachrändern mindestens 2 ‰ der zugehörigen Dachfläche oder mindestens 200 cm²/m.

Für Dächer mit einer Neigung $\geq 5°$ gilt:

- s_d-Wert unterhalb der Belüftungsschicht mindestens 2 m,
- keine Begrenzung der Sparrenlänge,
- Höhe des Belüftungsraumes mindestens 2 cm,
- Mindestlüftungsquerschnitte an Traufe und Pult mindestens 2 ‰ der zugehörigen Dachfläche oder mindestens 200 cm²/m,
- Mindestlüftungsquerschnitte an First und Grat mindestens 0,5 ‰ der zugehörigen Dachfläche oder mindestens 50 cm²/m.

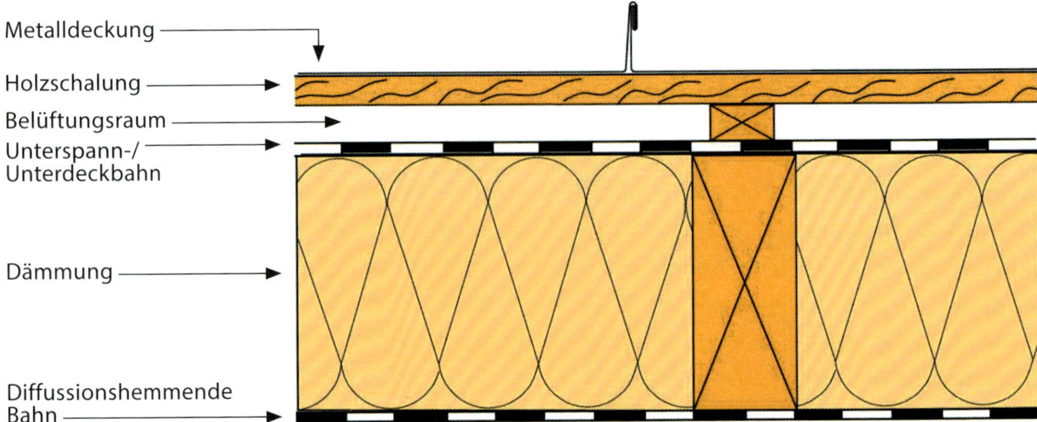

Abb. 2.6: Unbelüftete Konstruktion mit zusätzlich belüfteter Luftschicht (bauphysikalischer Nachweis unter bestimmten Voraussetzungen nicht erforderlich).

Widersprüchlich dazu gibt die DIN 68800-2 folgende Werte für die Konterlattenebene an:

- Diffusionshemmende Bahn mit s_d-Wert ≥ 2 m,
- Höhe des Belüftungsraumes
  ≤ 15° = 80 mm
  > 15° = 40 mm,
- Be- und Entlüftungsöffnungen ≥ 40 % des Belüftungsquerschnittes,
- maximale Sparrenlänge 15 m.

Dieser Aufbau kann auch mit zweiter Trennlage zwischen Metall und Holz ausgeführt werden.

Die Normenausschüsse planen, die DIN 68800-2 und DIN 4108-3 bei der nächsten Überarbeitung einander anzugleichen. Bis dahin ist darauf zu achten, welche Norm vertraglich vereinbart ist, bzw. ist eine der beiden Normen zu vereinbaren, um spätere Streitigkeiten zu vermeiden.

Beim nicht belüfteten Aufbau mit zusätzlicher belüfteter Luftschicht kann eingedrungene oder vorhandene Feuchtigkeit gut abtransportiert werden. Weil sich oberhalb der Dämmung eine Trennlage befindet, ist der Aufbau auch vor Wind und Kleintieren geschützt. Da branchenbekannte Hersteller von Titanzink über Prüfzeugnisse und Zulassungen für die direkte Verlegung auf hinterlüfteter Holzschalung verfügen und alle anderen Metalle nach DIN 4102-4 nachweisfrei eine harte Bedachung darstellen, ist dieser Aufbau auch brandschutztechnisch problemlos umzusetzen.

Kuppeln und Paraboloide

Kuppeln und Paraboloide werden als unterschiedlich geneigte belüftete und nicht belüftete Konstruktionen ausgeführt. Für die Bemessung der Luftschichthöhe gelten folgende Faustregeln:

- 1 m Sparrenlänge = 1 cm durchströmte Luftraumhöhe.
- Der durchströmte Luftraum, senkrecht zur Dachneigung gemessen, sollte mindestens 6 cm betragen.

2.1.3 Trennlagen

Trennlagen haben vielfältige Aufgaben und sollten stets eingebaut werden: Sie schützen vor schädigenden Einflüssen aus dem Untergrund (z.B. Zement, Holzschutzmittel), verbessern die Gleitfähigkeit der Metallprofile bei thermischen Längenänderungen, vermindern Prall- und Trommelgeräusche und dienen als Behelfsdeckung während der Bauphase. Trennlagen mit Feuchteausgleichsschicht (Wirrgelege) bieten noch zusätzlich eine Ablaufebene unterhalb der Metalldeckung, die natürlich auftretendes Kondensat und geringe Mengen Leckagewasser ableiten kann. Ihre Aufgabe liegt jedoch nicht darin, größere Feuchtemengen abzuführen, die durch bauphysikalische Probleme, wie mangelhafte Dampfbremsen oder Luftdichtheitsschichten, sowie durch eingeschlossene Baufeuchte oder eindringendes Oberflächenwasser aufgetreten sind. Trennlagen dürfen nicht mit der Metalldeckung verkleben und wegen der Korrosionsgefahr dürfen sie nicht aus Wasser speichernden Materialien bestehen. Die Schutzaufgaben müssen dauerhaft sichergestellt sein. Nur wenn ein schädigender Einfluss aus der Unterkonstruktion ausgeschlossen werden kann und es sich um eine nicht gedämmte Konstruktion handelt, kann auf Trennlagen verzichtet werden. Dies ist jedoch in den seltensten Fällen gegeben.

Die Schutzaufgaben von Unterdeckungen und Trennlagen müssen dauerhaft sichergestellt sein.

Wenn es sich um eine gedämmte Konstruktion handelt, ist zwingend eine Trennlage bzw. eine zusätzliche regensichernde Schicht einzubauen. Grund dafür ist eine Textstelle in der DIN 4108-3. Die Norm besagt im Punkt 5.3.3.1 *„Bei Dächern mit Wärmedämmung zwischen, unter und/oder über den Sparren müssen in der Regel zusätzliche regensichernde Maßnahmen, z.B. Unterdächer, Unterdeckungen, Unterspannungen geplant und ausgeführt werden.“* Bei diesen zusätzlichen regensichernden Maßnahmen ist darauf zu achten, dass die Werte der Tabelle 3 der DIN 4108-3 in Bezug auf das Verhältnis der s_d-Werte ober- und unterhalb der Dämmung eingehalten werden.

Tabelle 2.1: s_d-Werte ober- und unterhalb der Dämmung

Wasserdampfdiffusionsäquivalente Luftschichtdicke in Metern	
außen (s_d, e) 1)	innen (s_d, i) 2)
$\leq 0{,}1$	$\geq 1{,}0$
$0{,}1 < s_d{,}e \leq 0{,}3$	$\geq 2{,}0$
$0{,}3 < s_d{,}e \leq 2{,}0$	$\geq 6 \cdot s_d{,}e$
$> 2{,}0$ 3)	$\geq 6 \cdot s_d{,}e$ 3)

1) s_d, e ist die Summe der Werte der wasserdampfdiffusionsäquivalenten Luftschichtdicke aller Schichten die sich oberhalb der Wärmedämmung befinden bis zur ersten belüfteten Luftschicht
2) s_d, i ist die Summe der Werte der wasserdampfdiffusionsäquivalenten Luftschichtdicke aller Schichten die sich unterhalb Wärmedämmschicht befinden bis zur ersten belüfteten Luftschicht
3) Gilt nur für den Fall, dass sich weder Holz noch Holzwerkstoffe zwischen s_d,e und s_d, i befinden

Bei unbelüfteten Aufbauten ohne zusätzliche Luftschicht ist, wie unter 2.1.2 beschrieben, aus Gründen des Holzschutzes neigungs- und materialunabhängig eine strukturierte Trennlage zu verwenden. Ebenso sind strukturierte Trennlagen gemäß den Klempnerfachregeln des ZVSHK bei Holzwerkstoffen als Deckunterlage für Metalldächer anzuordnen.

Anforderungen und Auswahl

Übliche Trennlagen sind fein besandete Bitumen-Dachbahnen mit Glasvlies- oder Glasgewebeeinlage, geeignete Kunststoffbahnen mit oder ohne Drainagefunktion (Wirrgelege) oder ein- bzw. zweiteilige Trennlagen mit Drainagefunktion. Ob die einzusetzende Trennlage die projektbezogenen spezifischen bautechnischen Anforderungen auch erfüllen kann, hat der Verarbeiter zu prüfen. Dabei spielen die Faktoren Dachneigung, Nutzung, Funktionen und Baustoffe sowie deren Verträglichkeiten untereinander eine wichtige Rolle. Für die Ausschreibung und Ausführung ist daher die genaue Definition der Anforderungen an die Unterdeckbahn erforderlich. Hieraus können sich auch bei Metallwerkstoffen, für die der Hersteller grundsätzlich keine Trennschicht fordert, dennoch Zusatzmaßnahmen ergeben. Hierzu zählen beispielweise die Herstellung einer regensicheren Vordeckung oder die Verbesserung der Gleiteigenschaften bei Dehnungsbewegungen sehr langer Metallscharen.

Für die langfristige Funktionssicherheit des Dachsystems gilt, dass der Dachaufbau nur so sicher ist wie sein schwächstes Bauteil. Aufgrund der sehr langlebigen Metalldächer wird der verantwortungsbewusste Klempner sich für eine qualitativ hochwertige, robuste Lösung entscheiden, zumal der Preisunterschied oft nur wenige Cent pro m^2 beträgt. Dabei ist der Einsatz von Stabilisatoren einer der wichtigsten Faktoren, der die Qualität einer Bahn bestimmt. Diese sorgen vor allem für die Widerstandsfähigkeit des Materials gegen UV- und Wärmebelastung. Obwohl Stabilisatoren nicht sichtbar sind, zählen sie zu den teuersten Komponenten und sind entscheidend für lange Standzeiten und eine langfristige Funktion der Trennlage. Da Unterdeckungen nach ihrem Einbau unterhalb einer Dachdeckung nicht mehr zu sehen sind und ein breites Angebot auf dem Markt verfügbar ist, werden leider auch Produkte eingesetzt, die nicht in allen technischen Eigenschaften den Anforderungen der Baupraxis und der jeweiligen Regelwerke entsprechen. Das „Merkblatt für Unterdächer, Unterdeckungen und Unterspannungen" der Fachregeln des ZVDH unterstützt den Verarbeiter bei der Beurteilung der qualitativen Unterschiede aus der Vielzahl der angebotenen Produkte.

Aufgaben der Unterdeckungen/Trennlagen im Überblick

- Schutz der Metallunterseite vor schädigenden Einflüssen aus dem Untergrund,
- Schutz vor Tagwasser während der Bauphase,
- Reduzierung von Prall- und Trommelgeräuschen,
- Verbesserung der Gleiteigenschaften der Metalldeckung bei Dehnungsbewegungen,
- Feuchteschutz der Holzschalung und der Dämmung,
- Tauwasser-/Korrosionsschutz durch belüftete Drainageebene,
- Ausgleich kleinerer Unebenheiten des Untergrunds.

Abb. 2.7: Sicheren Tagwasserschutz bietet beispielsweise diese Bahn, die nur im gewirkfreien Nahtbereich genagelt und dicht verklebt wird.

Tabelle 2.2: Übersicht der unterschiedlichen Metalldachkonstruktionen mit den jeweiligen mechanischen und bauphysikalischen Anforderungen an die Unterdeckung

Projektparameter der Metalldachkonstruktion	**Anforderung an die Unterdeckung/ Trennlage**
Metallwerkstoff: • Aluminium • Edelstahl • Kupfer • Titanzink • Blei	• bei Titanzink und Blei: ggf. besonderer Feuchteschutz • bei Bleideckungen: kein Verkleben, gleitfähig, Schallschutzeigenschaften beachten
Dachsystem: • Doppel-Winkelstehfalzsystem • Leistendeckung • rollnahtgeschweißtes Edelstahldach	• bei Schweißarbeiten: hitzebeständige, formstabile Unterdeckbahn
Scharenlänge	• gute Gleiteigenschaften bei Dehnungsbewegungen sehr langer Scharen (strukturierte Trennlage)
Dachneigung	• bei 3° bis 15° Dachneigung: strukturierte Trennlage als zweite Ablaufebene bei Titanzink • bei der Montage: hohe mechanische Belastbarkeit bei Montagearbeiten an noch begehbaren bzw. stark geneigten Dächern oder bei der Scharenmontage von Dachleitern aus
Gebäudehöhe	• bei exponierten Lagen und großen Gebäudehöhen muss die Trennlage aufgrund der hohen Windlasten u.U. eine hohe mechanische Belastbarkeit aufweisen • hoher Widerstand gegen Weiterreißen (Nagelausreißfestigkeit)

Untergrund: • 24 mm Holzschalung • 22 mm Holzwerkstoffplatte • 22 mm zementgebundene Spanplatte (Brandschutz) • Trapezprofile aus Metall • Beton • Mineralfaserdämmung • PU-Dämmung	• bei Holzwerkstoffplatten: strukturierte Trennlage als Feuchteausgleichsschicht • bei zementgebundenen Spanplatten: strukturierte Trennlage als Feuchteausgleichsschicht, zusätzlich erhöhte Brandschutzanforderungen • bei Dämmsystemen: strukturierte Trennlage als Feuchteausgleichsschicht, ggf. naht- und perforationsgesicherte Unterdeckbahn mit zusätzlichen Maßnahmen gegen Wassereintrieb wie z.B. Nageldichtmaterial • bei Metall und Beton: immer eine Trennlage vorsehen, die Art wird je nach individueller Beanspruchung bestimmt
Dachkonstruktion: • belüftet • unbelüftet	• bei belüfteten Konstruktionen: Trennlage zur Verminderung von geräuschbegleiteten Flatterbewegungen der Scharen einsetzen, auf Schalungen mit breiten Fugen (Innendruck) • bei unbelüfteten Konstruktionen: strukturierte Trennlage als Feuchteausgleichsschicht und zweite Ablaufebene
Geforderte Maßnahmen: • mechanische Belastbarkeit bei Montagearbeiten • Notdichtung während der Bauphase • lange Bauphase • besondere Anforderungen an den Schallschutz • Anforderungen an den Brandschutz	• hoher Widerstand gegen Weiterreißen (Nagelausreißfestigkeit) • ggf. naht- und perforationsgesicherte Unterdeckbahn, Maßnahmen gegen Wassereintrieb, Nageldichtmaterial • hohe UV-Beständigkeit • strukturierte Trennlage (Angaben zum Schallschutz des Herstellers beachten) • Schallschutzfolie an der Metallunterseite (nicht bei ungeschütztem Titanzink) • strukturierte Trennlage, Schallschutzfolie an der Metallunterseite
Dachgeometrie/Dachform: • normal • kompliziert • viele Durchdringungen	• bei komplizierten Dachgeometrien bzw. vielen Durchdringungen und zusätzlich geforderter zweiter Ablaufebene: ggf. zweiteilige strukturierte Trennlage

Unterdeckungen: Begriffe und Aufgaben:
- Diffusionsoffene Schicht: Bauteilschicht mit $s_d \leq 0{,}5$ m
- Diffusionshemmende Schicht: Bauteilschicht mit $0{,}5 \text{ m} < s_d < 1.500$ m
- Diffusionsdichte Schicht: Bauteilschicht mit $s_d \geq 1.500$ m
- Luftdichtheitsschicht: Schicht, meist raumseitig der Wärmedämmung verlegt, die die Luftströmung von außen in den Raum und umgekehrt durch das Bauteil hindurch verhindert (Vermeidung von Wärmeverlusten und Kondensat infolge Konvektion), meist in Funktionseinheit mit der diffusionshemmenden Schicht
- Winddichtheitsschicht: Schicht, meist außenseitig der Wärmedämmung verlegt, die das Einströmen kalter Außenluft in die Konstruktion und den Wiederaustritt an anderer Stelle erschwert und so die Abfuhr von Wärme verhindert
- Trennlage: flächige Trennung einer Metalldeckung oder -bekleidung von der Unterkonstruktion
- Dampfsperre (Dampfbremse): diffusionshemmende Schicht mit einem für die Funktion des Dachaufbaus ausreichenden Sperrwert
- Unterdach: wasserdicht bzw. regensicher
- Unterdeckung: ausreichend wasserundurchlässig
- Unterspannung: ausreichend wasserundurchlässig, ohne flächige Unterlage
- Naht- und perforationsgesicherte Unterspannung: ausreichend wasserundurchlässig, ohne flächige Unterlage, regensichere Verklebung an Stößen und nageldicht
- Vordeckung: nur in der Bauphase regensicher

2.1.4 Brandschutz

In fast allen Landesbauordnungen werden gemäß den Anforderungen an den Brandschutz harte Bedachungen gefordert. Dabei wird oft vermutet, dass Metalldächer diese Anforderungen uneingeschränkt erfüllen. Damit Metalldächer auch hinsichtlich der Brandschutznorm DIN 4102-4 ausreichend widerstandsfähig gegen Flugfeuer und strahlende Wärme sind, ist jedoch auf eine regelkonforme Zusammenstellung der Funktionsschichten zu achten. So gelten in Bezug auf den Brandschutz bei allen Metallen außer Titanzink folgende Konstruktionen als nachweisfrei:

- Unterkonstruktionen aus nicht brennbaren Baustoffen,
- Schalungen aus Holz oder Holzwerkstoffen mit oder ohne beliebiger Trennlage,
- Holzlattung mindestens 40/60 mm,
- Wärmedämmstoffe aus nichtbrennbarem Schaumglas oder nicht brennbarer Mineralwolle, PUR- oder PIR-Hartschaum mit oder ohne beliebiger Trennlage.

Bei Titanzink als Deckungswerkstoff gelten Konstruktionen als nachweisfreie harte Bedachung mit

- geschlossenen Unterkonstruktionen aus nichtbrennbaren Baustoffen, mit oder ohne beliebiger Trennlage,
- nicht hinterlüfteter Schalung aus Holz und Holzwerkstoffen ohne Trennlage,
- Schalung aus Holz und Holzwerkstoffen mit Trennlage aus Bitumenbahnen mit Glasvlies- oder Glasgewebeeinlage nach DIN EN 13707 auch in Kombination mit einer strukturierten Trennlage mit Dicke ≤ 8 mm,
- Wärmedämmung aus nichtbrennbarer Mineralwolle ohne Trennlage,
- Wärmedämmung aus nicht brennbarem Schaumglas, PUR- oder PIR-Hartschaum, jeweils mit oder ohne beliebiger Trennlage.

Hiermit können belüftete und nicht belüftete Dachaufbauten, außer mit Titanzink als Dacheindeckung, als harte Bedachung gewertet werden – dies gilt ebenso für den belüfteten Dachaufbau und für den unbelüfteten Dachaufbau mit zusätzlicher Luftschicht. Für strukturierte Trennlagen gibt es in der Musterliste der technischen Baubestimmungen jedoch folgenden Zusatz:

> *Für alle Dachdeckungsprodukte/-materialien aus Metall gilt, dass sie auf geschlossenen Schalungen aus Holz oder Holzwerkstoffen **mit einer Trennlage aus Bitumenbahn mit Glasvlies- oder Glasgewebeeinlage** auch in Kombination mit einer strukturierten Trennlage mit einer Dicke 8 mm zu verwenden sind.*

Entgegen der Vermutung, dass die Formulierung in der DIN 4102-4 „mit oder ohne beliebiger Trennlage" die strukturierte Trennlage beinhaltet, handelt es sich nach dem Zusatz aus der Musterliste der technischen Baubestimmungen bei der Verwendung von strukturierten Trennlagen nur dann um eine harte Bedachung, wenn die Trennlage bituminös ist (siehe hierzu auch Tabelle 2.3).

Tabelle 2.3: Brandschutzkonforme Trennlagen

	Titanzink	**alle Metalle außer Titanzink**
Belüftet	Trennlage bituminös oder mit Zulassung	beliebige Trennlage
Nicht belüftet mit strukturierter Trennlage	Trennlage bituminös oder mit Zulassung	Trennlage bituminös oder mit Zulassung
Nicht belüftet mit zusätzlicher Belüftung	Titanzink mit Zulassung für direkte Verlegung auf hinterlüfteter Schalung	nachweisfrei

2.1.5 Dachüberstände

Dachüberstände an Gebäuden werden vielfach als architektonisches Gestaltungsmittel oder als Wetterschutz für darunterliegende Bereiche eingesetzt – beispielsweise an Penthäusern oder an Staffelgeschossen mit/ohne Laubengängen. Die Untersichten sind hierbei häufig mit Holzpaneelen aus Massivholz oder mit Holzwerkstoffplatten verkleidet. Bei ihnen werden nicht selten nach einiger Zeit Verfärbungen durch Schimmelbildung sichtbar. Oft helfen die Beseitigung des Schimmels und neue Beschichtungen der Holzverkleidungen nicht weiter, wenn nach einigen Jahren der Nutzung die Holzkonstruktion verrottet ist.

Die Ursachen für Schäden an den Untersichten auskragender Dachkonstruktionen sind meistens Probleme mit Bau- und Konvektionsfeuchte. Ein wichtiger Aspekt für die Planung der Bauteile ist der Einfluss der Wärmeabstrahlung von der Dachoberseite. Insbesondere bei unbedecktem Nachthimmel kann es zu einer so starken Abkühlung der Dachfläche kommen, dass die Oberflächentemperaturen die Außenlufttemperaturen unterschreiten. Dadurch entstehen auf der Dachunterseite oberflächennah hohe relative Luftfeuchtigkeiten, die zu einer Erhöhung der Bauteilfeuchte führen.

Abb. 2.8: Bei Dachüberständen ist eine tauwassersichere Konstruktion erforderlich.

Abb. 2.9: Konvektionsfeuchte ist häufige Ursache für Schäden und Schimmelbildung an der Holzkonstruktion.

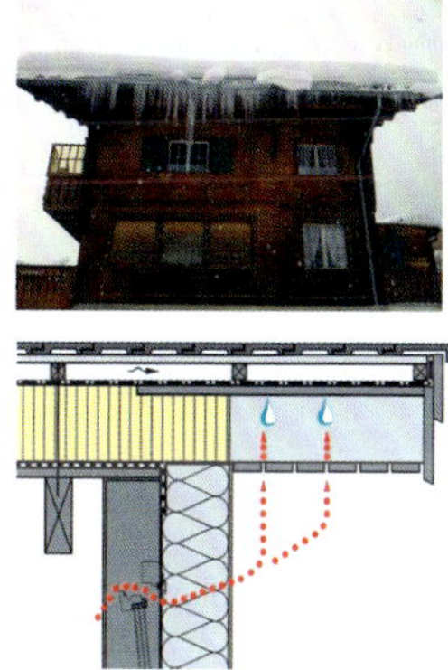

Abb. 2.10: In besonders schneereichen Regionen kann Fensterlüftung bei ungedämmten Dachüberständen im Traufbereich zu teilweise lebensgefährlicher Eiszapfenbildung führen.

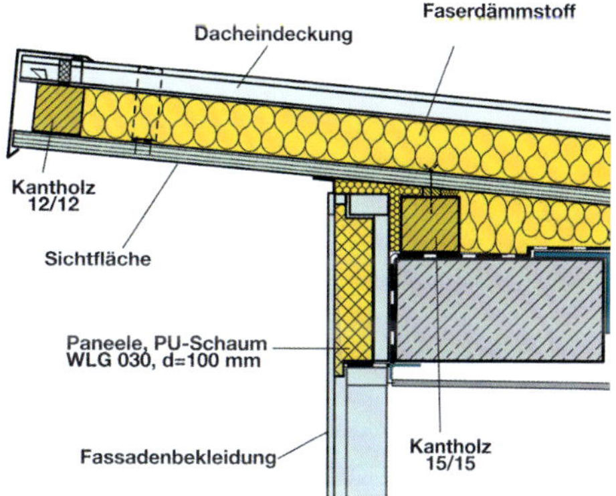

Abb. 2.11: Beispiel eines Dachüberstandes mit Überdämmung bis zum Pultfirst einer Metalldachkonstruktion

Dies kann unerwünschte Verfärbungen infolge Schimmel und Bläuepilzbefall zur Folge haben. Weitere Ursachen für Feuchteeinwirkungen an Untersichten von Dachrändern können Einflüsse aus Baufeuchte, Bewitterung des Dachrandes, feuchte Umgebungsbedingungen oder häufig auch Konvektion infolge Fensterlüftung sein. Dabei bilden sich an diffusionshemmenden Dachschichten wie Metalldeckungen zeitweise große Mengen Kondenswasser. Bei geschlossenen, kastenförmigen, nicht gedämmten und zudem nicht durchlüftet konstruierten Überständen aus Holz führt dies oft nach kurzer Nutzung zu erheblichen Schäden – bis hin zum Versagen des Bauteils. In besonders schneereichen Regionen führen darüber hinaus auf diese Weise ausgeführte Dachüberstände im Traufbereich zu teilweise lebensgefährlicher Eiszapfenbildung.

Aufgrund der bekannten Problematik sollen Holz und Holzwerkstoffe gemäß DIN EN 1995-1-1 (Eurocode 5) auch für sichtbar bleibende Schalungen wie Ort-, Trauf- und Vordachschalungen für die Nutzungsklasse 3 (Holz in Schwimmbädern und überdachten Tragwerken) geeignet sein. Sie beschreibt Klimabedingungen, die im überdachten Außenbereich zum höheren Feuchtegehalt führen, als für den Dachbereich üblich ist (Nutzungsklasse 2, Klimabedingungen: Temperatur 20 °C, nur einige Wochen pro Jahr > 85 % Luftfeuchte).

Dämmen und Lüften

Um Dachüberstände tauwassersicher zu konstruieren und Schäden zu vermeiden, können z.B. folgende Maßnahmen durchgeführt werden:
- Die Dämmung sollte bis zur Außenkante des Dachüberstandes (Pultfirst/ Traufenabschluss) geführt werden.
- Geschlossene kastenförmige Überstände sollten gedämmt und durchlüftet konstruiert werden.
- Verwendung feuchteresistenter Baustoffe (Nutzungsklasse 3 nach DIN EN 1995-1-1 (Eurocode 5), Einsatz schimmelwidriger Beschichtungen.

2.1.6 Fazit für die Ausführung der Unterkonstruktionen

Eine funktionierende, individuell auf das Objekt abgestimmte Dachkonstruktion erfordert eine sorgfältige Planung durch die am Bau beteiligten Architekten und Ingenieure und eine ebenso sorgfältige Bauausführung des Klempners und des Dachdeckers. Die Angabe aller für die Funktionsschichten relevanten Werte ist Aufgabe des Planers. Nur der Planer kann die bauphysikalischen Gegebenheiten des Gebäudes gesamtplanerisch erfassen und bewerten. Aus Gründen der Gewährleistung und der Baukoordination sollten möglichst alle Funktionsschichten des Daches aus einer Hand erstellt werden.

Die Praxis hat gezeigt, dass bei getrennter Vergabe von Unterkonstruktion und Metalldach die Prüfung der Vorleistung durch den Klempner und Dachdecker nur bedingt möglich ist.

Klempner und Dachdecker sind bei Wasserschäden erste Ansprechpartner und haben die schwere, meist zeit- und kostenintensive Aufgabe, Ursachenforschung zu betreiben. Oft stellt sich heraus, dass die Funktionsschichten der Unterkonstruktion nicht ordnungsgemäß ausgeführt wurden und der Schaden auf entstandenes Tauwasser zurückzuführen ist. Dieser Vorgang ist für alle Beteiligten belastend, beeinträchtigt eine reibungslose Bauausführung und endet manchmal auch vor Gericht.

Bei der Ausführung der Metall-Dachkonstruktion als Komplettleistung hat der Fachhandwerker von Beginn an die Kontrolle und Verantwortung über die Ausführung sämtlicher Funktionsschichten. Sind mehrere Gewerke beteiligt, ist es ratsam, die Vorleistungen genauestens zu prüfen. Wenn der Baufortschritt dies nun nicht mehr zulässt und Zweifel an der korrekten Ausführung durch die Vorunternehmer bestehen, sollten die Bedenken dem Bauherrn umgehend schriftlich mitgeteilt werden.

Da Undichtigkeiten schwer zu lokalisieren sind, werden häufig Teile von intakten Metalldeckungen geöffnet und anschließend wieder verschlossen. Ein fachgerechtes Verschließen der Falze ist aufgrund der enormen Materialbeanspruchung oft nicht mehr möglich (Rissbildung durch mehrmaliges Biegen). Umgangssprachlich spricht man hier von „Verschlimmbessern“.

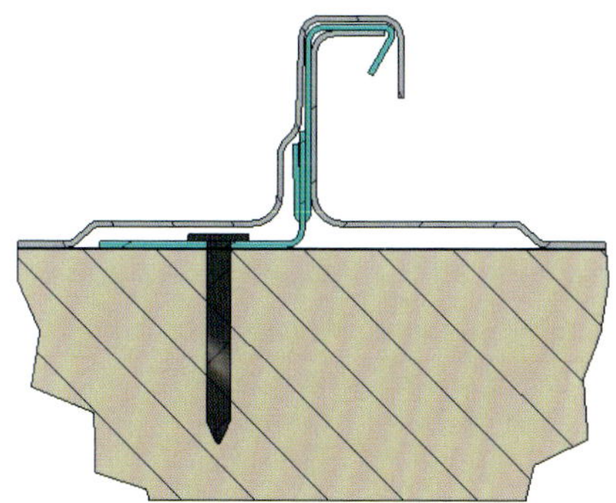

Abb. 2.12: Optimierter Stehfalz mit Sicke (Clip Relief) und zusätzlichem Dehnungsspielraum

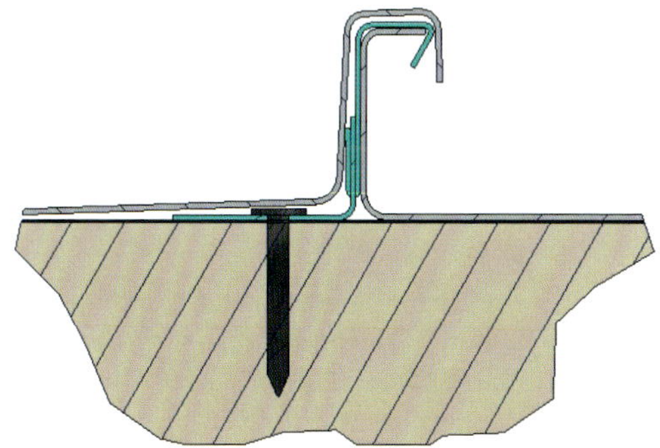

Abb. 2.13: Herkömmlicher Stehfalz ohne Sicke

2.2 Verbindungstechniken

Die Gestaltung und Formgebung der Dächer und Fassaden sowie die auftretenden Beanspruchungen an den zu verwandelnden Metallwerkstoffen bestimmen die Art der Verbindung und der Befestigung. Mit den verschiedenen Verbindungstechniken sowie Kombinationen daraus lassen sich Rasterungen mit unterschiedlichen Breiten und unterschiedlicher Ausprägung herstellen. Die Lage der Längsverbindungen kann nahezu uneingeschränkt variiert werden. Der Einsatz von Metall an Dach und Fassaden bietet somit sowohl dem Architekten als auch den planenden und beratenden Klempnern und Dachdeckern viel Freiheit bei der Gebäudegestaltung.

Mit der handwerklichen Verbindungstechnik – der Falztechnik – sowie Kombinationen von industriellen und handwerklichen Verbindungstechniken ist jedes Detail sicher und mit geringem technischem Aufwand zu realisieren. Voraussetzung dafür ist eine qualifizierte Ausbildung im Klempnerhandwerk. Sie stellt das erforderliche handwerkliche Geschick bei der Verarbeitung der unterschiedlichen Metalle und das Wissen über deren Werkstoffeigenschaften sicher.

Nachfolgend werden die in der Klempnertechnik am häufigsten verwendeten Verbindungssysteme mit Hinweisen zur Verarbeitung dargestellt.

2.2.1 Winkel- und Doppelstehfalzdeckung

Die Doppelstehfalztechnik ist die klassische Verbindungstechnik für Dachdeckungen mit Dünnblechen ab einer Dachneigung von 3°. Schon vor hunderten Jahren wurden Turmdächer und Kuppeln mit Kupfer-, Zink- und Bleiblechen gedeckt. So bewahrte das älteste Kupferdach Deutschlands, vielleicht sogar der Welt, den Hildesheimer Dom seit 1230 vor Bauschäden. Durch Kriegseinwirkungen wurde das Bauwerk jedoch im Jahre 1945 zerstört. An vielen anderen historischen Bauwerken findet man Doppelstehfalzdächer, die den Gebäuden auch heute noch besten Schutz vor Wind und Wetter bieten.

Das Doppelstehfalzsystem zählt zu den nicht selbsttragenden Profilsystemen, für die eine vollflächige Unterkonstruktion, meistens Holzschalung, erforderlich ist. Diese Falztechnik ermöglicht durch die geringe Falzhöhe

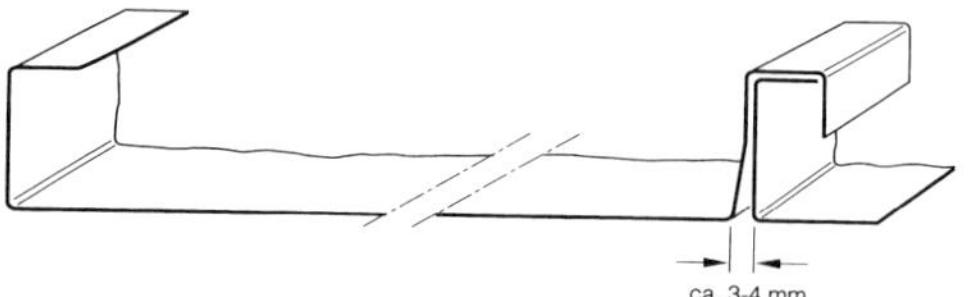

Abb. 2.14
Maschinell gefertigtes Stehfalzprofil

eine regendichte Deckung auch kompliziertester Dachformen. So werden neben funktionellen Block- und Winkelformen auch Dachlösungen in geometrischen Grundformen wie beispielsweise Kugel, Paraboloid, Halbtonne, Prisma, Pyramide, Kegel und Kreisringsegment ausgeführt. Weiterhin werden ebenso die klassischen Turm-, Kuppel-, Pavillon- und Schirmkonstruktionen im Doppelstehfalzsystem gedeckt.

Die maximale, mit den üblichen Falzwerkzeugen und Falzmaschinen noch zu verarbeitenden Blechdicken betragen, in Abhängigkeit vom Metallwerkstoff, 0,4 bis 0,5 mm für Edelstahl bis 0,8 mm für Kupfer, Zink und Aluminium. Die übliche Scharenbreite (Deckbreite) beträgt etwa 530 mm aus 600 mm Bandzuschnitt bei der Fertigung mit Rollformern.

Der Doppelstehfalz ist regendicht, wenn auf der Dachfläche kein Stauwasser auftritt. In der Reihenfolge des Falzvorgangs wird zunächst der Winkelstehfalz hergestellt und anschließend um weitere 90° umgefalzt. Die temperaturbedingte Querbewegung der Schare erfolgt im Falzgrund des Doppelstehfalzes. Dazu werden die Scharen so vorbereitet, dass im Falzgrund ein freier Zwischenraum von 3 bis 5 mm entsteht.

Der Winkelstehfalz wird vorzugsweise bei Fassadenbekleidungen sowie Dachansichtsflächen mit einer Dachneigung über 25° eingesetzt. In schneereichen Gegenden beträgt die Mindestdachneigung 35°. Wegen des einfachen Falzschließvorgangs erzeugt die Herstellung der Winkelstehfalzverbindung kaum Spannungen und minimiert eine mögliche Beulenbildung der Ansichtsflächen.

Das Stehfalzprofil gibt es heute in einer weiteren optimierten Variante. Eine zusätzliche, etwa 30 mm breite Sicke, die im Rollformprozess entlang der Falze maschinell eingebracht wird, gibt dem Haftfuß (Nagelhaft) Freiraum. Eine weitere Sicke im senkrechten Bereich des überdeckenden Falzes bietet Platz für die Materialaufdopplung in der Verbindung der zweiteiligen Schiebehafte. Auf diese Weise werden die Längs- und Querdehnungsbewegungen der Scharen erleichtert und ein Scheuern an Haften, Nagel- oder Schraubenköpfen verhindert. Zudem wird durch die zusätzlichen Sicken die Eigensteifigkeit des Stehfalzprofils verbessert und die Flächenwelligkeit reduziert.

Bei Metalldeckungen im Doppelstehfalzsystem unterscheidet man in „Tafeldeckungen“ und „Banddeckungen“.

Tafeldeckung

Tafeldeckungen findet man häufig an historischen Bauwerken, Turmdeckungen und Fassaden. Sie zeichnen sich aufgrund der Tafelgröße und der Anordnung der Querverbindungen durch eine stärkere Gliederung der Dach- und Fassadenflächen aus. Die Abmessungen der Doppelstehfalztafeln haben ihren Ursprung aus den damals üblichen Lieferzuschnitten von

2.000 · 1.000 mm und den zu der Zeit verfügbaren Werkstattmaschinen. Die eingesetzten Kantbänke und Schlagscheren hatten i.d.R. Arbeitslängen von maximal 1 m. (In den Werkstätten modern ausgerüsteter Klempner- und Dachdecker-Fachbetriebe sind 3-m-Tafelscheren und CNC-gesteuerte Kantbänke bis zu 6 m Arbeitslänge keine Seltenheit mehr.)

So wurden die unbearbeiteten Blechtafeln zunächst in 4 Teile von 500 · 1.000 mm zugeschnitten. Abzüglich der Einfalzverluste für Doppelstehfalze und Querfalze ergab sich ein Deckmaß von etwa 520 · 900 mm.

Banddeckung

Bei Banddeckungen werden größtmögliche Scharenlängen verlegt. Seit der Entwicklung und dem Einsatz moderner Maschinen für die Doppelstehfalztechnik können mit der Banddeckung auch Dachflächen von mehreren Tausend Quadratmetern schnell und wirtschaftlich für eine sehr lange Nutzungsdauer erstellt werden. Wichtig ist bei der Verwendung langer Scharen, dass die schadlose Dehnungsbewegung bei Temperaturwechseln sichergestellt ist. Mit den üblich verwendeten und fachgerecht angeordneten Fest- und Schiebehaften sind bei Kupfer, Zink und Aluminium Scharenlängen bis zu 10 m möglich. Scharen aus verzinktem Stahlblech und Edelstahl können bis zu 14 m Länge verlegt werden. Mit besonderen Zusatzmaßnahmen ist sogar die Montage längerer Scharen möglich. Diese Zusatzmaßnahmen sind projektbezogen festzulegen.

Fertigung der Doppelstehfalzscharen

Die Vorprofilierung der Metalltafeln und Metallbänder für die Montage am Bau kann sowohl handwerklich als auch mittels Kantmaschinen und speziellen Rollformern sowie Falzmaschinen erfolgen. Mit handwerklichem Können und dem Einsatz moderner Maschinen lassen sich Dächer und Fassaden wirtschaftlich und technisch einwandfrei und optisch ansprechend im Doppelstehfalzsystem eindecken.

Montage der Doppelstehfalzdeckung

Anders als bei industriell vorgefertigten Dachdeckungswerkstoffen wie z.B. Dachsteinen, Kunstschiefer, Trapezblechen oder Sandwich-Dachsystemen werden Metalldeckungen im Doppelstehfalzsystem nach Baustellenaufmaß individuell in der Werkstatt oder vor Ort geformt.

Auch wenn für die Ausführung von Metalldächern modernste Maschinen zur Verfügung stehen, ist eine fach- und werkstoffgerechte Ausführung nur mit handwerklichem Geschick und detaillierten Kenntnissen über die Werkstoffeigenschaften der Metalle Kupfer, Zink, Blei, Aluminium und Edelstahl möglich. Der Klempner und der Dachdecker müssen sämtliche Falzverbindungen und Anschlüsse handwerklich, mit dem entsprechenden Handwerkszeug herstellen und formen können – ohne Silikon und Lötzinn.

Wer diese Fertigkeiten neu erwerben oder die vorhandenen Fertigkeiten optimieren möchte, kann entsprechend seines Kenntnisstandes vielfältige (Fortbildungs-)Angebote der Handwerkskammer-Bildungszentren und der Herstellerindustrie nutzen.

Abb. 2.15: Falzdichtung
Das selbstklebende Dichtungsband wird zeitsparend mit einem speziellen Abroller über den Unterfalz und über den Haft hinaus auf den unterdeckenden Falz aufgeklebt. Beim Herstellen der Doppelfalzung wird Falzeinlage verpresst.

a) An flachgeneigten Metalldächern und nicht fachgerecht ausgeführten Traufausbildungen kann Kapillarwasser in die Baukonstruktion gelangen.

b) Hier wird der Traufenabschluss mit einem 70 mm breiten und ca. 6 mm dicken Wirrgelegestreifen aus korrosionsbeständigem Edelstahldraht ausgerüstet, der die Bildung eines Kapillarspaltes unterbindet.

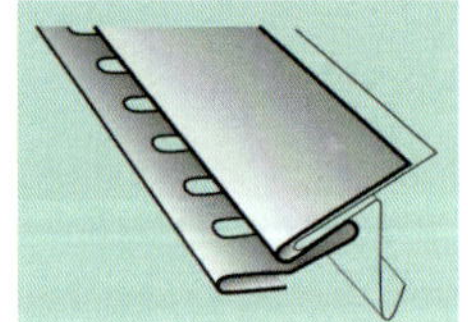

Dieses speziell gekantete und gelochte Traufenabschlussprofil verhindert die Bildung eines Kapillarspaltes und somit Wassereinbrüche.

Abb. 2.16: Kapillarwirkung an der Traufe

Schutz vor Kapillarwirkung, Falzdichtungen

Sowohl die allgemein gültigen Wärmeschutzanforderungen nach EnEV und die damit verbundenen gestiegenen bauphysikalischen Anforderungen als auch die immer extremer werdenden Wetterbedingungen verursachen insbesondere an Traufbereichen flachgeneigter Dächer Probleme mit kapillaren Wassereinbrüchen. Darüber hinaus besteht im Winter oft die Gefahr der Eisschanzenbildung, vor denen sich Schmelzwasser anstaut und Falze überflutet. Deshalb werden gemäß den Fachregeln für Klempner- bzw. Metallarbeiten an Dach und Fassade im Dachneigungsbereich von 3 bis 7° Sondermaßnahmen erforderlich, beispielsweise Falzdichtungen, Falzerhöhungen, Unterdächer oder Kapillarstopp-Profile. Hersteller von Edelstahlblechen fordern generell die Anwendung falzdichtender Maßnahmen unabhängig von der Dachneigung.

Als Falzdichtungen kommen Falzgel oder Falzdichtungsbänder zum Einsatz. Um die Kapillarwirkung an der Traufe zu unterbinden, gibt es Edelstahl-Wirrgelege, die auf dem Traufblech angeordnet werden oder speziell gekantete und gelochte Traufbleche. Falzgel hat sich als wirksam herausgestellt, da auch im Bereich der Hafte die Kapillarwirkung unterbunden wird. Bei langen Scharen ist jedoch das Einbringen des Gels in den überdeckenden Falz (Oberfalz) mit erhöhtem Aufwand verbunden. Eine Alternative hierzu bietet ein spezielles, breites selbstklebendes Dichtungsband, das nach der Haftbefestigung der Schare mit einem ca. 5 mm Überstand über den Unterfalz und über den Haft hinaus auf den unterdeckenden Falz aufgeklebt wird. Beim Herstellen der Doppelfalzung, per Handwerkszeug oder maschinell, wird die 21 mm breite Falzeinlage S-förmig und wasserdicht verpresst. Bei diesem Vorgang umschließt das Dichtungsband auch den doppelt eingefalzten Haft. Beim Einsatz von Falzmaschinen wird eine Probefalzung empfohlen. Zu beachten ist, insbesondere bei nicht hinterlüfteten Dachkonstruktionen, dass durch den erzielten hohen Dichtheitsgrad auch die Dampfdurchlässigkeit des Falzes verringert wird.

Empfohlen wird auch das praktische Üben in der eigenen Werkstatt. Dort kann man (auch oder gerade bei Regenwetter) die verschiedenen Einbausituationen an schnell zusammengefügten Holzmodellen simulieren und bearbeiten. Hierbei sind Papierschablonen mit Zuschnitten und Faltlinien der meisten gängigen Anschlüsse sehr hilfreich. Diese Papierschablonen sind im Fachhandel oder bei einigen Industrieunternehmen erhältlich.

2.2.2 Leistendeckung

Leistensysteme sind gekennzeichnet durch eine Holzleiste, an die sich die seitlichen Aufkantungen der Schare anschließen. Aufgeschobene Leistendeckel decken die Holzleiste ab. Optisch führt das Leistensystem im Gegensatz zu den schmalen Falzen der Doppelstehfalzdeckung zu einer betonten Untergliederung der Dachfläche in Richtung des Gefälles. Insgesamt gibt es 4 verschiedene Leistensysteme, von denen sich 2 in der Bundesrepublik durchgesetzt haben: das deutsche (Abb. 2.17) und das belgische Leistensystem (Abb. 2.18). Diese Systeme sind geeignet für Dachflächen mit mehr als 3° Neigung. Die Befestigungshafte werden in der deutschen Ausführung des Leistensystems auf der Leiste und im belgischen System unter der Leiste angebracht. Technisch werden bezüglich der Scharbreiten und Scharlängen die gleichen Regeln wie bei der Doppelstehfalzdeckung angewendet. Da die Leistenverbindung zwar durch den Leistendeckel und durch die Aufkantung regendicht ist, jedoch nicht sicher gegen Rückstauwasser, muss das Mindestgefälle von 3° gewährleistet sein.

Leistendeckungen und Doppelstehfalzdeckungen werden häufig auch kombiniert – sowohl aus optischen, als auch aus dehnungstechnischen Gründen. Mit der Leisten-Verbindungstechnik lassen sich Festhaftbereiche oder Fixpunkte wie Fenster und große Dachdurchdringungen innerhalb der Doppelstehfalzflächen ideal voneinander abkoppeln. Darüber hinaus kann man Aufbauten wie Solaranlagen im Bereich der Leisten ideal mit Unterkonstruktion verankern, ohne zusätzliche Durchdringung in der Flächen zu schaffen – auch nachträglich.

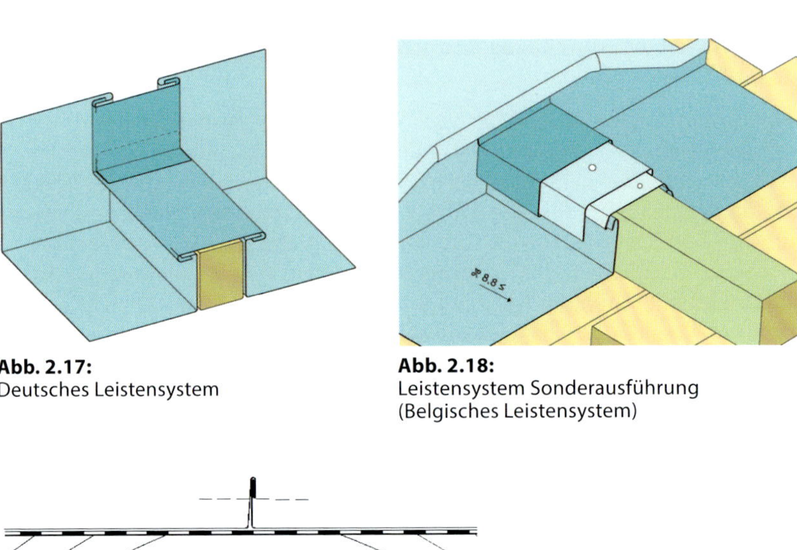

Abb. 2.17:
Deutsches Leistensystem

Abb. 2.18:
Leistensystem Sonderausführung (Belgisches Leistensystem)

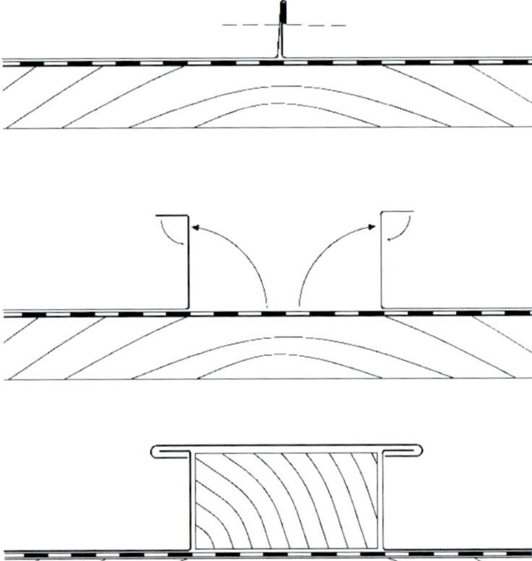

Abb. 2.19:
Umwandlung eines Doppelstehfalzes zur Leistenverbindung, z.B. für die Aufnahme der Solaranlage

2.2.3 Rollnahtgeschweißte Edelstahldächer

Handwerkliche Stehfalzdeckungen sind nicht wasserdicht – und sie müssen es auch oberhalb der Regeldachneigung von 7° nicht sein. Ein bedeutendes Marktsegment mit großem Auftragspotenzial, insbesondere im Sanierungsbereich, liegt heutzutage unterhalb dieser Dachneigungsgrenze, also im Flachdachbereich mit oder ohne Begrünungen und Bekiesungen. Hier kommen vermehrt wasserdichte rollennahtgeschweißte Metalldeckungen aus Edelstahlblechen zum Einsatz. Aber die Veränderungen der klimatischen Bedingungen mit häufigen Starkwindböen und Starkregen erfordern in einigen Regionen und in exponierten Lagen besondere Verarbeitungstechniken, um den Feuchteschutz und die Lagesicherung der Deckung sicherzustellen. Hierbei bieten wasserdicht verschweißte Edelstahldeckungen in Kombination mit bauaufsichtlich zugelassenen und statisch berechenbaren Befestigungssystemen eine

Abb. 2.20: Bei Flachdachsanierungen mit oder ohne Begrünungen und Bekiesungen kommen vermehrt wasserdichte rollennahtgeschweißte Deckungen aus Edelstahlblechen zum Einsatz.

Abb. 2.21: Bei Dächern in exponierten Lagen und in Regionen mit extremen Witterungsbedingungen bieten wasserdicht verschweißte Edelstahldeckungen mit statisch nachgewiesenen Befestigungssystemen optimalen Wetterschutz.

sichere schützende Hülle für das Bauwerk. Mit einer erheblich weiterentwickelten Schweißtechnologie sowie neu konzipierten und leicht zu bedienenden Schweißmaschinen lässt sich deren Herstellung von Klempner-/Spengler-Fachbetrieben bei entsprechender Schulung heute problemlos umsetzen.

Herstellung und Montage

Die Montage kann mit den abgestimmten Befestigungssystemen und Befestigungsmitteln aus nahezu allen gängigen Verankerungsgründen wie beispielsweise Holz, Beton oder Trapezblech erfolgen. Die Scharen werden hierbei mittels einfachem Stehfalz oder Winkelstehfalz in unterschiedlichen

Abb. 2.22: Eine Rollennaht-Schweißanlage (hier „Ferumira") besteht aus den Komponenten (von links) Dachfalzschweißmaschine, Detailschweißmaschine und der Schweiß-Inverterbox.

Abb. 2.23: Die Dachfalzschweißmaschine ist das Hauptgerät zum Verschweißen großer Dachflächen.

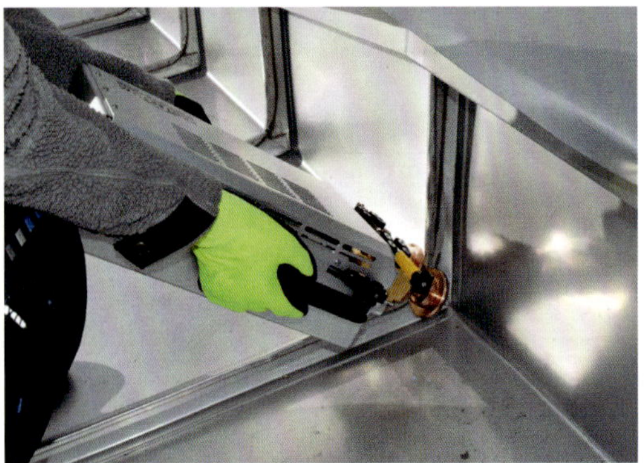

Abb. 2.24: Bei Anschlüssen und Verwahrungen kommt die Detailschweißmaschine zum Einsatz.

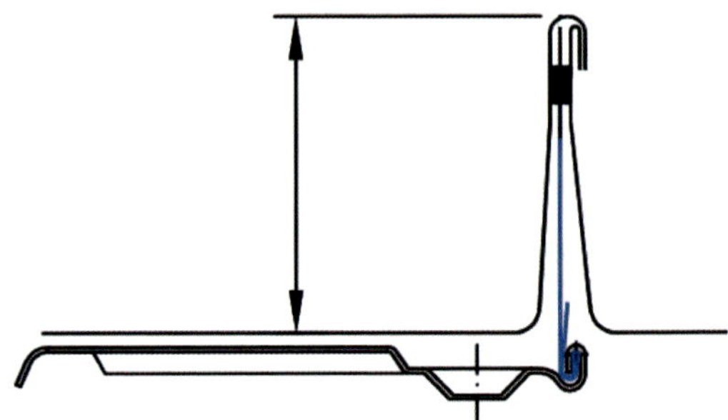

Abb. 2.25: Entsprechend der jeweiligen Erfordernisse kommen Falzhöhen von 22, 32 und 50 mm zum Einsatz. Der 50 mm hohe Falz ist durch zusätzliche Kantungen verstärkt.

Stehfalzhöhen miteinander verbunden. Die Edelstahlbänder werden zunächst auf die benötigte Scharenlänge zugeschnitten und beidseitig aufgekantet oder per Rollformer profiliert. Die Befestigung erfolgt gemäß den vom Hersteller oder in Eigenleistung erstellten statischen Berechnungen. Hierbei sind idealerweise Schneefänge, Solarmodule und -halterungen, Sicherheitseinrichtungen und sonstige Dachinstallationen eingeplant und rechnerisch nachgewiesen. Die Verschweißung der Schare erfolgt im Bereich der Aufkantungen mit speziellen Rollennaht- bzw. Dachfalzschweißmaschinen. Beim Schweißprozess werden die hohen Aufkantungen an einfachen Stehfalzen oben um 180° umgekantet, sodass der geringe Verzug des Schweißvorgangs gestreckt wird und gleichzeitig ein Falz von hoher Belastbarkeit entsteht. Eine sehr deutliche Wellenbildung in der Metalloberfläche ist hierbei nicht zu vermeiden – bei Bekiesungen und Begrünungen ist dies jedoch ohne Bedeutung.

Für einsehbare Flachdächer und flach geneigte Dächer, die höheren optischen Ansprüchen und/oder extremen Witterungsbedingungen standhalten müssen, erfolgen die Verbindungen der zu verschweißenden Schare klempnertechnisch im Doppel- oder Winkelstehfalzsystem. Dies verringert die Wellenbildung und erhöht mit den zusätzlichen Kantungen die Stabilität bzw. Eigenstatik des Profils. Auch das Verlegen ist hiermit deutlich erleichtert, da das Zusammenspannen der Schare für den Schweißvorgang mit nur wenigen Spannzangen erfolgen kann. Die Schweißnähte sind durch die vorherige Falzung vor Verunreinigungen geschützt – die Position oder Höhe der kontinuierlichen Schweißnaht ist gleichbleibend und präzise. Durch die horizontale Falzung bleibt die Schweißmaschine automatisch in der Führung. Die verwindungsarme maschinelle Herstellung gerader und gewölbter Dachflächen ermöglicht eine gerade Linienführung der Falze, was sich positiv auf das optische Erscheinungsbild der Dachfläche auswirkt. Die hier beschriebenen Dachprofile sind bauaufsichtlich zugelassen und kommen entsprechend der jeweiligen technischen und optischen Erfordernisse in Falzhöhen von 22 mm (einfacher Falz), 32 mm und 50 mm (Winkelstehfalz) zum Einsatz. Da die Reinigungsmöglichkeiten eines fertigen Falzes etwas schwieriger sind, müssen bereits die Coils sauber sein. Die Verlegung sollte direkt nach dem Profilieren erfolgen.

2.2.4 Schnappfalzdeckung (Snapfalz)

Bei dem Schnapp- oder Snapfalzsystem, wie es meist bezeichnet wird, handelt sich um eine Verbindungstechnik, die optisch dem handwerklichen Stehfalz gleicht. Schnappfalzsysteme werden häufig an flachgeneigten Dächern eingesetzt – sowohl im Neubau- als auch im Sanierungsbereich. Die spannungsarme Verbindungstechnik zeichnet sich durch eine spezielle Profilierung aus, bei der die ober- und unterdeckenden Falzprofile bei Druckbelastung „zusammenschnappen" und eine kraftschlüssige Verbindung bilden. Der Vorteil des Systems ist, dass bei dieser Klemmtechnik kapillar eindringende Niederschlagsfeuchte nahezu ausgeschlossen ist. Auch ist hiermit die freie Dehnungsbewegung der Schare gegeben – aufgrund der werkzeuglosen Klemmtechnik, sogar in unterschiedliche Schieberichtungen, wie sie beispielsweise bei lokalen Festpunkten an Kamin- oder Fensterdurchdringungen gegeben sind. Die leichtgängig ablaufenden Dehnungsbewegungen erlauben bei dem fachgerechten Einsatz der Haftbefestigungen sehr große Scharenlängen. Da keine weitere Verfalzung erfolgt, werden keine zusätzlichen Spannungen in die Metallscharen eingebracht. Dies ermöglicht auch im Fassadenbereich ein hochwertiges Erscheinungsbild.

Gefertigt werden Schnappfalz-Scharen vom Band mit speziellen Rollformern. Ein weiterer Vorteil des Systems ist, dass die Verlegung großer Dachflächen mit einfachen Dachgeometrien sehr zeitsparend erfolgen kann. Das System ist mittlerweile auch Bestandteil der Klempnerfachregeln des ZVSHK 3/2016, Abschnitt 7.1.4. Verwiesen wird hierin auf die Verlegerichtlinien zum Schnappfalzsystem, in der die Befestigung sowie anwendbare Metallwerkstoffe und zulässige Scharbreiten angegeben sind. In den Unterlagen zur Profilieranlage der Firma Schlebach beispielsweise sind all diese Punkte geregelt.

Einsatzbedingungen und Voraussetzungen

Für das Schnappfalzsystem gibt es ähnlich vielfältige Anwendungsmöglichkeiten wie sie das handwerkliche Stehfalzsystem bietet. Es wird bereits ab 3° Dachneigung eingesetzt, wobei bei 3 bis 7° Grad eine Falzhöhe von 38 mm anstelle der üblichen 25 mm ausgeführt werden. Auch leicht gerundete Dachformen können mit dem Schnappfalzsystem gedeckt werden. Bei einer Deckbreite von 400 mm und 0,7 mm dickem Aluminiumblech sind Zwangsbombierungen mit etwa 20 m Radius umgesetzt worden. Für die Deckung von Dächern und Fassaden mit profilierten Schnappfalzbahnen aus der Profilieranlage Quadro hat beispielsweise die Firma Schlebach folgende Regeln herausgegeben:

Anwendungsbereich und zulässige Dachneigungen

- Dachneigung 3° – Profilhöhe 38 mm,
- Dachneigung 7° – Profilhöhe 25 mm,
- Metallwerkstoffe, Blechdicke:
  > Stahlblech, verzinkt beschichtet bis 0,75 mm,
  > Edelstahl 0,5 mm
  > Aluminium H 41, H 44 0,7 bis 1,0 mm,
  > Kupfer 0,7 bis 0,8 mm,

Titanzink erfüllt nicht die Anforderungen an eine dauerhafte Klemmwirkung, da das Material ermüdet. Grundsätzlich sollte auf den Einsatz von Titanzink bei der Dacheindeckung mit Metallbahnen im Schnappfalz verzichtet werden.

Unterkonstruktion

Gemäß Klempnerfachregeln als Vollschalung oder Sparschalung.

Befestigung

Die Art, Anzahl sowie die Abstände der zugehörigen Systemhaften und Befestigungsmittel werden in Anlehnung an die Vorgaben der Fachregeln des Klempnerhandwerks festgelegt. Verwendet werden ausschließlich Hafte aus Edelstahl, die Mindestdicke ist 0,4 mm oder aus verzinktem Stahlblech 0,7 mm. Bei fachgerechter Verlegung, korrektem Hafteinsatz und unter Berücksichtigung der Schiebewege an First und Traufe sind laut Herstellerangaben Bahnenlängen bis zu 20 m realisierbar.

Montage

Zunächst sind für die Planung, Kalkulation und Materialbestellung die Einfalzverluste zu berücksichtigen. Diese betragen
- bei 25 mm Schnappfalzhöhe etwa 79 mm,
- bei 38 mm Schnappfalzhöhe etwa 117 mm.

Bei der Profilierung müssen vor der Serienfertigung die beiden für die Funktion wichtigen Maße „Klemmkantenlänge“ und „Profilöffnung“ geprüft werden. Die Profilöffnung beeinflusst, abhängig von Materialdicke und Werkstoff, die Klemmwirkung der Überdeckung.

Abb. 2.26: Der Schnappfalz ist eine spezielle Profilierung, bei der die ober- und unterdeckenden Falzprofile bei Druckbelastung „zusammenschnappen".

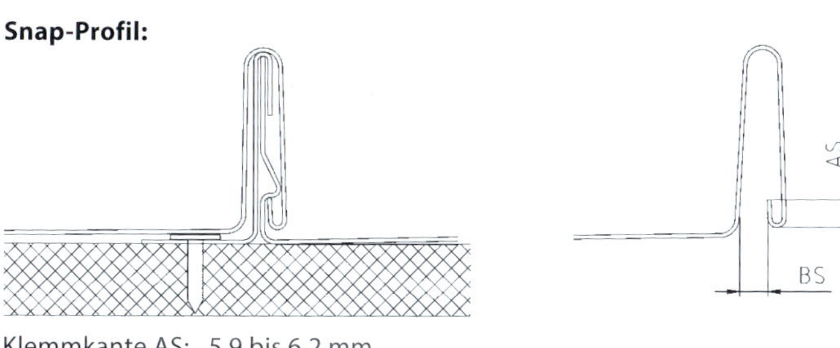

Klemmkante AS: 5,9 bis 6,2 mm
Profilöffnung BS: 1,2–1,5 mm (abhängig von Materialdicke und Werkstoff)

Abb. 2.27: Die wichtigen Maße für die korrekte Funktion sind die Klemmkantenlänge (AS) und die Profilöffnung (BS). Diese müssen stets bei der Fertigung bzw. Montage überprüft werden.

Abb. 2.28: Kleinteilige Dachdeckung und Fassadensysteme aus Metall kommen sowohl im Denkmalschutz als auch bei modernen Dachformen zum Einsatz.

Abb. 2.29 a und b: Auch für freie Formen in der Dach- und Fassadenlandschaft eignen sich kleinteilige oder großformatige Schindelsysteme.

Anschlüsse/Zubehör

Für die fachgerechte Ausführung aller Anschlüsse, beispielsweise an Traufen, Firsten, Ortgängen, Wänden, Lüftern, Kaminen oder Lichtkuppeln, ist typischerweise eine Kombination aus handwerklicher Klempnertechnik und Industriebau erforderlich. Während das klempnertechnische Geschick insbesondere bei der Einbindung von Durchdringungen verlangt wird, finden sich bei Anschlüssen an Dachrändern Details wieder, die man aus dem Bereich der industriell hergestellten Bördel- oder Gleitfalzsysteme kennt. Für das Snapfalzsystem gibt es umfassendes Zubehör, wie dies auch für handwerkliche Stehfalzdächer verfügbar ist.

2.2.5 Kleinteilige Dachdeckungs- und Fassadenbekleidungssysteme

Kleinteilige Systeme werden handwerklich in der Klempnerwerkstatt gefertigt oder industriell mit Spezialmaschinen ausgestanzt. Die Montage erfolgt i.d.R. indirekt mit Haften und Einfachfalzen. Durch die Möglichkeit der individuellen Formgebung bieten sie dem Planer vielfältige Gestaltungsvarianten.

Architekten und Bauherren können mit modernen Systemen nicht nur Einfluss auf die Gliederung ihrer Dach- und Fassadenflächen nehmen, sondern auch ihre Farbkonzepte und Ideen verwirklichen – viele Beispiele in der modernen Architektur belegen dies. Falls ein Firmengebäude einer Corporate Identity (CI) unterliegt, ist auf Wunsch auch problemlos eine geschützte Farboberfläche möglich. Verschiedene Ausführungsvarianten bieten zudem eine größere Sicherheit gegen Wassereintrag bei hohem Winddruck, mit dem aufgrund des Klimawandels immer öfter zu rechnen sein wird. Eine vollständig geschlossene Oberseite ohne jegliche Ausklinkungen ist hierbei ein charakteristisches Herstellungsmerkmal.

Abb. 2.30: Raumnutzung, Gaubenform und konstruktive Zwänge sind wichtige Kriterien bei der Planung von Dachgauben.

Dachplatten, Dachschindeln, Fassadenplatten, Systemschindeln, Systemrauten sind die branchenüblichen Bezeichnungen für die derzeit gängigen kleinformatigen Bauteile aus Metall. Bei der Verwendung dieser Systeme sind Mindestdachneigungen zu beachten, weil sie durch Einfachfalzung verbunden werden. Die Mindestdachneigungen sind in den Verlegerichtlinien der jeweiligen Systemanbieter dokumentiert.

2.2.6 Dachgauben

Handwerklich mit Metall gedeckte und bekleidete Dachgauben dienen dem Raumgewinn sowie der Belichtung oder der Belüftung. Bei Wohnraumerweiterungen im Dachgeschossausbau wird die notwendige Kopffreiheit durch den Einbau von Dachgauben erzielt. Im Neubau setzen Architekten diese Bauelemente insbesondere in Wohnbebauungen und exklusiven Wohngebieten als architektonisches Gestaltungsmittel ein. So sieht man hier metallbekleidete Gauben in den unterschiedlichsten Formen: Rund-, Spitz-, Satteldach-, Schleppgauben oder auch Kombinationen daraus schmücken die zahlreichen Dächer.

Die meist zimmermannsmäßig erstellte Dachkonstruktion, die Entwässerung und die Anschlüsse an die Dachdeckung stellen bei der Ausführung jedoch oftmals einen hohen Schwierigkeitsgrad dar – dieser ist oft höher als bei der Dachdeckung, in die die Gaube integriert werden muss. Dabei richtet sich die Art der Anschlüsse nach der Deckungsart des Hauptdaches und die Unterkonstruktion nach den bauphysikalischen Belangen des Baukörpers: Raumnutzung, Gaubenform und konstruktive Zwänge sind hier wichtige Kriterien für die Planung. Dabei ist es besonders wichtig, als Grundlagen für die Planung und Ausführung die Klempnerfachregeln des ZVSHK sowie die Dachdeckerfachregeln des ZVDH zu berücksichtigen.

Abb. 2.31: Anschlüsse an die Dachdeckung stellen bei der Ausführung oftmals einen hohen Schwierigkeitsgrad dar.

Abb. 2.32: Bei großen Stückzahlen von Rundgauben bietet sich die Serienfertigung der komplizierten Kehlanschlüsse aus einem Stück an (Kurvenkehle®).

Gaubenkonstruktion

Ermöglicht die Gaube aufgrund ihrer Form und Größe einen hinterlüfteten Aufbau, muss dies bereits bei der Ausführung der Zimmermannskonstruktion berücksichtigt werden. So sind feldweise durchlaufende Luftschichten zwischen Oberkante Wärmedämmung und Unterkante Holzschalung zu erzielen. Lüftungsmöglichkeiten bieten sich je nach der Gaubenform

- am Übergang des Hauptdaches zu den Seitenwangen,
- am Übergang der Seitenwange zum Gaubendach,
- am Gaubendachfirst,
- am Fenstersturz, an der Fensterleibung.

Je nach Größe, Gestaltung und Dachneigung können Lüftungsfirste vorgesehen werden. Bewährt hat sich bei der Durchlüftung von Gauben auch die Zuluftführung über den Ortgangbereich als Querlüftung. Hierbei ist ein Lüftungsraum für die einströmende Luft in Richtung Ortgang bis zu Kehle und idealerweise mit Anschluss an das Hauptdach zu schaffen.

Ist aus baukonstruktiven Gründen eine Belüftung der metallgedeckten Gaubenkonstruktion nicht oder nur mit unvertretbar hohem Aufwand durchführbar, beispielsweise durch hohe Dämmstoffdicken entsprechend der EnEV, kann auch gezielt eine nicht belüftete Ausführung gewählt werden.

Wichtigstes Kriterium hierbei ist die Vermeidung jeglichen Feuchteeintrags – sowohl von innen als auch von außen. Ob belüftet oder unbelüftet, beide Konstruktionsarten setzen zur einwandfreien Funktion eine präzise Planung und handwerkliche Ausführung aller Funktionsschichten, von der diffusionshemmenden Schicht bis hin zur Metalldeckung, voraus.

Fertiggauben

Bei größeren Wohnbebauungen werden im Neubau- und Sanierungsbereich häufig Fertiggauben einschließlich sämtlicher Metallarbeiten montiert. Der Vorteil ist, dass sie objektbezogen und unter optimalen Werkstattbedingungen gefertigt und zeitsparend montiert werden können. Auf diese Weise können eine qualitativ hochwertige Verarbeitung und eine hohe Passgenauigkeit realisiert werden. Hier bietet sich bei Rundgauben die Fertigung der komplizierten und fehleranfälligen Kehlanschlüsse aus einem Stück an (Kurvenkehle), ohne jegliche Lötnähte. Je nach Größe der Gaube können in einem speziellen Verfahren auch komplette Dächer aus den verschiedenen Metallwerkstoffen aus einem Teil gefertigt werden. Auch die Herstellung runder Fensterstütze oder Ortgänge ist in diesem Verfahren möglich.

Bei idealer Planung werden mit dem Aufstellen des Dachstuhls gleichzeitig die Gauben in fertiger Arbeit per Kran eingesetzt und fachgerecht an die erforderlichen Funktionsschichten des Hauptdaches angeschlossen. Die Fertigungstechnik ist aufgrund der Serienproduktion und Witterungsunabhängigkeit zeitsparend und kostengünstig und somit besonders wirtschaftlich. Darüber hinaus erleichtet die Montage von Fertiggauben die logistische Bauablaufplanung.

Nachstehend einige ergänzende Hinweise für die Planung und Ausführung von Dachgauben.

- Im Dachneigungsbereich unter 3° bei gewölbten Dächern (Tonnendächer und Rundgauben) können z.B. Dichtbandeinlagen, Falzerhöhung bzw. Unterdach erforderlich werden.
- Bei Verwendung von Holzwerkstoffplatten als Deckunterlage des Gaubendaches (z.B. OSB-Platten) muss eine strukturierte Trennlage verwendet werden, ebenso bei Titanzink bis zu einer Dachneigung bis 15°.
- Gauben von Metalldächern, die nicht leitend mit der Dachfläche verbunden sind, werden mit Spezialklemmen und Leitungen an die Metalldeckung oder Ableitungseinrichtung angeschlossen (siehe Kapitel 9 Äußerer Blitzschutz).
- Bei Dachgauben sind u.U. höhere Anforderungen an den Schallschutz zu berücksichtigen. Geeignete Trennlagen auf der Unterkonstruktion oder Schallschutzfolien auf der Metallunterseite können erforderlich werden.

2.3 Windsogsicherung von Metalldächern und Metallfassaden

Windkräfte wirken sich auf die Standsicherheit von Metalldächern und Metallfassaden aus. Bedingt durch den Klimawandel treten bereits heute immer häufiger Starkwindereignisse auf, die zu großen Schäden führen. Aus diesem Grund mussten die Normen und Fachregeln der Berufsverbände grundlegend überarbeitet werden. In diesem Kapitel werden die physikalischen Grundlagen zu Windlasten erläutert. Ergänzt wird dies um Hinweise zur fachgerechten Befestigung von Metalldächern und Metallfassaden. Die nachfolgenden Ausführungen stellen jedoch keinen Ersatz der Regelwerke dar; sie sind als praxisbegleitende Fachinformationen anwendbar. So sind

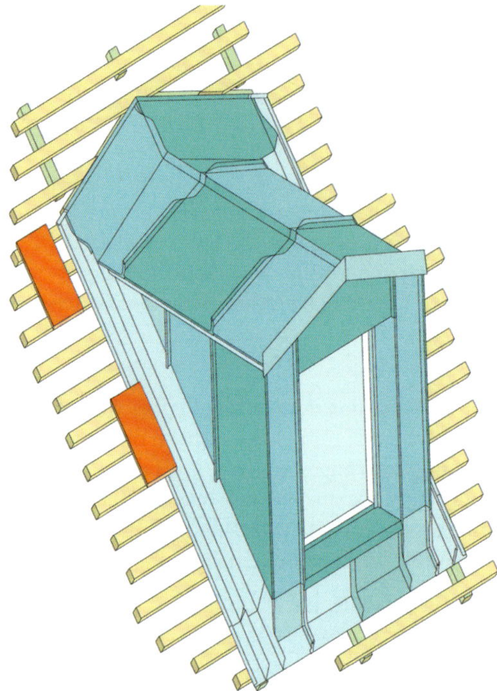

Abb. 2.33: Die Bekleidung und die Einbindung von Dachgauben an die Dachdeckung stellen oft einen hohen Schwierigkeitsgrad dar. Zahlreiche Ausführungsbeispiele sind anschaulich im Fachbuch „Klempnerdetails für Dach und Fassade" dargestellt und beschrieben.

bei der Erstellung von Einzelnachweisen zur Windsogsicherung von Dächern folgende Normen und Fachregeln verbindlich anzuwenden:

- DIN EN 1991-1-4 Einwirkungen auf Tragwerke Allgemeine Einwirkungen – Windlasten,
- DIN EN 1991-1-4/NA Nationaler Anhang,
- DIN EN 1990 Grundlagen der Tragwerksplanung,
- ZVDH Fachregeln des Deutschen Dachdeckerhandwerks – Fachregeln für Dächer mit Abdichtungen sowie Dachdeckungen,
- ZVSHK Richtlinien für die Ausführung von Klempnerarbeiten an Dach und Fassade (Klempnerfachregeln)

2.3.1 Physikalische Grundlagen

Wind ist bewegte Luft und Luft wiederum ein Gasgemisch, bestehend aus ca. 78 % Stickstoff, 21 % Sauerstoff und diversen anderen Gasmolekülen. Im kinetischen Gasmodell schwirren Gasmoleküle in der ruhenden Luft umher und prallen bei einer Kollision mit anderen Gasmolekülen elastisch aneinander ab. Ruhend ist die Luft trotz der bewegten Moleküle nur, weil genauso viele Gasmoleküle nach links wie rechts, oben wie unten und nach vorne wie hinten fliegen. Schräge Flugbahnen werden im kinetischen Gasmodell auf diese 6 Flugrichtungen aufgeteilt. Die Definition von Wind ist, dass die Gasmoleküle der Luft eine dieser 6 Richtungen bevorzugen. Im Orkan ist das fast immer die Westrichtung.

Abb. 2.34: Sturmschaden

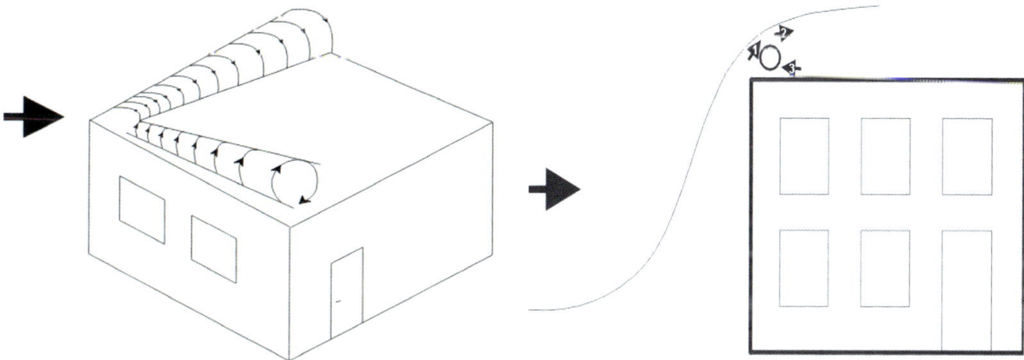

Abb. 2.35: Anströmung übereck

Abb. 2.36: Randwirbel bei Anströmung im rechten Winkel

Strömt der Wind im rechten Winkel auf eine Fassade, staut er sich und übt Druck aus. Diesen Druck nennt man folglich Staudruck. Der Wind wird umgelenkt und umströmt das Gebäude. Ein Teil des Windes wird dabei über das Dach gelenkt und an der vorderen Dachkante verwirbelt (siehe Abb. 2.36).

Bei Anströmung übereck entsteht aufgrund kleiner Wirbelradien die größte Sogwirkung. Hinzu kommt ein Windanteil, der entlang der Rotationsachse strömt und dadurch die effektive Windgeschwindigkeit noch erhöht.

Die Pfeile 1 und 2 in der Abbildung geben die Hauptflugrichtung der Gasteilchen an, die als Folge der überströmenden Luft mitgerissen werden. An der Dachkante entsteht ein Unterdruck. Pfeil 3 kennzeichnet die nachströmenden Gasteilchen, welche diesen Unterdruck ausgleichen wollen. Die Summe der Gasteilchenbewegungen ergibt einen Wirbel, der nahe am Dachrand zu erhöhter Sogbelastung führt. Ursache für den entstehenden Unterdruck bzw. die entstehende Sogbelastung ist der sogenannte Bernoulli-Effekt. Dieser lässt sich mit dem folgenden Satz beschreiben: „Der Druck im strömenden Medium ist geringer als im ruhenden Medium" oder vereinfacht: „Der Luftdruck im Wind ist geringer als bei Windstille".

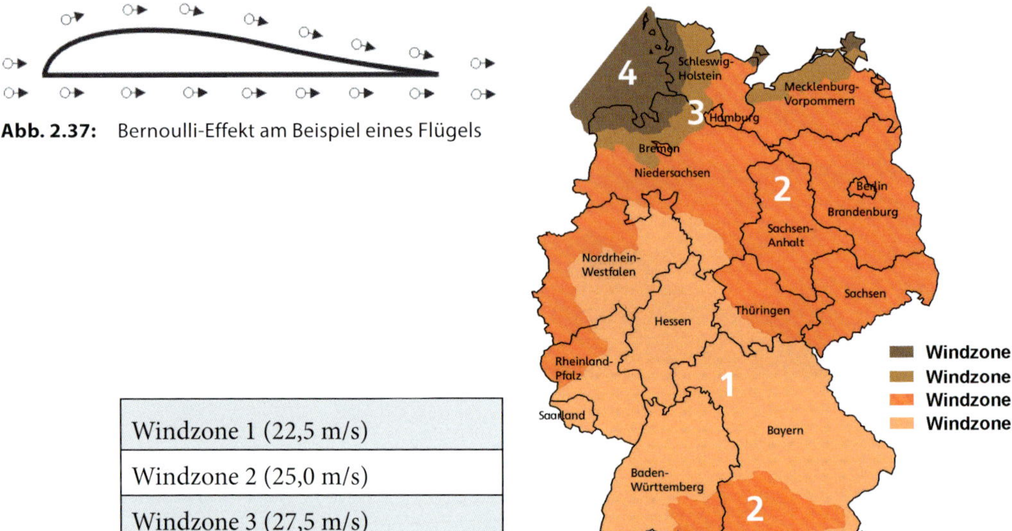

Abb. 2.37: Bernoulli-Effekt am Beispiel eines Flügels

Windzone 1 (22,5 m/s)
Windzone 2 (25,0 m/s)
Windzone 3 (27,5 m/s)
Windzone 4 (30,0 m/s)

Abb. 2.38: Windzonenkarte

Der Bernoulli-Effekt

Das ruhende Medium mit dem folglich höheren Druck ist im vorbeschriebenen Fall die Dachkonstruktion, die bei den entsprechenden Windverhältnissen und nicht ausreichender Befestigung in Richtung des Unterdrucks abgetragen wird.

Der Bernoulli-Effekt bewirkt auch, dass Flugzeuge fliegen. Hierbei gilt: „Der Druck in der schnelleren Strömung ist geringer als der Druck in der langsameren Strömung." Um einen Flügel herum gibt es 2 solcher Strömungen, eine über und eine unterhalb des Flügels. Da die Gasteilchen oben in derselben Zeit einen längeren Weg zurücklegen als die Teilchen unterhalb des Flügels, muss deren Geschwindigkeit (Weg/Zeit) höher sein als unten. Folglich ist nach Bernoulli oben der Luftdruck geringer, womit der höhere Luftdruck unten den Flügel nach oben drückt. Das Flugzeug fliegt.

Anmerkung: An Flügeln von Verkehrsflugzeugen bildet sich erst bei Geschwindigkeiten über ca. 200 km/h eine derart laminare Strömung aus, d.h. eine Bewegung von Flüssigkeiten und Gasen, bei der keine Turbulenzen auftreten. Bei niedrigeren Geschwindigkeiten prallen zu viele Gasteilchen kreuz und quer auf den Flügel. Die Folge sind Strömungsabriss und abrupter Absturz.

2.3.2 Befestigung von Metalldächern und Metallfassaden

Das A und O bei Metalldächern ist die korrekte Sicherung gegen Windsogkräfte. Die Anzahl und die Anordnung der Befestigungselemente sind dabei von entscheidender Bedeutung. Für industriell vorgefertigte Metalldachsysteme bieten die anwendungstechnischen Abteilungen der Herstellerfirmen die Erstellung der erforderlichen Einzelnachweise hierfür meist im Kundenservice an.

Bei Dachdeckungen in handwerklicher Falztechnik erfolgt die Befestigung der Schare bis Windzone 3 indirekt mit Fest- und Schiebehaften gemäß den Tabellenwerken der Klempnerfachregeln des ZVSHK sowie der Fachregel für Metallarbeiten im Dachdeckerhandwerk des ZVDH. Hierin wird von einer Haftbelastung von 400 und 600 N ausgegangen, wobei der maximale Haftabstand auf 500 mm begrenzt ist. Zwar werden Falzdeckungen aufgrund der idealen Befestigungsmöglichkeiten für Dachinstallationen wie beispielsweise Solaranlagen genutzt, jedoch ist hiermit keine definierte statische Grundlage gegeben – was an zahlreichen Sturmschäden belegbar ist.

Aus diesem Grunde bieten verschiedene Hersteller statisch definierte Haftsysteme an, mit denen projektbezogene Nachweise für die Belastungsfähigkeit des Metalldaches und für weitere Aufbauten erstellt werden können. Diese Berechnungen sind gleichzeitig Montageanleitung für die Handwerker vor Ort und werden in der Unternehmererklärung für den Bauherrn dokumentiert.

Die besonders hohe Lagesicherheit von Metalldeckungen ist durch das doppelte Verfalzen gegeben, bei der die Hafte Bestandteil des Systems werden und die kraftschlüssige Befestigung mit der Deckunterlage sicherstellen. Die Befestigung durch Auflast wie Kies oder Dachbegrünungen ist in der Klempnertechnik die seltene Ausnahme. Sie wird z.B. bei Flachdachsanierungen mit rollnahtgeschweißten Edelstahldächern angewendet. Auch die Unterkonstruktion muss für die Aufnahme der Windlasten geeignet und bemessen sein.

Windzonen und Staudruck

Als Staudruck (kN/m^2) bezeichnet man die Kraft, mit der der Wind auf Gegenstände wirkt, wie z.B. auf einen Baukörper. Die Windgeschwindigkeit (m/s) ist wiederum ist abhängig von der Gebäudehöhe, der Windzone und von der Oberflächenbeschaffenheit des Geländes. Je höher das Gebäude ist, desto höher ist auch die Windgeschwindigkeit. Der geringste Widerstand ist somit über dem Meer und dementsprechend hoch ist er in eng bebauten Innenstädten. In der Windlastzonen-Karte sind die Windzonen 1 bis 4 mit der jeweiligen Windgeschwindigkeit und dem Staudruck dargestellt. Die Windzone 1 befindet sich im Wesentlichen im mittleren und südlichen Bereich Deutschlands, die Windlastzone 2 im östlichen und äußerst westlichen und die Windlastzone 3 im nördlichen Bereich. Für Metalldächer in der Windlastzone 4, also in Küstenbereichen und den Inseln der Nord- und Ostsee, ist ein rechnerischer Nachweis nach DIN EN 1991-1-4 vom Planer zu erstellen. Er hat im Einzelfall vorzugeben, welche Maßnahmen zur Sicherung der

Deckung und der Bekleidung gegen Abheben durch Windkräfte notwendig und zweckmäßig sind. Ebenso ist bei Baukörpern mit offenen Dachkonstruktionen ein Einzelnachweis notwendig.

Dächer und Fassaden

Für die Berechnung der Haftabstände bei Flach-, Sattel- und Trogdächern sowie bei Pult- und Walmdächern sind die Flächen in Teilbereiche gegliedert: als Eckbereich F, Randbereich G und Innenbereich H bezeichnet. Wände erhalten die Bereiche A und B.

Es handelt sich um vereinfachte, auf der sicheren Seite liegende Flächeneinteilungen; den zuzuordnenden Tabellenwerten in der Tabelle 2.4 auf Seite 117 wurde die maximale Windsoglast zugrunde gelegt. Die Maße in den Abbildungen der eingeteilten Dachgrundrisse beziehen sich auf die Grundfläche und müssen in Richtung der Dachneigung auf die Dachfläche umgerechnet werden.

In Abhängigkeit von der Gebäudehöhe, der Dachneigung und von der örtlichen Lage bzw. Windzone ergeben sich für diese Bereiche unterschiedliche Windlasten. Als Gebäudehöhe ist dabei der höchste Teil des Gebäudes anzusetzen, dies ist i.d.R. der First. Darüber hinaus sind die Haftanzahl pro Quadratmeter und Haftabstände bei Stehfalzscharen abhängig von der Scharbreite.

Bauteilflächen mit einer Dachneigung ≤ 75° gelten als Dächer und bei einer Neigung ≥ 75° als senkrechte Wände. Bei vorgehängten Fassaden ist die Verteilung der Drücke von der Durch- und Hinterlüftung der Fassade abhängig. Besonders hohe Windbelastungen und Staudrücke treten hierbei im Bereich A der Gebäudeecken auf.

Dachüberstände

Bei Dachüberständen mit winddurchlässigen Materialien wie Lochblechen, Folien oder Schalbrettern wird zur abhebenden Sogkraft der Dachfläche der von unten drückende Windstaudruck an der Wandfläche addiert – unabhängig von der Neigung des Dachüberstandes. Bei Dachüberständen aus winddichten Materialien wie Beton, Holzwerkstoffplatte oder einer Nut- und Federschalung werden die Oberseiten- und Unterseitendrücke nicht addiert. Dies gilt auch, wenn der Dachüberstand kleiner ist als der dazugehörende doppelte Haftabstand aus der Windsogberechnung.

Berechnungsbeispiel:

Dachüberstand = 500 mm
Haftabstand aus Windsogberechnung = 290 mm
Doppelter Haftabstand = 580 mm
Dachüberstand < doppelter Haftabstand
Unterseitendruck vernachlässigbar.

Befestigungselemente

Ein Metalldach ist nur so sturmsicher wie das schwächste Glied im Befestigungssystem. Die Befestigungshaften haben im handwerklichen Stehfalzsystem wichtige Funktionen, um die Langlebigkeit von Metalldächern und Metallfassaden zu gewährleisten. Sie müssen z.T. enormen Windlasten standhalten, damit die Scharen nicht abgetragen werden und Dehnungsbewegungen schadlos und möglichst geräuschlos aufnehmen können. Der Klempner trägt bei der Auswahl des richtigen Haftes, bei der korrekten Anordnung und bei der fachrechten Montage eine besonders hohe Verantwortung, da es sich hier um ein sicherheitsrelevantes Bauteil handelt. Deshalb sollten bei der Auswahl keine Kompromisse eingegangen werden, denn ein Sturmschaden ist immer um ein Vielfaches teurer als eine Preisersparnis bei Haften, Nägeln und Schrauben. Alle Befestigungselemente müssen für den sicheren Halt und zur Vermeidung von Korrosion auf die Deckunterlage und den jeweiligen Metallwerkstoff abgestimmt sein. Hafte aus Edelstahl beispielweise sind bei allen Deckmaterialien einsetzbar.

Um Bleche und Bänder fachgerecht auf den unterschiedlichen Unterkonstruktionen und Dämmsystemen befestigen zu können, sind Hafte in verschiedensten Ausführungen erforderlich. So werden bei der Verwendung von strukturierter Trennlage längere Hafte oder spezielle Wirrgelegehafte eingesetzt, damit sich Haft und Stehfalz im Gleitbereich nicht verformen und die Dehnungsbewegungen behindern. Sie müssen sorgfältig und verwindungsfrei aufliegend auf dem Wirrgelege bzw. der strukturierten Trennlage befestigt werden. Die meist industriell hergestellten Hafte werden mit mindestens 2 Nägeln befestigt und müssen unter dynamischer Belastung eine Haftbelastung von 400 N nachweisen.

Je nach eingesetztem Metallwerkstoff können hierzu
- gerillte Nägel aus nicht rostendem oder feuerverzinktem Stahl 2,5 · 25 mm,
- geraute feuerverzinkte Deckstifte 2,8 · 25 mm,
- geraute Kupferstifte 2,8 · 25 mm, oder
- Senkkopfschrauben aus nicht rostendem Stahl 4,0 · 25 mm oder 4,0 · 30 mm bei Bleideckungen verwendet werden.

Werden andere Haftnägel eingesetzt, sind nur solche mit gerautem Schaft, einem Schaftdurchmesser > 2,8 mm und einer Einbindetiefe von mindestens 20 mm einzusetzen. Schraubbefestigungen können vereinfacht der Nagelbefestigung gleichgesetzt werden, obwohl sie bessere Auszugswerte erreichen.

Die höchsten Auszugswerte erzielt man mit Rillennägeln und Schrauben, die die Schalung nicht durchstoßen. So beträgt die erforderliche Mindest-Nenndicke der Schalung bei Metalldachdeckungen 24 mm (bei Blei 30 mm) und für Holzwerkstoffplatten 22 mm. Unter dynamischer Belastung müssen industriell hergestellte Befestigungselemente eine Belastung von 400 N nachweisen. In der Tabelle 2.4, Seite 117, sind die Anforderungen an Hafte und Befestigungsmittel zusammengefasst.

Abb. 2.39: Bei strukturierter Trennlage kommen längere Hafte zum Einsatz, damit sich Haft und Stehfalz im Gleitbereich nicht, wie auf diesem Bild zu sehen, verformen und Dehnungsbewegungen behindern.

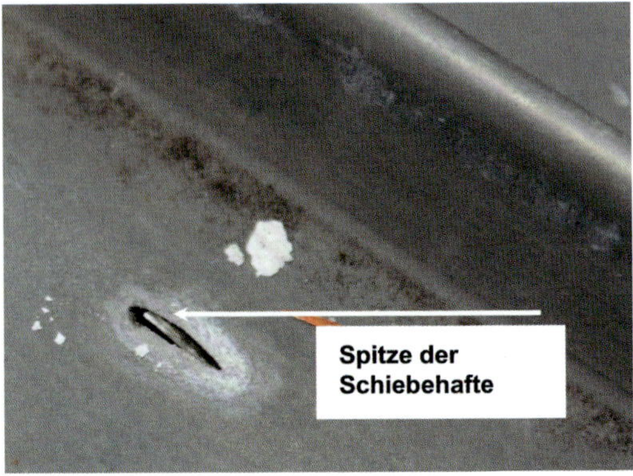

Abb. 2.40: Um ein Durchscheuern von aufgestellten Spitzen der Hafte zu verhindern, müssen die Haftfüße abgerundet sein.

Scheuern vermeiden

Falsch befestigte Hafte haben in der Vergangenheit bereits zu zahlreichen undichten Metalldächern geführt. Durch die Dehnungsbewegungen scheuern die Scharen über scharfkantig aufgestellte Nagelköpfe oder Haftenecken, die mit der Zeit durch die Metalloberfläche dringen. Niederschlagswasser dringt dann oft an vielen Stellen gleichzeitig in die Dachkonstruktion ein und verursacht kostspielige Feuchteschäden. Grund dafür sind oftmals nachlässiges Eintreiben der Nägel oder falsch eingestellte Schussgeräte. Bei weichen Wirrgelegen als Trennlage stellen sich nach dem Eintreiben der Nägel oder Schrauben oft die Spitzen des unteren Nagelhaftes (Haftfuß) auf und dringen mit der Zeit durch die Dachhaut. Diese Schäden zeigen, dass die Nägel und Schrauben sehr gewissenhaft und fachgerecht in die Unterkonstruktion eingebracht werden müssen. Deshalb sollten immer Hafte mit abgerundeten Ecken verwendet werden, damit sich bei einem großen Anpressdruck auf einer weichen Trennlage erst gar keine Spitzen aufstellen können.

Damit sich auch die Nagelköpfe nicht durchscheuern, bieten verschiedene Hersteller Hafte mit versenkten Nagellöchern oder Haftfußabdeckungen an. Entsprechende Beispiele verschiedener Hafte und deren Einsatzbereiche sind in Tabelle 2.7, Seite 119, zusammengestellt.

Zeichenerklärung zur Flächeneinteilung	
B	Länge
D	Breite
H	Höhe
F, G, H, J	Dachteilflächen
F hoch	hochliegender Eckbereich bei Pult- und Trogdächern
A, B	Wandteilflächen
A	Dachneigung
E	Hilfsgröße

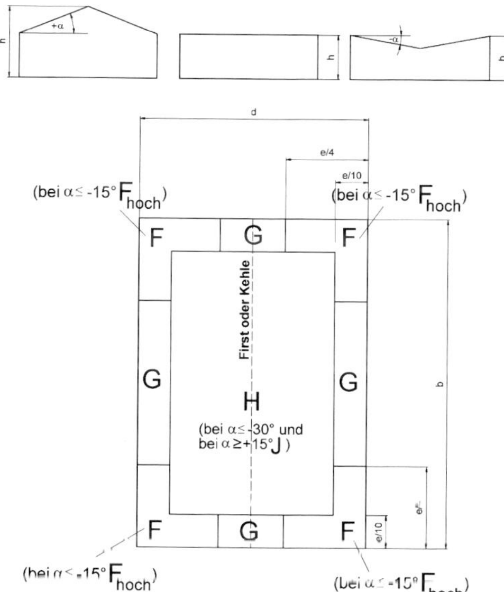

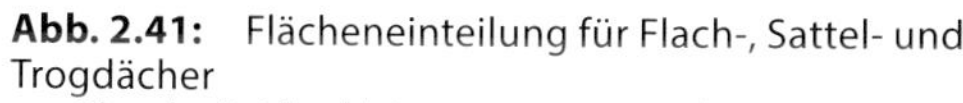

Abb. 2.41: Flächeneinteilung für Flach-, Sattel- und Trogdächer
e = 2h oder b (der kleinere Wert ist maßgebend)
b = Gebäudelänge (für b ist immer das Maß der längsten Gebäudeseite zu wählen)

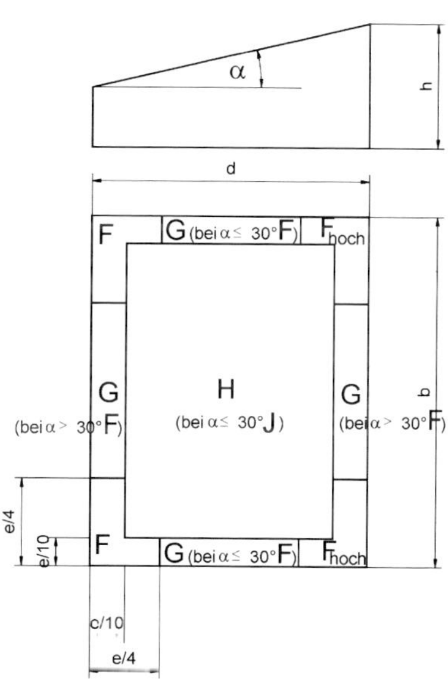

Abb. 2.42: Flächeneinteilung für Pultdächer
e = 2h oder b (der kleinere Wert ist maßgebend)
b = Gebäudelänge (für b ist immer das Maß der längsten Gebäudeseite zu wählen)

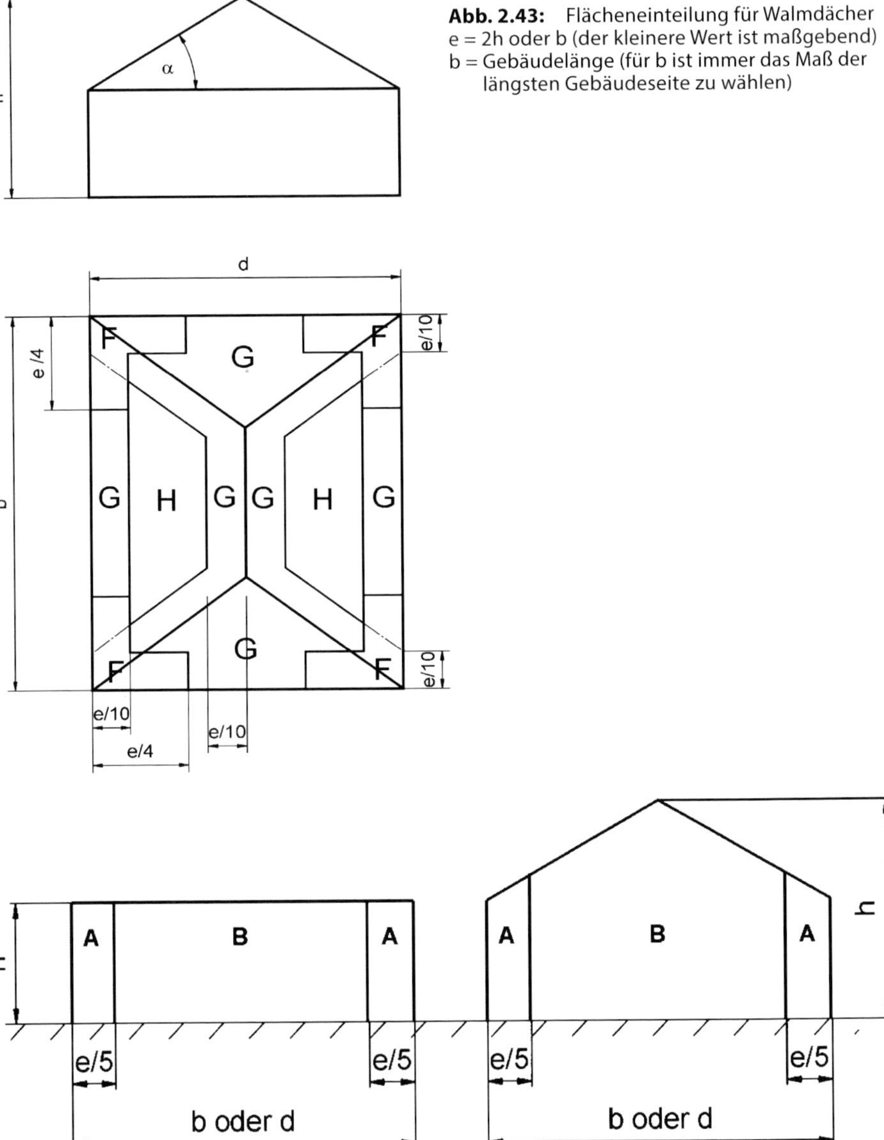

Abb. 2.43: Flächeneinteilung für Walmdächer
e = 2h oder b (der kleinere Wert ist maßgebend)
b = Gebäudelänge (für b ist immer das Maß der längsten Gebäudeseite zu wählen)

e = b oder 2h, der kleinere Wert ist maßgebend

Abb. 2.44: Einteilung der Flächen bei vertikalen Wänden

Offene Baukörper

- sind an einer oder mehreren Seite(n) ganz offen,
- können an einer oder mehreren Seite(n) ganz geöffnet werden,
- sind an einer oder mehreren Seite(n) durch eine oder mehrere Öffnung(en) offen,
- sind an einer oder mehreren Seite(n) durch eine oder mehrere Öffnung(en), die geöffnet werden können, offen.

Für offene Baukörper ist ein Einzelnachweis nach DIN EN 1991-1-3 erforderlich.

Tabelle 2.4: Haftabstände in den Windzonen 1 bis 3

Windzone	Schar-breite	Gebäude-höhe	Dach a < 30°					Dach a > 30°					Wand A	Wand A	Wand B
			F_{hoch}	F	G	H	J	F_{hoch}	F	G	H	J	h/d, h/b > 5	h/d, h/b < 1	
1	520–530 mm	< 10 m	330	380	470	500	500	400	500	470	500	500	500	500	500
		10–20 m	250	290	370	500	490	250	490	370	500	500	430	500	500
		20–50 m	180	210	260	440	350	180	350	260	440	400	310	480	480
	590–600 mm	< 10 m	290	330	420	500	500	350	500	420	500	500	490	500	500
		10–20 m	220	260	320	500	430	220	430	320	500	500	380	500	500
		20–50 m	160	180	230	380	310	160	310	230	380	350	270	420	420
2	520–530 mm	< 10 m	270	310	390	500	500	320	500	390	500	500	460	500	500
		10–20 m	210	240	340	500	400	210	400	300	500	460	350	500	500
		20–50 m	150	170	210	360	280	150	280	210	360	330	250	480	390
	590–600 mm	< 10 m	240	270	340	500	460	290	460	340	500	500	400	500	500
		10–20 m	180	210	260	440	350	180	350	260	440	400	310	500	480
		20–50 m	130	150	190	310	250	130	250	190	310	290	220	420	340
3	520–530 mm	< 10 m	220	260	320	500	430	270	430	320	500	490	380	460	500
		10–20 m	170	200	250	410	330	170	330	250	410	380	290	360	450
		20–50 m	120	140	180	290	240	120	240	180	290	270	210	250	320
	590–600 mm	< 10 m	190	230	280	470	380	240	380	280	470	430	330	400	500
		10–20 m	150	180	220	370	290	150	290	220	370	340	260	310	400
		20–50 m	110	120	160	260	210	110	210	160	260	240	180	220	280

Tabelle 2.5: Werkstoffdicken und Scharenbreiten

Gebäudehöhe in m	Scharenbeite in mm	Scharenlänge in m			
		≤ 10			≤ 14
		Aluminium	Kupfer	Titanzink	Edelstahl
bis 10	520	0,7	0,6	0,7	0,4
	590	0,7	0,6	0,7	0,5
	620	0,8	0,6	0,7	0,5
10 bis 20	520	0,7	0,6	0,7	0,4
	590	0,7	0,6	0,7	0,5
	620	0,8	0,6	0,7	0,5
20 bis 50	520	0,7	0,6	0,7	0,4
	590	0,7	0,6	0,7	0,5
50 bis 100	520	0,7	0,6	0,7	0,5
	590	0,7	0,6	0,7	0,5

Die Scharenbreiten errechnen sich aus den Band- oder Blechbreiten von 600, 670 und 700 mm abzüglich 80 mm Falzverlust. Bei der maschinellen Profilierung erhöht sich die Scharenbreite um etwa 10 mm.

Tabelle 2.6: Anforderungen an Hafte und Befestigungsmittel

Werkstoff[2] der zu befestigenden Teile	Hafte		Befestigungsmittel[3]	
			Nägel[4]	Senkkopfschrauben
	Werkstoff	Dicke mm	Werkstoff	Werkstoff
Aluminium	nichtrostender Stahl[1] verzinkter Stahl	≥ 0,4 ≥ 0,6	nichtrostender Stahl, verzinkter Stahl	nichtrostender Stahl, verzinkter Stahl
Blei	nichtrostender Stahl[1], Kupfer	≥ 0,4 ≥ 0,7	nichtrostender Stahl, Kupfer	nichtrostender Stahl, verzinkter Stahl
nicht rostender Stahl	nichtrostender Stahl[1]	≥ 0,4	nichtrostender Stahl	nichtrostender Stahl
Kupfer	nichtrostender Stahl[1], Kupfer	≥ 0,4 ≥ 0,6	nichtrostender Stahl, Kupfer	nichtrostender Stahl
Titanzink	nichtrostender Stahl[1]	≥ 0,4	nichtrostender Stahl	nichtrostender Stahl, verzinkter Stahl
	verzinkter Stahl	≥ 0,6	verzinkter Stahl	
verzinkter Stahl	verzinkter Stahl	≥ 0,6	verzinkter Stahl	nichtrostender Stahl, verzinkter Stahl
	nichtrostender Stahl[1]	≥ 0,4	nichtrostender Stahl	nichtrostender Stahl

1) Hafte aus nichtrostendem Stahl, bei allen Deckmaterialien einsetzbar (Haftunterteile mit gerundeten Ecken)
2) Die erforderliche Nenndicke der Schalung bei Dachdeckungen beträgt zum Zeitpunkt des Einbaus bei Blei mindestens 30 mm, bei allen anderen Werkstoffen mindestens 24 mm (22 mm bei Holzwerkstoffplatten)
3) Je Haft mindestens 2 Stück mit Eindringtiefe von mindestens 20 mm
4) Zulässig sind auch gerillte Nägel aus nicht rostendem Stahl und feuerverzinktem Stahl 2,5 · 25 mm

Tabelle 2.7: Haftarten und Einsatzbereiche

Haften für die handwerkliche Band- und Tafeldeckung in Stehfalztechnik		
Haftenart	Einsatzbereich	Abbildung
Standard-Festpunkthaft mit angerundeten Ecken und leichter Abkantung am Fußende. Für Falzhöhen von 25 bis 38 mm	Festhaftbereich, fester Untergrund z.B. Holz, Holzwerkstoff, Metall	
(Lang-)Schiebehaft mit abgerundeten Ecken und Sicken Für Falzhöhen von 25 bis 38 mm	Schiebebereich, fester Untergrund, z.B. Holz, Holzwerkstoff, Metall Schiebebereich wahlweise 50 oder 70 mm. Für besonders lange Scharen oder Material mit hohem Ausdehnungskoeffizient	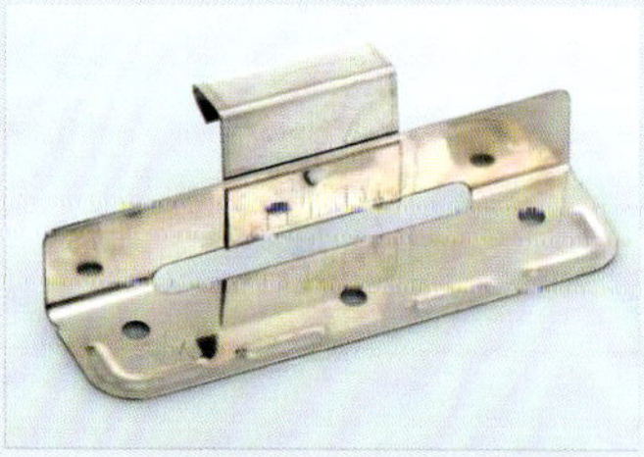
Hosenhaft als einteiliger Festhaft oder zweiteiliger Schiebehaft mit abgerundeten Ecken	Hosenhafte werden oft bei unüblichen Falzhöhen oder bei handwerklich hergestellten Falzen eingesetzt, wie dies an Graten oft üblich ist. Die hohe und die niedrige Aufkantung der zu fügenden Scharen werden dabei mit je einer Lasche fixiert. Schiebebereich je nach Unterteil 50 oder 70 mm. Untergrund z.B. Holz, Holzwerkstoff, Metall	
Statisch definiertes Lang-Schiebehaftsystem mit abgerundeten Ecken und Sicken, für gängigen Falzhöhen	Die Fest- und Schiebehafte sind in zwei Höhen für die Verlegung ohne bzw. auf strukturierter Trennlage erhältlich. Größere Haftabstände mit statischem Nachweis möglich.	
Statisch definiertes Lang-Schiebehaftsystem mit abgerundeten Ecken und Sicken für Falzhöhen von Profilhöhen von 22 bis 50 mm	Die Fest-und Schiebehafte sind in den gängigen Höhen für die Verlegung ohne bzw. auf strukturierter Trennlage erhältlich. Größere Haftabstände mit statischem Nachweis möglich.	
Festhaft für handwerkliche Falzdeckungen	Der unterdeckende Falz erhält eine Ausklinkung, anschließend wird der Fixpunkhaft unverschiebbar aufgesteckt und auf die Deckunterlage genagelt bzw. geschraubt.	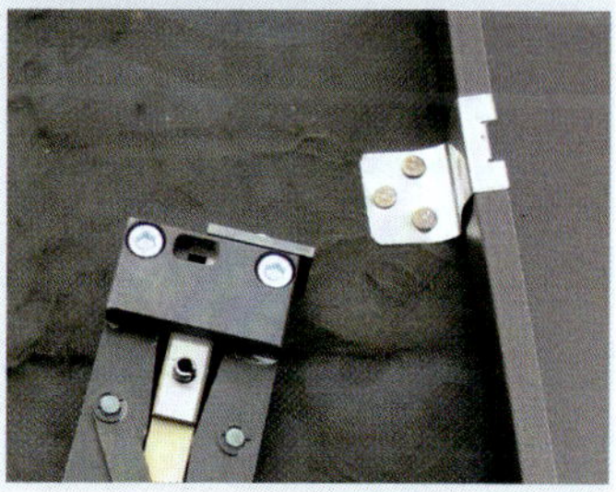

Softwaretipp und Services zur Scharenbefestigung

Klempnerfachregeln 01/2016 des ZVSHK (Software)

Zur leichteren Ermittlung der Scharenbefestigung und der Anwendung der umfassenden Tabellenwerke ist den Klempnerfachregeln ein Exceltool beigelegt. Hiermit können via PC zeitsparend und problemlos projektbezogene Haftabstände an Standarddachformen ermittelt werden. Dies sind Pult-, Sattel-, Walm-, Trog- und Flachdächer (siehe das nachfolgende Berechnungsbeispiel).

www.zvshk.de

Protectum (Service)

Rechtsverbindliche Windlastberechnungen für Stehfalztechnik und rollennahtgeschweißte Edelstahldächer gemäß DIN EN 1991-1-4 auf Grundlage der allgemeinen bauaufsichtlichen Zulassung DIBt (Z.14.1-622) und MPA Prüfung für GP6 Systemhafte aus Edelstahl. Passend für Aluminium, Edelstahl, Titanzink, Kupfer oder Weichstahl.

www.protectum.de

MF-Steildach (Software)

Mit der Software MF-Steildach können Windsog-, Entwässerungs-, Schneelastberechnungen und bauphysikalische Nachweise erstellt werden. Als Ergebnis der Berechnungen erhält der Anwender neben der detaillierten Bemessung der Dachentwässerung gleich einen Haftenverlegeplan als Montageanleitung für die Baustelle.

www.friedrich-datentechnik.de

Haftenberechnung von Snap- und Doppelstehfalzdeckungen (Software)

Spenglerei Max Keim, Dach- & Fassadensysteme

www.spenglerei-keim.de

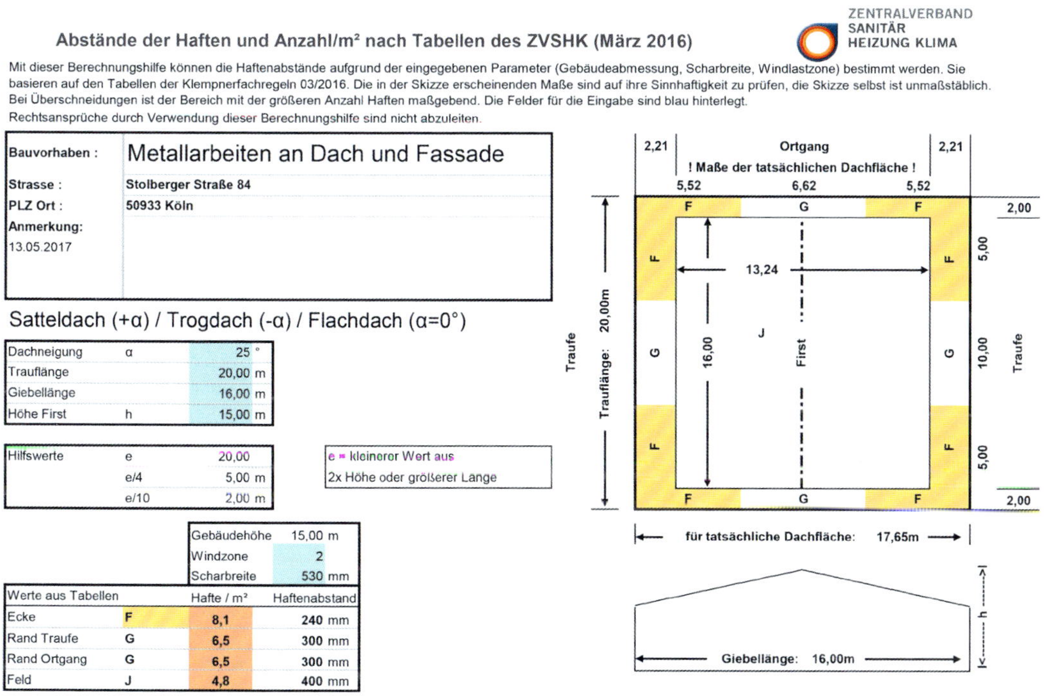

ZENTRALVERBAND SANITÄR HEIZUNG KLIMA

Abstände der Haften und Anzahl/m² nach Tabellen des ZVSHK (März 2016)

Mit dieser Berechnungshilfe können die Haftenabstände aufgrund der eingegebenen Parameter (Gebäudeabmessung, Scharbreite, Windlastzone) bestimmt werden. Sie basieren auf den Tabellen der Klempnerfachregeln 03/2016. Die in der Skizze erscheinenden Maße sind auf ihre Sinnhaftigkeit zu prüfen, die Skizze selbst ist unmaßstäblich. Bei Überschneidungen ist der Bereich mit der größeren Anzahl Haften maßgebend. Die Felder für die Eingabe sind blau hinterlegt.
Rechtsansprüche durch Verwendung dieser Berechnungshilfe sind nicht abzuleiten.

Bauvorhaben :	Metallarbeiten an Dach und Fassade
Strasse :	**Stolberger Straße 84**
PLZ Ort :	**50933 Köln**
Anmerkung:	
13.05.2017	

Satteldach (+α) / Trogdach (-α) / Flachdach (α=0°)

Dachneigung	α	25 °
Trauflänge		20,00 m
Giebellänge		16,00 m
Höhe First	h	15,00 m

Hilfswerte	e	20,00
	e/4	5,00 m
	e/10	2,00 m

e = kleinerer Wert aus
2x Höhe oder größerer Länge

Gebäudehöhe	15,00 m
Windzone	2
Scharbreite	530 mm

Werte aus Tabellen		Hafte / m²	Haftenabstand
Ecke	F	8,1	240 mm
Rand Traufe	G	6,5	300 mm
Rand Ortgang	G	6,5	300 mm
Feld	J	4,8	400 mm

2,21 Ortgang 2,21
! Maße der tatsächlichen Dachfläche !
5,52 6,62 5,52
F G F 2,00
F 13,24 F 5,00
Traufe Trauflänge: 20,00m G 16,00 J First G 10,00 Traufe
F F 5,00
F G F 2,00
für tatsächliche Dachfläche: 17,65m
Giebellänge: 16,00m
h

Abb. 2.45: Berechnungsbeispiel ZVSHK-Software zur Ermittlung der Scharenbefestigung

2.3.3 Längenänderung bei Metalldächern und Metallfassaden

Stehfalzschare dehnen sich bei steigender Temperatur aus und ziehen sich bei Abkühlung wieder zusammen. Bei einer Temperaturänderung von –20 °C im Winter und +80 °C im Sommer ergibt sich ein Temperaturunterschied (Dt) von 100 Kelvin (k). Als Beispiel zieht sich somit eine Aluminiumschar mit einer Länge von 10 m bei einer Montagetemperatur von 10 °C um 4,8 mm zusammen und dehnt sich im Sommer um 14,4 mm aus. Bei fachgerechter Verlegung der Stehfalzschare kann das System diese Dehnungsbewegungen jedoch problemlos aufnehmen. Leider zählt die dehnungsbehindernde Montage von Stehfalzscharen zu den häufigsten Fehlerquellen bei Metalldächern – Rissbildungen, Wassereinbrüche in die Dachkonstruktion, Knack- und Knallgeräusche sowie optische Beeinträchtigungen durch Aufwölbungen können die Folge sein.

Die Maßnahmen zur Aufnahme der Dehnungsbewegungen sind individuell von der jeweiligen Bausituation abhängig. So kann z.B. die Begrenzung der Scharenlängen durch Dehnungsfalze oder Gefällestufen (siehe Abb. 2.46 und 2.47) sowie die Anordnung von Festpunktbereichen (siehe Abb. 2.48) für eine kontrollierte Dehnungsbewegung erforderlich werden. Auch die dehnungstechnische Entkopplung einzelner Dachbereiche mittels Dehnungsleisten kann erforderlich werden (siehe Abb. 2.49). Hierbei handelt es sich i.d.R. um Normalbereiche, in denen Dehnungsbewegungen stattfinden, und angrenzende Festpunktbereiche, die z.B. durch große Einbauten wie Lichtkuppeln gegeben sind. Im Normalfall werden die Festpunkt-

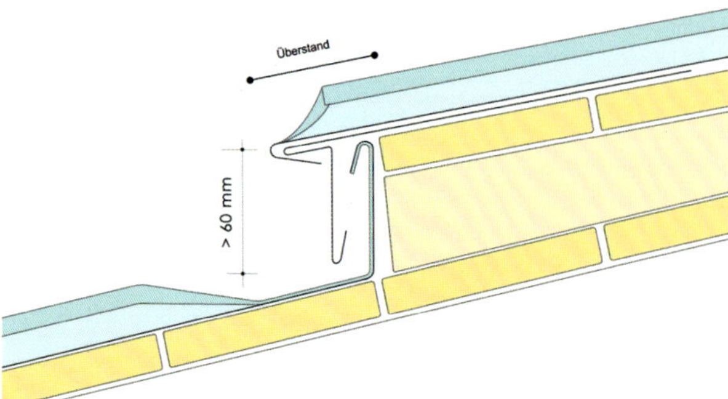

Abb. 2.46: Gefällestufe ab 3° Dachneigung, Höhe mindestens 60 mm, bei Dachneigungen zwischen 3° und 7° Überstand der Gefällestufe 100 mm.

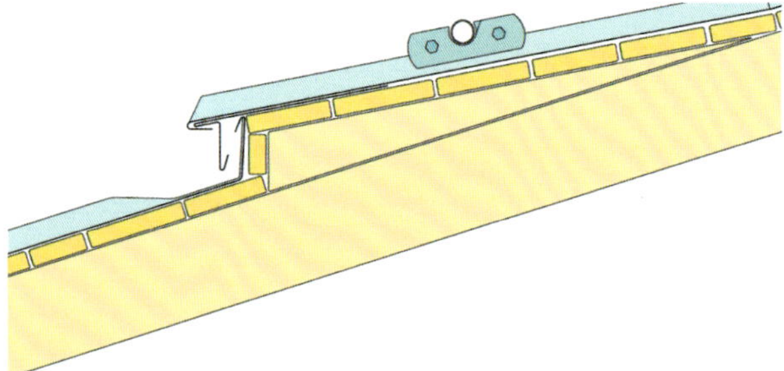

Abb. 2.47: Aufschiebling ab 7°

bereiche neigungsabhängig auf eine Länge von etwa 3 m angeordnet. Je steiler die Dachfläche ist, desto höher liegt der Festpunktbereich. So werden die Festpunkte bei Fassaden im oberen Bereich der Schare oder in den Querfalzen vorgesehen. Bei der Ausführung von Trauf- oder Firstanschlüssen ist in Abhängigkeit von den Temperaturverhältnissen bei der Montage ein entsprechender Dehnungsspielraum vorzusehen. Dabei ist darauf zu achten, dass beim Zusammenziehen der Schare Trauf-Umkantungen nicht abreißen und beim Ausdehnen nicht aus dem Traufblech aushaken können. So kann der erforderliche Dehnungsspielraum mit den vorhandenen Bauteilmaßen und Werkstoffdaten leicht rechnerisch ermittelt werden (siehe Kapitel 1.1). Um den Dehnungsspielraum überall gleichmäßig einzuhalten, ist es sinnvoll, bei der Montage entsprechend vorbereitete Abstandsschablonen zu verwenden.

Querverbindungen der Scharen

Die Querverbindung der Scharen erfolgt üblicherweise in regensicherer Ausführung bei Dachneigungen von 7 bis 25°. Bei Dachneigungen unter 7° werden Quernähte wasserdicht ausgeführt. Regensichere Scharenverbindungen sind der einfache Querfalz (ab 25° Dachneigung), der einfache Querfalz mit Zusatzfalz (ab 10° Dachneigung) und der doppelte Querfalz (ab 7° Dachneigung).

Der einfache Querfalz und der Querfalz mit Zusatzfalz können Dehnungsbewegungen der Scharen aufnehmen. Voraussetzung hierfür ist, dass die Längsfalze im Bereich der Querverbindungen locker geschlossen bzw. nicht zu stark verpresst werden.

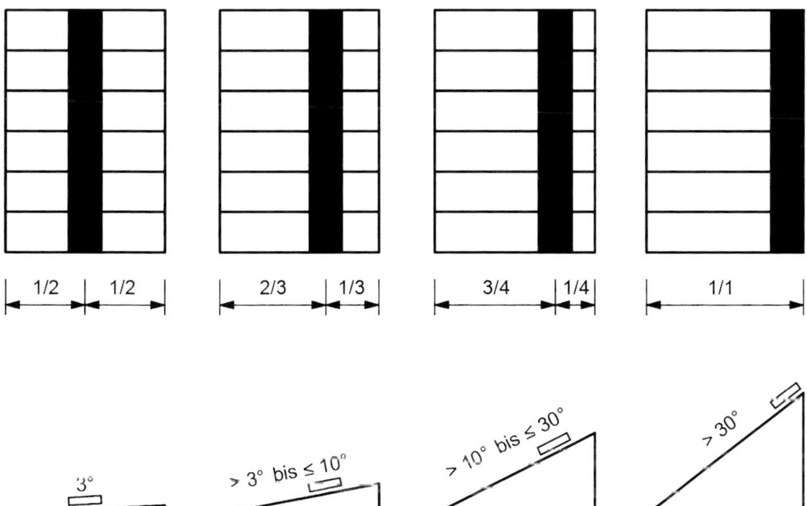

Abb. 2.48: Darstellung der Festhaftbereiche

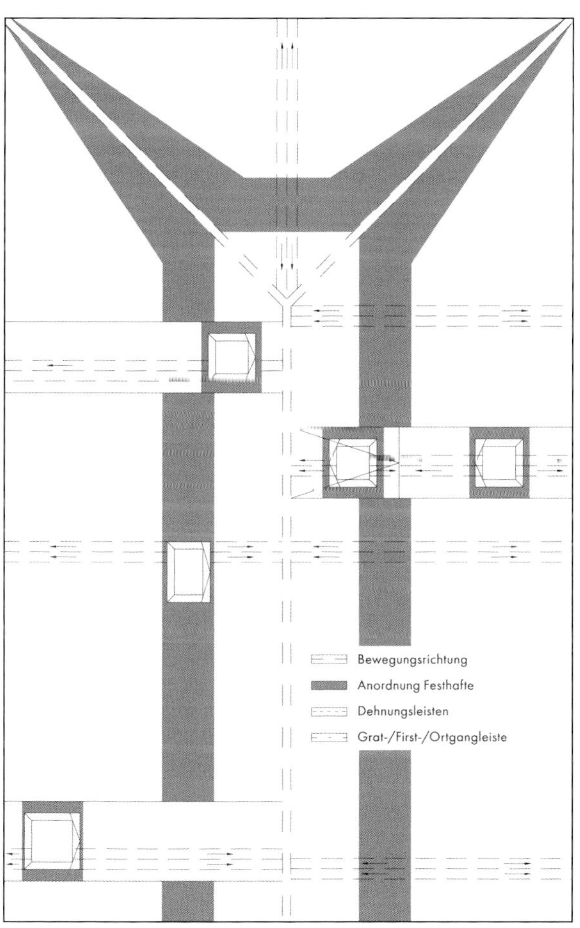

Abb. 2.49: Entkoppelung von Normal- und Festpunktbereichen (Lüftung oder Lichtkuppeln)

Abb. 2.50: Optimalen Schutz gegen auftreibendes Wasser bieten Querfalze mit „Tasche".

Der doppelte Querfalz ist ein niedergelegter Doppelstehfalz. Aufgrund des geringen Dehnungsspielraumes innerhalb der Falzverbindung ist er als Dehnungselement nicht geeignet.

Der doppelte Querfalz wird oft als wasserdichte Verbindung angewendet, wobei ein zusätzliches Dichtband in den Falz eingelegt wird. Weitere wasserdichte Verbindungen erzielt man durch versetztes Nieten mit Dichteinlagen, Schweißen, Hartlöten, einreihigem Nieten und Weichlöten. Die jeweilige Anwendungstechnik hängt vom zu verbindenden Metallwerkstoff ab.

Querfalztipps für die Praxis

1. Als Erstes werden die Stehfalzenden flach gedrückt. Überflüssiges Material ist in den Knotenpunkten zu entfernen, um Materialaufdoppelungen zu vermeiden.
2. Die Kantungen sind vorzugsweise mit der Kantbank oder einer durchgehenden Aufstellzange herzustellen, da die Bearbeitung mit der üblichen Falzzange starke Verwerfungen hervorrufen kann. Der Querfalz verliert an Stabilität und spätere Rissbildungen können die Folge sein.
3. Der Querfalz sollte nicht zu stark angepresst werden, wie dies häufig mit extra angefertigten Harthölzern praktiziert wird. Dabei entstehen Kapillare, die Wasser in die Konstruktion ziehen können.
4. Beim Aufstellen der Stehfalzenden ist mit Abstandsschablonen im Querfalz zu arbeiten, um ein Zusammendrücken zu verhindern. Die Falze sollten möglichst mit einer Deckzange aufgestellt werden, die einen Rundstahl an der Drückerbacke besitzt. So werden Knicke und Eindrücke in das Blech verhindert.

Querfalzausführungen nach Dachneigung	
> 25° – einfacher Querfalz	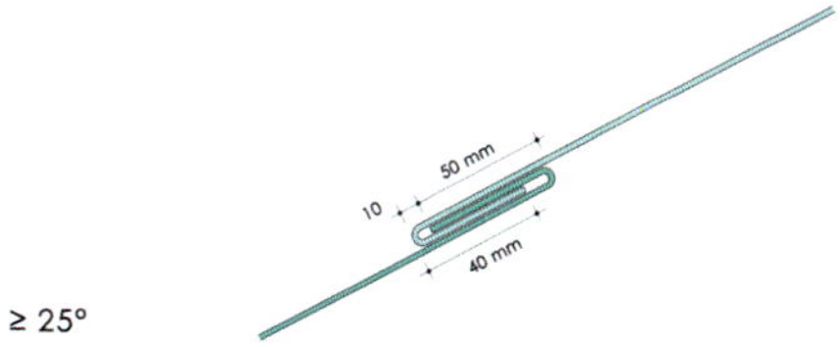 ≥ 25° 10 50 mm 40 mm
> 10° – einfacher Querfalz mit Zusatzfalz	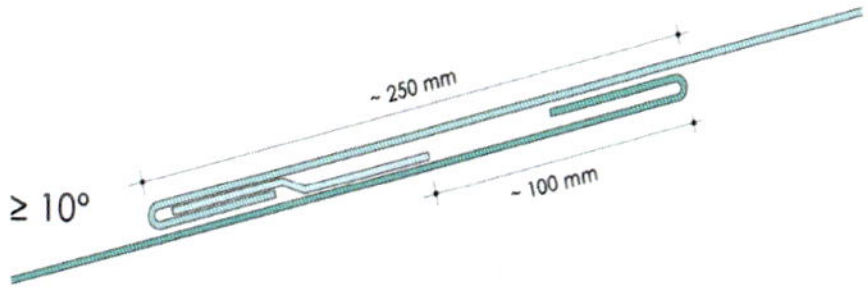 ≥ 10° ~ 250 mm ~ 100 mm
> 7° – doppelter Querfalz	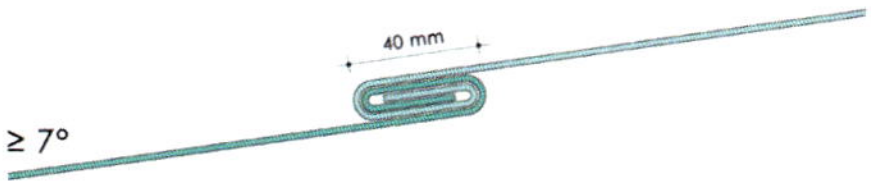 ≥ 7° 40 mm
< 7° – wasserdichte Ausführung	Löten, Schweißen, Rollnahtschweißen etc.

Anschlüsse

Doppelstehfalzscharen an Lichtkuppeln, aufgehenden Wänden, Graten, Firsten und Knotenpunkten müssen handwerksgerecht mit Schere, Falzzange, Falzhammer und Schaleisen angeformt werden. Handwerkliches Können und Werkstoffkenntnisse sind dabei erforderlich. Die wichtigsten Standardanschlüsse sind in den Abb. 2.51a bis 2.53, Seite 126, dargestellt.

Anschlüsse mit umgelegten Falzen sind bei entsprechendem Montagefreiraum zeitsparend und somit wirtschaftlicher herzustellen als Quetschfalzanschlüsse. Sie haben jedoch den Nachteil, dass die Querdehnung erheblich eingeschränkt ist. So sollten bei größeren Längen alle 10 m Dehnungsmöglichkeiten (z.B. Dehnungsleisten) vorgesehen werden.

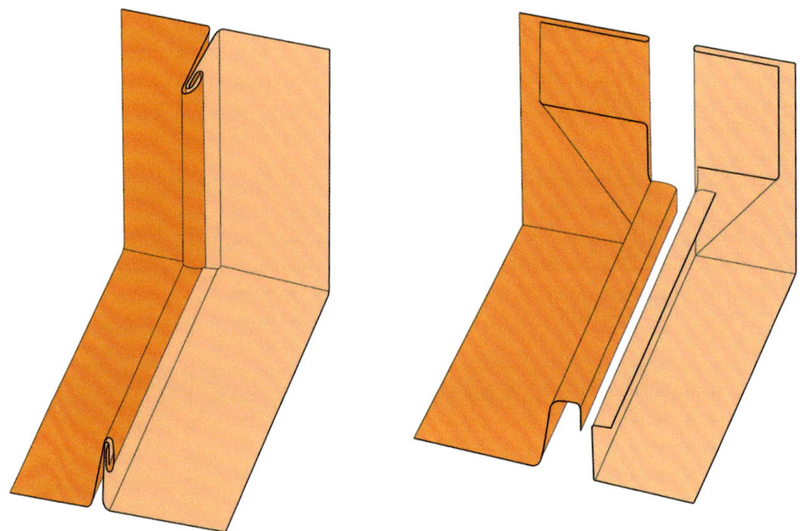

Abb. 2.51a und b: Wand-/Firstanschluss mit Quetschfalz

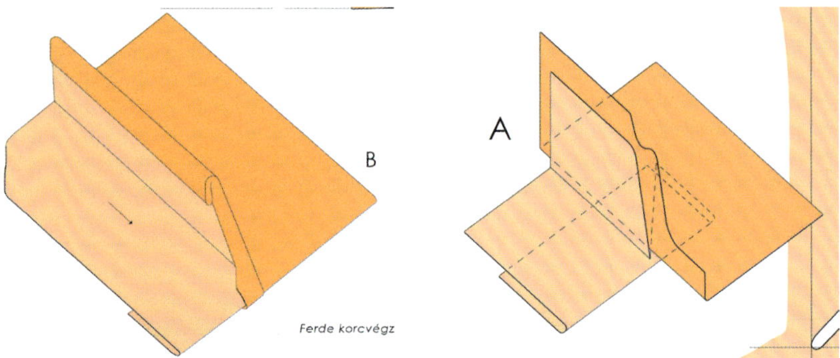

Abb. 2.52a und b: Traufanschlüsse, stehend gerade

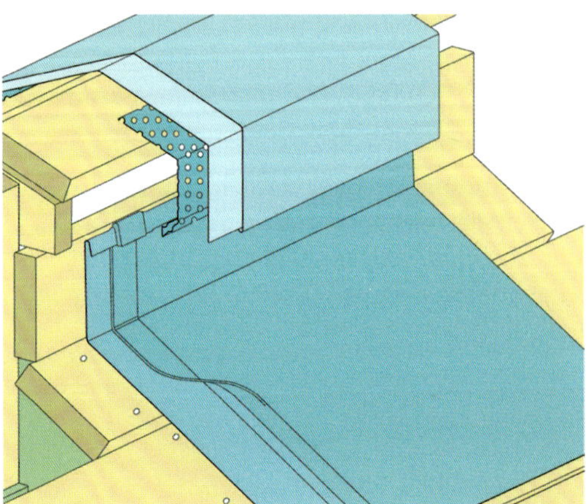

Abb. 2.53: Firstanschluss mit umgelegtem Falz

2.4 Schallschutz bei Metalldächern

Lärmursachen sind vielschichtig. Einerseits ergeben sich Lärmbelästigungen von außen durch Verkehr, Gewerbe oder Industrie. Andererseits kann die Nutzung von Räumen, beispielsweise in Schulen, Hotels und Gaststätten oder Bürobauten, durch Störgeräusche aus Nachbarräumen sowie durch Rohrleitungen oder Müllschächte beeinträchtigt werden. Aus diesem Grund sind Schallschutzmaßnahmen bei Gebäuden bauordnungsrechtlich in der DIN 4109 geregelt. Die Norm für den Nutzungskomfort von Gebäuden in Sachen Lärm schließt den Schutz vor Schallübertragung aus fremden Wohn- und Arbeitsbereichen sowie gegen Außenlärm in vielen Punkten ausdrücklich mit ein – hierzu zählen auch Metalldachkonstruktionen.

Metalldächer bilden von Natur aus Geräusche. So kann beispielsweise ein leises Knistern durch Dehnungsbewegungen bei plötzlicher Sonneneinstrahlung oder einsetzendem Regen in aufgeheiztem Zustand wahrgenommen werden. Aber auch eine exponierte Lage, eine ungünstige Dach- oder Gebäudegeometrie oder die unsachgemäße Ausführung der Klempnerarbeiten können Ursachen für Geräuschbildungen an Metalldächern sein. Wird der Schall in das Gebäudeinnere übertragen, liegen oft auch Fehler in der Dachkonstruktion vor. Von Bauherren und Architekten werden häufig Geräuschbildungen an Abdeckungen und Fensterbänken aus Metall beanstandet, die bei Niederschlägen auftreten. Dies ist insbesondere dann der Fall, wenn die Profile lose und mit Hohlräumen verlegt oder unzureichend befestigt wurden. Besonders unterhalb von Abtropfstellen können hier Prall- und Trommelgeräusche entstehen.

Bei einer flächigen Metalldeckung ohne Hohlräume ist nur bei einsetzendem Starkregen ein deutliches Prasseln zu vernehmen. Das Prasseln oder Trommeln entsteht durch die zerplatzenden Regentropfen. Der Wasserfilm, der sich bereits nach wenigen Sekunden bildet, wirkt dämpfend, sodass nur noch ein gleichmäßiges Rauschen wahrgenommen wird. Hierbei handelt es sich überwiegend um Luftschall. Der Vorgang läuft unabhängig vom Dachbelag ab, also auch bei Deckungen mit Dachsteinen. Grundsätzlich stellen Regengeräusche auf einer Metalldeckung zwar keine Lärmquelle im Sinne der DIN 4109 dar, dennoch ist das metallgedeckte Dach von der Schallschutz-Norm DIN 4109 nicht ausgenommen. Mit einfachen, konstruktiven Maßnahmen lässt sich jedoch der geringfügig höhere Schallpegel gegenüber anderen Werkstoffen angleichen – z.B. mit einem geeigneten Konstruktionsaufbau.

Dehnung berücksichtigen

Leise Knistergeräusche bei Dehnungsbewegungen sind systembedingt und bei fachgerechter Montage der Metalldeckung nur aus der Nähe wahrnehmbar. Wird die Dehnung der Schar jedoch blockiert, entstehen sehr hohe Schubkräfte. Sobald diese die Blockade überwinden, entspannt sich die Schar lautstark mit einem Knallen. Neben der entstehenden Geräuschbelästigung können auf Dauer auch Risse in der Metalldeckung und Wasserschäden die Folge sein. Deshalb ist es wichtig, die Befestigung von Metalldächern im Detail zu planen – insbesondere die Anzahl und Anordnung der Festhaftbereiche sowie die Dehnungsbewegung an Traufe und First. Hierbei gilt die Regel: So viel wie nötig und so wenig wie möglich Haften einbauen.

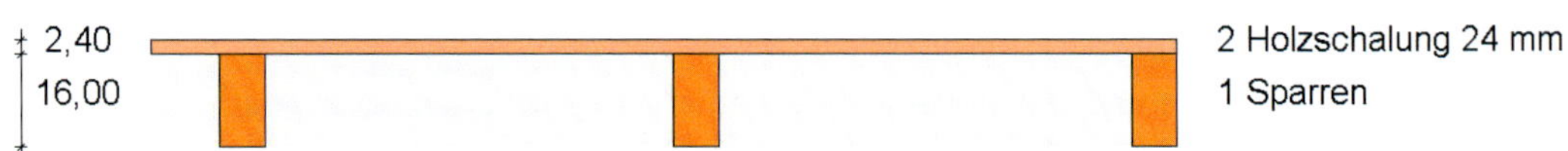

Abb. 2.54: Die Abbildung zeigt eine ungedämmte Holzbalkendecke mit einer Konstruktionshöhe von 180 mm, die ein Schalldämmmaß von lediglich 32 dB erzielt.

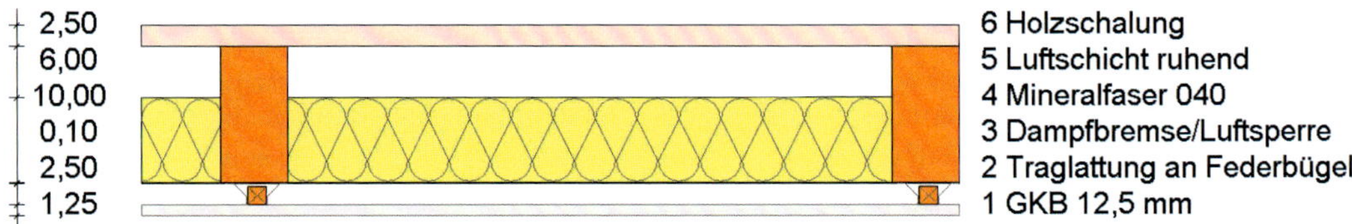

Abb. 2.55: Die gleiche Konstruktion, gedämmt und mit einer zusätzlichen Gipskartonplatte, die auf einer Federschiene montiert wurde, erzielt einen Schalldämmwert von 54 dB.

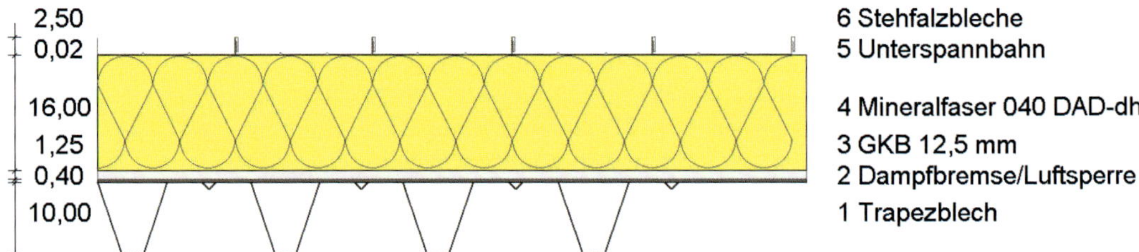

Abb. 2.56: Besonders hohe Werte für die Luftschalldämmung von Trapezprofilkonstruktionen werden mit Dämmsystemen erzielt, die die Innenschale von der Eindeckung entkoppeln, beispielsweise durch den Einbau einer Gipskartonplatte. Das Schalldämmmaß dieser Konstruktion beträgt 46 dB.

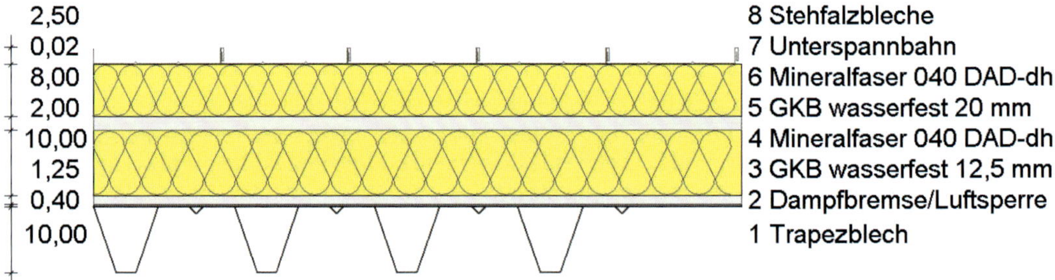

Abb. 2.57: Wird die Dämmung, anstatt sie übereinanderzulegen, durch eine zusätzlich eingebaute 20 mm dicke Gipskartonplatte getrennt, erhöht sich das Schalldämmmaß von 46 auf 49 dB.

Jedes überflüssige Befestigungselement erschwert die Dehnungsbewegung. Der Einbau von geeigneten Trennlagen wiederum erleichtert die Dehnungsbewegungen und kann zudem schalldämpfend wirken. In diesem Zusammenhang ist auch die spannungsfreie Vorfertigung und Verlegung der Metallscharen zu erwähnen. So wirken aufgewölbte Metallschare von Doppelstehfalzdeckungen stark schallverstärkend, da sie durch die Windsogwirkung in schnelle Flatterbewegungen versetzt werden können. Durch das Auftreffen des Bleches auf den Untergrund können sowohl Luft- als auch Körperschall dann zu Geräuschbelästigungen führen. Nur bei direktem

Kontakt über die gesamte Scharenbreite zur Unterkonstruktion wird die beste Körperschall-/Schalldämpfung erzielt; das Metall wird an die Masse der Dachkonstruktion angebunden. Es gilt also, die Metallprofile spannungsfrei zu montieren und Hohlräume zu vermeiden. Hohlräume bilden Resonanzkörper, die bei Regen und Hagel den schallverstärken. Weitere Möglichkeiten, geräuschbegleitete Flatterbewegungen zu minimieren und die Schallübertragung zu verringern, können die Verwendung schmalerer Scharen, dickerer Bleche sowie der Einbau zusätzlicher Querfalze (Kleinteiligkeit der Metalldeckung) sein.

Dachüberstände

Auch im Bereich von Dachüberständen können windexponierte Gebäude schallgefährdet sein. Konstruktiv können indirekte Belüftungsöffnungen, schmalere Dachschare, geschlossene Untersichten sowie schalldämmende Trennlagen oder selbstklebende Schallschutzfolien Abhilfe leisten.

- **Metallprofile spannungsfrei montieren und Hohlräume vermeiden.**

Anforderungen klären, richtig konstruieren

Um Streitfällen vorzubeugen, ist es sinnvoll, möglichst im Planungsstadium die Anforderungen an den Schallschutz, je nach subjektivem Empfinden der Nutzer, mit Planern und Bauherren zu klären. Für das Dach werden meistens Konstruktionen gewählt, die sich schalltechnisch bei schweren äußeren Bekleidungen und Deckungen bewährt haben, bei Metalldeckungen teilweise jedoch zu Beanstandungen führten. Deshalb ist es wichtig, die Anforderungen klarzustellen und vertraglich festzulegen. Komplizierte Auseinandersetzungen können dadurch vermieden werden.

Einschalige Bauteile schwingen als Ganzes. Unabhängig vom Werkstoff hängt ihre Schalldämmung in erster Linie von der flächenbezogenen Masse ab. Je schwerer ein solches Bauteil ist, desto besser ist seine Schalldämmeigenschaft. Bei den typischen mehrschaligen Dachkonstruktionen ist für den Schallschutz vor allem die Biegesteifigkeit[1] des Aufbaus bedeutend. Da diese Konstruktionen anfällig für Resonanzschwingungen sind, soll keine starre der Einbau von Federschienen zwischen der Dachkonstruktion und einer Verbindung zwischen Dach- und Innenverkleidung vorhanden sein. So kann Innenverkleidung aus Gipskartonplatten das Schalldämmmaß deutlich verbessern. Auch die Verwendung von offenporigem, weichem Dämmstoff mit einer hohen Rohdichte oder einem hohen längenbezogenen Strömungswiderstand wirkt sich positiv auf die Schalldämmung der Konstruktion aus.

In das Planungskonzept sind insbesondere auch die Dachfenster als schalltechnisch schwächste Bauteile einzubeziehen. Das Ausmaß des Lärms, der in das Innere eines Gebäudes dringt, wird bedeutend vom Flächenanteil der Fenster und von deren Schalldämmmaß beeinflusst. Entscheidend ist in jedem Fall eine fachgerechte Montage der Bauteile. Der Einbau muss ohne Fugen erfolgen, durch die sowohl Luft als auch Schall strömt. Auch andere

1 Die Biegesteifigkeit beschreibt den Widerstand eines Körpers oder Bauteils gegen Verformung durch die Einwirkung von Kräften. Sie ist abhängig vom Werkstoff und von der Geometrie des Körpers.

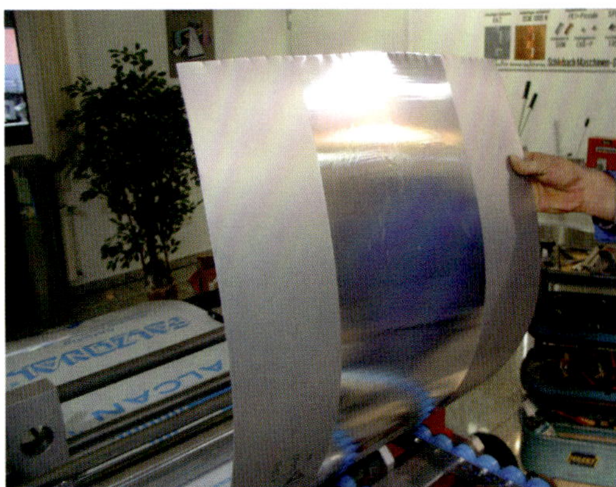

Abb. 2.58: Das Folieren einer Fläche von 50 bis 60 % des Metallbandes oder des Bleches genügt, um eine wirkungsvolle Körperschalldämpfung zu erzielen.

Abb. 2.59: Folie kann mit einer vorgeschalteten Folieranlage bei der Rollformung oder beim Abcoilen von einer Längs- und Querteilanlage auflaminiert werden.

schalldurchlässige Schwachstellen wie Bauteilränder, Verbindungselemente zwischen den Schalen oder Hohlräume sind zu vermeiden.

Vorbeugender Schallschutz, Folien und Beschichtungen

Bei Dachdeckungen aus Metall wird der abgestrahlte Körperschall bei Starkregen oder Hagel manchmal als störend empfunden. Architekten wünschen oder fordern deshalb in Einzelfällen von vornherein eine Entdröhnung durch Schwingungsreduktion (Körperschalldämpfung). Für die Ausführung von Metallarbeiten an Dach und Fassade stehen sehr wirksame Entdröhnungsmaterialien zur Verfügung, mit denen laut Herstellerangaben eine Schalldämpfung um bis zu 8 dB ermöglicht werden kann.

Hierzu zählt beispielsweise eine körperschallreduzierende Folie, die aus einer 200 µm dicken Aluminiumfolie und einem viskoelastischen Kleber besteht. Mit dem Einsatz dieser Folie wird eine Körperschalldämpfung bei äußeren Einwirkungen wie Regen oder Hagel erzielt. Die eingebrachte Schwingungsenergie wird dabei in Wärme umgewandelt. Darüber hinaus verbessert die Folie die Gleiteigenschaften der Scharen, sodass der typische Körperschall auf ein Mindestmaß reduziert werden kann. Mit einem Zusatzmodul für eine Profilieranlage ausgerüstet, besteht die Möglichkeit, die Folie in einem Arbeitsschritt beim Rollformprozess aufzulaminieren.

Bei Fensterbänken, Abdeckungen und Verwahrungen hat sich der Einsatz von Metallklebern wie z.B. Bitumenkaltklebern bewährt. Die Befestigungstechnik verhindert zum einen Hohlräume, zum anderen sind die Metallkleber relativ schwer und weisen zusätzlich zu der eigentlich angestrebten Körperschalldämpfung auch noch eine gute Luftschalldämmung nach dem Berger'schen Massegesetz auf.

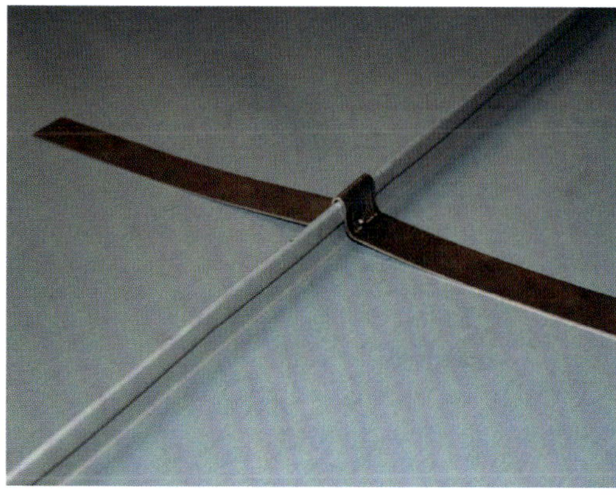

Abb. 2.60: Sogenannte Flatterbügel können Flatterbewegungen der Scharen reduzieren. Der Edelstahlklemmbügel wird mit einem kurzen Schlag auf den Falz geklemmt.

Nachträglicher Schallschutz

Nicht alles ist planbar. Anders als Flugzeuge oder Sportwagen werden die geplanten Bauwerke der Architekten nicht im Windkanal getestet. So können eine exponierte Lage, eine ungünstige Geometrie des Gebäudes oder der Dachlandschaft bei Starkwindereignissen die Ursache für Geräuschbildung an Metalldächern sein. Hierfür gibt es eine (sehr) begrenzte Anzahl von Möglichkeiten, auftretende Flatterbewegungen von Metalldächern zu minimieren. Eine vielfach bewährte Methode ist der nachträgliche Einbau einer

Tabelle 2.8: Schallreduzierende Maßnahmen

Schallreduzierende Maßnahmen	
Metalldeckung	• Die freie temperaturbedingte Dehnungsbewegung der Bauteile sicherstellen
	• Dehnungsbewegungen erleichtern, z.B. durch den Einsatz geeigneter Trennlagen
	• Scharen, Abdeckungen und Verwahrungen spannungs- und hohlraumfrei montieren
	• Bei erhöhten Anforderungen ggf. Antidröhnbeschichtungen aufbringen oder Schallschutzfolien auflaminieren
	• Anordnung zusätzlicher Querfalze (Kleinteiligkeit)
	• Verwendung schmalerer Scharen, dickerer Bleche
	• Präzise werkstoffangepasste Einstellung der Profilier- und Biegemaschinen
Dachkonstruktion	• Ebene, präzise ausgeführte Deckunterlage (z.B. Holzschalung)
	• Einbau von Federschienen zwischen der Dachkonstruktion und einer Innenverkleidung
	• Schalldämmwerte von Fenstern und den fugenlosen Einbau beachten
	• Offenporigen, weichen Dämmstoff mit einer hohen Rohdichte verwenden

Schneefangeinrichtung mit Eishaltern, die die Scharen in ihrer Ebene niederhalten. Bei Einsatz des Schneefangs sind jedoch gleichzeitig die Auswirkungen auf die anfallenden Schneelasten (Statik) sowie auf die optischen Aspekte zu berücksichtigen.

Eine weitere Möglichkeit für den nachträglichen Schallschutz bieten sogenannte Flatterbügel. Es handelt sich dabei um Stahlstreifen aus Feder-Edelstahl mit einer offenen Blechlasche. Die offene Seite der Blechlasche wird durch kurzes kräftiges Andrücken auf den Doppelstehfalz geklemmt. Passend positionierte Körnerpunkte verhindern das Abrutschen vom Falz. Durch die Spannung werden aufgewölbte Scharen niedergedrückt und Flatterbewegungen reduziert oder verhindert.

Basiswissen

- *Schallschutz*

Unter baulichem Schallschutz werden Maßnahmen verstanden, die die Schallübertragung von einer Schallquelle außerhalb oder innerhalb eines Gebäudes in einen Raum, in dem Ruhe gewünscht wird, verringern. Schallschutzmaßnahmen sind in der DIN 4109 und mit wichtigen Hinweisen mit vielen Konstruktionen in Beiblatt 1 zur DIN 4109 geregelt.

- *Schall*

Als Schall bezeichnet man mechanische Schwingungen und Wellen, die durch Luftdruckschwankungen wahrgenommen werden. Setzen sich die mechanischen Schwingungen und Wellen in der Luft fort, so spricht man von Luftschall. In festen Stoffen spricht man von Körperschall.

- *Luftschall*

Luftschall (Musik, Sprache usw.) sind Schallwellen, die sich über Luft ausbreiten. Innerhalb von Räumen treffen sie auf Wände und Decken und werden in diese eingeleitet.

- *Körperschall*

Körperschall überträgt sich durch die Ausbreitung der Schallwellen in festen Körpern. An der Körperoberfläche wandelt er sich in Luftschall um und wird erst dann vom menschlichen Ohr wahrgenommen.

- *Schalldruckpegel*

Der Schalldruckpegel (verkürzt Schallpegel) ist ein logarithmisches Maß zur Beschreibung der wahrnehmbaren Stärke eines Schallereignisses. Als Kennwert wird die Einheit Dezibel (dB) herangezogen.

- *Dezibel (dB/A)*

Dezibel bezeichnet das Maß für den Schalldruck auf unser Gehör. Jede Zunahme des Schalls um etwa 10 dB(A) empfinden wir als Verdoppelung der Lautstärke. So sind etwa 35 dB(A) Mittlungspegel übliche Hintergrundgeräusche in einem Haus. 75 dB(A) entsprechen dem Schallpegel eines starken Stadtverkehrs am Straßenrand und 110 dB(A) dem Lärm von militärischen Düsenflugzeugen bei direktem Überflug in Tiefflugstrecken. Darüber-

Abb. 2.61: Für den optimalen Schutz vor Schneelasten sind sowohl eine normengerechte Planung als auch die Montage kompatibler Schneefangklemmen für das jeweilige Metalldachsystem von entscheidender Bedeutung.

Abb. 2.62: Doppelrohr-Schneefangsysteme dürfen nur eingesetzt werden, wenn oberhalb weitere Schneefangreihen montiert sind.

liegende Werte können für den Menschen schon kurzfristig gesundheitsschädlich sein.

- *Schalldämmmaß*

Das Schalldämmmaß (R'_W) in dB (Dezibel) beschreibt das Schalldämmvermögen eines Bauteils. Dies ergibt sich aus der Schallpegeldifferenz des Senderaumes (Schallquelle) und dem Empfangsraum.

2.5 Schneefang

Nicht nur in alpiner Lage, sondern auch im Flachland treten immer häufiger starke Schneefälle auf. Deshalb ist es wichtig, bei der Planung und Ausführung von Metalldächern die anfallenden Schneelasten sicher zu managen. Sowohl für handwerkliche als auch für industrielle Stehfalzsysteme stehen wirksame Schneefangsysteme bereit, die sich durch eine durchdringungsfreie Montage auszeichnen. So ermöglichen sie bei korrekter Montage die temperaturbedingten Dehnungsbewegungen der Scharen oder Profilbahnen. Die Systeme bestehen beispielweise aus Klemmlaschen, die 1 oder 2 Schneefangrohre aus Aluminium oder aus dem Werkstoff der Deckung aufnehmen können. Zusätzliche Schneestopper können in Gegenden mit besonders großen Niederschlagsmengen Schneeschichten zwischen den Schneefangrohren und der Dachhaut zurückhalten. Dabei ist das Ziel einer Schneefangeinrichtung, den Schubeffekt des auf dem Dach liegenden Schnees durch eine oder mehrere entsprechend ausgeführte Rohrhalterreihen möglichst flächendeckend zu verhindern.

Bemessung der Schneefangeinrichtung

Die Bemessung, Anordnung und Befestigung des Schneefangsystems werden bestimmt durch die örtlich anfallende Schneemenge, entsprechend der DIN EN 1991-1-3, sowie durch Form und Neigung des Daches. Soweit Vorgaben der Landesbauordnungen bestehen, sind diese ebenfalls zu berücksichtigen. Eine falsche oder unzulängliche Planung führt aufgrund fehlender

Abb. 2.63: Bei gewölbten Tonnendächern ist eine Anordnung des Systems entsprechend der Schneelast in den meisten Fällen nicht ausreichend. Hier sind weitere Schneefangreihen schon bei geringen Schneehöhen erforderlich.

Abb. 2.64: Insbesondere bei industriellen Stehfalzdächern mit großen Bahnenlängen sollten die Schneefanghalter zwischen den Halteclips angeordnet werden, damit Dehnungsbewegungen nicht behindert werden.

oder einer zu gering bemessenen Anordnung von Schneefanghaltern oft zu Schäden. Ursachen sind in den meisten Fällen ein zu großer Abstand der Schneefangklemmen und/oder zu wenig Schneefangreihen. Auch kleine Flächen wie Dachgauben oder Pultdächer sind an der Traufe oft nicht geschützt. So besteht die Gefahr, dass sich der Schnee von der glatten Dachfläche löst und die abrutschenden Schneemassen in die Tiefe stürzen; Personen- und Sachschäden sind in solchen Fällen vorprogrammiert. Um eine sichere Anordnung einer Schneefangvorrichtung auf geneigten Dächern zu gewährleisten, sind deshalb einige grundlegende Überlegungen zu berücksichtigen. Auch Solaranlagen sollten in die Überlegungen mit einbezogen werden, da bei falscher Anordnung der Module die Gefahr besteht, dass der Schnee flächig abrutscht und darunterliegende Gehwege gefährdet oder Fahrzeuge beschädigt (siehe hierzu auch Kapitel 5 Solartechnik und Klimaschutz).

1. Die Schneelast

Für jedes Bauvorhaben sind statische Berechnungen für die Bemessung des Dachaufbaues notwendig, um anfallende Lasten, wie Wind-, Schneelast, Dachgewicht, exakt zu berechnen. Grundlage für diese Werte ist die DIN EN 1991-1-3. Hier wird Deutschland in 4 verschiedene Schneelastzonen eingeteilt. Entsprechend der Zuteilung des jeweiligen Ortes kann die Regelschneelast in kN/m^2 ermittelt werden. Hilfe dazu findet man im Internet auf der Seite www.schneelast.info. Die dort ermittelten Werte sind jedoch nicht amtlich und sollten unbedingt nochmals durch den Baustatiker oder zuständigen Stellen bestätigt werden.

Besonders zu berücksichtigen sind auch entstehende Windverfrachtungen und mögliche außergewöhnliche Schneehöhen mit anschließendem Regen. Auch Eislasten können sich beispielsweise auf unbelüfteten Dächern oder schlecht isolierten Altbauten zur Traufe hin bilden. Somit können sich im Einzelfall wesentlich höhere Schneelasten bilden, als laut DIN angegeben sind.

Abb. 2.65: Schneefangschaden

2. Die Haftbefestigung

Schon vor Montage des Schneefangsystems ist auf die zu erwartende Mehrbelastung der Hafte zu achten. Mindestens sind Haftanzahl und -abstände entsprechend den Vorgaben aus den Fachregeln und Normen einzuhalten.

3. Die Haltekraft der Schneefanghalter

Die Form der verschiedenen Schneefangsysteme beeinflusst die Haltekraft der einzelnen Halter. Die Unterschiede ergeben sich aus den unterschiedlichen Metalldachsystemen, dem handwerklichen Stehfalzsystem und industriell hergestellten Stehfalzsystemen. Der Abstand der einzelnen Halter sollte möglichst etwa 40 bis 60 cm betragen – der maximale Abstand von 80 cm darf, beispielsweise beim System Rees, nicht überschritten werden. Die Schrauben sollten mit mindestens 30 Nm angezogen werden. Doppelrohr-Schneefangsysteme dürfen nur eingesetzt werden, wenn oberhalb weitere Schneefangreihen montiert sind.

Damit die freie thermische Längendehnung der Scharen gewährleistet ist, sollten die Schneefangklemmen, insbesondere bei großen Scharenlängen, in die Bereiche zwischen den Haften oder den Halteklipps angeordnet werden.

Ein häufiger Montagefehler bei Schneefangsystemen ist die Vernachlässigung der thermischen Längenänderung. So entstehen viele Schäden, wenn Schneefangrohre in großen Längen ohne Bewegungsspielraum zusammen gefügt werden. Bei Schadensfällen wurden Längenänderungen von mehr als 20 bis 30 mm nachgewiesen. Diese führten sogar zu Totalschäden an großflächigen Metalldächern. Die Einzellängen von Rohren und Profilen sollten deshalb nicht mehr als 4 bis 6 m betragen und mit dem erforderlichen Dehnungsspielraum verlegt werden. Dies gilt auch bei Konstruktionen für Solaranlagen (siehe Abb. 2.65).

4. Die Dachform

Entscheidend für die Wirkung des Schneefangsystems ist auch die Berücksichtigung der Dachform. Bei geraden Dachflächen ist die Wirkung leicht einzuschätzen. Bei gewölbten Tonnendächern ist jedoch, je nach Grad der Wölbung, zusätzlich auch der Überschubeffekt zu berücksichtigen. Hier ist eine Anordnung des Systems entsprechend der Schneelast in den meisten

Fällen nicht ausreichend. In dieser Situation sind auch bei geringen Schneehöhen weitere Schneefangreihen erforderlich. In der Gebäudestatik ist unbedingt die größere Belastung der Dachkonstruktion zu berücksichtigen, insbesondere bei einer einseitigen Anbringung der Schneefangvorrichtung.

Vorgehen bei der Berechnung des Schneefangsystems

Für einfache, gerade Dächer lässt sich der erforderliche Schneefang leicht ermitteln:

Nach Feststellung der Schneelast in kN/m^2 am Boden ist diese, bei Dachneigungen über 15° und bis 60° in Bezug auf die Dachgrundfläche umgerechnet, mit der Dachfläche zu multiplizieren. Das dann ermittelte Gesamt-Schneegewicht für die Dachfläche ist durch die Haltekraft je Schneefanghalter zu teilen. Somit errechnet sich die Mindestanzahl der erforderlichen Schneefanghalter. Teilt man diese Gesamtzahl durch die Anzahl der Schneefanghalter je Reihe (welche ja durch Trauflänge und Falzabstand vorgegeben sind), ergibt sich die Anzahl der Schneefangreihen.

Die Reihen sind in einem Abstand von 1,5 bis 4 m so aufzuteilen, dass in der unteren Dachhälfte mehr Schneefanghalterungen vorgesehen werden als in der oberen, da sich der Schnee im Laufe der Zeit nach unten verlagert. Die folgende Tabelle gibt für ein Zink-Stehfalzdach die Mindestzahl der erforderlichen Schneefanghalter und Reihen an. Hierbei wurde beispielhaft eine Scharlänge von 10 m und eine Trauflänge von 50 m sowie ein Falzabstand von 60 cm zugrunde gelegt. Sinngemäß gelten diese Beispiele auch für die Anzahl der Schneefanghalter auf Profil- oder Trapezprofildächern. Bei

Tabelle 2.9: Schneefang-Planungsbeispiel

Schneelast kN/m^2		**0,65 z.B. Münster/ Westf.**	**1,00**	**2,00**	**3,00 z.B. Winterberg**
Neigung	Halter	48	75	150	225
10°	Reihen	1	1	2	3
Neigung	Halter	72	110	220	330
15°	Reihen	1	2	3	4
Neigung	Halter	88	135	270	405
20°	Reihen	2	2	4	5
Neigung	Halter	105	160	320	480
25°	Reihen	2	2	4	6
Neigung	Halter	117	180	360	540
30°	Reihen	2	3	5	7

Grundlage: Scharenlänge 10 m, Falzabstand 0,60 m, Trauflänge 50 m

Abb. 2.66: Bei der Montage von Dachinstallationen kommt es auf die korrekte Befestigung und Berücksichtigung der Wind-, Schnee- und Schublasten an.

Abb. 2.67: Für die Befestigung der Unterkonstruktionen, meistens Strangpressprofile aus Aluminium, kommen i.d.R. Falzklemmen zur Ausführung.

besonderen Dachformen, wie beispielsweise Tonnendächern oder auch bei Objekten in exponierten Lagen, sollte die Planung in Absprache mit dem jeweiligen Schneefang-Hersteller erfolgen.

Die DIN EN 1991-1-3 und die Dachdeckerfachregeln des ZVDH verpflichten Dachhandwerker zum Führen statischer Nachweise für Schneeschutzsysteme. Für die Erstellung der Nachweise ist gemäß Merkblatt „Einbauteile bei Dachdeckungen" Punkt 3.6.4 (2) der Fachregel jedoch der jeweilige Schneefang-Hersteller zuständig.

2.6 Dachinstallationen sicher ausführen

Ob handwerkliche oder industrielle Falzdeckungen – Metalldächer ermöglichen eine problemlose Montage von Solaranlagen, Schneefängen oder Sicherheitseinrichtungen aller Art. Der Vorteil gegenüber allen anderen Deckungsarten ist, dass die Befestigung der jeweiligen Bauelemente durchdringungsfrei erfolgen kann. Eine korrekte Planung und Ausführung vorausgesetzt, ist hiermit das Schadensrisiko und somit der Reparatur- und Wartungsaufwand minimal. Zudem lassen sich die verfügbaren Systeme zeitsparend montieren. Alle Dachinstallationen müssen für den jeweiligen Verwendungszweck geeignet und zugelassen sein, sich stand- und windsogsicher gemäß den einschlägigen Fachregeln und Herstellerrichtlinien in die Metalldeckung integrieren lassen. Dabei spielt die Berücksichtigung der teilweise wechselseitigen thermischen Dehnungsbewegungen des Metalldaches und der Aufbauten eine bedeutende Rolle. Ebenso sind die Herstellerangaben beim Einbau und der Befestigung ihrer Systeme zu beachten. Für die Standsicherheit aller Dachelemente ist die korrekte Sicherung gegen Windsogkräfte, aber auch der jeweiligen Schublasten von entscheidender Bedeutung.

Für Dachinstallationen wie Solaranlagen muss die Deckung eine definierte statische Grundlage bieten. Verschiedene Hersteller haben entsprechende Haftsysteme im Angebot, mit denen projektbezogene Nachweise für die Belastungsfähigkeit des Metalldaches und für weitere Aufbauten erstellt werden können. Diese Berechnungen sind gleichzeitig Montageanleitung für die

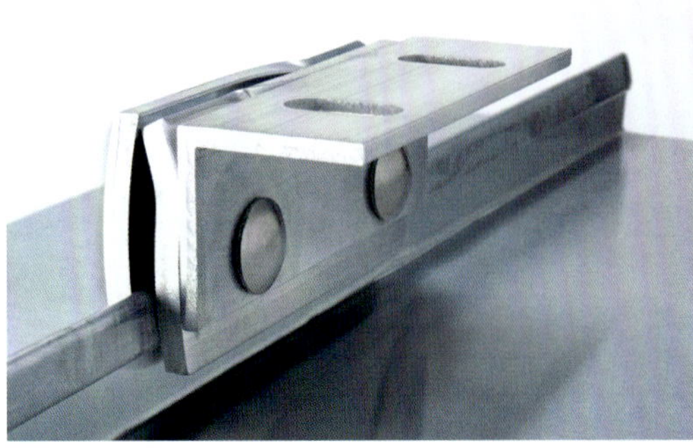

Abb. 2.68: Modulhalter dürfen nur auf dem doppelt gefalzten oberen Teil des Stehfalzes klemmen. Die Schrauben müssen mit einem vom Hersteller vorgegebenen Drehmoment angezogen werden.

Handwerker vor Ort und werden in der Unternehmererklärung für den Bauherrn dokumentiert. Zum Redaktionsschluss für die 4. Auflage dieses Fachbuches waren die Arbeiten der Verbände ZVSHK, der Bundesinnung der Spengler Österreich, der suissetec Schweiz sowie der Berufsgemeinschaft der Spengler Südtirols zur Entwicklung eines Berechnungsprogramms für handwerkliche Stehfalzdeckungen noch nicht abgeschlossen. Hiermit soll künftig eine geschlossene Nachweiskette (Einwirkungen > Dachaufbau > Falzklemme > Dachhaut > Haft > Befestigungsmittel) zur Befestigung von Aufdach-Elementen wie Absturzsicherungssystemen, Solarelementen oder haustechnischen Anlagen einschließlich des Standsicherheitsnachweises geführt werden können.

Befestigungselemente richtig anordnen

Bei Aufdachlösungen werden Solarmodule flächenparallel oder aufgeständert oberhalb der Metalldacheindeckung aufgebracht, wobei die erhöhte statische Last zu berücksichtigen ist. Für die Befestigung der Unterkonstruktionen, meistens Strangpressprofile aus Aluminium, kommen i.d.R. Falzklemmen zur Ausführung, die eine durchdringungsfreie Montage und Dehnungsbewegungen der Schare ermöglichen. Diese Befestigungselemente dürfen nur auf dem doppelt gefalzten oberen Teil des Stehfalzes klemmen. Die Längenausdehnung wird somit bei einer Montage auf der Schiebehafte nicht beeinträchtigt, da die Klemmwirkung nur den oberen, beweglichen Teil der Hafte betrifft. Die Halter müssen so ausgebildet sein, dass die Klemmflächen parallel zum Stehfalz wirken, eine zusätzliche Schränkung unterhalb des doppelten Falzes bewirkt eine Zwängung und verhindert so die Längenausdehnung des Falzes und die ebenso notwendige Querdehnung. Die verwendeten Schrauben werden mit einem vorgegebenen Drehmoment angezogen, um eine Quetschung des Falzes im Klemmbereich zu vermeiden. Auf Solarhaltern rechtwinklig zur Falzrichtung befestigte Strangpressprofile aus Aluminium bewirken eine ständig wiederkehrende Biegebelastung des Stehfalzes. Rissbildungen durch Materialermüdung im Bereich der Aufkantung des Falzes können die Folgen sein. Abhilfe bringt eine Begrenzung der Einzellängen auf maximal 2,5 bis 3,0 m mit Dehnungsmöglichkeiten zwischen den Profilstößen. Für die Ermittlung einer ausreichenden Anzahl von Falzklemmen, Haften und der Berücksichtigung von Sog- und Schubkräften ist i.d.R. eine statische Bemessung erforderlich.

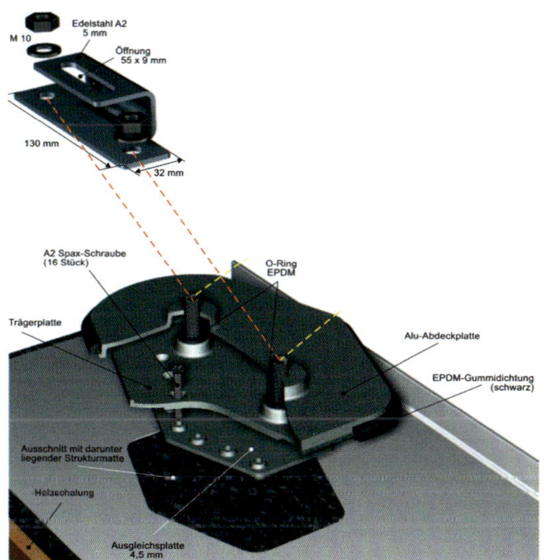

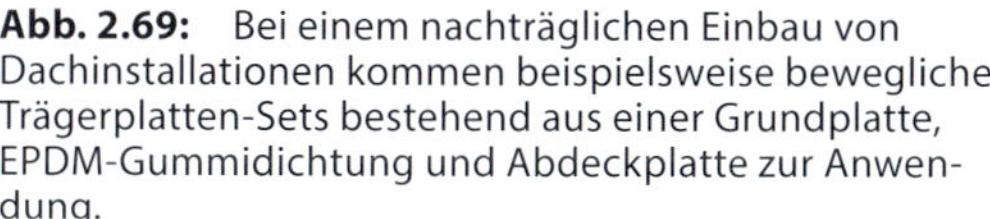

Abb. 2.69: Bei einem nachträglichen Einbau von Dachinstallationen kommen beispielsweise bewegliche Trägerplatten-Sets bestehend aus einer Grundplatte, EPDM-Gummidichtung und Abdeckplatte zur Anwendung.

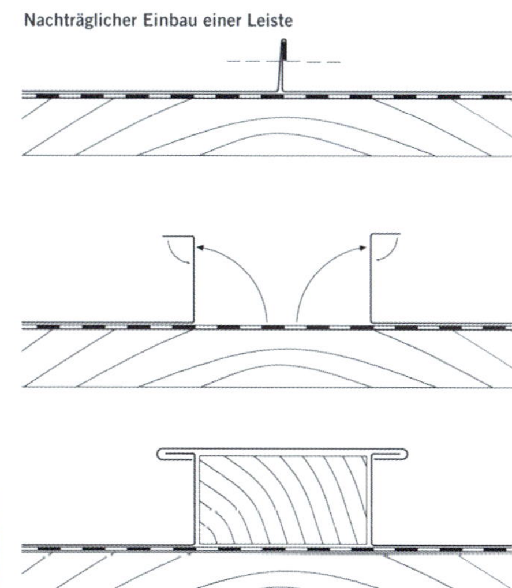

Abb. 2.70: Bei Bestandsdächern können handwerkliche Doppelstehfalze zum Leistensystem gewandelt werden. Die Modulhalterungen werden dann über den Holzkern direkt mit dem Traggrund verbunden.

Metalldächer im Bestand

Bei einem nachträglichen Einbau von Dachinstallationen können die jeweiligen statischen Grundlagen kaum ermittelt werden, weil Haftanzahl und Haftabstände unbekannt sind. Somit ist auch der statische Nachweis für das Metalldach zur Aufnahme großer Lasten kaum möglich. In diesem Falle werden die Halterungen direkt mit der statisch abgesicherten Deckunterlage verbunden. Eine Möglichkeit dazu ist beispielsweise, Leistenfalze mit Holzkern in die bestehende Metalldeckung zu integrieren. Die Solarhalterung wird über den Holzkern mit dem Traggrund verbunden – Bauteile und Metalldeckung können sich unabhängig voneinander bewegen. Die Leistenfalztechnik kommt auch bei Neudeckungen oder, je nach Ausrichtung, in einzelnen Dachbereichen des Gebäudes zur Anwendung (siehe Beispiel in Kapitel 5. Solartechnik und Klimaschutz Seite 216). Eine weitere Möglichkeit ist der Einsatz von Anschlagpunkten, die Bewegungen der Profilbahnen aufnehmen können. Hier kommen beispielsweise Trägerplatten-Sets, bestehend aus einer Grundplatte mit fest eingebrachten Schraubbolzen, einer EPDM-Gummidichtung und einer Abdeckplatte, zum Einsatz.

Abb. 2.71: Anders als im Flachland müssen für die Ausführung von Metalldeckungen in Bergregionen besondere Maßnahmen getroffen werden.

2.7 Alpines Bauen

In alpinen Lagen sind Metalldachkonstruktionen extremen Witterungsbedingungen ausgesetzt. Charakteristisch für das Wetter in der Bergwelt und dessen Einfluss auf Dachkonstruktionen sind Starkwindereignisse, heftige Gewitter mit großen Regenmengen sowie hohe Schneelasten im Winter. Nicht nur dies, auch die bauphysikalischen Bedingungen erfordern aufgrund der großen Temperaturunterschiede vom Gebäudeinneren zur Wetterseite einen sicher geplanten und handwerklich akribisch ausgeführten Dachaufbau.

Anders als im Flachland müssen besondere Maßnahmen getroffen werden, um diese Einflüsse in den Griff zu bekommen, dargestellt am Beispiel der Schweiz. Grundsätzlich wird die Dachkonstruktion (i.d.R. Holzbau) dort entsprechend den anfallenden Schneelasten mit einer soliden Statik geplant und ausgeführt. Aufgrund der Witterungsverhältnisse erhalten die Metalldeckungen ein Unterdach als zweite wasserführende Ebene. Temporär hohes Feuchteaufkommen kann damit bei entsprechender Wetterlage sicher und schadlos von der Baukonstruktion in die Haupt- oder Sicherheitsrinne abgeleitet werden.

Unterdächer

Metalldachkonstruktionen ohne Unterdach sind bei Schweizer Spengler-Fachbetrieben eher die Ausnahme. Das Unterdach wird stets auf einer vollflächigen Deckunterlage verlegt, Unterspannbahnen sind bei dieser Konstruktion unzulässig. Unterschieden wird dabei in 4 verschiedene Unterdacharten:

- Unterdach für **normale** Beanspruchung

Ein Unterdach für normale Beanspruchung ist zugelassen bis zu einer Bezugshöhe von 800 m über NN, wenn die Deckung ein solches Unterdach konstruktiv zulässt.

- Unterdach für **erhöhte** Beanspruchung
Ein Unterdach für erhöhte Beanspruchung ist ebenfalls nur bis 800 m über NN zugelassen. Es kommt vor allem bei kleinteiligen Dachsystemen und geringer Dachneigung zur Anwendung.

- Unterdach für **außerordentliche** Beanspruchung
Für Unterdächer an Gebäuden über 800 m über NN und Dachneigungen unter 10° gilt immer die außerordentliche Beanspruchung. Die Bahnen müssen wasserdicht verschweißt werden, eine kleinteilige Ausführung des Unterdaches ist unzulässig. Auch die Durchdringungen (Einfassungen etc.) müssen wasserdicht eingefasst werden.

- Unterdach für **außergewöhnliche** Beanspruchung
Zusätzlich gibt es noch Abdichtungen für außergewöhnliche Bausituationen, die individuell zu planen sind.

Regelaufbau mit Hinterlüftung

Die typischen Dachaufbauten unterscheiden sich nach der objektbezogen erforderlichen Tragkonstruktion, der Anordnung der Dämmung oder der erforderlichen diffusionshemmenden Schicht. In allen Varianten ist jedoch stets eine Hinterlüftungsebene vorgesehen, damit Baufeuchte an die Außenluft abgeführt wird und die Dachkonstruktion somit austrocknen kann. In der Schweiz wird in einfach und zweifach belüftete Dachkonstruktionen unterschieden. Die Höhe des Hinterlüftungsraumes für Dach- und Fassadenkonstruktionen ist vom Schweizerischen Ingenieur- und Architektenverein in der „SIA 232" geregelt. Sie ist abhängig von der Dachneigung, der Bezugshöhe und der Sparrenlänge. Bei der Bezugshöhe handelt es sich um die Höhe über Meer, je nach Region kommt ein Zuschlag dazu. Dieser wird anhand eines geografischen Kartenwerks bestimmt. In der Regel werden die meisten Dächer aus Kostengründen jedoch einfach belüftet ausgeführt. Sie bestehen aus einer Holzunterkonstruktion als Traggrund mit einer hinterlüfteten Metalldeckung im Doppelstehfalzsystem. Als Deckunterlage für Doppelstehfalzdeckungen kommen 27 mm dicke, gehobelte Holzschalungen mit offenen Fugen zur Ausführung. Es folgen eine Konterlattung für die Hinterlüftung, eine wasserdichte Unterdeckung als zweite wasserführende Ebene sowie der Holzelementbau mit Sparren, Zwischensparrendämmung, Dampfbremse und Innenbekleidung. Zwischen Metalldeckung und Holzschalung ist i.d.R. eine strukturierte Trennlage angeordnet. Sie verhindert Nagelabdrücke, gleicht Toleranzen der Unterkonstruktion bis ca. 2 mm aus und verbessert zudem die Gleitfähigkeit der Schare bei Dehnungsbewegungen. Die zweite Ablaufebene sorgt dafür, dass temporär eindringendes Wasser bei Tauwetter oder Starkregen mit Windeinwirkung an Anschlüssen und überfluteten Falzen schadlos in die angeschlossene Rinne oder über ein Traufenprofil ins Freie gelangen kann. Die offenen Fugen in der Schalung unterstützen diesen Effekt. Verbleibende geringe Mengen Baufeuchte werden über die Hinterlüftungsebene ins Freie abgeführt. Aufgrund der häufig auftretenden hohen Windsoglasten wurden zur Scharenbefestigung anstelle einzelner Haften ca. 40 cm lange Haftstreifen aus Chromnickelstahlblech verwendet.

Geneigte Dächer	Holzbau		
Einfach belüftet	**Variante 1**	**Variante 2**	**Variante 3**
Durchlüftung zwischen Unterdach und Deckung	• Dampfbremse/Luftdichtung über Kopf • Wärmedämmschicht in und über der Tragkonstruktion	• Dachelement mit luftdichter Beplankung • Wärmedämmschicht in der Tragkonstruktion	• Dampfbremse/Luftdichtung auf Verlegeunterlage • Wärmedämmschicht über der Tragkonstruktion
	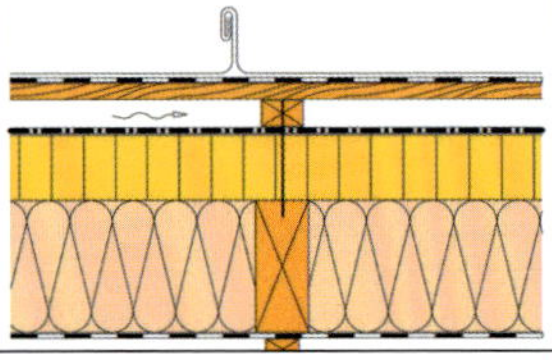	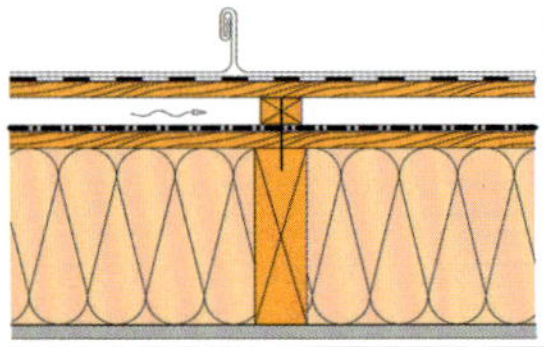	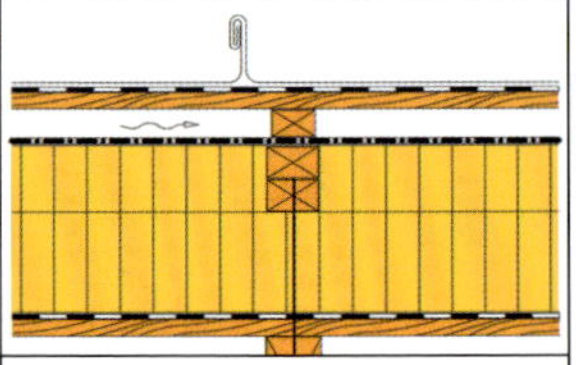
Zweifach belüftet	**Variante 1**	**Variante 2**	
Durchlüftung zwischen Wärmedämmung und Unterdach und zwischen Unterdach und Deckung	• Wärmedämmschicht in und unter der Tragkonstruktion	• Wärmedämmschicht in der Tragkonstruktion	
	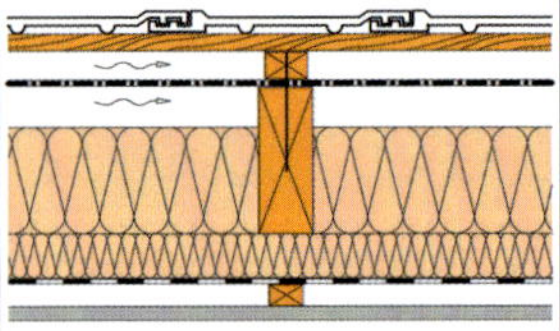	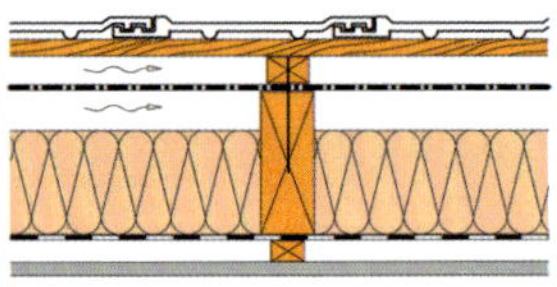	

Abb. 2.72: In der Schweiz wird in einfach und zweifach belüftete Dachkonstruktionen unterschieden. Die Höhe des Hinterlüftungsraumes für Dach- und Fassadenkonstruktionen ist vom Schweizerischen Ingenieur- und Architektenverein in der „SIA 232" geregelt.

Platz für Dehnungsbewegungen

Aufgrund der großen Temperaturunterschiede ist die Berücksichtigung der Dehnungsbewegungen (nicht nur) in den Alpenregionen für die sichere Funktion einer Metalldeckung von entscheidender Bedeutung. Insbesondere werden alle aufgehenden Anschlüsse wie Firste, Durchdringungen mit einem sogenannten Bündnerfalz, auch Quetschfalz genannt, handwerklich und regendicht ohne zusätzliche Einschnitte in den Falz ausgeführt. Lange Scharen werden mittels Dehnungsfalz als Querfalz mit Zusatzfalz getrennt, sofern die Dachneigung (> 25°) dies zulässt. Die hinterlüfteten Dachkonstruktionen mit Unterdach ermöglichen es zudem, Kehlen vertieft auszuführen, sodass die Scharen sich am Traufeneinhang frei bewegen können. Grundsätzlich wird jedes Bauvorhaben vor der Bauausführung hinsichtlich der Anordnung der Festhaften, des Ausbildens der Schiebebereiche und unter Berücksichtigung aller Einfassungen genau analysiert.

Regen, Schnee und Eis sicher managen

In schneereichen Gegenden werden vorgehängte Dachrinnen tiefer gehängt und der Abstand von der Traufe zum Rinnenprofil vergrößert. Auf diese Weise ist die Rinne besser vor abrutschenden Schneelasten vom Dach geschützt. Zudem kommen spezielle Rinnenträger für eine erhöhte Lastauf-

Abb. 2.73a: Metalldach UK: Pfettenauflager unverrottbar aus Aluminium

Abb. 2.73b: Metalldach UK: Pfettenauflager vollständig eingedichtet. Die zweite Ablaufebene leitet temporär eindringendes Wasser bei Tauwetter oder Starkregen mit Windeinwirkung schadlos in die angeschlossene Rinne.

Abb. 2.73c: Metalldach: fertiggestelltes hinterlüftetes Metalldach auf Holzschalung mit innen liegender Folienrinne und separat entwässerter Sicherheitsrinne aus CNS-Blech

nahme zum Einsatz (sogenannte Hochkant-Rinnenträger), die in kleineren Abständen als üblich angeordnet werden. Darüber hinaus erhalten i.d.R. auch alle Entwässerungsleitungen, Rinnen, Kehlen und Dachausstiege eine thermisch gesteuerte Rinnenheizung. Schneefangsysteme sind an allen Metalldächern die Regel. Sie werden, wie in der Bergwelt, als Schneeverbauung installiert. Der Schnee wird damit vollflächig vor dem Abrutschen gesichert und die Lasten verteilt. Typischerweise sind die Schneefangrohre in jeder Schar mit einem Eishalter versehen.

Aufgrund der hohen geltenden schweizerischen Anforderungen an Metalldeckungen und Schneefang werden Haftabstände, Fest- und Schiebehaftbereiche, die Anzahl und Abstände der Schneefangreihen stets projektbezogen und mithilfe einer Berechnungssoftware des Schweizerisch-Liechtensteinischen Gebäudetechnikverband (suissetec) ermittelt. Gleichzeitig errechnet die „Web App" den Materialbedarf sämtlicher Bauelemente für das jeweilige Bauvorhaben. Die Applikation funktioniert in allen gängigen Webbrowsern (Internet Explorer, Firefox, Chrome etc.). Nach dem Kauf kann im persönlichen Benutzerprofil jederzeit auf die Applikation zugegriffen werden. Updates werden automatisch integriert (https://shop.suissetec.ch).

Abb. 2.74: Als Deckunterlage kommen 27 mm dicke Holzschalungen mit offenen Fugen zur Ausführung. Zwischen Metalldeckung und Holzschalung ist i.d.R. eine strukturierte Trennlage angeordnet. Sie verhindert Nagelabdrücke, gleicht Toleranzen aus und verbessert die Gleitfähigkeit bei Dehnungsbewegungen. Aufgrund der häufig auftretenden hohen Windsoglasten wurden anstelle einzelner Haften ca. 40 cm lange Haftstreifen aus Chromnickelstahlblech verwendet.

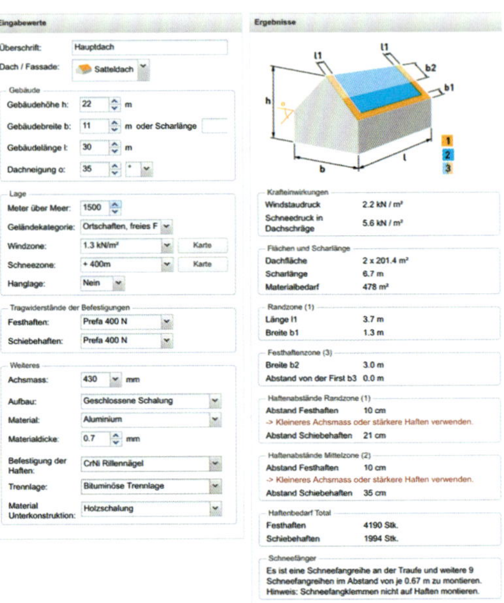

Abb. 2.75: Aufgrund der hohen Anforderungen an alpine Metalldeckungen werden Haftabstände, Fest- und Schiebehaftbereiche, die Anzahl und Abstände der Schneefangreihen stets projektbezogen mit einer Berechnungssoftware ermittelt.

Abb. 2.76: Schneefangsysteme werden als Schneeverbauung installiert. Der Schnee wird damit vollflächig vor dem Abrutschen gesichert und die Lasten werden verteilt.

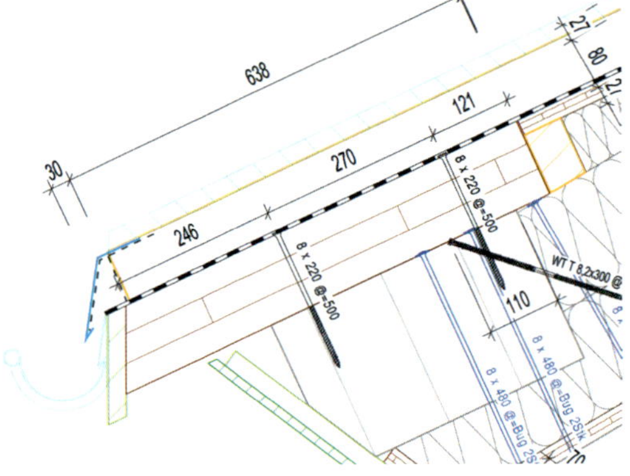

Abb. 2.77: Die speziellen, tief angeordneten Rinnenträger (sogenannte Hochkant-Rinnenträger) sorgen für eine erhöhte Lastaufnahme. Sie werden in kleineren Abständen als üblich angeordnet.

Über suissetec

> Der Schweizerisch-Liechtensteinische Gebäudetechnikverband (suissetec) ist der Arbeitgeber- und Branchenverband der Gebäudetechnik und Gebäudehülle. suissetec ist mit 26 Sektionen und rund 3.500 Mitgliedsbetrieben Ansprechpartner in allen Sprachregionen. Der Verband erbringt Dienstleistungen für Hersteller/Lieferanten, Planer und Installateure aus den Branchen Sanitär, Heizung, Lüftung sowie Spengler/Gebäudehülle. Der Verband vertritt die Brancheninteressen bei Politik, Behörden und Dachorganisationen (www.suissetec.ch). Zu den Mitgliedern der suissetec zählen die schweizerischen diplomierten Spenglermeister Gregor Bless und Rinaldo Betschart, bei denen ich mich für die redaktionelle Unterstützung dieses Kapitels herzlich bedanke!

2.8 Planen, Warten, Schützen

Eine sichere Planung der Befestigungselemente und eine fachgerechte Montage der Deckung vorausgesetzt, erfüllen Dachdeckungen und Fassadenbekleidungen aus Metall ihre Aufgaben als schützende Gebäudehülle ideal und nachhaltig.

Stets in die Ausführungsplanung einzubeziehen sind die unterschiedlichen mechanischen und bauphysikalischen Belastungen, denen die jeweiligen Dachbauteile ausgesetzt sind. Einen Überblick hierzu gibt die Tabelle 2.10. Damit der Schutz dauerhaft und bei den heute oft extremen Wetterbedingungen erhalten bleibt, sollten Dachflächen, Einbauteile und die Dachentwässerung regelmäßig überprüft werden – idealerweise in der Form eines projektbezogen erstellten Wartungsvertrages, der alle relevanten Prüfungselemente enthält. Denn unzureichend befestigte oder undichte Metallprofile und Verstopfungen der Dachentwässerungen verursachen jedes Jahr Schäden in allen Größenordnungen – von optisch und ärgerlich bis lebensgefährlich.

In Gegenden mit viel Baumbestand sollten deshalb zum Beispiel das Herbstlaub und grobe Verunreinigungen vom Dach und aus den Entwässerungseinrichtungen entfernt werden. Sie können zu Stauwasser und somit zu Wassereinbrüchen führen. Eventuell ist es sinnvoll, die Dachrinnen oder einzelne Bereiche mit einem Laubstopp nachzurüsten. Einfassungen, Durchdringungen, Anschlusspunkte und Lötnähte sollten auf Dehnungsrisse und Abdeckungen auf festen Sitz kontrolliert werden, ebenso der Zustand der Verfugungen am Kamin oder am Wandanschluss. Eventuell ist eine Neuabdichtung erforderlich.

Tabelle 2.10: Bauteile, Anforderungen, Wetterschutz

Anforderung	Bauteil	Empfohlene Maßnahme
Sturm-sicherheit	Dach	• Haftabstände beachten gem. Fachregeln und Normen • Geeignete Hafte verwenden • Passende Verbindungstechnik wählen • Ggf. Scharbreiten reduzieren • Ggf. Blechdicke erhöhen • Dachränder, Ortgänge, Abdeckungen etc. indirekt und sturmsicher mit durchlaufenden Vorstoßblechen befestigen, ggf. mit statischem Nachweis • Winkelstehfalzdeckungen in exponierten Lagen erst ab 35° Dachneigung ausführen
	Solaranlagen	• Statischer Nachweis ist erforderlich • Für die durchdringungsfreie Aufnahme der Konstruktion mit Doppelstehfalzklemmen müssen Anzahl und Art der Hafte entsprechend bestimmt werden. Dabei sind die Dehnungsbewegungen der Schare in Längs- sowie der Tragkonstruktion in Querrichtung zu berücksichtigen. Bei der nachträglichen Montage von Solaranlagen ist deren Befestigung mit Doppelstehfalzklemmen unter Umständen nicht geeignet und nur mit Dachdurchdringungen zu bewerkstelligen.
	Fassade	• Bei Fassaden treten an den Gebäudeecken besonders hohe Windlasten auf – Haftabstände beachten (s. o.)
Feuchteschutz	Dach	• Bei Gefahr der Eisschanzenbildung, z. B. im flachgeneigten Traufbereich, an Kehlen, Rinnen oder Schneefängen: ggf. Falzdichtungen einlegen, geeignete Unterdächer bzw. Vordeckungen oder elektrische Begleitheizungen vorsehen • In exponierten Lagen Querfalze zum Schutz vor Treibwasser ggf. wasserdicht ausführen, z. B. mit Dichteinlage • Feuchteeintrag während der Bauphase vermeiden und Tagwasser sicher ableiten
	Dach-entwässerung	• Dachentwässerung norm- und fachgerecht konzeptionieren und berechnen • Vollgefüllte Rinnen müssen stets über die Rinnenvorderkante oder an Notentwässerungen ins Freie überlaufen.
Schnee- und Eisschutz	Dach	• Grundsätzlich sind für die Bemessung des Dachaufbaus die anfallenden Wind- und Schneelasten zu ermitteln. • Zum Schutz von Personen vor herabfallenden Schneelasten oder Dachinstallationen sind ggf. Schneefangeinrichtungen vorzusehen • Bei Rohrschneefangsystemen ist die zu erwartende Mehrbelastung der Festhafte zu berücksichtigen. • Für die Auswahl des geeigneten Schneefangsystems ggf. Hersteller kontaktieren • Firstlüftungen vor Flugschnee sichern, z. B. mit labyrinthförmigen Lochprofilen, Profilfüllern bei industriellen Stehfalzsystemen • Winkelstehfalzdeckungen in schneereichen Gegenden erst ab 35° Dachneigung ausführen
	Solaranlagen	• Großflächige Solaranlagen sind ggf. so anzuordnen, dass der abrutschende Schnee von dem vorgeschalteten Modul gebremst wird.
	Dach-entwässerung	• Zum Schutz vor aufstauendem Schmelzwasser durch Schnee und Eis ggf. thermisch gesteuerte Begleitheizungen vorsehen. Je nach baulicher Gegebenheit sind hierbei der Traufbereich, Rinne und Regenfallrohre in den Heizkreis einzubeziehen. • Je nach den anfallenden Schneelasten sind beispielweise besonders stabile Rinnenträger zu wählen, Trägerabstände zu verringern oder zusätzliche Spreize einzubauen.
	Fassade	• Nie Tausalze auf Gerüsten einsetzen. Abtropfendes salzhaltiges Tauwasser kann die Metalloberfläche nachhaltig verunstalten. • Auch im Winterdienst, z. B. auf Gehwegen, darf Salz nicht an angrenzende Metallbekleidungen gelangen. – Hinweis an den Bauherrn

Abb: 2.78: Je komplexer das Dach, je aufwändiger die Dachausrüstung umso wichtiger ist der regelmäßige professionelle Dachcheck.

In schneereichen Gegenden ist zu prüfen, ob die Rinnenträger den Schneelasten standhalten oder zusätzliche Rinnenspreize erforderlich sind. Eine Alternative oder eine Ergänzung stellen thermisch gesteuerte elektrische Begleitheizungen dar. Die Heizkabel werden im Traufbereich, in der Rinne und in Regenfallrohren verlegt/geschlauft und tauen Schnee und Eis ab. Insbesondere bei innenliegenden Rinnen ist der Einsatz der Begleitheizungen (auch nachträglich) sinnvoll, da der Rinnenquerschnitt schnee- und eisfrei gehalten wird. Schmelzwasser kann nicht in die Unterkonstruktion zurücklaufen und Feuchteschäden verursachen.

Dachausrüstung sichern

Auch Dachausrüstungen wie Solaranlagen oder Schneefänge müssen eine dauerhafte Standsicherheit gewährleisten. Je komplexer das Dach, je aufwändiger die Dachausrüstung umso wichtiger ist der regelmäßige professionelle Dachcheck. Er hilft Mängel aufzuzeigen und schützt den Hausbesitzer vor

Abb. 2.79: Befestigungselemente sind auf korrekten Sitz und Korrosionserscheinungen zu prüfen, ggf. zu ersetzten.

Abb. 2.80: Rissbildungen an Profilen sind nachzulöten oder mit Dehnungselementen auszurüsten.

Schäden und hohen Folgekosten. Bauteile, die stets geprüft werden sollten, sind beispielsweise

- der korrekte Sitz und Korrosionserscheinungen an Schneefangeinrichtungen, Solarhaltern, Blitzschutzanlagen, Leitern und Tritten (ggf. neu befestigen, Befestigungselemente austauschen/erneuern);
- Verstopfungen, z. B. durch Laub an Dachentwässerungen (ggf. reinigen, Laubschutz montieren);
- Risse an Einfassungen, Durchdringungen, Anschlusspunkten und Lötnähten (ggf. neu Löten, Dehnungsausgleich einbauen).

3 Ausführung von Fassadenbekleidungen

Zu allen Zeiten diente die äußere Hülle eines Bauwerks in erster Linie dem Wetterschutz, aber auch zur architektonischen Gestaltung. Im Zeitalter des technischen Fortschritts und des wachsenden Umweltbewusstseins hat die Fassade jedoch viele weitere anspruchsvolle Aufgaben zu erfüllen. Auch wird sie vermehrt zur Integration haustechnischer Leitungssysteme und Anlagen genutzt – hierzu zählt mittlerweile auch die Einbindung der Solartechnik zur Wassererwärmung und Stromerzeugung. Für Klempner-/Spenglerfachbetriebe hat sich die Fassade zu einem lukrativen Markt entwickelt: Mit modernen Blechbearbeitungsmaschinen sind sie in der Lage, kostengünstig hochwertige Fassadenbekleidungen nach Architekten- und Bauherrenwunsch zu produzieren. Zahlreiche Varianten an Metalloberflächen und Verbindungstechniken und die hochtechnisierte Blechbearbeitung ermöglichen die Bekleidungen/Deckung komplexer Gebäudegeometrien bis hin zur Freiform. Der Sanierungsmarkt bietet dem Klempner/Spengler auch in der Zukunft ein enormes Auftragspotenzial und die Möglichkeit, Marktanteile zu sichern. So setzen Bauherrn anstelle von Wärmedämmverbundsystemen (WDVS) mit Polystyrol, die in Sachen Brandschutz und Recyclingfähigkeit in die Kritik geraten sind, vermehrt auf hinterlüftete Fassadenkonstruktionen vom Klempner- und Spenglerfachbetrieb. Denn vorgehängte hinterlüftete Fassaden (VHF) erweisen sich aufgrund der hohen Lebensdauer und des geringen Wartungs- und Instandhaltungsaufwands als eine wirtschaftliche und nachhaltige Investition. Durch die freie Wahl der Systemkomponenten lassen sich zudem hohe brandschutztechnische Anforderungen der Kategorien „nichtbrennbar“ oder „schwer entflammbar“ baurechtskonform erfüllen.

Dieses Kapitel gibt einen Überblick über die Gestaltungsmöglichkeiten, verschiedene Fassadenkonstruktionen sowie Planungs- und Ausführungshinweise für die fachgerechte Erstellung von Metallfassaden. Hierbei greifen wir auf die Fachinformationen des Fachverbandes Baustoffe und Bauteile für vorgehängte hinterlüftete Fassaden e.V. (FVHF) zurück.

Abb. 3.1: Individuell gestaltete Fassadenkleidung in handwerklicher Klempner-/Spenglertechnik

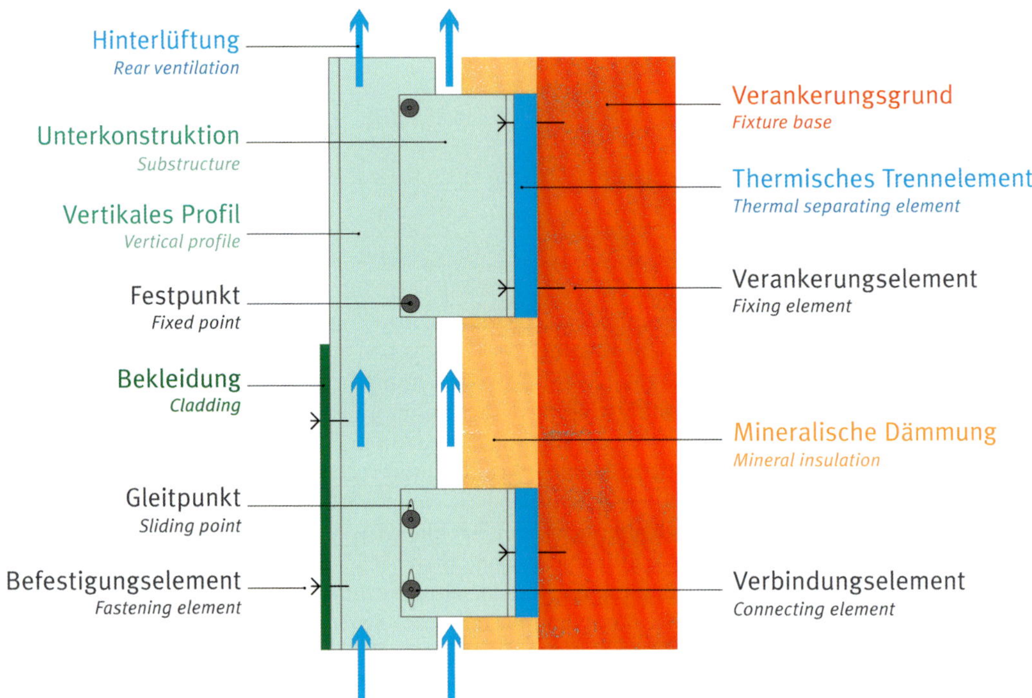

Abb. 3.2: Systemaufbau der vorgehängten hinterlüfteten Fassade (VHF) nach DIN 18516

3.1 Die vorgehängte hinterlüftete Fassade (VHF)

Als Konstruktionsaufbau für die Fassadenbekleidung aus Metall hat sich die vorgehängte hinterlüftete Fassadenkonstruktion bewährt und ist bei Ausführungen mit Bekleidungssystemen aus Metall und Metall-Verbundwerkstoffen der Regelfall. Die Gestaltung der Fassade lässt sich auf diese Weise individuell auf die Charakteristik eines Gebäudes abstimmen, ebenso sind Werkstoff- und Systemkombinationen problemlos möglich. Die technischen Qualitäten des Systems liegen in erster Linie in der konstruktiven Trennung der Funktionen Wärmeschutz und Witterungsschutz. Die Schadensanfälligkeit ist somit geringer als bei manch anderen Fassadensystemen. Zudem können besondere Anforderungen an Brandschutz, Schallschutz oder Blitzschutz leicht gestalterisch ansprechend umgesetzt werden. Der Konstruktionsaufbau richtet sich nach der Art der Bekleidung. So ist für die Aufnahme nicht selbsttragender Metallbekleidungen, in Falztechnik beispielsweise, eine vollflächige Unterkonstruktion (meist Trapezblech), erforderlich. Selbsttragende Bekleidungsprofile aus Metall wie Wellprofile, Paneelen, Kassetten und Verbundelemente benötigen dies nicht. Die Abb. 3.2 zeigt den Konstruktionsaufbau einer Fassadenkonstruktion mit den Bezeichnungen der einzelnen Funktionsschichten und Bauelemente.

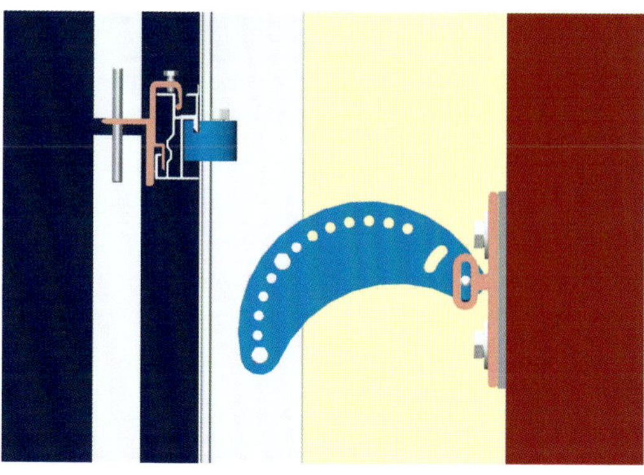

Abb. 3.3: Der Fassadenhalter ermöglicht mit seinem großen Verstellbereich den Ausgleich von Bautoleranzen bis zu 90 mm.

3.1.1 Unterkonstruktion/Tragwerk

Die Unterkonstruktion der Fassadenbekleidung ist das konstruktive Bindeglied zwischen Tragwerk und Bekleidungsebene. Die zu erwartende Lebensdauer der Unterkonstruktion muss der der Fassadenbekleidung entsprechen. Sie muss bei der Planung und Ausführung immer auf die Anforderungen, die sich aus dem Verankerungsgrund (z.B. Mauerwerk, Stahlbeton) und der gewählten Fassadenbekleidung (z.B. Winkelstehfalz, Paneele usw.) ergeben, abgestimmt sein. Die Unterkonstruktion hat die Aufgabe, alle anfallenden Lasten der Fassadenkonstruktion (z.B. Eigenlast, Lasten aus Winddruck und Windsog) in das Tragwerk einzuleiten. Ebenso muss sie temperaturbedingte Längenänderungen der Bekleidung sowie Spannungen des Bauwerks aufnehmen und ausgleichen.

Hierzu ist die ausdehnungstechnische Trennung der Konstruktion erforderlich. Sie erfolgt in den Bauteilfugen des Gebäudes, wo die Konstruktion entsprechend ausgebildet wird.

Die Dimensionierung der Unterkonstruktion richtet sich neben der Art und der Gestalt des Tragwerks und des Verankerungsgrunds nach der Dicke der Wärmedämmung, nach der Bemessung des Hinterlüftungsraumes, nach der Art und der Befestigung der Metallbekleidung, nach dem eingesetzten Unterkonstruktionsmaterial und nicht zuletzt nach dem Gebäudestandort.

Unterkonstruktionen bestehen heute i.d.R. aus stranggepressten und zusammengesetzten Aluminiumprofilen oder anderen geeigneten Metallwerkstoffen. Um eine homogene Dämmwirkung in der gesamten Fassade und eine Reduzierung der notwendigen Dämmstoffdicken zu erzielen, kommen auch Fassadenkonsolen aus glasfaserverstärktem Kunststoff zum Einsatz. Sie reduzieren punktförmige Wärmebrücken (siehe Abb. 3.4). Die konventionellen Unterkonstruktionen aus Holz oder Kombinationen aus Holz und Metall sind technisch ebenfalls noch möglich. Sie verlieren jedoch aufgrund der gestiegenen Dämmstoffdicken und der Anforderungen an den baulichen Brandschutz zunehmend an Bedeutung.

Mit dem Einsatz durchdachter Systemunterkonstruktionen können Bautoleranzen, wie sie insbesondere in der Altbausanierung häufig vorkommen, problemlos ausgeglichen werden. Sie sind montagefreundlich, schnell und sicher montierbar und somit wirtschaftlich einsetzbar.

Abb. 3.4: Fassadenkonsolen aus glasfaserverstärktem Kunststoff (GFK) reduzieren punktförmige Wärmebrücken

Eine besondere Fassadenhalter-Technologie mit einem bogenförmigen Bauteil bietet einen großen Verstellbereich zwischen 100 und 190 mm. Die Einstellung erfolgt durch einfaches Drehen des Bogens (siehe Abb 7.3). Je nach Größe der einwirkenden Lasten ist das Bauteil aus 1,5 bis 4 mm dickem Edelstahl rostfrei verfügbar. Durch sein statisch-geometrisches Prinzip ergeben sich nur geringe Hebelkräfte, die auf die Fassadenverankerung einwirken.

Verankerungsgrund

Der jeweilige Verankerungsgrund bestimmt die Tragfähigkeit einer VHF. Deren Lasten werden direkt über Einzelbefestigungen oder über die Unterkonstruktion, in der Regel punktweise, in den Verankerungsgrund eingeleitet. Die Art der Verankerungen und die Befestigungsabstände werden auf die Tragfähigkeit des Verankerungsgrundes abgestimmt, damit es nicht zum Versagen der Konstruktion kommt. Für alle gängigen Beton- und Mauerwerksuntergründe findet man dazu Angaben in der DIN 18516 sowie in den Dübelzulassungen. Die Systemhersteller beschreiben in den Montagevorschriften Anzahl und Art der erforderlichen Verankerungen in Abhängigkeit von der Tragfähigkeit des Verankerungsgrundes. Bei nicht in den Dübelzulassungen aufgeführten Mauerwerksarten und insbesondere bei Altbausanierungen sind die aufzunehmenden Lasten gegebenenfalls durch Auszugsversuche am Objekt zu ermitteln – insbesondere bei Brüstungsausmauerungen. Verankerungsgrund und Verankerungsmittel sollen:

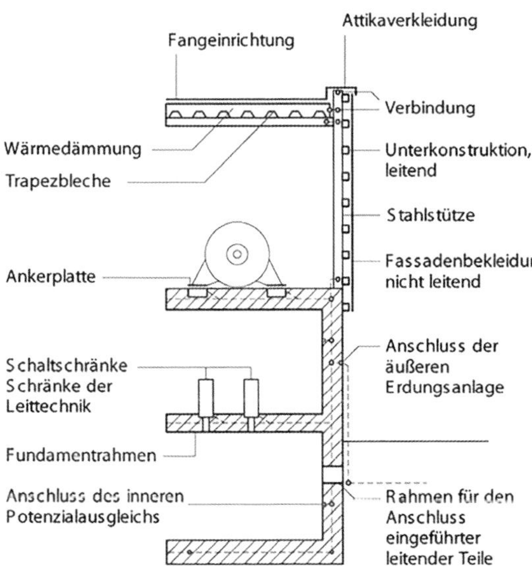

Abb. 3.5: Beispiel einer leitend verbundenen, metallischen Unterkonstruktion, mit der ein sicherer Blitzschutz und eine effektive eletromagnetische Schirmung des Gebäudes hergestellt werden kann.

- zum Fassadensystem passen und den Lastabtrag sicherstellen,
- aufeinander abgestimmt verwenden (Verwendbarkeitsnachweise und Dübel-Schraubenkombinationen beachten),
- individuell statisch nach Ausladung und Gewicht der Fassadenkonstruktion bemessen werden.

Unterkonstruktion

Unterkonstruktion (UK) und Bekleidung müssen aufeinander abgestimmt sein. Als tragendes Element leitet die Unterkonstruktion die auftretenden Lasten über Verankerungen in den Untergrund ein. Die Unterkonstruktion, deren Verankerung und die Befestigungen sind nach DIN 18516-1 statisch nachzuweisen. Bei der Bemessung werden Eigenlasten, Windlasten, Schnee und Eislasten sowie ggf. Sonderlasten berücksichtigt. Zu beachten ist, dass die Konstruktion klimabedingten Formänderungen durch Temperaturwechsel ausgesetzt ist und schadlose Dehnungsbewegungen ermöglicht. Um Spannungen und hiermit zusätzliche Beanspruchungen der Bekleidungselemente zu vermeiden, hat die Montage zwängungsfrei zu erfolgen.

Bei Verwendung unterschiedlicher Metalle innerhalb derselben Unterkonstruktion ist die Verträglichkeit der Werkstoffe zu überprüfen. Auch von angrenzenden Metallabdeckungen (z.B. Attikaabdeckungen) in den Fassadenzwischenraum gelangende Feuchtigkeit kann durch gelöste Spurenelemente Korrosion auslösen. Gegebenenfalls sind trennende Zwischenschichten anzuordnen.

Wärmebrücken

Bei VHF wird die Unterkonstruktion durch die Wärmedämmung hindurch in der Außenwand verankert. Da die für die Herstellung der Unterkonstruktion und Verankerung verwendeten Werkstoffe meist gut wärmeleitfähig sind, gilt es, diese Wärmebrücken zu minimieren. Dies kann beispielsweise durch Anordnung und Form der Tragprofile sowie die Anzahl der erforderlichen Wandhalterungen und durch Einbau eines thermischen Trennelements zwischen Außenwand und Wandhalter oder durch den Einsatz von Fassadenkonsolen aus glasfaserverstärktem Kunststoff (GFK) erfolgen.

Blitzschutz

Die Anforderungen an die Gebäudeschirmung und der Schutz von EDV-Anlagen in Gebäuden sind in den letzten Jahren immer bedeutsamer geworden. Damit sind Mehrkosten verbunden, die sich durch den Einsatz einer vorgehängten hinterlüfteten Fassade merklich reduzieren lassen. Durch Verwendung einer leitend verbundenen, metallischen Unterkonstruktion können Blitze sicher zur Erde abgeleitet und eine elektromagnetische Schirmung des Gebäudes hergestellt werden. Entscheidet sich der Bauherr für eine elektrisch leitende Metallbekleidung, entsteht ein hochwirksamer Gebäude- und Elektronik-Blitzschutz, der hinsichtlich Errichtung und Unterhaltungsaufwand äußerst wirtschaftlich ist (siehe Abb. 3.5 und Kapitel 9 Äußerer Blitzschutz).

3.1.2 Wärmedämmung

Die Wärmedämmung, die zugleich auch Schalldämmung ist, erfolgt bei einer vorgehängten, hinterlüfteten Fassade (VHF) mit Mineralwolle-Dämmplatten. Sie werden dicht gestoßen im Verband außenseitig an der Wand befestigt. Die Dämmstoffplatten für hinterlüftete Fassaden bedürfen einer allgemeinen bauamtlichen Zulassung, die das Brandverhalten und den Wärmeschutz regelt. Die Angaben, bezogen auf die Dämmstoffdicke und den zu verwendenden Dämmwerkstoff, werden vom Planer ermittelt und vorgegeben.

Im Zusammenhang mit dieser Funktionsschicht ist noch auf die Luftdichtheit des Baukörpers hinzuweisen, die in § 5 (Dichtheit, Mindestluftwechsel) der EnEV 2009 geregelt ist. Diese besagt, dass zu errichtende Gebäude so auszuführen sind, dass die wärmeübertragende Umfassungsfläche (also die Gebäudehülle) einschließlich der Fugen dauerhaft luftundurchlässig entsprechend dem Stand der Technik abgedichtet sein muss. Es besteht keine Pflicht zum Nachweis der Luftdichtheit. Findet jedoch eine Überprüfung (Blower-Door-Messung) statt, sind die vorgegebenen Grenzwerte einzuhalten. Werden die Anforderungen nicht erfüllt, besteht nunmehr für den Bauherrn erstmals ein einklagbares Recht auf Nachbesserungen bzw. Minderungen auf die unzureichend erbrachten Bauleistungen. Zur Abwendung eines möglichen wirtschaftlichen Schadens bedeutet das für den Klempner- und Dachdeckerfachbetrieb die gewissenhafte Ausführung der Luftdichtheit. Wurde die Luftdichtheit durch andere Unternehmen erstellt, ist eine genaue Überprüfung der Vorleistungen dringend zu empfehlen. Bei nicht fachgerechter Ausführung sind dem Bauherrn und der örtlichen Bauleitung rechtzeitig Bedenken anzumelden (siehe Kapitel 10.3.1).

Immer öfter finden Lochbleche oder Streckmetalle zur architektonischen und künstlerischen Gestaltung von Fassaden Anwendung. Um dies zu gewährleisten, stehen dem Klempner spezielle stauchungsfreie und regen-

bis wasserdichte Dämmsysteme aus PUR/PIR-Hartschaumelementen und aus Schaumglasplatten zur Verfügung.

Verlegung der Wärmedämmung

Bei vorgehängten hinterlüfteten Fassaden wird ausschließlich der Anwendungstyp „WAB T3 WL(P)“ eingesetzt. Der Begriff „WAB“ steht für „Außendämmung der Wand hinter Bekleidung“ und beschreibt damit die Anwendung. Dieser Dämmstoff stellt die Funktion bei Feuchteeinwirkung im Hinterlüftungsraum sicher. Eine zusätzliche schwarze Vlieskaschierung verhindert das optische Hervortreten der Dämmung hinter den offenen Fugen der Bekleidung. Die plattenförmige Wärmedämmung wird einlagig und dicht gestoßen im Verband verlegt. Ihre Befestigung erfolgt mechanisch mit Dämmstoffhaltern. Dabei sind alle Durchdringungen der Dämmung dicht anzuarbeiten, um mögliche Wärmebrücken auszuschließen, beispielsweise im Bereich der Verankerungen. Zusammenhängende Hohlräume zwischen Außenwand und Dämmung sind ebenfalls auszuschließen, sodass sich kein Konvektionsstrom bilden kann, der den Wärmeschutz mindert. Die Dämmung ist also flächig auf dem Verankerungsgrund aufzubringen. Vorsprünge sind zu entfernen, Rücksprünge sind auszugleichen. Mit flexiblen Dämmstoffen können Lücken an Durchstoßpunkten und Hohllagen grundsätzlich leicht vermieden werden. Wegen der großen Bedeutung von Fehlstellen für den Wärmeschutz sollte dennoch die sorgfältige Ausführung der Wärmedämmung vor der Montage der Bekleidung besonders kontrolliert werden.

Schlagregenschutz

Die Bauart der vorgehängten hinterlüfteten Fassaden gilt als „schlagregensicher“ (Beanspruchungsgruppe III; Jahresniederschlag > 800 mm). Diese Einstufung gilt für Konstruktionen mit allseitig offenen Fugen bei einer Fugenbreite von ca. 10 mm. Dies resultiert vor allem daraus, dass bei der Schlagregenbeanspruchung die kapillare Feuchtigkeitswanderung durch den Luftspalt des Belüftungsraumes unterbrochen wird und die Wandbekleidung die Funktion der „zweistufigen Abdichtung“ übernimmt. Den architektonischen Wünschen folgend, werden jedoch auch Lochbleche oder Bekleidungen mit besonderen Öffnungsgeometrien geplant. In diesen Fällen kann ein erhöhtes Eindringen von Niederschlagswasser über die Maßgabe der Beanspruchungsgruppe III hinaus nicht ausgeschlossen werden. Daher wird zur Vermeidung einer außenseitigen Feuchtebildung auf der Dämmung der Einbau einer zusätzlichen dampfdiffusionsoffenen Schutzbahn empfohlen.

3.1.3 Hinterlüftung

Bei einer vorgehängten hinterlüfteten Fassade wird die im Baukörper befindliche Feuchtigkeit durch die dampfdiffusionsoffene Wärmedämmung in den ausreichend dimensionierten Hinterlüftungsraum abgeführt, sodass auch ein feuchter Baukörper, beispielsweise bei einer Sanierung oder bei einem Neubau, sehr schnell austrocknen kann. Der Hinterlüftungsraum trennt die der Witterung ausgesetzte Bekleidung von der Dämmung und der

Abb. 3.6: Steckfalzpaneel

Abb. 3.7: Fassadenkassetten

dahinter befindlichen Außenwand. Im Zwischenraum wird auch über Fugen eindringende Niederschlagsfeuchte sowie temporär auftretendes Tauwasser von der Innenseite der Bekleidungen abgeführt. Der Hinterlüftungsraum ist daher für die Funktionssicherheit einer Außenwand von besonderer Bedeutung. Dieser ist mit mindestens 20 mm Breite auszubilden. Örtliche Unterschreitungen bis 5 mm Breite sind zulässig. Zu- und Abluftöffnungen müssen Querschnitte von mindestens 50 cm^2/m aufweisen. Die Fugen zwischen den Bekleidungselementen bewirken, je nach Abmessungen der Elemente, der Fugenbreite und der Fugenausbildung, eine zusätzliche Hinterlüftung der Konstruktion, die bei kleinformatigen Platten ausreichend sein kann, um den eindiffundierenden Wasserdampf abzuführen. Dieser zusätzliche Hinterlüftungseffekt sollte jedoch nicht planmäßig in Ansatz gebracht werden. Grundsätzlich kann bei VHF durch Windeinwirkung Niederschlagsfeuchte hinter die Bekleidung gelangen. Die Anschlüsse sollten deshalb so ausgebildet werden, dass zu großer Feuchteeintrag vermieden wird und an den Fußpunkten eine gezielte Wasserableitung möglich ist.

3.1.4 Fassadenbekleidung

Fassadenbekleidungen aus Metall bieten der tragenden Konstruktion, der Wärmedämmung, der Unterkonstruktion und dem Baukörper dauerhaften Witterungsschutz und dem Architekten freie Gestaltungsmöglichkeiten für die Gebäudehülle. Unterschieden wird hierbei in handwerkliche und industrielle Systeme. So werden vollflächig unterstützte klempnertechnische Dünnblechbekleidungen, z.B. im Winkelstehfalzsystem, und kleinformatige Bekleidungselemente (< 0,4 m^2 und nicht schwerer als 5 kg je Element) nach handwerklichen Fachregeln und ggf. zusätzlichen individuellen Verlegerichtlinien der Hersteller verlegt.

Großformatige industrielle Bekleidungselemente bedürfen einer allgemeinen bauaufsichtlichen Zulassung, die beim Hersteller/Lieferanten vorliegen muss. Die unterschiedlichen sichtbaren oder verdeckten Befestigungselemente müssen zwängungsfrei montiert werden, um keine Spannungen in die Bekleidungselemente einzutragen. Bei Metallbekleidungen führen Zwängungsspannungen zu konvexen oder konkaven Verformungen, bei platten-

Abb. 3.8: Horizontale Winkelstehfalzbekleidung im Wilden Verband

Abb. 3.9: In einem Wilden Verband können bei Fassadensanierungen alle bestehenden Durchdringungen, wie Fenster oder nachträglich eingebaute haustechnische Anlagen, problemlos integriert werden – sowohl bei horizontaler als auch bei vertikaler Verlegung der Scharen.

förmigen Bekleidungen gar zu Rissen oder zum Bruch. Soweit die Befestigung nicht nach Handwerksregeln erfolgt, geben die jeweiligen Hersteller zur erforderlichen Art der fachgerechten Befestigung detaillierte Hinweise.

Viele Hersteller der Klempnerbranche haben sich mit modernsten Blechverarbeitungstechniken auf die Anforderungen der Architektur und der effizienten Bautechnik für die Gebäudehülle spezialisiert. Sie bieten industrielle Lösungen mit Metall an und setzen bei der Ausführung auf die Zusammenarbeit mit den Klempner-Fachbetrieben. Diese erhalten als Verarbeitungs- und Montagespezialisten bei Bedarf die erforderlichen Ingenieurleistungen für Planung, Arbeitsvorbereitung einschließlich der Montagepläne.

Handwerkliche Falztechnik

In der handwerklichen Stehfalztechnik werden die typischen Metallwerkstoffe Aluminium, Kupfer, Titanzink oder Edelstahl in Dicken von 0,5 bis 0,8 mm verwendet. Anders als auf dem Dach bestehen aufgrund der höheren Gestaltwirksamkeit auch höhere optische Anforderungen an die Metalloberflächen. Die für Dünnblech typische Wellenbildung wird in der Fassadenansicht meistens nicht gewünscht. Diese ist zwar grundsätzlich nicht vermeidbar, jedoch kann sie fertigungstechnisch und mit der richtigen Werkstoffwahl auf ein Minimum reduziert werden. In der Tabelle 3.1 sind die wichtigsten Maßnahmen zusammengefasst.

Bei der Stehfalztechnik nutzen Architekten die Möglichkeit der variablen Anordnung der Winkelstehfalze. Ob vertikal, horizontal oder diagonal – bei der Verlegung der Scharen sind alle Varianten problemlos umsetzbar.

Eine moderne Variante stellt heute der sogenannte Wilde Verband dar. Der Begriff stammt eigentlich aus der Natursteinverlegung, findet sich jedoch auch in der Holzverarbeitung wieder. Ein Wilder Verband zeigt sich, anders als ein gleichmäßiges Fassadenraster, mit einer sehr lebhaften Optik. Diese

Abb. 3.10:
Bei Horizontalverlegung verbessert der Versteifungswinkel die Statik der Schare.

Wirkung entsteht jedoch nur dann, wenn man kein wahrnehmbares Muster erkennt. Um dies zu erreichen, ist jedoch ein viel größerer Planungsaufwand erforderlich als bei einer gleichmäßig gerasterten Metallfassade. Die Scharaufteilung erfolgt sehr individuell und ist auch mit CAD-Unterstützung sehr anspruchsvoll. Zudem ergeben sich oft größere Verschnitte und somit höhere Material- sowie Lohnkosten; jede einzelne Schar kann wie eine Passschar bewertet werden, wie sie in den Leistungsverzeichnissen oft bezeichnet wird. Neben einer modernen Optik zeigt sich der besondere Vorteil eines unregelmäßigen Rasters im Sanierungsbereich. So können beispielsweise alle bestehenden Durchdringungen, wie Fenster oder nachträglich eingebaute haustechnische Anlagen, leicht in einen Wilden Verband integriert werden – sowohl bei vertikaler als auch bei horizontaler Verlegung der Scharen.

Dehnung beachten: Bei vertikal verlegten Stehfalzscharen erfolgt die Längenausdehnwung frei und ohne Begrenzung in Richtung der Schwerkraft – entweder im Querfalz oder am Fassadenfußpunkt.

Die Dehnungsbewegung der horizontalen Scharen ist jedoch auf maximal 3 mm pro Schar im Falzgrund beschränkt. Durch die Schwerkraft und durch die Druckbelastung der oberen Schar können die Falze zusammengedrückt werden. Dabei entstehen Spannungen, die sich optisch als Wellenbildung darstellen können.

Um dies zu vermeiden, hat sich der Einbau von Versteifungswinkeln in die Stehfalze bewährt. Sie verbessern die Statik des Profils und erhalten den notwendigen Dehnungsspielraum im Falzgrund. Die vertikalen Querfalze sind leicht verschiebbar auszuführen. Hierzu sind entsprechende Falzausklinkungen notwendig, um dehnungsbehindernde Materialaufdoppelungen zu vermeiden.

Tabelle 3.1: Optimierung der Metalloberfläche

Bei Montage und Fertigung	• Einsatz hochwertiger Biegemaschinen und Rollformer
	• *besser:* biegen statt rollformen
	• exakte Einstellung der Biegemaschinen und Rollformer
	• handwerkliche Bearbeitung (z.B. mit Falzzangen) auf ein Minimum reduzieren
	• Anschlussprofile präzise messen und mit (Segment-) Biegemaschinen herstellen
	• *wichtig:* freie Materialausdehnung berücksichtigen
	• *wichtig:* spannungsfrei verlegen, die Bauteile müssen ohne größere Krafteinwirkung zusammengefügt werden können
	• Querfalze versetzt anordnen
	• bei horizontaler Verlegung von Winkelstehfalzscharen falzverstärkende Winkelbleche einbauen
	• Scharenlängen begrenzen, ca. 6 m, ideal 3 m
	• geringere Scharenbreiten
	• Bei natürlichen Metalloberflächen mit Handschuhen arbeiten, um Flecken durch Handschweiß zu vermeiden.
Bei der Auswahl des Werkstoffes	• Matte Oberflächen vermindern die Lichtreflexion. Für die natürlichen Metallwerkstoffe Aluminium, Kupfer, Zink und Blei sind werkseitig vorpatinierte oder farbig bandbeschichtete Oberflächen verfügbar. *Tipp:* Falls der Bauherr walzblankes Material wünscht, sollte er auf jeden Fall auf die unvermeidbare sichtbare Wellenbildung hingewiesen werden. Ob sich in der Freibewitterung ein einheitliches Oberflächenbild entwickelt und wie viel Zeit der Witterungsprozess benötigt, ist ungewiss. Dies hängt von den Immissionen der Luft, des Niederschlagswassers und der Intensität der Feuchteeinwirkung ab.
	Walzgeprägte Oberflächen Sogenannte stuccodessinierte Oberflächen weisen eine feine Struktur auf. Sie sorgen für eine geringere Reflexion als walzblanke Bleche und fördern eine gleichmäßige Bewitterung.
	• Tafelmaterial Tafelmaterial hat bessere Planheit, Rollen- bzw. Coilware hingegen besitzt eine größere Vorspannung.
	• größere Werkstoffdicken einsetzen

Abb. 3.11: Die wellenförmige Fassadengestaltung ergibt sich durch die vertikale Anordnung der Fassadenelemente in 2 Farbbeschichtungen innerhalb der Fläche.

Abb. 3.12: Häufigster Bauherrrenwunsch ist der Verzicht auf teure Wartungsanstriche.

Abb. 3.13: Metallpaneele bieten eine interessante Alternative zu wartungsintensivem Holz.

Industrielle Profilsysteme

Da industrielle Profilsysteme mit moderner Rollform- und Biegetechnik sehr variabel geformt werden können, findet man sie heute nicht mehr nur an den Fassaden von Fertigungs- oder Lagerhallen. Immer öfter werden auch in der modernen Architektur wie Museen oder Theater farbig gestaltete Profilsysteme eingesetzt – bis hin zu den in der Innenarchitektur verwendeten „High-End"-Wandbekleidungen im exklusiven Verwaltungs- oder Wohnungsbau. Wellen-, Trapez- oder Zickzackprofile werden hierbei nicht in Standardabmessungen, sondern individuell und projektbezogen entsprechend dem Gestaltungswunsch gefertigt. So ist beispielweise bei Wellprofilen die Wellenform, von kurz bis langwellig, variabel und optisch effektvoll kombinierbar – alles in einem Bauelement. Das Gleiche gilt für alle anderen kantigen Profilformen.

Abb. 3.14: Metallfassade mit individueller Lochung

Abb. 3.15: Mit Stanz- und Nibbelmaschinen lassen sich individuelle Lochmuster für lichtdurchlässige Fassaden gestalten.

Selbststragende Profilsysteme, die keine vollflächige Unterstützung benötigen und somit eine leichte Konstruktion ermöglichen, eignen sich insbesondere im Sanierungsbereich. Der häufigste Bauherrenwunsch bei Einfamilienhäusern ist, auf die regelmäßigen zeit- und kostenintensiven Wartungsanstriche an Giebeln und Ortgängen verzichten zu können.

Hierfür finden häufig kleinteilige Paneelsysteme als Alternative zu Holz, Stein und künstlichen Baustoffen ihren Anwendungsbereich. Sie ermöglichen vielfältige Gestaltungsvarianten im Rahmen der Fassadenstrukturierung und können sowohl horizontal als auch vertikal verlegt werden. Dabei wird Paneel auf Paneel gesteckt. Die Fixierung erfolgt verdeckt durch Bohrschrauben – die Befestigungsmittel sind somit nicht sichtbar. Als System angeboten, werden vom Hersteller für die gängigen Anschlüsse i.d.R. aufeinander abgestimmte Profile geliefert.

Bekleidungen mit Verbundwerkstoffen

Verbundplatten werden dort eingesetzt, wo besonders planebene Oberflächen gewünscht sind. Hierzu zählen nicht nur Fassaden- sondern auch repräsentative Innenwandbekleidungen. Aus dem Angebot an natürlichen, farbbeschichteten oder patinierten Oberflächen der Deckschichten aus Aluminium, Kupfer und Zink sowie verschiedener Verarbeitungstechniken ergeben sich vielfältige architektonischen Gestaltungsmöglichkeiten (siehe auch Kapitel 11.1.6). Die Verlegung der ca. 3 bis zu 6 mm dicken stabilen Platten erfolgt mit gleichmäßigen schmalen ca. 10 mm (ideal) bis 20 mm breiten offenen oder überdeckt geschlossenen Fugen, z.B. bei Verbund-Kassetten. Als Unterkonstruktion dient aufgrund ihrer hohen Funktionssicherheit i.d.R. die vorgehängte hinterlüftete Fassadenkonstruktion, wie in Kapitel 3.1 beschrieben. Sie bietet auch bei den meist großformatigen Bekleidungselementen mit offener Fugenausbildung die nötige Schlagregensicherheit. Der mindestens 20 mm tiefe Hinterlüftungsraum verhindert, dass Niederschlagswasser wärmedämmende Schichten durchfeuchtet. Zudem fördern offene Fugen den Hinterlüftungseffekt und somit den Abtransport temporär auftretender Baufeuchte.

Befestigung

Je nach architektonischen und statischen Anforderungen werden Verbundplatten mit metallischen Deckschichten auf die jeweiligen Unterkonstruktionen (meistens Aluminium) sichtbar genietet, geschraubt oder nicht sichtbar mit speziellen Klebetechniken geklebt, in Bolzen eingehängt oder wie bei Pfosten-Riegelfassaden auch geklemmt. Die Befestigung muss grundsätzlich zwängungsfrei erfolgen, um Spannungen und Rissbildungen im Material zu vermeiden. Ebenso ist hierbei die Dehnungsbewegung der Platten bei Temperaturwechseln zu berücksichtigen. Der Plattenwerkstoff muss für die jeweilige Befestigungstechnik bauaufsichtlich zugelassen sein.

Die Befestigung der Verbundplatten mit Schrauben auf Metallunterkonstruktionen kann mit geeigneten bauaufsichtlich zugelassenen Fassadenschrauben aus Edelstahl erfolgen – hierbei müssen die Schraubenlöcher **grundsätzlich** vorgebohrt werden! Schrauben dürfen **NICHT** direkt durch die Platte geschraubt werden. Um die Löcher zentriert zu bohren und Schrauben zentrisch einbringen können, kommen spezielle Bohrlehren zum Einsatz. Beim Verschrauben ist darauf zu achten, dass der Schraubenkopf bzw. die Schraubendichtung aufliegt, aber keinen zu starken Druck auf die Verbundplatte ausübt. Zu festes Andrehen behindert die Dehnungsbewegungen und verursacht zudem Einzüge, die sich auch in der Fassadenoptik nachteilig auswirken. Bei Dehnungsbewegungen können sich zudem Risse bilden.

Auch Nietbefestigungen der Verbundplatten müssen technisch zwängungsfrei mit Fest- und Gleitpunkten erfolgen, wobei der Festpunkt möglichst in der Nähe der Plattenmitte angeordnet wird. Die Bohrungen für die Befestigungsmittel in den Verbundplatten und in den Tragprofilen sind am Bauwerk mit Stufenbohrungen oder nur in den Tragprofilen unter Verwendung der bereits vorgebohrten Verbundplatten als Lehre auszuführen. Die Befestigungsmittel sind zentrisch in die Plattenbohrungen einzusetzen. Das Anziehen der Nieten erfolgt unter Benutzung einer Distanz-Lehre. Randabstände sind gemäß der Herstellerrichtlinien einzuhalten.

Schutzfolien sollten im Bereich der Befestigungsmittel stets entfernt werden, damit beim Abziehen keine Reste unter dem Schrauben-/Nietkopf klemmen bleiben. Diese können später nur sehr mühselig entfernt werden.

Montage auf Holz

Bei der Montage auf Holzkonstruktionen sind für diesen Verwendungszweck eine bauaufsichtlich Zulassung des Plattenwerkstoffes sowie die zugehörigen Montagehinweise des Herstellers erforderlich. Derzeitiger Kenntnisstand ist, dass Zulassungen und Montagerichtlinien für eine Montage auf Holz nur für Planbond von Maasprofile und Alucobond Plus von 3A Composites verfügbar sind. Darin ist beispielsweise ausgeführt, dass auch die Schraubenlöcher mittels Bohrlehre (Bügelbohrvorrichtung für Holz-UK) 3,3 mm vorzubohren sind, um die Schrauben präzise im 90°-Winkel zur Plattenebene in das Holz eindrehen zu können. Denn nur, wenn die Schraubenköpfe auch vollständig aufliegen, ist eine kraftschlüssige und spannungsarme Fixierung möglich. Die Schraubenlöcher der Verbundplatten werden mit 9,5 mm vorgebohrt. Sie sind gleichzeitig Fest- und Gleitpunkt, wobei der Festpunkt mit einer Festpunkthülse definiert wird.

Abb. 3.16: Verbundelemente nicht sichtbar mit Klebetechnik befestigt

Abb. 3.17: Verbundelemente in Bolzen eingehängt. Die Befestigungstechnik in den Fugen ist kaum sichtbar.

Abb. 3.18: Verbundelemente mit unauffälligen farbbeschichteten Nieten im Farbton des Plattenwerkstoffes sichtbar befestigt

Abb. 3.19: FALSCH (!). Die Schrauben wurden ohne vorzubohren schräg in die Holzkonstruktion eingedreht. Die Befestigung ist somit dehnungsbehindernd und nicht kraftschlüssig ausgeführt. Auch wurde die Schutzfolie vor dem Verschrauben nicht abgezogen, sodass Folienreste verblieben sind.

Schutz vor Stoßbelastung

An Verkehrswegen, Eingangsbereichen usw. sind Fassadenbekleidungen einer erhöhten Gefahr vor Stoßbelastungen, Vandalismus und sonstigen Verunreinigungen ausgesetzt. Hier sind ggf. bis in eine Höhe von etwa 3 m (Greifhöhe) kratzfeste und graffitigeschützte Oberflächen zu verwenden, die Plattendicke muss erhöht werden oder man muss die Platten mit Aussteifungselementen stabilisieren. Die Platten oder Kassetten sollten in diesen Bereichen möglichst problemlos austauschbar sein.

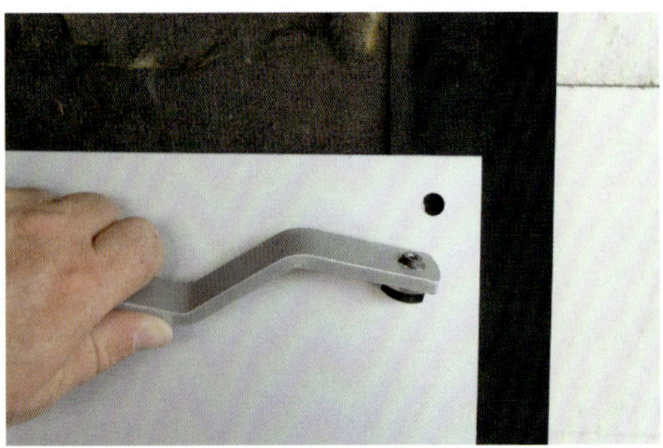

Abb. 3.20: Befestigung auf Holz in Einzelschritten: Fassadenverbundplatten mit Ø 9,5 mm vorbohren (Gleit- und Festpunkte)

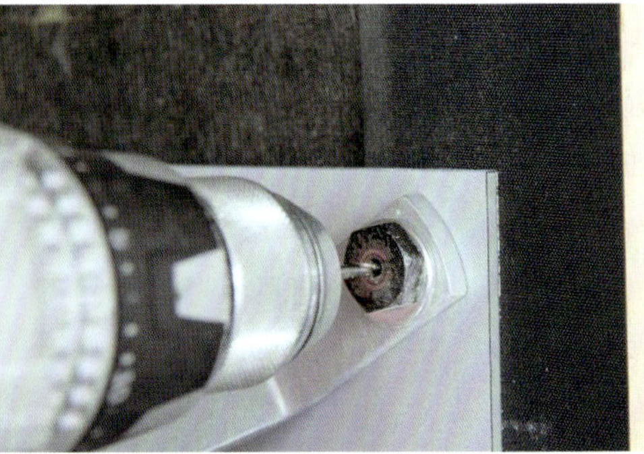

a) Unterkonstruktion (Holz) mittels Bügelbohrvorrichtung (3,3 auf 9,5 mm) mit Ø 3,3 mm vorbohren

b) Festpunkthülse in Dichtung einlegen und Schraube eindrehen.

c) Fassadenschraube mit Festpunkthülse und Dichtring.

Für die Verarbeitung und Montage der zahlreichen auf dem Markt verfügbaren Verbundplatten mit metallischen Deckschichten sind stets die bereitgestellten Unterlagen der Hersteller hinzuziehen, z.B. Planungshinweise, Verlegeanleitungen, bauaufsichtliche Zulassungen oder sonstige Verwendbarkeitsnachweise des eingesetzten Fabrikats. Das Fachpersonal der ausführenden Firma hat muss mit diesen Bestimmungen vertraut sein und die zulassungsgerechte Ausführung des Fassadensystems dem Bauherrn bestätigen können.

Abb. 3.21: Streckmetalle

Abb. 3.22: Aluminiumpaneele mit Rundlochstanzungen

Verhüllungen aus Metall

Mit künstlerischen Verhüllungsaktionen an Gebäuden und Großprojekten entwickelte sich ein neuer Architekturstil. So sieht man heute immer mehr Gebäude mit lichtdurchlässigen „Fassadenverhüllungen" aus Metall. Auch in der Klempnertechnik hat sich dieser Baustil bereits durchgesetzt.

Als „Gesicht" zur Außenwelt vermittelt die Fassade die Funktion eines Filters zwischen innen und außen. Für den Architekten gilt es hier, Fragen nach Atmungsaktivität, Lichtdurchlässigkeit, Wärmedurchgangskoeffizienten, Wind-, Schall- und Sonnenschutz, aber auch der äußeren Verkleidung schlüssig zu lösen. Als Antworten bietet die Klempnertechnik heute vielfältige Lösungen an. Lochbleche, Lochgitter, Streckmetalle und Metallgewebe aus den verschiedensten Metallen und Metalloberflächen zählen dabei zu den gestaltenden Bekleidungselementen.

Hier einige Beispiele:

CNC-gestanzte Fassadenelemente

Klempner-Fachbetriebe, die sich auf Wandbekleidungen spezialisiert haben, setzen vermehrt CNC-gesteuerte Stanz- und Nibbelmaschinen ein. Sie können mit variablen Werkzeugsätzen alle gewünschten Stanzmuster auf Blechtafeln übertragen. Eingesetzt werden die Maschinen sowohl für die Fertigung von Fassaden-Unterkonstruktionen als auch für die Gestaltung von Fassadenelementen mit individuellen Lochmustern. Ein Beispiel für ein individuelles Lochmuster zeigt eine 76.000 m² große Shopping-Mall im historischen Tempelhofer Hafen in Berlin. Hier montierte ein Berliner Fachbetrieb 600 Fassadenplatten aus Messing, deren Lochmuster einen Schwarm Möwen abbildet. In der Nacht beleuchtet, bildet die Fassadenhülle effektvoll einen Vogelschwarm ab.

Jede Möwe besteht aus etwa 800 Löchern, die vorab am PC naturalistisch nachgezeichnet und anschließend in einem variablen Lochmuster übersetzt dargestellt wurde. Durch das Variieren der Lochdichte in den Vogelabbildungen wirken die Vögel dreidimensional, somit ist jede Messingtafel ein Unikat. Ohne den Einsatz moderner CAD-Technologie und CNC-gesteuerter Stanztechnik wäre dies nicht möglich gewesen. Die vorgefertigten CAD-Pläne werden zur CNC-Steuerung der Stanz- und Nibbelmaschine für die anschließende Produktion übertragen.

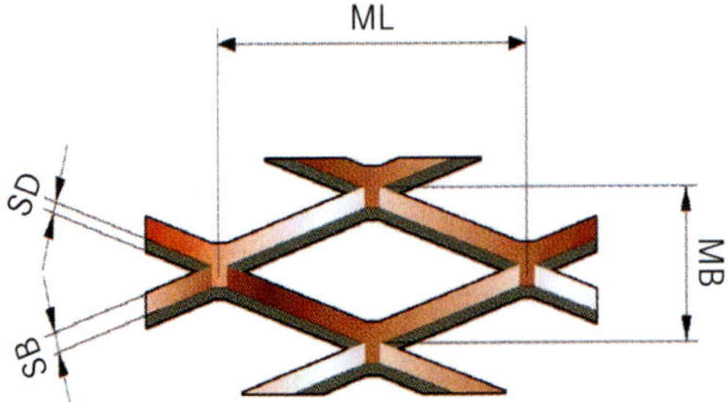

Abb. 3.23:
Maschenform bei Streckmetall

Lochgitter und Streckmetall

Das Basismaterial wird unter streckender Verformung versetzt eingeschnitten und in einem weiteren Arbeitsgang gewalzt und streckgerichtet. Als Ergebnis erhält das Lochgitter regelmäßige, abgerundete Öffnungen in der Fläche.

Beim Streckmetall erfolgt die Herstellung im Prinzip wie das Lochgitter durch versetzte Schnitte unter gleichzeitiger streckender Verformung – jedoch ohne den anschließenden Walzvorgang. Die Unterscheidung der verfügbaren Streckmetalle erfolgt nach der Maschenform. Sie ergibt sich aus

- der **Maschenöffnung** zwischen 4 Stegen senkrecht zur Streckgitterebene,
- der **Maschenlänge (ML),** dem Abstand von Mitte Knotenpunkt in Richtung der langen Diagonale,
- der **Maschenbreite (MB),** dem Abstand zu Oberkante Knotenpunkt in Richtung der kurzen Diagonale,
- der **Stegbreite (SB)** des zwischen den Öffnungen verbleibenden Materials,
- der **Stegdicke (SD),** der Dicke des verwendeten Materials.

Lochbleche

Lochbleche erhalten eine Perforation in versetzten, diagonal versetzten oder geraden Lochungsreihen. Die Fertigung der Rundlochung erfolgt i.d.R. nach projektbezogenen Planungsvorgaben. Mit CNC-gesteuerten Stanzmaschinen können darüber hinaus individuelle Lochmuster gestaltet werden, wie beispielweise werbliche Schriftzüge oder künstlerische Abbildungen. Mit einer entsprechenden Beleuchtung lassen sich dabei sehr schöne und interessante optische Effekte erzielen. In der Klempnertechnik sorgen sie zudem für die optimale Luftzirkulation an Dach- und Fassadenkonstruktionen. Hergestellt wird das Metall-Halbzeug auf Präzisionspressen, durch Stanzen oder durch Bohren und Fräsen. Abgestimmt auf jeden speziellen Verwendungszweck erhalten Lochbleche in unterschiedlichsten Metallwerkstoffen individuelle Lochbilder. Man unterscheidet, je nach Anwendung, in Haupt- (Rund- oder Quadratloch) oder Sonderlochformen (Sechskant-, Rauten- und Sternloch).

Metallgewebe und Metallgitter

Zahlreiche unterschiedliche Oberflächenstrukturen und Durchlässigkeiten zeichnen Metallgewebe und Metallgitter aus. Von blickdichten bis zu kaum erkennbaren feinen Geweben kann das Material nahezu jeden Baukörper geschmeidig umhüllen. Bei vergleichsweise geringem Montageaufwand erhält jede geometrische Form durch den textilen Charakter des Metallgewebes die gewünschte Gebäudehülle. Einflussgrößen sind die Wahl des

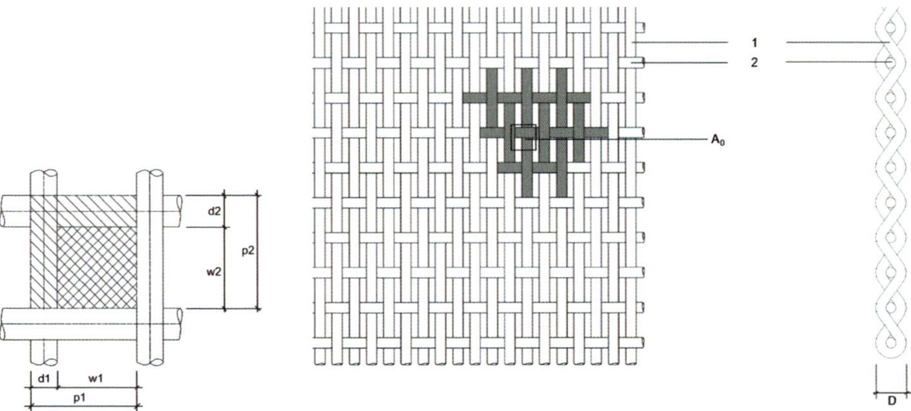

Abb. 3.24: Gewebe-Detail

Abb. 3.25: Lichdurchlässige Fassadenhülle aus Metallgitter

Materials, seine zu verarbeitende Form, die Bindungsarten und die Gewebequalität. Am häufigsten wird Edelstahl, bei Bedarf auch Aluminium, Bronze, Kupfer und Messing verwendet. Abhängig von der zu gestaltenden Form werden runde oder flache Drähte oder auch Seile gewählt. Deren individuelle Kombination erlaubt nicht nur die Gestaltung reizvoller Muster, sondern beeinflusst maßgeblich die bauphysikalische Wirkung des Gewebes. Zur Beurteilung der Gewebequalität werden je nach Anforderung 5 Kriterien herangezogen:

- offene Fläche oder Transparenz (A0)
  – prozentualer Anteil der Maschenweite an der gesamten Gewebefläche. $A0 = w1 \cdot w2 \cdot 100\ \%$,
- Drahtstärke oder Drahtdurchmesser (d)
  – Durchmesser des Drahtes vor dem Verweben. Durch den Verarbeitungsprozess kann sich der Drahtdurchmesser leicht verändern,
- Teilung (p)
  – Abstand der Mittelachsen zweier benachbarter Drähte,
- Maschenweite (w oder mw)
  – lichter Abstand zwischen 2 benachbarten Drähten in Kett- oder Schussrichtung in der Projektionsebene und in der Mitte der Maschen gemessen,
- Gewebedicke (D)
  – in Abhängigkeit vom Drahtdurchmesser.

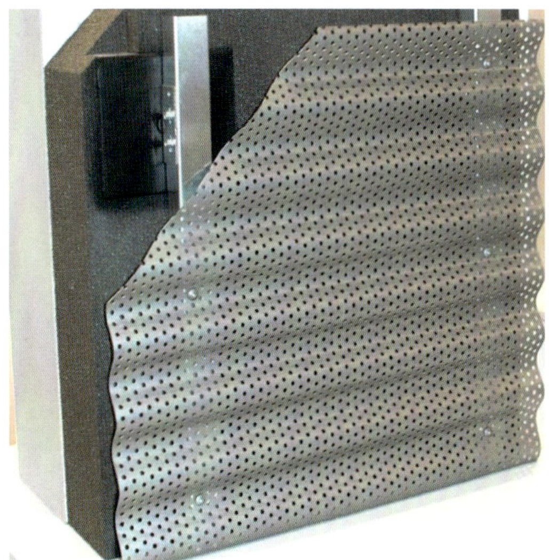

Abb. 3.26: Fassadenkonsolen aus glasfaserverstärktem Kunststoff (GFK) reduzieren punktförmige Wärmebrücken

3.1.5 Die unbelüftete Fassade

Architekten, die Fassadensysteme mit schlanken Querschnitten wünschen, haben die Möglichkeit dies mit Schaumglas-Dämmplatten zu realisieren. Sie ermöglichen aufgrund ihrer hohen Festigkeit und Zellstruktur die Aufnahme hoher Lasten und sind somit Dämmung und Befestigungsgrund zugleich. So können auf der Dämm-Ebene Unterkonstruktionen aus Holz oder Aluminiumprofilen sowie Krallenplatten oder Schwerlastkonsolen befestigt werden, die Lasten aus der Fassadenbekleidung aufnehmen. Der wasserdichte Dämmstoff bietet bei Verlegung mit wasserdichten Fugen einen hohen Wetterschutz und kommt deshalb bei feuchtedurchlässigen Fassadenverhüllungen mit Lochmustern, Streckmetallen oder Metallgeweben zum Einsatz. Die technischen Eigenschaften einer „Warmfassade" aus Schaumglas sind

- Unbrennbarkeit (Baustoffklasse A1),
- Druckfestigkeit,
- Maßbeständigkeit (keine Verformung, kein Schüsseln und kein Schwinden),
- Alterungs- und Schädlingsbeständigkeit.

3.1.6 Innenbekleidungen

Innenarchitektur mit Metall ist modern, verschönert Räume und steigert den Gebäudewert. So fertigen Klempner-Fachbetriebe in den Wintermonaten kunsthandwerkliche Gegenstände, Kaminhauben, Thekenbekleidungen und sonstiges Zubehör und erschließen sich so ein interessantes Nebengeschäft. Da an die Funktion, insbesondere aber an die Ästhetik dieser Gegenstände und Innenbekleidungen höchste Ansprüche gestellt werden, ist eine nahezu perfekte handwerkliche Blechverarbeitung notwendig.

Die bauphysikalischen Einwirkungen auf Innenbekleidungen sind mit denen an Dach und Fassade nicht zu vergleichen. Windsog, Niederschläge, Klima-

Abb. 3.27: Klassische Klempnertechnik mit Falzschindeln verwendete der Klempnerbetrieb im Theaterfoyer. Die Schindeln bestehen aus einer Kupfer-Aluminium-Legierung, deren goldgelber Farbton bei Innenanwendungen erhalten bleibt.

Abb. 3.28: Metall-Außenbekleidungen werden bei modernen Eingangsbereichen oft in das Gebäudeinnere fortgeführt und nur durch eine Verglasung getrennt.

Abb. 3.29 und 3.30: Für die Innenbekleidung kamen polierte Kupferbleche zum Einsatz, die mit Spezialkleber auf die Unterkonstruktion geklebt wurden.

wechsel und somit der größte Teil der Klempnerfachregeln spielen in der Innenarchitektur nur selten eine Rolle. Kreativität und handwerkliches Können sind hier besonders gefragt. So zählen auch Maßanfertigungen vom Hightech-Kleiderschrank bis zum exklusiven Eingangsbereich eines Luxushotels zum Portfolio der Klempner und Spengler. Durch die Vielfalt der angebotenen Metalloberflächen und Oberflächenstrukturen ist gerade der Werkstoff Metall in der Innenarchitektur sehr beliebt. Auch durchbrochene Oberflächen wie Lochbleche und Streckmetalle zählen hierzu. Sie werden oft als Sichtschutz oder für besondere Lichteffekte eingesetzt, wie dies im Kapitel 3.1.4 dargestellt ist.

Ein repräsentatives Beispiel stellt das Veranstaltungszentrum Koningshof in Maassluis bei Rotterdam dar (Abb. 3.27). Als Blickfang sind die Wandflächen

Abb. 3.31: Das exklusive Foyer wirkt durch das Paneelraster und durch die leichten Farbunterschiede in der Patinierung sehr lebendig.

des zentralen Thekenbereiches mit großformatigen goldglänzenden Falzschindeln bekleidet. Die Schindeln bestehen aus einer Kupfer-Aluminium-Legierung, deren goldgelber Farbton bei Innenanwendungen erhalten bleibt. Bei freier Bewitterung entwickelt er sich mit eigener Charakteristik weiter.

Auch Eingangsbereiche werden von Architekten oft sehr hochwertig gestaltet. Sie sollen den Besucher zum Eintreten einladen und vermitteln den wichtigen ersten Eindruck beispielsweise eines Unternehmens. Eine moderne Gestaltungsvariante ist es, bei Eingangsbereichen, durch eine Verglasung getrennt, die Gestaltung der Außenbekleidung in das Gebäudeinnere fortzuführen (Abb. 3.28). Zum Schutz vor Fingerabdrücken und Verunreinigungen wurde die vorpatinierte Winkelstehfalzbekleidung mit einem speziellen Antigraffiti-Schutzmittel imprägniert. Zur Vermeidung von Trittstellen enden die Fassadenbekleidungen etwa 80 mm oberhalb des Fußbodenbelags.

Ein besonderes Ambiente verleiht die aufwändig in Spenglertechnik erstellte Innenbekleidung aus Kupfer im Brauhaus am Neumarkt Winterthur.

Auf Grundlage von Architektenentwürfen und CAD-Skizzen fertigte der Spengler-Fachbetrieb zunächst die Unterkonstruktion aus Stahl. Beim Stanzen, Fräsen, Schneiden und Schleifen von Hand war höchste Präzision gefragt. Die Bekleidung erfolgte aus maschinell gerundeten Elementen aus Kupferblech, die mittels Klebetechnik auf der Unterkonstruktion befestigt wurden (Abb. 3.29 und 3.30).

Dass Metall für Exklusivität steht, zeigt auch das attraktiv gestaltete Foyer der Landesversicherungsanstalt in Bad Reichenhall (Abb. 3.36). Durch Rasterung der Kupferpaneelen und durch die leichten Farbunterschiede in der Patinierung erzielte man ein lebendiges Erscheinungsbild.

Im folgenden Kasten haben wir in Zusammenarbeit mit der Firma KME und der Spenglermeisterschule Schweinfurt einige interessante Tipps für die präzise und fachgerechte Metallverarbeitung von Innenbekleidungen zusammengestellt.

3.1.7 Verarbeitungstipps für hochwertige Metallbekleidungen

- Für eine gute Eigensteifigkeit sollten große Blechdicken und werkseitig foliertes Material für den Oberflächenschutz verwendet werden.
- Profilierte Bleche wie Kassetten, zusätzliche Sicken oder Versteifungen erhöhen die Kantenstabilität. Dadurch kann zusätzlich eine charakteristische optische Wirkung erzielt werden.
- Der Arbeitsplatz sollte sorgfältig vorbereitet sein, sodass Metalloberflächen beim Ablegen, Verschieben oder Bearbeiten nicht beschädigt oder verkratzt werden. Dies kann z.B. durch die Verwendung geeigneter Unterlagen aus PVC, Karton oder Teppich geschehen.
- In Feuchträumen kann es erforderlich sein, farbbeschichtete Bleche zu verwenden. Beim Einsatz von Edelstahl in Schwimmbädern ist die richtige Stahlsorte zu verarbeiten, da einige Stahlsorten bei Einfluss von Chloriden korrodieren.
- Coilware sollte gerichtet werden. Besser ist jedoch die Verwendung von Tafelmaterial, um die Oberflächenspannung zu minimieren.
- Bei Metallfassaden und Wandbekleidungen, die sich vom Außen- in den Innenbereich fortsetzen, ist der unterschiedlich ablaufende Oxidationsprozess der Metalle einzuplanen. Aufgrund der unterschiedlichen Klimaverhältnisse können Farbunterschiede entstehen.
- Hersteller sollten darauf hingewiesen werden, welches Material für den Innenbereich verwendet werden soll. So sollten Produktionschargen mit patinierten bzw. farbbeschichteten Metalloberflächen generell nicht gemischt werden und ggf. speziell für Innenbekleidungen hergestelltes Material verwendet werden. (z.B. mit Schutzbeschichtungen, einer ausgereiften Patina, speziellen Legierungen usw.)
- Abklebungen bei patinierten Oberflächen sollten möglichst vermieden oder mit den Anwendungstechnikern der Hersteller abgesprochen werden.
- Bleche oder Profile für den Innenausbau sollten mit entsprechendem Transportschutz stoß- und kratzgeschützt verpackt werden, beispielsweise mit Holzverschlägen.
- Grundsätzlich gilt: Innenausbau ist Werkstattarbeit! Ein Nachbiegen oder Nachbearbeiten auf der Baustelle sollte vermieden werden.
- Die Metalloberfläche sollte vor äußeren Verunreinigungen geschützt werden, z.B. durch den Einsatz von Lacken oder Versiegelungen und Wachsen als Graffitischutz.
- Schlagfeste Unterkonstruktionen mit vollflächigen Unterstützungen oder Aussteifungen schützen vor mechanischen Verformungen.
- Scharfe Kanten, Ecken und „Fleischerhaken" durch die unsachgemäße Handhabung von Blechscheren sollten wegen der Verletzungsgefahr vermieden werden.
- Für eine eventuell erforderliche Reinigung sollten geeignete chemisch neutrale Mittel angewendet werden. Auch in diesen Fällen ist die Rücksprache mit den anwendungstechnischen Abteilungen der Hersteller empfohlen.
- Blechbearbeitungsmaschinen und Werkzeuge sollten präzise eingestellt und gereinigt sein. So werden Spannungen, unsaubere Schnitte, Kratzer und Verunreinigungen minimiert.

Abb. 3.32: Das eingesetzte Schutzsystem ist kein Schichtbildner, sondern eine Oberflächenvernetzung. Die Flächen bleiben dampfdiffusionsoffen, die Patinaentwicklung wird nicht gestört und Verunreinigungen lassen sich problemlos entfernen.

3.1.8 Schutz vor Verunreinigungen und Vandalismus

Wandbekleidungen aus Metall sind Schutz und Schmuck jeden Gebäudes. Sie sind jedoch sowohl im Innen- als auch im Außenbereich verschiedensten Belastungen ausgesetzt. Staub, Graffiti, Fingerabdrücke und Urin sind nur einige Beispiele für eine Vielzahl von Verunreinigungen. Aber auch Schäden durch gewaltsame Einwirkung auf Metallbekleidungen im öffentlichen Bereich führen zu teuren Reparaturen.

Verunreinigungen

Effektiven Schutz vor Verunreinigungen bieten heute neuartige Imprägnierungen, die an verschiedenen Metallfassaden bereits sehr erfolgreich eingesetzt wurden. Dies sind Produkte aus der sogenannten Nanotechnologie. Bei dem Schutzsystem handelt es sich nicht um eine Beschichtung, sondern um eine dampfdiffusionsoffene Oberflächenveredelung. Sie wird als vorbeugende Schutzmaßnahme gegen öl-, fett- und wasserbasierte Verschmutzungen sowie gegen andere Verunreinigungen eingesetzt. Der Oberflächenschutz erleichtert die Reinigung von Metalloberflächen. Moose, Algen und Flechten sowie Eis und Graffiti können spurenlos entfernt werden. Nach dem Austrocknen entwickelt die Imprägnierung eine stark Wasser und Öl abweisende Wirkung. Auf vertikalen und schrägen Flächen ergibt sich bei Regen ein Selbstreinigungseffekt und das ursprüngliche Aussehen der geschützten Flächen bleibt lange erhalten. Das Entfernen von Graffiti erfolgt problemlos mit heißem Druckwasser, ergänzt durch den Einsatz spezieller Graffitientferner – ohne jedoch die Schutzwirkung zu beeinträchtigen. Das Graffiti-Schutzsystem geht eine dauerhafte Verbindung mit dem Untergrund ein. Insbesondere wässrige und ölbasierte Verschmutzungen können nicht mehr fest auf der Oberfläche anhaften, was deren Entfernung wesentlich erleichtert. Das Wasserdampfdiffusionsverhalten des behandelten Untergrundes wird in keiner Weise beeinträchtigt, somit bleiben das optische Erscheinungsbild der Metalloberfläche sowie die Oberflächenstruktur erhalten. Der natürliche Witterungsprozess wird nicht beeinflusst.

Neben dem permanenten Schutz eignet sich bei stark belasteten Bauwerken ein anderes, wasserbasiertes Schutzsystem aus Mikrowachsen im Kampf

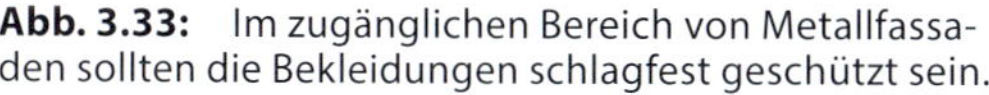

Abb. 3.33: Im zugänglichen Bereich von Metallfassaden sollten die Bekleidungen schlagfest geschützt sein.

Abb. 3.34: Eingeklebte PUR-Platten besitzen eine hohe Diagonalsteifigkeit und erhöhen die Schlagfestigkeit.

gegen Graffiti. Dabei handelt es sich um einen sogenannten temporären Graffitischutz, der auch als Opferschichtsystem bezeichnet wird. Der Graffitischutz, auf Basis hochwertiger Mikrowachse in wässriger Emulsion, wird bei wenig saugfähigen Oberflächen wie walzblankem bis gering oxidiertem Metall eingesetzt. Bei diesem Opferschicht-Schutzsystem können Graffiti und Schutzschichten mittels Heißwasserhochdruck problemlos entfernt (geopfert) werden. Anschließend muss jedoch das Mikrowachs wieder nachgelegt werden. Das Opferschichtsystem basiert auf Ätherwachs mit nicht ionischer Emulsion. Bei Schichtstärken von mehr als 0,2 l pro m^2 ist mit einer Nachdunklung des Untergrunds zu rechnen, da die Wasserdampfdiffusionsfähigkeit nur 0,08 s_d (m) beträgt. Somit verläuft auch bei diesem Mittel der fortschreitende Bewitterungsprozess des Metalls auf nahezu natürliche Weise.

Mechanische Schäden

Im zugänglichen Bereich von Metallfassaden sollten die Bekleidungen schlagfest geschützt sein. Ermöglicht wird dies beispielweise durch eine ausreichend stabile und vollflächige Deckunterlage, auf die die Bekleidungselemente kraftschlüssig aufliegen. Fassadenelemente wie Paneele oder Kassetten, die durch die Profilgeometrie nicht vollflächig aufliegen, werden im Vandalismusbereich ausgesteift. Hierzu können beispielsweise Metallwinkel, druckfeste Dämmplatten oder beides kombiniert eingeklebt werden. Die Dämmplatte besteht aus PUR/PIR-Schaum, der beidseitig vlieskaschiert und einseitig vollflächig mit Acrylatkleber versehen ist. Nach Entfernen des Schutzpapiers können die Platten problemlos in die gereinigten, ölfreien (NE-)Metallkassetten oder Sidings eingeklebt werden. Durch die hohe Diagonalsteifigkeit der Platten können ggf. auch dünnere Metallbänder ausreichend ausgesteift werden. Dabei wird die Optik der Metalloberfläche deutlich verbessert und Welligkeiten auf ein Minimum reduziert. Im Vandalismusbereich erhöht sich die Schlagfestigkeit der Metallkassetten um ein Wesentliches.

3.1.9 Hinweise für die Planung und Vorarbeiten

Für die fachgerechte Erstellung von Metallfassaden ergeben sich für Planer, Klempner und Dachdecker wichtige Aufgaben. Planungs- und Arbeitsgrundlage sind dabei stets die einschlägigen Normen, Vorschriften sowie die Verlegerichtlinien der Hersteller. Für Metallfassaden sind dies insbesondere Klempnerfachregeln des ZVSHK, die Fachregeln für Metallarbeiten des ZVDH, die DIN 18339 Klempnerarbeiten, die DIN 18516-1 Außenwandbekleidungen, hinterlüftet sowie mitgeltende Normen.

Bei der architektonischen Gestaltung und Planung der Fassade ist es besonders wichtig, sämtliche Durchdringungen und Einbauten in das Raster des jeweiligen Fassadensystems zu integrieren – nur so ist auch deren fachgerechte Einbindung mit ihren zum Teil komplizierten Details möglich.

Sowohl Architekten als auch Klempner- oder Dachdeckermeister können für die Planung von Metalldächern und Metallfassaden verantwortlich sein. So bieten heute Klempner- und Spengler-Fachbetriebe vielfach die Fachplanung und die Ausführung von Metallfassaden aus einer Hand an. Sie verschaffen sich hiermit nicht nur Wettbewerbsvorteile, sie haben zudem ihr Projekt im Griff – sowohl logistisch als auch in der Gewährleistung. Dies zeigt Kompetenz, gibt allen Baubeteiligten mehr Sicherheit und bringt Chancen für Folgeaufträge. Hier einige wichtige Aufgaben für die Planung und Bauüberwachung:

Der Planer (Architekt/Handwerksmeister)

- erbringt den Nachweis der Tragsicherheit und der Gebrauchstauglichkeit der Konstruktion,
- legt die Anforderungen an alle Schichten der bekleideten Außenwand fest,
- untersucht die Tragfähigkeit, die Beschaffenheit und Maßhaltigkeit des Verankerungsgrunds,
- legt die Maßtoleranzen für die Unterkonstruktion fest,
- gibt das Fassadenraster vor und plant die Lage der Durchdringungen, z.B. von haustechnischen Anlagen,
- gibt in der Windzone (WZ) 4 im Einzelfall vor, welche Maßnahmen zur Sicherung der Bekleidung notwendig und zweckmäßig sind.

Der Bauleiter (Handwerk)

- überprüft Planungsunterlagen und Montagezeichnungen,
- bestimmt die Fix- und Richtpunkte zum Einmessen der Fassadenkonstruktion,
- koordiniert die Montage der verschiedenen Funktionsschichten der Fassadenkonstruktion,
- kontrolliert die Vorleistungen anderer Gewerke,
- meldet Bedenken an.

Handwerksbetriebe verfügen, je nach Größe des Betriebes, über eine eigene Planungsabteilung oder sie ziehen Fachplaner hinzu bzw. nutzen die Dienstleistungsangebote verschiedener Systemhersteller. Hierzu zählen die statischen Berechnungen, Baustellen-Verlegepläne, die Bereitstellung von Laser-Messgeräten bis zur Unterstützung vor Ort. Somit ist die Herstellung hochwertiger Fassadenbekleidungen kein Hexenwerk, sondern heute für viele

Handwerksbetriebe lukratives Tagesgeschäft. Mit den angebotenen modernen und langlebigen Systemen einschließlich der erforderlichen Unterkonstruktionen und den Kompetenzen der Klempner/Spengler können nahezu alle bautechnischen und architektonischen Anforderungen umgesetzt werden, die an eine Fassade gestellt sind.

3.2 Metalloberflächen – Beanstandungen und Bewertungen

Welcher Klempner kennt sie nicht, die Beanstandungen von Wellenbildungen an Metalloberflächen. Manchmal sind sie berechtigt, häufig aber nicht. Dünnblech lebt – heißt es im „Klempnermund“ – nur muss dies der Bauherr von Anfang an wissen. Jedoch sollte der Klempner schon aus eigenem Interesse bei der Blechbearbeitung und Montage möglichst keine zusätzlichen Spannungen in das Blech einbringen. Siehe hierzu auch unsere Verarbeitungstipps auf Seite 171.

Grundsätzlich bilden Wandbekleidungen aus dünnwandigen Blechen bei normgerechter Herstellung, fachgerechter Montage und herkömmlicher Nutzung eine einwandfrei schützende und langlebige Gebäudehülle. Wandbekleidungen können jedoch auch dann sichtbare Unregelmäßigkeiten aufweisen, wenn sie innerhalb der in Normen und Richtlinien definierten Toleranzbereiche gefertigt oder montiert sind. So sind bei der Verarbeitung von Dünnblechen gewisse Welligkeiten nicht generell zu vermeiden. Die Möglichkeit der optischen Unregelmäßigkeiten auch bei kleinen Toleranzen ist somit systembedingt – dies gilt auch für leichte Geräuschbildungen bei Temperaturwechsel oder Starkwind. Bei natürlichen, unbeschichteten oder werkseitig patinierten Metalloberflächen ändert sich das Aussehen der Metalloberfläche durch die natürliche Bewitterung. Die Oberflächenänderungen können sich unregelmäßig entwickeln, da die Bauteile aufgrund ihrer Lage und Neigung am Gebäude keiner gleichmäßigen Bewitterung ausgesetzt sind – dies stellt keinen Mangel dar.

Nicht selten kommt es vor, dass sich Metalloberflächen auch aufgrund falscher Behandlung anderer Gewerke oder durch falsche Nutzung des Bauherrn und durch sonstige Einflüsse verändern oder gar beschädigt werden. Typische Reklamationen hierbei sind Verfärbungen, die durch Fremdrost (z.B. beim Trennschleifen), Ablagerungen von Pollenstaub, Urin oder Streusalz oder auf Blechen abgestellte Gegenstände – für die weder der Verarbeiter noch der Metallhersteller zuständig sind (siehe hierzu auch Kapitel 9.9).

Bewertung und Betrachtungsweisen

Im technischen Sinne optische Mängel zu bewerten, ist auch für Sachverständige oft mit einer besonderen Herausforderung verbunden. Der Internationale Verband für den Metallleichtbau (IFBS) hat sich intensiv mit diesem Thema beschäftigt und die Erkenntnisse unter dem Titel „Beurteilung von Abweichungen im Metallleichtbau“ in den Fachregeln des Metallleichtbaus veröffentlicht. Hierin sind die nachstehenden 2 Betrachtungsweisen als Orientierungshilfe für die Bewertung dargestellt. Ziel ist es, dem Bauherrn vor Augen zu führen, dass eine Reklamation nicht durch jede allerungünstigste Betrachtungsposition, Tageszeit oder Belichtungsbedingung gerechtfertigt werden kann.

Gebrauchsübliche bzw. allgemeine Betrachtungsweise

Nach dieser Betrachtungsweise ist zu verfahren, wenn nichts anderes vereinbart wird und keine besonderen Anforderungen gestellt oder definiert wurden. Sie ist damit allgemein gültig.

Generell gilt hierbei: Abweichungen müssen von einem unvoreingenommenen, neutralen Betrachter ohne besondere Sachkunde („ungeübtes Auge") aus gebrauchsüblichem Abstand ohne besonderen Hinweis erkannt werden können. Der Standort des Betrachters befindet sich im Abstand von 10 m rechtwinkelig vor der Wand. Der Betrachtungsbereich ist gegeben durch einen Blickwinkel von 45° zu beiden Seiten oder bis etwa 10 m beidseits der Senkrechten und reicht bis in 10 m Höhe. Daraus ergibt sich ein Betrachtungsfeld von ca. 20 · 12 m.

Die Belichtung zum Begutachtungszeitpunkt spielt eine wesentliche Rolle, was unser Beispiel belegen soll (siehe Abb. 3.35 und 3.36). So ist darauf zu achten, dass kein Streiflicht auf die Wandbekleidung fällt. Streiflicht ist dasjenige Licht, das fast parallel zu einer Fläche mit sehr spitzem Winkel einfällt und große Schlagschatten erzeugt und Konturen oder Wellen durch starke Schattierung überdeutlich erscheinen lässt.

Ideal für eine praxisnahe, neutrale Bewertung ist gleichmäßiges diffuses Licht, also keine direkte Sonneneinstrahlung. Da sich aufgrund des Sonnenstandes die Lichtverhältnisse sehr schnell ändern können, ist auch die Zeitspanne, in der eine optische Beeinträchtigung erkennbar ist, zu berücksichtigen. Sie sollte in der Regel nicht länger als etwa eine Stunde pro Tag zu sehen sein. Die Betrachtungsdauer soll der üblichen Zeitspanne, die sich nach dem Verwendungszweck orientiert, entsprechen. Optische Abweichungen müssen für einen neutralen Betrachter ohne besondere Sachkunde und ohne besonderen Hinweis auf den ersten Blick zu sehen sein und nicht erst nach etwaiger Suche danach.

Spezielle Betrachtungsweise

Nach dieser Betrachtungsweise ist zu verfahren, wenn vorher besondere Vereinbarungen getroffen und besondere Ansprüche gestellt werden. Dies kann beispielsweise auf den Eingangsbereich eines Gebäudes, als Ausdruck des Selbstbildes oder der Außendarstellung des Bauherrn und seines Gebäudes zutreffen. Die speziellen Anforderungen sind im Vorfeld zu definieren und bezüglich ihrer Gültigkeitsgrenzen festzulegen. Zum Beispiel, in welchem örtlichen Bereich sie gelten oder welche Betrachtungsumstände vorkommen können und wie sie berücksichtigt werden sollen.

In besonders gravierenden Fällen können diese Ansprüche in festzulegenden Bereichen eine Änderung der Ausführung der Wandbekleidung notwendig machen. So müssen optisch wichtigere Bereiche am Gebäude unter Umständen an anderen Unterkonstruktionsarten oder mit größeren Blechdicken ausgeführt werden, als statisch erforderlich. Dies ist vom Bauherrn oder durch seinen Architekten im Rahmen der Ausführungsplanung zu definieren.

Bauarten und deren Besonderheiten

Jede Bauart einer Bekleidung, ob Stehfalzbekleidung, Wandpaneele oder industriell hergestellte Falz- oder Klemmrippenprofile – vertikal oder dia-

Abb. 3.35:
Aufnahme um 11:16 Uhr im Streiflicht

Abb. 3.36:
Aufnahme um 12:31 Uhr winklige direkte Einstrahlung

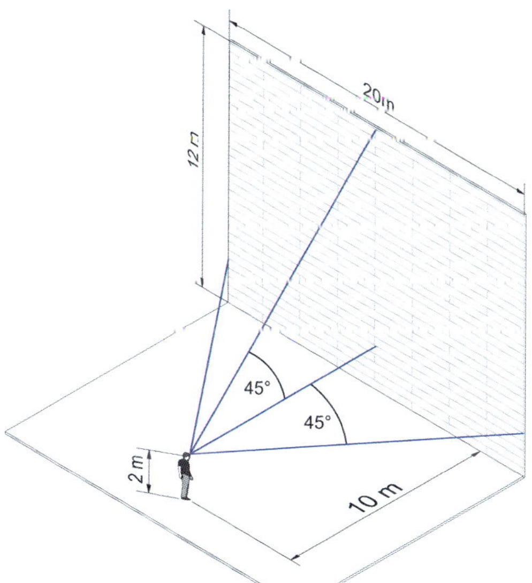

Abb. 3.37:
Aus den horizontalen und vertikalen Blickwinkeln ergibt sich ein Betrachtungsfeld von ca. 20 · 12 Metern.

gonal verlegt – hat ihre Eigenheiten, die bei einer Beratung angesprochen werden sollten. Hierzu, einige Beispiele von dünnwandigen Bauelementen aus Metall:

- Da die Stützwirkung an den Längsrändern zwischen Paneelen verschieden groß sein kann, kommt es auch innerhalb der Toleranzen von Baubreite und Querwölbung vor, dass sich einige Paneele nach vorne und andere nach hinten wölben. Paneele sollten sich nach der Montage vorrangig gleichmäßig nach außen (vorne) wölben.
- Das Aussehen einer Wandbekleidung ist abhängig von den äußeren Umständen, z.B. durch Belichtungsverhältnisse der Tages- und Jahreszeit sowie der Temperatur.
- Besonders dunkle Farben und solche mit Metallic-Effekt oder Hochglanz lassen auch bei einwandfreier Fertigung und fachgerechter Montage geringste Unebenheiten der Oberfläche sichtbar werden, z.B. durch herstellungsbedingte Eigenspannungen im Werkstoff.
- Durch Änderung der Umgebungstemperatur, besonders infolge direkter Sonneneinstrahlung, werden Querschnittsabmessungen temporär verändert. Es kann eine temporäre Wellenbildung entstehen.
- Durch Wärmebehandlung (z.B. durch nachträgliche Beschichtung mit anschließendem „Einbrennen") können Querschnittsabmessungen und Materialkennwerte dauerhaft verändert werden.
- Auch wenn Toleranzen geringfügig um wenige zehntel oder gar hundertstel Millimeter überschritten sind, bedeutet das nicht, dass Wellenbildungen und zeitweise optische Veränderungen auch bei deren Einhaltung unsichtbar bleiben.

Praxisbeispiel:

Die Wandansichten des realen Projektbeispiels zeigen außer den tageszeitabhängigen unterschiedlichen Ansichten (Zeitunterschied ca. 1 ¼ Stunden) auch die unterschiedlichen Erscheinungen bei direktem Sonnenlicht. Die anscheinend mehrere Millimeter tiefen Unebenheiten der Paneele im Streiflicht des späten Vormittags (in Wirklichkeit sind dies nur wenige zehntel Millimeter) verschwinden bei nahezu vollständig direkter Sonneneinstrahlung zur Mittagszeit (siehe Abb. 3.37).

Fazit

> **Bauherren sollten von Anfang an wissen, wie sich ihre Fassaden nach der Fertigstellung darstellen können. Ebenso wird empfohlen, Ihnen mit den erforderlichen Bauunterlagen auch „Nutzungshinweise für Metalloberflächen" zur Verfügung zu stellen. Die gleichnamige 10-seitige Broschüre ist unter www.zvshk.de erhältlich. Denn: Eine ehrliche und kompetente Beratung hilft, Ärger mit dem Bauherrn und eventuell teure Gerichtskosten zu ersparen.**

Die Bilder zeigen eine Wandbekleidung aus gekanteten Aluminium-Paneelen, Blechdicke 1,0 mm, Obergurtbreite 380 mm, Fugenbreite 33 mm, Farbe RAL 9007 (Graualuminium). Die Unterkonstruktion besteht aus Stahlkassetten und Z-Profilen.

Abb. 3.38: Reaktives Brandschott mit spezialbeschichtetem Aluminiumstreckgitter/Dämmstoffbildner. Reaktion ab ca. 150 °C Schaum nicht brennbar, luftundurchlässig; freier Lüftungsquerschnitt ca. 150 cm^2/m

3.3 Brandschutz für VHF

Bei Außenwandkonstruktionen mit geschossübergreifenden Hohl- oder Lufträumen – also vorgehängte hinterlüftete Fassaden – sind besondere Vorkehrungen gegen die Brandausbreitung zu treffen. Dies sind beispielsweise Brandsperren, die eine Brandausbreitung im Hinterlüftungsraum über eine ausreichend lange Zeit behindern. Ihre Funktion ist durch eine Unterbrechung oder partielle Reduzierung des freien Querschnitts im Hinterlüftungsraum der vorgehängten hinterlüfteten Fassade gekennzeichnet. Dabei darf die Tiefe des Hinterlüftungsraumes nicht mehr als 50 mm (Unterkonstruktion aus Holz) bzw. 150 mm (Unterkonstruktionen aus Metall) betragen. Gemäß § 28 Abs. 5 der MBO 2012 gelten diese Anforderungen ab Gebäudeklasse 4 (siehe Tabelle 3.2) und Nutzungseinheiten mit jeweils nicht mehr als 400 m^2.

Die in der vorgehängten hinterlüfteten Fassade verwendeten Dämmstoffe müssen nichtbrennbar sein. Flächige Unterkonstruktionen (Vollschalung aus Holz bzw. Holzwerkstoffen) sind gesondert nachzuweisen.

Tabelle 3.2: Einteilung der Gebäudeklassen

Gebäudeklasse	Definition
1	freistehende Gebäude mit einer Höhe*) bis zu 7 m und nicht mehr als 2 Nutzungseinheiten von insgesamt nicht mehr als 400 m^2 freistehende land- und forstwirtschaftlich genutzte Gebäude
2	Gebäude mit einer Höhe* bis zu 7 m und nicht mehr als 2 Nutzungseinheiten von insgesamt nicht mehr als 400 m^2
3	sonstige Gebäude mit einer Höhe bis zu 7 m
4	Gebäude mit einer Höhe* bis zu 13 m und Nutzungseinheiten mit jeweils nicht mehr als 400 m^2
5	sonstige Gebäude einschließlich unterirdischer Gebäude
* Die Höhe ist das Maß der Fußbodenoberkante des höchstgelegenen Geschosses über Geländeoberfläche, in dem ein Aufenthaltsraum möglich ist.	

Abb. 3.39: Brandsperren in Höhe des Fenstersturzes

Abb. 3.40: Brandsperren in Höhe der Fensterbank

Konstruktionsmöglichkeiten

In jedem zweiten Geschoss sind horizontale Brandsperren im Hinterlüftungsraum anzuordnen. Die Brandsperren sind zwischen der Wand und der Bekleidung einzubauen. Anordnung in jedem zweiten Geschoss, z.B. auf Höhe Fensterbank oder im Sturzbereich. Die Größe der Öffnungen in den horizontalen Brandsperren ist insgesamt auf 100 cm²/lfm Wand zu begrenzen. Die Öffnungen können als gleichmäßig verteilte Einzelöffnungen oder als durchgehender Spalt angeordnet werden.

Bei Gebäuden mit

- **mehr als 2 Wohnungen,**
- **mehr als 7 m Höhe,**
- **gewerblicher Nutzung,**
- **leichten bzw. nicht feuerbeständigen Außenwänden oder**
- **Abständen < 5 m zu bestehenden Gebäuden**

empfiehlt es sich, rechtzeitig mit der zuständigen Baubehörde Verbindung aufzunehmen, um Einzelheiten der einzuhaltenden Brandschutzanforderungen bzw. Auflagen abzuklären.

4 Metallleichtbau

Klempner-Fachbetriebe beschäftigen sich heute neben der Falztechnik ebenso mit industriellen Bausystemen aus dem Metallleichtbau. So werden für die Gebäudehülle aus Metall pro Jahr beispielsweise rund 32 Mio. m^2 Trapezprofile, 1,5 Mio. m^2 Kassettenprofile und 20 Mio. m^2 Sandwichelemente verlegt – davon etwa 95 % als Dachtragschale und Dachdeckung und 60 % für Wände. In diesem Kapitel beschreiben wir deshalb grundlegende Anforderungen für die Planung und Ausführung von Dach-, Wand- und Deckenkonstruktionen aus Metallprofiltafeln, die im Regelwerk des internationalen Verbandes für den Metallleichtbau IFBS beschrieben sind.

Dem Verband sind Hersteller, Vertriebs- und Montageunternehmen sowie fördernde Mitglieder angeschlossen, mit dem Ziel, den Qualitätsstandard im Umgang mit großformatigen Bauelementen aus oberflächenveredeltem Metallblech zu sichern. Hierzu bietet der Verband überbetriebliche Weiterbildungsseminare zum IFBS-Fachmonteur, IFBS-Vorabeiter, IFBS-Konstrukteur und IFBS-Bauleiter an. Unter den Mitgliedern befinden sich zahlreiche Handwerksunternehmen sowie Hersteller der Klempnerbranche.

Aufgrund der Vielfalt der Systeme für die Gebäudehülle aus metallenen Werkstoffen werden oft handwerkliche und industrielle Systeme auch kombiniert, sodass 2 Regelwerke gleichzeitig Anwendung finden – sowohl die Klempnerfachregeln des ZVSHK als auch die Richtlinien des IFBS.

Verbindungs- und Befestigungstechnik

Im Wesentlichen unterscheidet sich der Metallleichtbau mit seinen Konstruktionsvarianten von den handwerklichen Klempnerarbeiten in der Verbindungs- und Befestigungstechnik. So kommt es im Metallleichtbau (mit Ausnahme der bekannten Bördel- und Gleitfalzdeckungen) oft auf die richtige Fixierung an, um materialbedingte Dehnungsbewegungen zu kompensieren. Charakteristisch für die Klempnertechnik hingegen, ist die indirekte Befestigung und freie Dehnungsbewegung der Bauteile und Profile aus dünnen Blechen.

Die Befestigungs- und Verbindungsarten des Metallleichtbaus werden unterschieden in lösbare und nicht lösbare Verbindungen. Lösbare Verbindungen werden mit Schrauben, nicht lösbare Verbindungen werden beispielsweise durch Niete oder Setzbolzen ausgeführt. Profiltafeln und Kantprofile, wie

Tropfprofile, Eckabdeckungen, Ortgangprofile, Attikaabdeckungen und Einfassungen nach den IFBS-Fachregeln des Metallleichtbaus werden im Allgemeinen sichtbar befestigt. Verdeckte Verbindungen werden ebenfalls ausgeführt, z.B. bei Sandwichelementen, sie sind jedoch gesondert zu planen. Die Befestigung von Attika- und Ortgangabdeckungen auf Haltewinkeln ist gemäß den IFBS-Fachregeln für die Planung und Ausführung und den IFBS-Fachregeln für die Verbindungstechnik eine fachgerechte und regensichere Ausführung. Neben Hinweisen zur Neigung von Attikaabdeckungen, Abständen von Verbindungselementen, Abkanthöhen und Stoßausbildungen verschiedener Kantprofiltypen enthalten diese beiden Regelwerke wichtige Erläuterungen, Konstruktionsprinzipien und Konstruktionsdetails. Diese, für den Metallleichtbau übliche Ausführung, gilt sowohl für Dach- und Wandanschlüsse der Sandwichbauweise (horizontale und vertikale Verlegung) als auch für zweischalige Konstruktionen bestehend aus Kassetten- bzw. Trapezprofilen mit Bekleidungen aus Stahl oder Aluminium. Hinweise zur Dauerhaftigkeit von Verbindungselementen sind zwar in Anhang B von Eurocode 3 [3] enthalten, Vorrang haben hier aber die speziell auf die Befestigung von Profiltafeln aufgeführten Regelungen in der Korrosionsschutznorm DIN 55634-1.

Korrosionsschutz

Der Korrosionsschutz des Verbindungsmittels muss den Korrosionsschutzanforderungen der zu verbindenden oder zu befestigenden Bauteile entsprechen und ist in Abhängigkeit von den klimatischen Gegebenheiten am Einbauort zu wählen. Befestigungs- und Verbindungselemente, die vollständig oder teilweise der Bewitterung oder einer ähnlichen Feuchte- oder Korrosionsbelastung ausgesetzt sind, müssen aus nichtrostendem Werkstoff bestehen – sie sollten im Vergleich zum Grundwerkstoff gleichwertig oder besser sein und auf Dauer mindestens so korrosionsbeständig wie die angeschlossenen Bauelemente.

Verwendbarkeitsnachweise

Die Befestigungs- und Verbindungselemente des Metallleichtbaus sind in Abhängigkeit vom Einsatzzweck beim Deutschen Institut für Bautechnik (DIBt) in Berlin national in allgemeinen bauaufsichtlichen Zulassungen (abZ) und europäisch in europäischen technischen Zulassungen (ETA) geregelt.

Z-14.1-4: „Verbindungselemente zur Verbindung von Bauteilen im Metallleichtbau"
Z-14.1-537: „Mechanische Verbindungselemente zur Verbindung von Bauteilen aus Aluminium miteinander oder mit Unterkonstruktion aus Aluminium, Stahl oder Holz"
Z-14.4-407: „Gewindeformende Schrauben und Verbindungen von Sandwichelementen mit Unterkonstruktionen aus Stahl oder Holz"
ETA: „Befestigungsschrauben für Bauteile und Bleche aus Metall"

Abb. 4.1: Industrielle Bausysteme für Dach und Fassade zählen mittlerweile zum Leistungsspektrum vieler Klempner-/Spenglerfachbetriebe.

Fachregeln für den Metallleichtbau

Im Jahr 1978 hat der Internationale Verband für den Metallleichtbau IFBS seine erste Richtlinie für den Metallleichtbau veröffentlicht. Auf 6 Seiten wurden erstmals Fachregeln für die Montage von Profiltafeln und Sandwichelementen als Verbandsempfehlung herausgegeben. Aus dieser dünnen Broschüre ist in 50 Jahren ein umfassendes Regelwerk geworden. Allein die alte sechsseitige Montagerichtlinie umfasst heute rund 600 Seiten mit Konstruktionshilfen und Montageempfehlungen rund um die Gebäudehülle aus Metall. Für jeden am Bau Beteiligten ist Wissenswertes im IFBS-Regelwerk zu finden. Die Einhaltung und das Arbeiten nach den IFBS-Fachregeln, aufgestellt von Experten des Faches und nach wissenschaftlichen Erkenntnissen der RWTH Aachen, sorgen für eine hohe Qualität der Baukonstruktionen des Metallleichtbaus sowie für die wirtschaftliche Sicherheit aller Baubeteiligten.

Hinweis: Die IFBS- Fachregeln „Planung und Ausführung“ wurden vom ZVDH als Ergänzung in die „Fachregeln für Metallarbeiten im Dachdeckerhandwerk“ aufgenommen.

Seit einigen Jahren veröffentlicht der IFBS zudem Auszüge aus den IFBS-Fachregeln zu wichtigen Themen in Form von Facts-Sheets. Auf 2zwei Seiten werden darin einzelne Schwerpunkte kurz beleuchtet und inhaltlich zusammengefasst. Im Gegensatz zu den Fachregeln sind die Facts-Sheets kostenfrei erhältlich. Sie ermöglichen dem Leser und Anwender einen schnellen Einstieg in ein Thema. Bei größerem Wissensbedarf ist dann das Studium der Fachregeln erforderlich.

Abb. 4.2: Die IFBS-Fachregeln „Planung und Ausführung" wurden vom ZVDH als Ergänzung in die „Fachregeln für Metallarbeiten im Dachdeckerhandwerk" aufgenommen.

IFBS-Factsheets:
Projektierung und Ausführung:
- Absturzsicherung
- Verlegepläne und Ausführungsdokumentation
- Konstruktiver Korrosionsschutz
- Falzprofildächer
- Hinterlüftete Fassaden aus Metall

Grundlagen:
- Bauaufsichtliche Regelungen für Bauelemente aus Metall
- EU-Bauproduktenverordnung
- Kennzeichnung im Metallleichtbau
- Allgemein anerkannte Regeln der Technik
- Korrosionsschutz im Metallleichtbau
- Auswahl von Korrosionsschutzsystemen

Bauphysik:
- IFBS-Wärmebrückenprogramm
- U-Wert-Berechnung bei Sandwichelementen
- Wärmeschutz zweischaliger Konstruktionen
- Brandschutz im Metallleichtbau

Statik:
- Windlastansätze für Verbindungselemente

Beispiele für Leichtbaukonstruktionen

Prodach-Dämmsystem

Merkmale:
Im Dämmstoff diagonal eingelassene Befestigungsschienen
Tragschale: Trapezprofile auf Bindern

Konstruktion:
Unterschale: Trapezprofile, Dampfsperre bzw. Luftsperre
Dämmsystem: im Dämmstoff eingelassene Befestigungsschienen, die mit Systembefestigern auf der Tragkonstruktion fixiert sind
Oberschale: Falzprofile

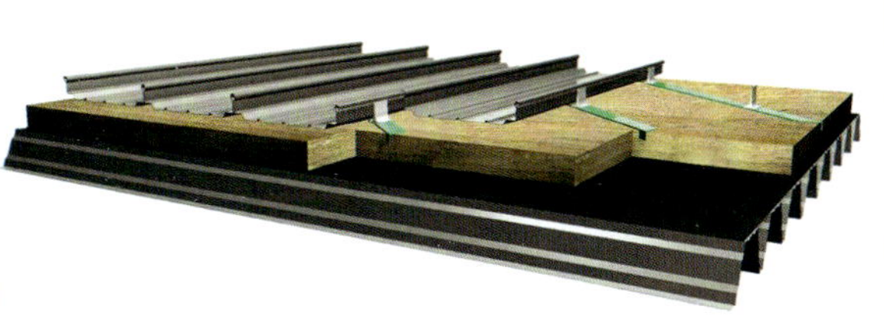

Abb. 4.3: Beispiel Leichtbau-Dachkonstruktion „Prodach"

Zweischaliges wärmegedämmtes nichtbelüftetes Dach mit Falz- bzw. Klemmprofilen

Merkmale:
Pfetten-Dachkonstruktion
Falzprofile rechtwinklig dazu verlaufend

Konstruktion:
Tragschale: Stahltrapezprofil
Dampfsperre bzw. Luftsperre
Montageprofil/Distanzkonstruktion
Halter mit thermischer Trennung
Trittfeste Wärmedämmung
Oberschale: industriell vorgefertigtes Stehfalzprofil

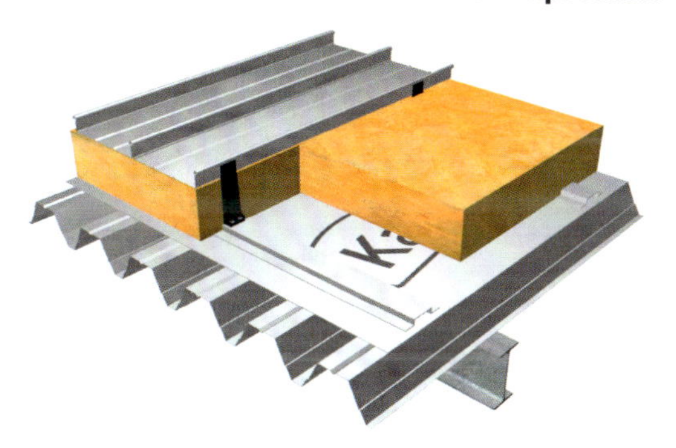

Abb. 4.4: Beispiel Leichtbau-Pfetten-Dachkonstruktion

Zweischaliges wärmegedämmtes nichtbelüftetes Dach mit Falz- bzw. Klemmprofilen

Merkmale:
Binder-Dachkonstruktion
Falzprofile rechtwinklig dazu verlaufend

Konstruktion:
Tragschale: Stahltrapezprofil
Dampfsperre
Halter thermisch getrennt
Weiche Mineralfaserdämmung
Oberschale: industriell vorgefertigtes Stehfalzprofil

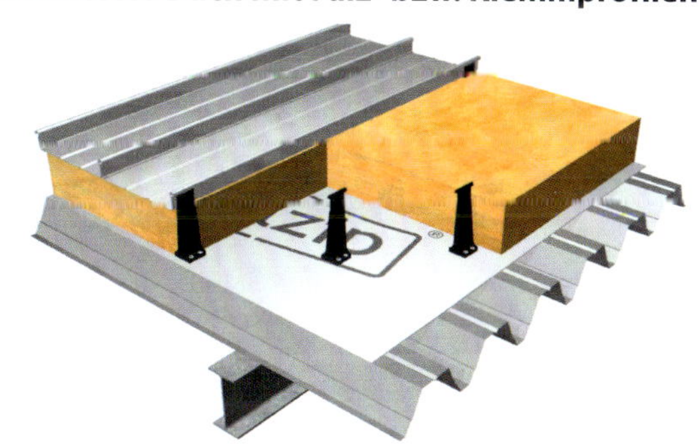

Abb. 4.5: Beispiel Leichtbau-Binder-Dachkonstruktion

Abb. 4.6: Ein neu entwickelter, zum Patent angemeldeter Rollenclip enthält zusätzliche Rollenlagerungen, um den Reibungswiderstand bei Dehnungsbewegungen zu minimieren. Ein wirksamer Effekt, insbesondere bei erhöhten Lasteinträgen durch Schnee- und Gründachaufbauten oder bei Unebenheiten am Untergrund.

Stahlkassettenprofilwand mit horizontaler Außenschale

Merkmale:
Stützen-Wandkonstruktion,
zweischalig, wärmegedämmt,
Spannrichtung Innenschale: horizontal
Spannrichtung Außenschale: horizontal

Konstruktion:
Innenschale: Kassettenprofile
Fugenbänder im Kassettenlängsstoß und Kassettenquerstoß als Dampfsperre bzw. Luftsperre
Wärmedämmung
thermische Trennung auf Kassettenstegen
Distanz-/Zwischenkonstruktion
Außenschale: Wellprofile

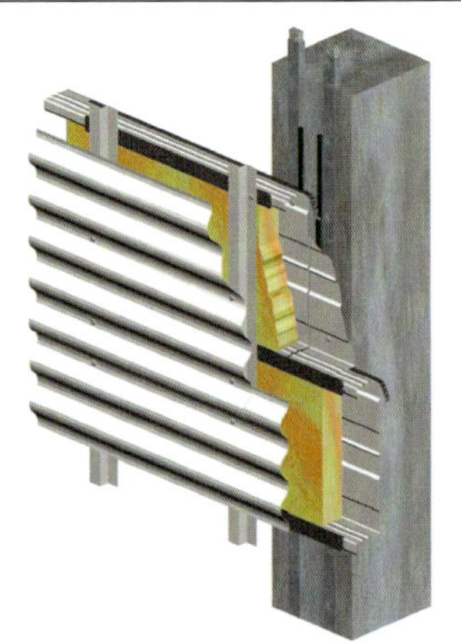

Abb. 4.7: Beispiel Leichtbau-Wandkonstruktion

Sandwichelemente

Merkmale:
Pfetten-Dachkonstruktion
Spannrichtung: First-Traufe

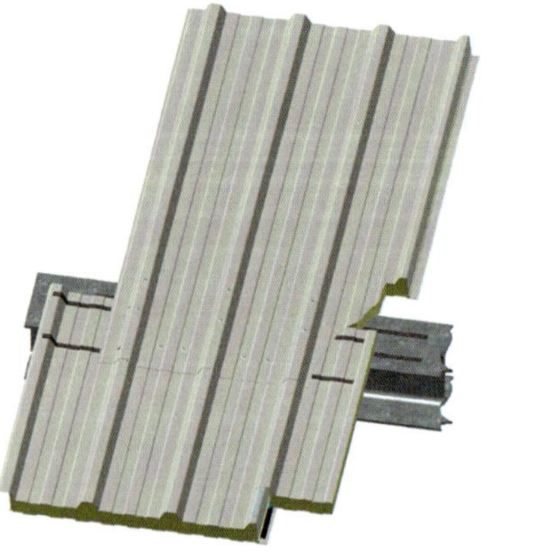

Abb. 4.8: Beispiel Sandwich-Systemdach

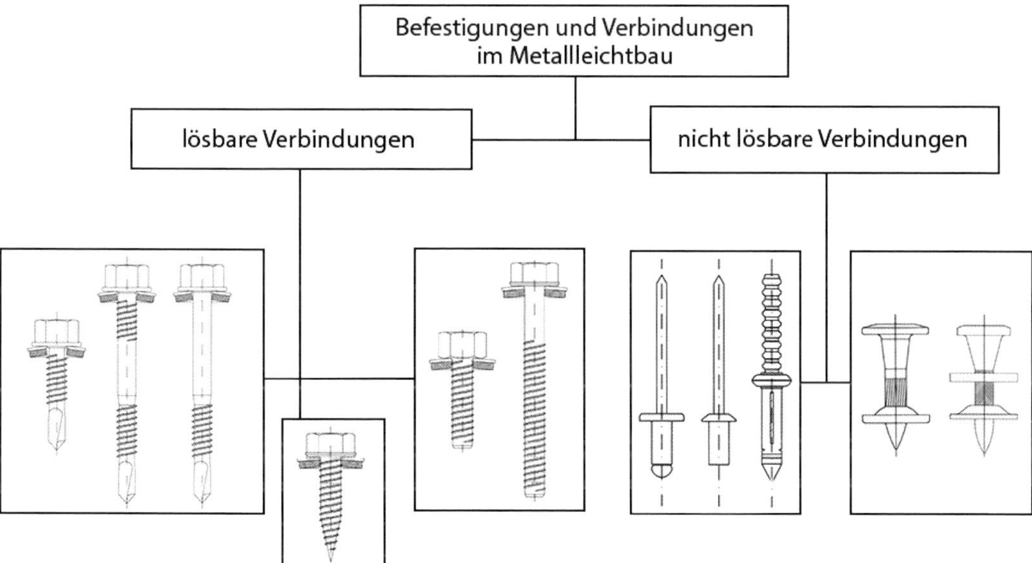

Abb. 4.9: Befestigungs- und Verbindungstechniken im Metallleichtbau

4.1 Industriell gefertigte Profilbahnen für Dächer und Fassaden (selbsttragende Profilsysteme)

Industrielle Profilsysteme zeichnen sich durch sehr gute statische Eigenschaften aus, die große Baulängen ermöglichen – vor Ort profiliert sind bereits Längen von mehr als 40 m erreicht worden. Ein durchdachtes Befestigungssystem und die einfache Verbindungstechnik ermöglichen somit eine enorm zeitsparende Montage. Deshalb findet man industrielle Profilsysteme überwiegend auf groß dimensionierten Dachflächen wie beispielweise auf Stadien, Messe- und Lagerhallen, Industrie- oder Logistikbauten – sowohl im Neubau als auch bei großflächigen Flachdachsanierungen. Bereits ab 1,5° Dachneigung können die meisten Systeme auf die verschiedensten Unterkonstruktionen montiert werden. Ob belüftet oder unbelüftet, ob Stahltrapeztragschale, Holzkonstruktion oder trittfestes Dämmsystem – die Einsatzbereiche sind aufgrund der angebotenen Befestigungslösungen sehr variabel. Auch frei geformte Dachgeometrien können mit einer ausgefeilten CNC-gesteuerten Rollformtechnik problemlos umgesetzt werden. Die meistens aus Aluminium gefertigten Profilsysteme sind in einer Vielzahl von Farben und Oberflächen sowie metallischen Oberflächenveredelungen verfügbar. Standard ist die sogenannte stuccodessinierte Ausführung, die entgegen der walzglatten Oberfläche eine feine Struktur aufweist. Sie sorgt zum einen für eine geringere Reflexion und fördert zum anderen eine gleichmäßige Bewitterung.

Die Fertigung der Profilbahnen erfolgt mit einer speziellen Rollformtechnik, bei der eine kontinuierliche Verformung in Längsrichtung stattfindet. Eine Längenbegrenzung ist somit theoretisch aufgehoben. Die Bahnen haben in Längsrichtung meist Rippen oder einen trogförmigen Querschnitt, bei dem

Abb. 4.10: Objekt mit industriell vorgefertigten Falzprofilen

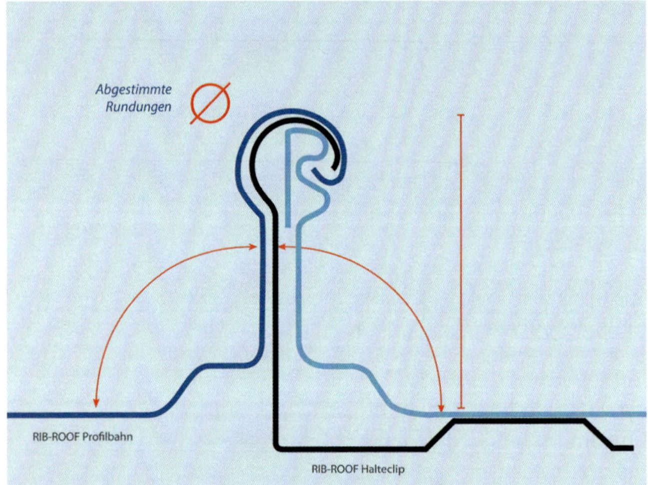

Abb. 4.11: Gleitfalzprofil: Steghöhe = Cliphöhe

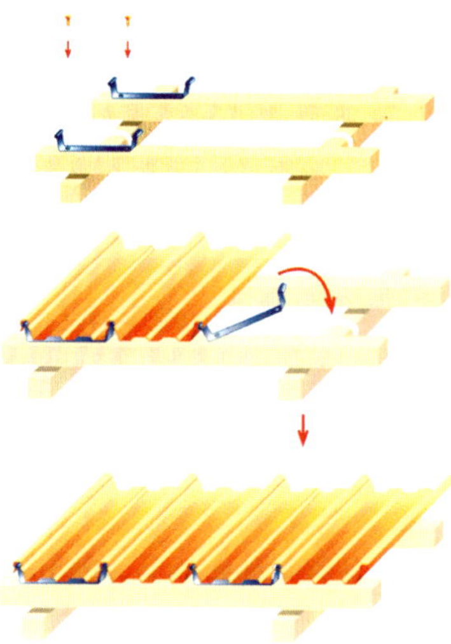

Abb. 4.12: Verlegefolge eines Klemmfalzprofils

Abb. 4.13: Bördelfalz verlegen

Abb. 4.14: Bördelfalz verschließen

häufig der ebene Gurt durch eine oder mehrere Sicken versteift wird. Die Bahnen werden durchdringungsfrei auf den Distanzprofilen oder direkt auf den Profilen der Unterschale montiert. Man verwendet besondere Klemmhalter, die mittels Schrauben oder Blindnieten befestigt sind. Die temperaturbedingte Längenänderung wird über sogenannte Gleitclips sichergestellt.

Untereinander sind die Profile entweder durch ihre Geometrie verbunden (geklemmt) oder gefalzt.

Bei einfachen Dachgeometrien können selbsttragende Profilsysteme ohne Schalung schnell und somit kostengünstig verlegt werden. Die Anschlüsse an Durchdringungen und Bauteile werden i.d.R. in Klempnertechnik hergestellt oder geschweißt.

Selbsttragende Profilsysteme sind Systeme, die ohne vollflächig wirksame Unterkonstruktionen z.B. auf Pfettenauflager verlegt werden können. Die Pfettenauflager dürfen die gemäß der statischen Berechnung je nach der zulässigen Beanspruchung maximal zulässigen Abstände nicht überschreiten. Die Systeme sollten zum Nachweis ihrer Eignung die bauaufsichtliche Zulassung besitzen.

4.2 Sanieren mit Metall-Leichtbaukonstruktionen

Zurzeit sind industrielle Profilsysteme in der Kombination mit Stahl-Leichtbaukonstruktion bei Flachdachsanierungen sehr beliebt. In vielen Fällen ist das Gewicht der Konstruktion von großer Bedeutung, da oft nur geringe Tragreserven der Bausubstanz gegeben sind. Deshalb stellt die Metall-Leichtbaukonstruktion aufgrund der Standsicherheit und Tragfähigkeit für Architekten und Planer eine interessante und nachhaltige Alternative dar. Bei einer konventionellen Sanierung müssen häufig bestehende Abdichtungen und Dämmstoffe entfernt und kostenpflichtig entsorgt werden. Die Metallkonstruktion hingegen kann auf die vorhandene Dachhaut aufgesetzt werden, wobei die Verankerung auf tragfähigem Bestand erfolgt. Bestehende Dämmung wird durch eventuell benötigte neue Wärmedämmung ergänzt, um den aktuellen Forderungen der EnEV zu entsprechen.

U-Profile aus verzinktem Stahl, sogenannte Wannen, bilden die Basis für den kompletten Dachaufbau. Sie werden entsprechend den statischen und konstruktiven Erfordernissen in Abmessung, Ausbildung und Lage an die vorhandene Substanz angepasst. Stabförmige Stahlprofile (Stiele) werden in die bereits montierten Wannen gestellt und sichern den vorgesehenen Abstand der Metalldachdeckung zum alten Bestand. Mit den Wannen und Stielen werden die erforderliche Dachneigung, die Lage der Entwässerung und architektonische Belange wie die Dachform festgelegt. Die Hauptaufgabe besteht jedoch in der Abtragung der äußeren Lasten in die bestehende Konstruktion.

Stahlpfetten, die anschließend auf die Stiele montiert werden, haben die Aufgabe, die Kräfte der Dachdeckungsprofile in die Tragkonstruktion einzuleiten. Durch die große Pfettenspannweite, die diese Konstruktion ermöglicht, können stützenfreie Flächen ausgebildet werden, die für dachdurchdringende Bauteile oder für Bereiche mit geringer Tragfähigkeit benötigt werden. Mit zusätzlichen Windverbänden und Aussteifungsprofilen wird die Konstruktion

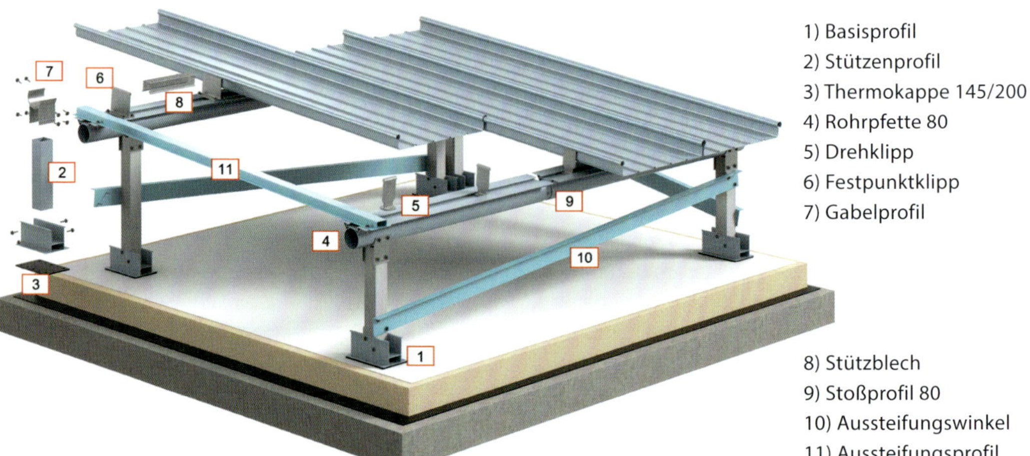

Abb. 4.15: Schematische Darstellung der Stahl-Leichtbaukonstruktion mit Aluminium-Profiltafeln

Abb. 4.16: Flachdach vor …

Abb. 4.17: … und nach der Sanierung

stabilisiert und ausgerichtet. Den Schutz für das Gebäude bietet abschließend die regendichte Dachhaut des Dachdeckungssystems aus Aluminium-Profilbahnen. Form, Farbe und Ausrichtung der Profiltafeln sind in einem breiten Spektrum frei wählbar und können als architektonische Gestaltungselemente eingesetzt werden. Ein abgestimmtes Zubehörprogramm wie Schneefang, Absturzsicherungen, dachintegrierte Fotovoltaik oder Belichtungselemente ergänzen das nahezu wartungsfreie System.

Vom Flachdach zum Gefälledach

Bundesweit werden sanierungsbedürftige Kitas, Schulen und Sportstätten instand gesetzt oder erweitert. Dabei beginnen die erforderlichen Maßnahmen i.d.R. zunächst am Dach, wie das Beispiel eines Gymnasiums zeigt. Bevor eine große Lösung von Bund, Land und Gemeinde finanziert war und anschließend umgesetzt werden konnte, mussten viele Jahre in Reparaturen und in die Beseitigung von Feuchteschäden investiert werden. Die Erfahrungen veranlassten Planer und Bauherren, einen vollständig neuen Ansatz für

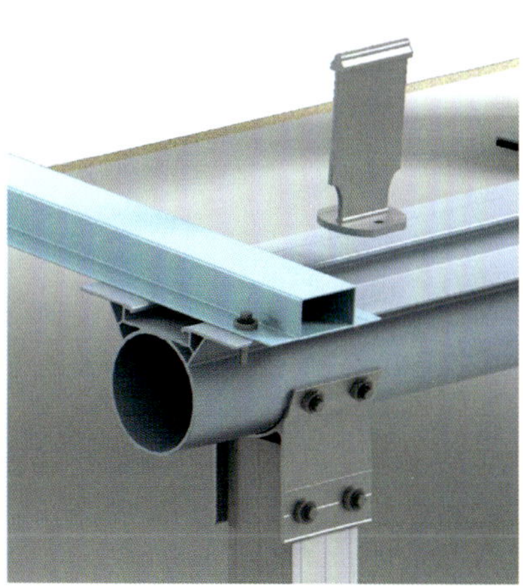

Abb. 4.18a und b: Die Rohrpfetten werden nach der gewünschten Dachneigung ausgerichtet und die Klipps für die Stehfalzbahnen in die vorgesehene Nut eingedreht.

die Dachentwässerung zu finden. Das Dachsystem sollte eine wartungsarme Nutzung ermöglichen, langlebigen Wetterschutz sicherstellen und das Gebäude energetisch aufwerten. Zudem musste es die Anforderung für eine nachträgliche Installation von Solarmodulen für Strom- und Wärmeerzeugung erfüllen. Gewählt wurde ein Dachsystem des Metallleichtbaus als sogenannte Kaltdachkonstruktion, das für die Wandlung eines sanierungsbedürftigen Flachdaches in Gefälledach konzipiert ist. Das System ermöglicht die Anwendung bei fast allen Untergründen, es besteht aus stranggepressten Aluminiumprofilen und ist somit sehr leichtgewichtig. Das statisch vollwertige Dachstuhlsystem ist für die Aufnahme eines industriellen Aluminium-Metalldachsystems vorbereitet. Eine zuvor erhobene bauphysikalische und statische Bewertung der Bestandskonstruktion bestätigte die Eignung des Systems.

Prüfen, planen, bauen

Ein kompletter Rückbau eines vorhandenen, weitgehend intakten Flachdachaufbaus ist i.d.R. nicht erforderlich. In diesem Fallbeispiel musste die vor handene Abdichtung einschließlich einer Styrodur-Dämmung jedoch vollständig entfernt werden. Aufgrund von Blasenbildungen und der eingetretenen Vorschäden musste von einer unzureichenden Dampfsperrschicht ausgegangen werden. Ein Neuaufbau der diffusionshemmenden Schicht und der Wärmedämmung war somit erforderlich. Mit dem neuen Metalldachsystem konnte auf eine neue Abdichtungsebene oberhalb der Dämmung verzichtet werden, jedoch erforderten der Rückbau des Dachmaterials und der Neuaufbau des Metalldachsystems eine exakte Koordination der Bauabläufe. Alle aufgenommenen Flächen mussten zum Schutz vor Tagwasser umgehend mit der Dampfsperrbahn als Notdeckung abgedichtet werden.

Mit der Herstellung einer wasserdichten Ebene konnte abschnittsweise der neue Dachstuhl mit dem Metallleichtbausystem montiert werden. Als Arbeitsgrundlage für die Fertigung und Montage dienten die projektbezogenen statischen Ausarbeitungen des Systems, die auf der Grundlage einer exakten Bestandsaufnahme angefertigt waren. Die Unterlagen umfassten die technische Planung mit prüffähiger Statik sowie Verlegepläne einschließlich aller Details. Nach deren Überprüfung durch einen Prüfstatiker konnte der Baustart erfolgen.

Montage des Systems

Zur Montage des Leichtbau-Dachstuhls wird zunächst ein spezielles Wannensystem als Verankerungsbasis montiert (siehe Kasten: 1. Basisprofil). Die Basisprofile werden hierbei mit einem Thermoelement unterlegt und wasserdicht eingeklebt. Im nächsten Schritt folgt die Verbindung der Stützen mit dem Basiselement sowie die Befestigung der halbschalenförmigen Gabelprofile (7.) zur Aufnahme der Rohrpfette (4.). Die neigungsvariablen Rohrpfetten werden darin eingelegt, mit passenden Stoßverbindern verbunden und nach der gewünschten Dachneigung ausgerichtet (1,5 ° bis 20 °). Das Aussteifen des Systems erfolgt durch Druckstäbe (10.), die erst nach der Dachklippmontage von der Traufe bis zum First eingebaut werden. Die Klipps können ohne Zusatzwerkzeug mit einfachen Handgriffen in die vorgesehene Nut der Rohrpfette eingedreht werden. Anschließend wird die neue Dachhaut aus Aluminium-Stehfalzprofiltafeln verlegt und kraftschlüssig miteinander verbördelt.

Durchdringungen und Zwangslüftungen

Vor der Montage des Metalldaches mussten Lüftungsleitungen, Lichtkuppeln und sonstige Dachdurchdringungen bis an die Wetterschutzebene herangeführt werden. Die wasserdichte Einbindung dieser Bauelemente in die Metalldachdeckung erfolgte im Schutzgas-Schweißverfahren. Hierzu zählten auch einige Turbo-Zwangslüfter, die die Zirkulation und den Abtransport feuchter Luft aus Problemzonen des Dachstuhls fördern. Das Dach des Gymnasiums ist in einigen Bereichen mit einer größeren Photovoltaikanlage ausgerüstet. Sie ist mit entsprechenden Systembefestigern an den Stehfalzen fixiert, ohne die Dehnungsbewegungen zu behindern. Der produzierte Strom wird direkt genutzt. Die Dachkonstruktion ist so ausgelegt, dass sie eine nachträgliche Montage weiterer Solarmodule problemlos ermöglicht. Mit dem neuen, nahezu wartungsfreien Dachsystem wurde erreicht, dass das Regenwasser direkt und schadlos über die Außenentwässerung abgeleitet wird.

4.3 Sanierungsmarkt Faultürme

Die Sanierung von Faultürmen hat sich zu einem interessanten Markt für Klempner-/Spengler entwickelt. Experten gehen von einem Bestand mit rund 3.000 Faultürmen aus, die mittlerweile 40 bis 60 Jahre in Betrieb sind. Schon jetzt oder in absehbarer Zeit müssen die meisten umfassend saniert oder gar komplett neu errichtet werden. Ein typischer Sanierungsgrund ist eine unzureichende Dämmung. Voraussetzung für die Produktion von Faulgas bzw. Biogas ist, dass der Klärschlamm eine Temperatur von 37 bis 38° aufweisen muss. Je besser Faultürme also gedämmt sind, umso weniger Energie muss zum Aufheizen des Klärschlamms verbraucht werden. Ebenso machen Wassereintrag durch Dehnungsschäden, Korrosion, unzureichende

Abb. 4.19: Die meisten der rund 3.000 Faultürme sind mittlerweile 40 bis 60 Jahre in Betrieb – die meisten müssen umfassend saniert oder neu errichtet werden. Eine Metallhülle bietet hierfür den besten Schutz.

Abb. 4.20: Auch die für die Qualität der Tragstruktur ermittelten Daten, wie z.B. Dübel-Auszugswerte, fließen in die Planungsgrundlagen ein.

Abb. 4.21: Sobald die Rohbaukonstruktion freigelegt oder als Neubau errichtet ist, erfolgt ein 3D-Scan des Faulturms.

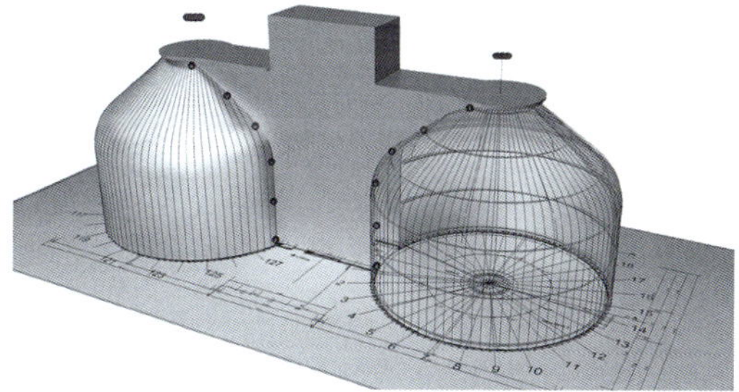

Abb. 4.22: Aus den Daten der Lasermessung werden mit einer speziellen Software die Achsenraster für die Werkplanung ermittelt.

Abb. 4.23: Auf Grundlage des 3D-Scans ist das Achsenraster für die Montage der Unterkonstruktion (hier Rundrohre) und Bahnenhalter auf dem Baukörper farblich gekennzeichnet und entsprechend nummeriert.

Abb. 4.24: Die Stehfalzbahnen werden werkseitig vorprofiliert und anschließend meist auf der Baustelle mit mobilen Rollformern gerundet bzw. bombiert.

Befestigung oder Überalterung der vorhandenen Wetterschutzhülle oft umfassende Sanierungsmaßnahmen erforderlich. Letzteres trifft beispielsweise auf Asbestzement-Wellplatten zu, die nicht repariert werden dürfen und nach und nach ersetzt werden müssen.

Deckungen für komplizierte, gerundete Dachgeometrien, wie sie bei Faultürmen meist gegeben sind, lassen sich idealerweise mit Profilsystemen und Unterkonstruktionen aus Metall ausführen – ein Spezialgebiet des Klempners und des Spenglers. Bei Sanierungen von Faultürmen kommen in der Regel industrielle Profilsysteme und spezielle Unterkonstruktionen zum Einsatz. Anders als bei handwerklichen Falzdächern und Holzunterkonstruktionen sind bei Faultürmen Fachingenieursplanung, moderne Systeme und Maschinentechnik zum Profilieren und Formen der Bauelemente aus Metall erforderlich.

Bestandsaufnahme und Sanierungskonzept

Die Bestandsaufnahme bei sanierungsbedürftigen Faultürmen erfolgt von Fachingenieuren ganzheitlich, von innen nach außen. Hierzu sind Bauteilöffnungen erforderlich, bei denen Material, Zustand und Eigenschaften des Traggrundes analysiert und vorhandene Bauelemente auf Schadstoffe überprüft werden. Auf all diesen Grundlagen erfolgen unter Wirtschaftlichkeitsbetrachtungen die individuelle Festlegung des Sanierungsumfangs und der Sanierungsmethode. Ist die Sanierungsmethode ermittelt erfolgen Planung und Visualisierung, da die weithin sichtbaren Bauwerke sich oft nach den Wünschen des Betreibers in die umgebende Landschaft einfügen sollen. Die heutige CAD-Technik bietet hierzu fotorealistische Möglichkeiten.

Planung und Arbeitsvorbereitung

Als Baukörper für Faultürme sieht man meist Eiformen, Zylinder oder Kegelstümpfe. Sobald deren Rohbaukonstruktion im Sanierungsfall freigelegt oder als Neubau errichtet ist, erfolgt eine dreidimensionale Lasermessung, die in der Regel von einem beauftragten Vermessungsunternehmen vorgenommen wird. Auf die ermittelten Daten bauen sich alle weiteren

Arbeitsschritte auf. Mit der sensiblen Messtechnik, der notwendigen Verarbeitungssoftware und dem erforderlichen Knowhow werden beim 3D-Scan sogenannte Punktwolken erzeugt, die den Baukörper exakt abbilden. Je höher die Punktdichte umso genauer sind die Messwerte für die Weiterverarbeitung. Ebenso fließen die ermittelten Werte für die Qualität der Tragstruktur (z.B. Dübel-Auszugswerte) in die Planungsgrundlagen ein. Nun wird die Unterkonstruktion zur Aufnahme der Profilbahnen zunächst am PC vorbereitet.

Fertigung und Montage

Bei Freiformen werden in diesem Beispiel das Unterkonstruktionssystem (Dome) als formgebende Struktur und die Stehfalzbahnen (Monro) der äußeren Wetterschutzhülle miteinander kombiniert. Die Unterkonstruktion besteht aus Konsolen, Rundrohren, Thermo-Drehkappen sowie Befestigern. Der Vorteil des Systems ist der problemlose Ausglcich auch größeren Maßtoleranzen, wie sie im Sanierungsfall alter Faultürme oft vorzufinden sind. In der Produktionsstätte erfolgt anschließend das Runden der Rohre. Auch die Stehfalzbahnen werden werkseitig vorprofiliert, aus logistischen Gründen jedoch meistens erst zweidimensional. Das Runden bzw. Bombieren erfolgt dann mit mobilen Rollformern auf der Baustelle.

Der genaue Bauablauf wird mit den Baubeteiligten besprochen und der Klempner-/Spengler-Fachbetrieb erhält die Werkplanung mit allen zugehörigen Montageplänen. Das Vermessungsunternehmen hat auf Grundlage des 3D-Scans das Achsenraster für die Montage der Konsolen auf dem Baukörper bereits farblich gekennzeichnet und entsprechend nummeriert. Nach der terminlich abgestimmten Lieferung der vorgefertigten Profilbahnen erfolgt das Runden mit bereitgestellten Rollformern vor Ort. So können auch extremlange Profiltafeln an einem Stück, ohne aufwändige Trennstellen verlegt werden.

Dieses Beispiel beschreibt ein industrielles Dachsystem. Bei einer vollflächig unterstützenden Unterkonstruktion kann auch eine Bekleidung im handwerklichen Stehfalzsystem realisiert werden.

4.4 Faltbare Leichtbaukonstruktionen

Bei gewerblichen Neubauten, in denen Güter gelagert und produziert werden, kommt es auf kurze Bauzeiten und ausreichend Bewegungsfreiraum unter dem Dach an. Erforderliche Dachsanierungen müssen zumeist im laufenden Betrieb stattfinden. Um diese Anforderungen zu erfüllen, werden vielfach Systemlösungen und Dachaufbauten des Metallleichtbaus eingesetzt, beispielsweise sogenannte Element-Dächer. Der kompakte Systemaufbau besteht aus Tragprofilen, Kassetten, mineralischer Wärmedämmung, bauphysikalischen Dichtungsebenen sowie Halteprofilen. Die Dach-Elemente werden objektbezogen bereits werkseitig mit allen vorgegebenen Durchbrüchen hergestellt und Halter der systemeigenen Metalldeckung vormontiert. Eine dampfdiffusionsoffene Abdeckbahn schützt beim Transport zur Baustelle und ermöglicht eine witterungsunabhängige Verlegung. Die

Abb. 4.25: Die vorhandene Tragstruktur dieses Sporthallendaches war bei Starkregenereignissen nur eingeschränkt belastbar. Der Lastabtrag einer neuen Konstruktion musste über die Außenwände erfolgen.

Abb. 4.26: Die Montage erfolgt i.d.R. per Mobilkran. Dementsprechend müssen Stellmöglichkeiten eingeplant werden.

Abb. 4.27: Beim Einsatz des systemeigenen Metalldachsystems sind die Halter der Profilbahnen werkseitig vormontiert – Montagezeiten auf der Baustelle werden somit reduziert.

Abb. 4.28: Das Element-Dach ermöglicht mit seiner speziellen Unterspanntechnik freie Spannweiten bis 33 m.

Abb. 4.29: Eine präzise Ablaufplanung und der werkseitig hohe Fertigungsgrad ermöglichten die Verlegung aller Dachelemente (940 m^2) an nur einem Tag.

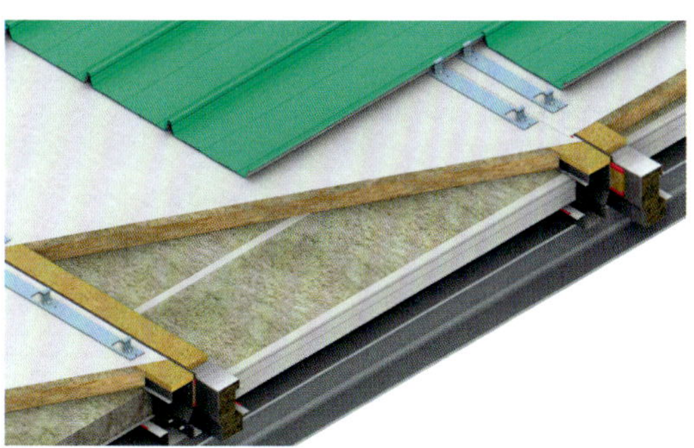

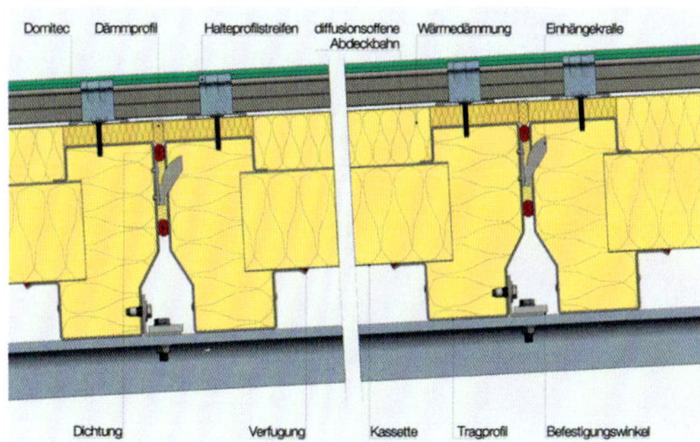

Abb. 4.30 und 4.31: Aufbau Element-Dach.

Spannweiten betragen bei Einfeldträgern bis 10 m und bei Mehrfeldträgern bis 12 m; eine spezielle Unterspanntechnik lässt freie Spannweiten bis zu 30 m zu.

Beispiel Sporthalle

Bei einer umfassenden Prüfung des Tragwerks einer Sporthalle aus den 1970er-Jahren wurde festgestellt, dass die Dachkonstruktion aus Spannbeton unter besonderen, außergewöhnlichen Wetterereignissen nur noch eingeschränkt belastbar ist. Die wasserführenden Ebenen bestehen aus 33 halbrunden, etwa 13 m langen und mit Bitumenbahnen abgedichteten „Betontrögen". Hohe Belastungen der Dachkonstruktion entstehen heute durch die größere Anzahl an Starkregenfällen und im Winter ggf. durch stetig steigende Schneelasten. Dies wurde auch zum Problem für die Sporthalle, da die bestehende Entwässerungsanlage bei solchen Starkregenereignissen keine rückstausichere Ableitung des Niederschlagswassers gewährleisten konnte und somit temporär hohe statische Lasten nicht ausgeschlossen werden konnten. Da das bestehende Hallendach mit 940 m² Dachgrundfläche nach statischer Bewertung keine Zusatzlasten mehr aufnehmen durfte, wurde als flach geneigte Pultdachkonstruktion das Element-Dach eingesetzt. Hiermit konnte zum einen die Hallenlänge von knapp 31 m überbrückt werden, zum anderen ermöglichte die Anwendung des Systems eine kurze Bauzeit sowie den störungsarmen Hallenbetrieb. Für die Verlegung und Aufnahme des unterspannten Element-Daches musste zunächst ein Stahlbaurahmen für die 31 x 41 m umfassende Halle mit einer Dachneigung von 1,5° gefertigt und auf den Außenwänden fixiert werden. Dieser Tragrahmen ist aufgrund der unterschiedlichen Dachbewegungen und Durchbiegungen konstruktiv komplett vom bestehenden Dach getrennt.

Eine präzise Ablaufplanung und der werkseitig hohe Fertigungsgrad ermöglichten mithilfe eines Mobilkranes die Verlegung aller Dach-Elemente an nur einem Tag. Mit der bereits werkseitig wasserdicht verlegten Unterdeckbahn war die neue Dachkonstruktion unmittelbar vor Tagwasser geschützt. Da auch die Halter für die Oberschale und Wetterschutzebene aus Metalldachprofilen werkseitig vormontiert waren, konnte die zeitsparende Verlegung der Profilbahnen erfolgen. Die Entwässerung des neu aufgesetzten Hallendaches erfolgt jetzt an der Dachtraufe in außen liegende, vorgehängte Dachrinnen mit Notüberlauf ins Freie. Da Element-Dachkonstruktionen stets statisch bewertet sind, können Solarmodule zur Strom- und Wärmeerzeugung jederzeit auch nachträglich installiert werden. Die Montage erfolgt durchdringungsfrei mittels systemeigener Befestigungselemente.

Technische Daten Element-Dach			
Abmessungen	Länge bis 33 m	Breite 1.100-3.000 mm	Höhe 313 mm
Spannweiten	Einfeldträger bis 10 m	Mehrfeldträger bis 12 m	mit Unterspannung bis 30 m
Flächenlast	0,3 – 0,6 kN/mJ je nach Ausführung		
Wärmedämmung	Dämmstoffdicke 220 mm Wärmedurchgangskoeffizient: U-Wert ca. 0,2 W/m'K		
Bewertetes Schalldämmmaß	R_w ca. 52 dB		
Brandschutzklasse	nicht brennbar		
Dacheindeckung	Domitec®-Profil		
Sonderausführungen mit Dachabdichtung, als Schubfeldausführung sowie für erhöhte Anforderungen zur Schallabsorption, Wärmedurchgang oder Feuerwiderstand			

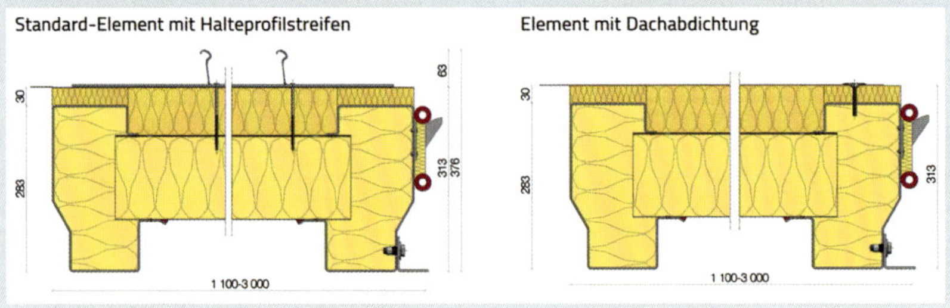

Abb. 4.32: Aufbau des Elementdachsystems für Metalldeckungen und Abdichtungen

4.5 Dachaufbau für Freiformen

Die äußere Hülle eines Bauwerks dient vorrangig dem Wetterschutz, aber auch zur architektonischen Gestaltung von Gebäuden, was einigen Architekten ebenso wichtig ist. Zahlreiche Varianten an Metalloberflächen und Verbindungstechniken und eine hochtechnisierte Blechbearbeitung ermöglichen Bekleidungen und Deckungen komplexer Gebäudegeometrien bis hin zur Freiform. Bei der Umsetzung kommt es insbesondere auf den präzisen und bauphysikalisch korrekten Aufbau der Unterkonstruktion an. Für nicht selbsttragende, handwerkliche Metalldeckungen in Klempner-/Spenglertechnik dienen üblicherweise Holzbaukonstruktionen mit Schalungen als vollflä-

Abb. 4.33: Spezielle Unterkonstruktionssysteme ermöglichen im Zusammenwirken digitalisierter 3D-Planungsprozesse heute eine präzise und wirtschaftliche Umsetzung außergewöhnlicher Architektur.

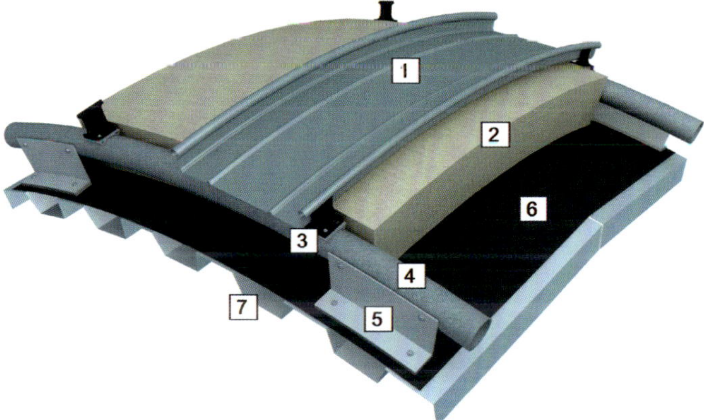

Abb. 4.34: Konstruktion für Freiformen

1) Aluminium-Profiltafel
2) Mineralwolle (komprimierbar)
3) Kalzip-Klipp auf Klippsattel
4) FlexiCon RR 80
5) Distanzwinkel
6) Dampfsperre
7) Trapezprofil

chige Deckunterlage. Selbsttragende Profilsysteme des Metallleichtbaus hingegen kommen mit Pfetten- und Binderkonstruktionen aus, deren Abstände gemäß statischen Nachweisen einzuhalten sind. Planung und Ausführung freigeformter Gebäudehüllen im Metallleichtbau zählen hierbei zu den besonderen Disziplinen. Herausforderungen sind zum einen der Ausgleich von Maßtoleranzen des Traggrundes sowie das dreidimensionale Formen der Profilbahnen mit stabiler Eigenstatik.

Dreidimensional konstruieren

Unterkonstruktionssysteme für komplexe Formgebungen ermöglichen im Zusammenwirken digitalisierter 3D-Planungsprozesse eine präzise und wirtschaftliche Umsetzung außergewöhnlicher Architektur. Hierzu zählt beispielsweise das System FlexiCon des Herstellers Kalzip. Es handelt sich hierbei um ein Rohrsystem mit höhenverstellbaren Konsolen, das gleichermaßen geeignet ist, unebene Untergründe auszugleichen. Bei komplexen oder dreidimensionalen Baukörpern kann der Raum zwischen Tragkonstruktion und Gebäudehülle überbrückt werden. Die Rohre können beliebig gebogen und auf die jeweilige Form des Bauwerks angepasst werden. Sie dienen gleichzeitig für die Aufnahme und Montage von Systembefestigern der Profilbahnen. Diese bekommen über ein spezielles Sattelprofil den notwendigen Halt auf der Rohrkonstruktion.

Abb. 4.35: An einem Luftschiff-Hangar ergaben sich Höhendifferenzen bei der segmentiert verlegten Deckunterlage.

Technische Daten FlexiCon RR 80	
Werkstoff	Aluminium AlMgSi 0,5
Durchmesser	80 mm
Dicke	3 mm
Länge	6.000 mm
Radien	mehrere Radien möglich
U-Winkel	bauseits

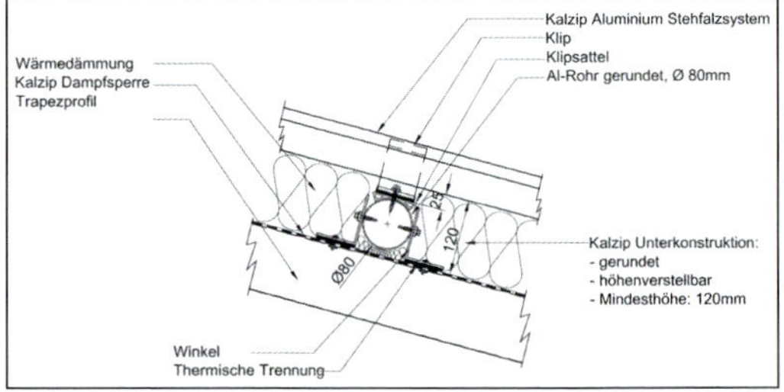

Abb. 4.36: Die Halteklipps der Stehfalzprofile können auf dem Klippsattel dreidimensional ausgerichtet werden.

Konzipiert ist das System für dreidimensionale Baukörper oder komplette Gebäudehüllen, die aufgrund ihrer anspruchsvollen Gebäudegeometrie an Grenzen in der Ausbildung der Unterkonstruktion stoßen – beispielsweise Faultürme oder Kuppeldächer. Auch bei Sanierungen kommt das System oft zum Einsatz, da sich die Rohrkonstruktion auf vielfältigsten Untergründen befestigen lässt.

Beispiel Luftschiffhangar

An einem neu errichteten Luftschiff-Hangar mit Abmessungen von L 92 m x B 42 m x H 26 m ergaben sich Höhendifferenzen bei der segmentiert verlegten Deckunterlage an den Bauwerksendungen. Diese sind als Halbkuppel geformt. Mit dem Rohrsystem konnten die Profilbahnen sowohl horizontal als auch vertikal in einer gleichmäßigen Rundung geformt und verlegt werden. Bei der Montage des Systems besteht die Möglichkeit, die Halteklipps der Stehfalzprofile auf dem dafür konstruierten Sattel auch dreidimensional auszurichten. Sie erhalten somit einen einwandfreien Sitz und stellen die zwängungsfreien temperaturbedingten Dehnungsbewegung der Profiltafeln sicher.

Abb. 4.37: Sandwichelemente für Dach und Fassade stellen für die Gebäudehülle – unter Beachtung des Wärme-, Schall- und Brandschutzes – eine wirtschaftliche und bauphysikalisch betrachtet kosteneffiziente Lösung dar.

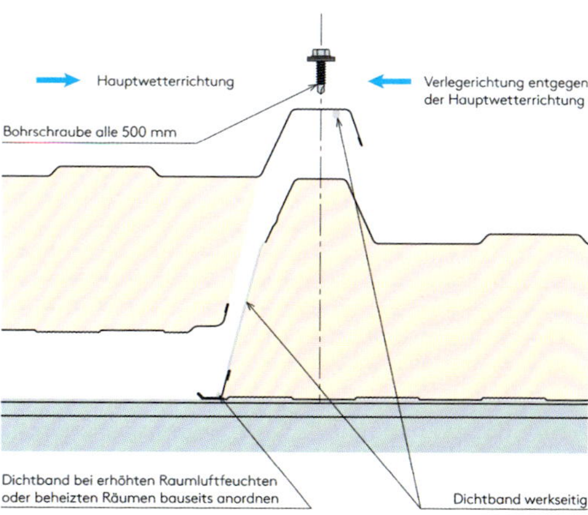

Abb. 4.38: Entsprechend dem GEG (Gebäudeenergiegesetz) müssen Fugen nach den allgemein anerkannten Regeln der Technik dauerhaft luftundurchlässig abgedichtet sein. Um diesen Anforderungen gerecht zu werden, wird das Dachelement im Längs- und Überlappungsstoß mit einem werkseitig angebrachten Dichtband hergestellt.

4.6 Sandwichelemente sicher montieren

Mit Sandwichelementen können in kürzester Zeit Dächer gedeckt, Fassaden bekleidet und in einem Arbeitsschritt gedämmt werden. Für die bauphysikalisch sichere Funktion sind das fachgerechte Fügen und das Handling der Bauelemente von entscheidender Bedeutung. Luftdichtheit, hohe Dämmwerte und Brandschutzeigenschaften sowie die Umsetzbarkeit anspruchsvoller architektonischer Ideen sind die Anforderungen an das moderne Bauen. Mit der Vielfalt verfügbarer Bausysteme aus Metall können diese heute problemlos erfüllt werden. So kommen insbesondere im Industrie- und Gewerbebau häufig Sandwichelemente mit werkseitig integrierten und projektspezifisch ausgewählten Dämmkernen zum Einsatz. Neben den bauphysikalischen Vorteilen können Dächer und Fassaden bei Baubreiten bis 1.200 mm und, je nach baulichen Gegebenheiten und Montage-Handling, mit Baulängen bis etwa 18 m zeitsparend und wirtschaftlich erstellt werden. Jedes System ist jedoch nur so gut wie dessen Verarbeitung. Die Einhaltung der Montageregeln der jeweiligen Hersteller sowie der IFBS-Richtlinie für die Planung und Ausführung von Dach-, Wand- und Deckenkonstruktionen aus Metallprofiltafeln ist dabei von entscheidender Bedeutung. Architekten und Bauherren sind auf der sicheren Seite, wenn sie sich für eine Ausführung durch Mitgliedsfirmen des Internationalen Verbandes für den Metallleichtbau (IFBS) entscheiden. Diese lassen bis zu zweimal jährlich ihre Montageleistung auf der Baustelle kontrollieren. Bei nachgewiesener Erfüllung aller IFBS-Qualitätskriterien erfolgt die Vergabe des IFBS-Qualitätszeichens. Dies garantiert dem Kunden kompetente Beratung über Statik und Bauphysik, über konstruktive und gestalterische Lösungen sowie eine qualifizierte Ausführung durch erfahrene und geschulte Monteure. Die Hersteller im IFBS haben sich darüber hinaus eigene Qualitätsstandards gesetzt, die über das gesetzlich erforderliche Maß hinausgehen.

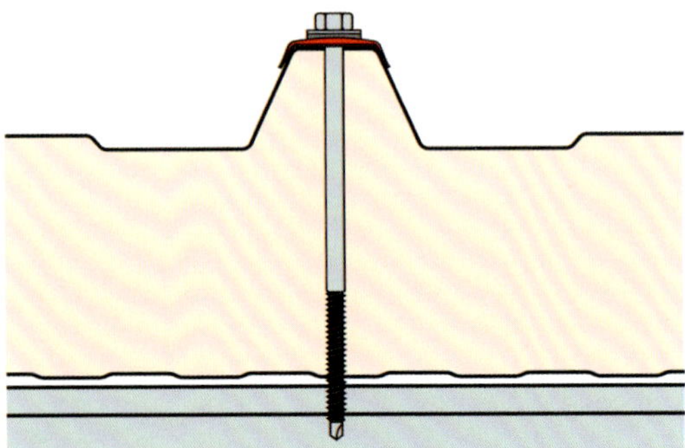

Abb. 4.39: Befestigung im Obergurt mit Kalotte und Befestigern mit einer Dichtscheibe, Durchmesser 16 mm.

Abb. 4.40: Für die bauphysikalisch sichere Funktion ist das fachgerechte Fügen und Handling der Bauelemente von entscheidender Bedeutung.

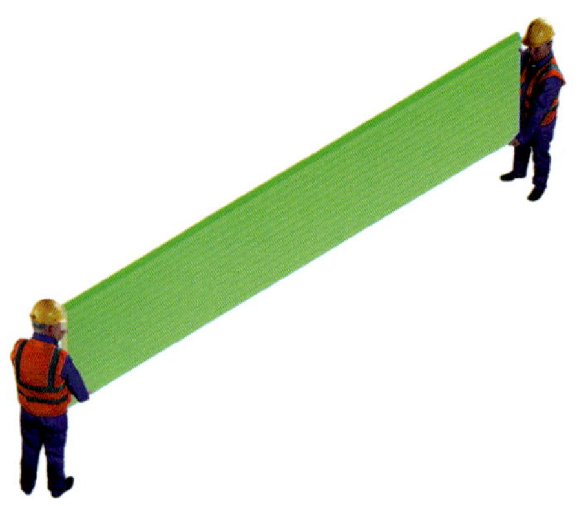

Abb. 4.41: Müssen lange Sandwichelemente auf der Baustelle bewegt werden, sind sie hochkant zu transportieren, um Beschädigungen, Knicke und Beulungen zu vermeiden.

Abb. 4.43: Wandelement mit verdeckter Befestigung, links ohne und rechts mit Lastverteilerplatte.

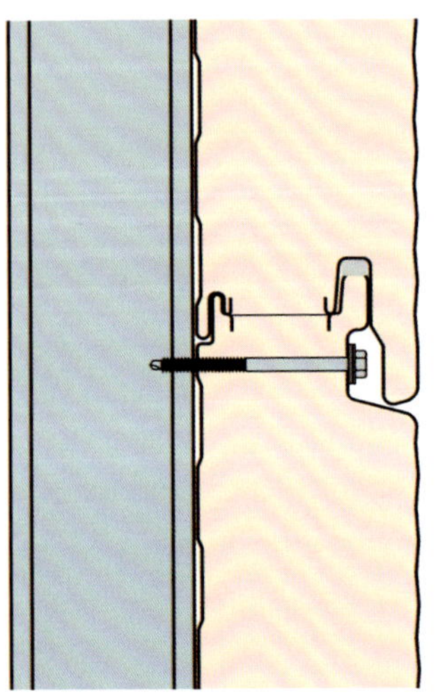

Abb. 4.42: Da die Profilgeometrien zugelassener Systeme zehntelmillimetergenau zusammenpassen, ist insbesondere bei der Verlegung von Wandelementen (hier mit Lastverteilerplatte) auf eine exakt ausgerichtete Unterkonstruktion zu achten.

Richtig dichten

Fugenkonstruktionen wie gedämmte Paneelsysteme müssen nach den allgemein anerkannten Regeln der Technik dauerhaft luftdicht sein. Eine je nach Fabrikat geformte und zueinander passende Profilgeometrie mit integriertem Dichtband ermöglicht das kraftschlüssige luftdichte Fügen der Paneele in der Längsverbindung. Die eingesetzten Materialien zur Fugenabdichtung müssen dem Stand der Technik entsprechen und sind bevorzugt einzusetzen. Im Bereich des Metallleichtbaus haben sich Dichtbänder, Profilfüller und Dichtmassen als Stand der Technik bewährt. Hierzu zählen beispielsweise komprimierbare Dichtbänder, offen- und geschlossenzellig, Butylbänder sowie plastoelastische, geschlossenzellige Profilfüller, Dichtstoffe wie polymervernetzte Dichtmassen oder Entkopplungs- bzw. Trennbänder. Neben dem Wärmeschutz dient die Fugenabdichtung auch der Schlagregendichtheit sowie dem Schall- und Brandschutz. Im Detail beschäftigt sich die IFBS-Fachregel BAUPHYSIK.IFBS „Luftdichtheit im Metallleichtbau" mit Dichtbändern für jeden Einsatzzweck und deren korrekter Anwendung. Darin wird darauf hingewiesen, dass bei nicht ausreichender Komprimierung das Dichtband seine Luftdichtheitseigenschaften nicht voll entfalten kann.

Fachgerecht fügen

Gemäß den Anforderungen an die richtige Längsstoßausbildung am Dach wird zunächst das erste Elemente entsprechend der Verlegerichtung eingemessen und in Einbauposition gebracht. Anschließend ist das nächste Element mit der schaumfreien Längsüberdeckung auf die Randrippe des zuvor verlegten Elementes aufzusetzen und der Längsstoß zu schließen. Hierbei ist besonders der vom Hersteller bzw. der in der allgemeinen bauaufsichtlichen Zulassung vorgegebene Fugenabstand einzuhalten, damit eine ausreichende Pressung der Dichtbänder sichergestellt wird. Auch auf eine gleichmäßige Fugenbreite oben, unten und über/unter den Zwischenauflagern ist zu achten. Ebenso ist auf die vorgegebene Baubreite zu achten, die nach mehreren verlegten Elementen durch eine Kontrollmessung überprüft werden kann. Durch die Auswahl geeigneter Verbindungselemente wird sichergestellt, dass der erforderliche Kompressionsdruck, der zum Abdichten einer Fuge erforderlich ist, aufgebracht und gehalten wird. **Dichtband und Verbindungselement bilden daher eine Abdichtungseinheit.** Der Abstand der Verbindungselemente ist auf die Steifigkeit der zu verbindenden Teile und auf das zu verwendende Dichtband abzustimmen.

Richtiges Handling

Da die Profilgeometrien zehntelmillimetergenau zusammenpassen, ist insbesondere bei der Verlegung von Wandelementen auf eine exakt ausgerichtete Unterkonstruktion zu achten. Entstehen Verformungen der Sandwichpaneele, lassen sie sich nur schwer zusammenschieben und der erforderliche Anpressdruck für eine luftdichte Fuge ist zu gering. Aus diesem Grunde gelten auch für das Handling bestimmte Regeln. Um eine ausreichende Pressung der Dichtbänder sicherzustellen, ist die Anwendung von Montagehilfsmitteln wie Zuggurten oder speziellen Andrückgeräten sehr empfohlen und von Herstellerseite zumeist auch vorgeschrieben. Trotz sorgfältiger Planung und eines hohen Fertigungsgrads kann es vorkommen, dass Elemente auf der Baustelle händisch an den Montageort transportiert werden müssen. Hierzu schreibt beispielsweise der Hersteller Kingspan vor, dass die Elemente in solchen Fällen hochkant transportiert werden, um Beschädigungen, Knicke und Beulungen zu vermeiden. Bei nicht sachgemäßer Handhabung könnten die Elemente zudem unter Einwirkung der Eigenlast Schäden erleiden und müssten im Schadensfall überprüft und ggf. ausgetauscht werden. Dies wäre der Fall, sollten sie durch die Stärke der Beschädigung nicht mehr den Anforderungen an die Luftdichtheit und Tragfähigkeit gemäß der allgemeinen bauaufsichtlichen Zulassung entsprechen.

Befestigung und Anschlüsse

Alle Anschlussbereiche wie First-, Trauf- und Ortgang müssen luftdicht ausgeführt werden, um die gesetzlichen Anforderungen zu erfüllen. Auch zwischen Sandwichelement und Unterkonstruktion sowie zwischen Kantteilen und Sandwichelement fordert beispielsweise der Hersteller Kingspan die Anordnung von Dichtbändern, um eine wärmebrückenfreie und luftdichte Konstruktion zu gewährleisten. Die Befestigung soll nur mit Edelstahlbefestigern erfolgen, die bauaufsichtlich zugelassen sind oder über eine europäische technische Zulassung verfügen. Die Vorgaben dieser Zulassung sind entsprechend zu beachten. Befestiger werden nur mit einem Elektroschrauber (kein Schlagschrauber!) mit einstellbarem Tiefenanschlag verschraubt. Die Befestigung muss rechtwinklig zur Bauteiloberfläche erfolgen, um eine sichere und einwandfreie Einleitung der Lasten zu gewährleisten und eine schlagregendichte Verbindung herzustellen.
Dachelemente des Herstellers können im Obergurt oder in der Tiefsicke fixiert werden. Bei der Befestigung im Obergurt wird empfohlen, Kalotten zu verwenden; sie erhöhen die Dichtigkeit und sorgen für eine höhere Sicherheit. Kalotten sollten nur in Verbindung mit Befestigern ohne Hinterschnitt, einschließlich Dichtscheibe mit 16 mm Durchmesser, zum Einsatz kommen. Bei Unterkonstruktionen aus Holz werden ausschließlich Kalotten bevorzugt. Aus Gründen der Schlagregen- und Luftdichtigkeit ist der Längsstoß (Blech zu Blech) mit ETA-DIBt-zugelassenen Bohrschrauben zu befestigen.

Regelwerke und Normen für den Metallleichtbau

Die IFBS-Fachregeln für die Planung und Ausführung sind als Anhang IV in die „Fachregeln für Metallarbeiten im Dachdeckerhandwerk" übernommen worden. Die für den Metallleichtbau übliche Ausführung ist somit auch gemäß den Fachregeln des Zentralverbandes des Deutschen Dachdeckerhandwerks fachgerecht.

- IFBS-Fachregeln des Metallleichtbaus – Planung und Ausführung – IFBS, 2020
- IFBS-Fachregeln des Metallleichtbaus – Grundlagen – IFBS, 2020
- IFBS-Fachregeln des Metallleichtbaus – Verbindungstechnik – IFBS, 2021
- DIN EN 1993-1-3 : 2010-12, Eurocode 3, Bemessung und Konstruktion von Stahlbauten, Teil 1–3: Allgemeine Regeln, Ergänzende Regeln für kaltgeformte Bauteile und Bleche, Beuth Verlag Berlin
- DIN 55634-1: 2018-03, Beschichtungsstoffe und Überzüge – Korrosionsschutz von tragenden dünnwandigen Bauteilen aus Stahl, Beuth Verlag Berlin

5 Solartechnik und Klimaschutz

Erneuerbare Energien sind eine zentrale Säule der Energiewende. Das EEG 2023 legt die Grundlagen dafür, dass Deutschland klimaneutral werden kann. Mit einem konsequenten, deutlich schnelleren Ausbau soll der Anteil erneuerbarer Energien am Bruttostromverbrauch bis 2030 auf mindestens 80 % steigen. Um das neue Ausbauziel für Wind- und Solarstrom zu erreichen, will die Bundesregierung die Ausschreibungsmengen für die Zeit bis 2028/29 deutlich erhöhen. So gelten für neue Photovoltaikanlagen, die auf Dächern installiert werden, bereits seit 2022 höhere Vergütungssätze. Anlagen mit Voll- und Teileinspeisung lassen sich nun kombinieren. Damit lohnt es sich für Hauseigentümer von Neu- und Bestandbauten, auch bei Eigenverbrauch Dächer vollständig mit Solaranlagen zu belegen. Beim Anschluss kleiner Anlagen muss der Netzbetreiber in der Regel nicht mehr anwesend sein, sodass die Anlagen schneller in Betrieb genommen werden können. Zudem fallen keine Umlagen für die Strom-Eigenversorgung an.

Klimaschutz ist vielschichtig und allein die Photovoltaik und Solarthermie reichen nicht aus, um dem Klimawandel erfolgreich zu begegnen. Es geht ebenso um eine effizientere Energienutzung und Energieeinsparung, die Schließung von Stoffkreisläufen bis hin zu einem nachhaltigen Bauwesen. Zum wachsenden Markt zählen deshalb komplette energetische Dachsanie-

Abb. 5.1: Der Klimaschutz bietet Klempnern/Spenglern und Metallleichtbauern ein vielfältiges Betätigungsfeld.

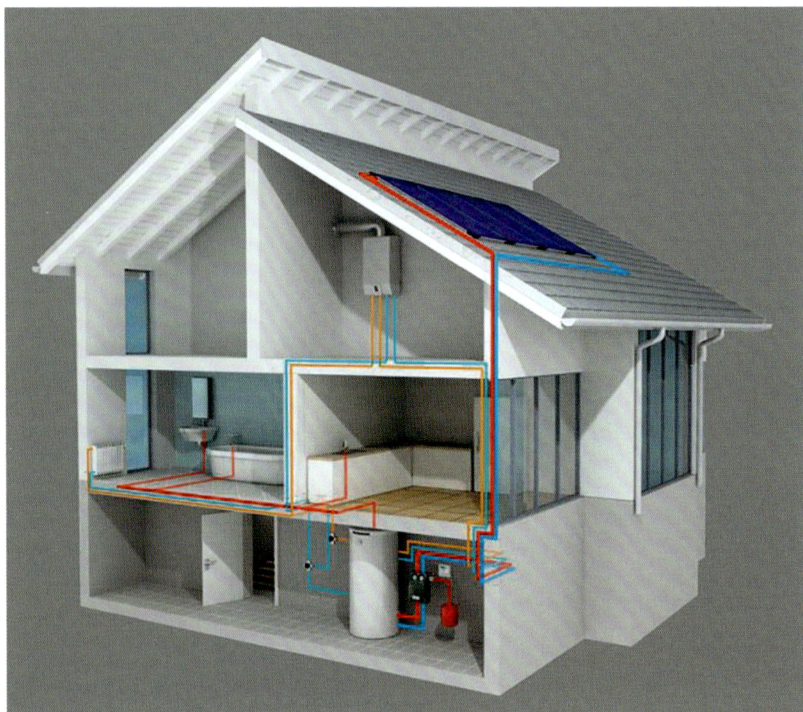

Abb. 5.2: Schematische Darstellung einer Solarthermieanlage

rungen. Auch das aufgeheizte und verstaubte Klima in den Städten zählt zu den heutigen „Umweltbaustellen". Deshalb stellt beispielsweise das Umweltministerium Nordrhein-Westfalen Mittel zur Förderung der Klimawandel-Vorsorge in Kommunen bereit. Hierzu zählen u.a. Dach- und Fassadenbegrünungen. Sie verbessern das Mikroklima am Haus, tragen zur Bindung von Feinstaub bei und fördern nebenbei auch die Artenvielfalt. Die Erwärmung traditioneller Dächer in den Städten kann im Vergleich zu begrünten Dächern bis zu 40 °C höher sein. Während extremer Niederschläge sorgen Dachbegrünungen zudem dafür, dass durch die Regenwasserrückhaltung (Retention) Kanalisation und Kläranlagen nicht überfordert werden.

Was einige noch nicht wissen: Retention mittels Dachbegrünungen und wasserspeichernder Module ist auch mit Metalldachkonstruktionen realisierbar, wie in diesem Kapitel nachzulesen ist. Somit bietet der Klimaschutz der Klempner-/Spengler- und Leichtbaubranche ein vielfältiges Betätigungsfeld. Sie ist zuständig für eine langlebige Gebäudehülle aus Metall, sie zählt somit zu den wichtigen Klimaschützern der Baubranche.

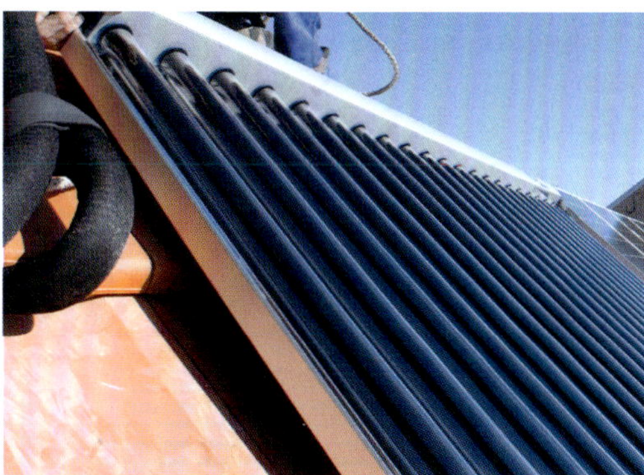

Abb. 5.3: Wasserkollektoren

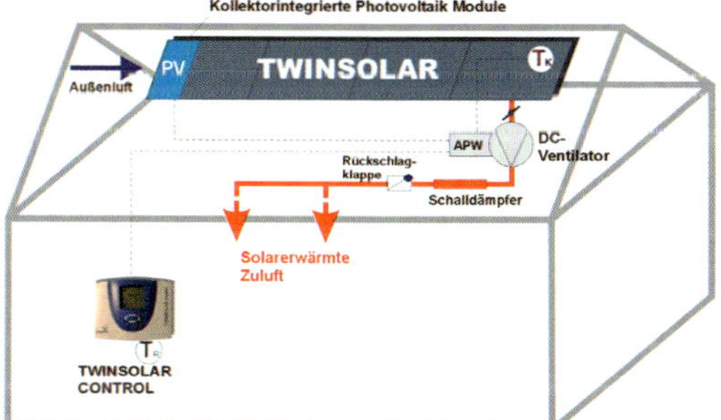

Abb. 5.4: Schema des Luftkollektorsystems

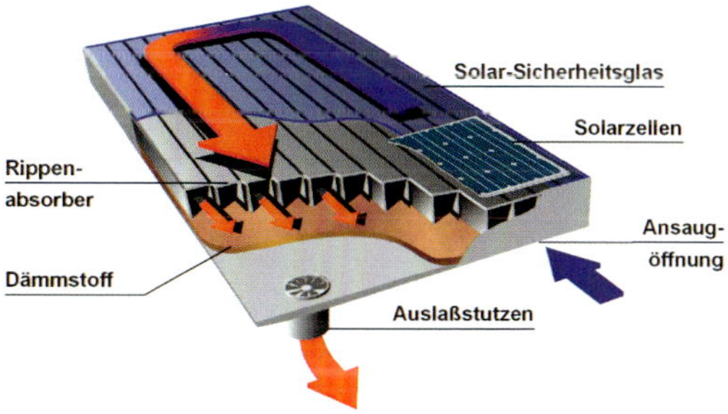

Abb. 5.5: Aufbau des Luftkollektors mit solarer Eigenstromversorgung

5.1 Solarthermie

Unter dem Begriff Solarthermie ist die Nutzung der Wärmeenergie der Sonne zu verstehen. In der Haustechnik wird diese Energie mittels Solarwärmeanlagen für die Wassererwärmung und Heizungsunterstützung verwendet. Sie unterstützt somit die Warmwasserversorgung und übernimmt einen Anteil zur Abdeckung des Heizwärmebedarfs. Das Einsparpotenzial liegt, je nach Dämmstandard des Gebäudes, zwischen 12 und 25 % des Heizenergiebedarfs. Besonders in der Übergangszeit im Frühjahr und Herbst kann eine solche Anlage einen deutlichen Beitrag leisten. Sie erfordert, bedingt durch eine größere Kollektorfläche und einen größeren Speicher, höhere Investitionskosten als Solarstromanlagen.

Kollektoren zur Wassererwärmung

Zentrales Bauteil einer thermischen Solaranlage ist der Kollektor. Er besteht aus einem Absorber, der die einfallende Sonnenstrahlung aufnimmt und sie in Wärmeenergie umwandelt. Eine wärmegedämmte Einfassung des Absorbers mit einer transparenten Abdeckung, i.d.R. Glas, dient zur Minimierung von Wärmeverlusten. Die erwärmte Wärmeträgerflüssigkeit zirkuliert vom Kollektor über Leitungsanlagen zum Warmwasserspeicher und von dort wieder zum Kollektor. Die thermische Solaranlage wird über einen speziellen Solarregler gesteuert. Sobald die Temperatur am Kollektor die Temperatur im Speicher um einige Grad übersteigt, transportiert eine Umwälzpumpe die erhitzte Wärmeträgerflüssigkeit in den Warmwasserspeicher.

Der Solarwarmwasserspeicher ist größer als konventionelle Warmwasserspeicher, um die Solarwärme 2 bis 3 Tage vorhalten zu können. Durch die hohe, schlanke Bauform bilden sich Wasserschichten mit unterschiedlichen Temperaturniveaus. Das leichtere warme Wasser steigt nach oben und steht im oberen Teil des Speichers zur Nutzung bereit. Wird es entnommen, strömt unten kaltes Wasser nach, das erwärmt wird und dann wieder nach oben steigt. Über den unteren Wärmetauscher wird die Solarwärme auf das Trinkwasser übertragen. Wenn die Temperatur im oberen Speicherteil nicht hoch genug ist, wird das Trinkwasser über den oberen Wärmetauscher vom Heizkessel auf die gewünschte Temperatur erwärmt.

Luftkollektoren

Neben den bekannten Kollektoren zur Brauchwasserbereitung werden heute immer häufiger Luftkollektorsysteme eingesetzt. Die Solartechnik wurde bereits Anfang der 1980er-Jahre zunächst in der Prozesswärmebereitstellung und Hallenlüftung angewendet. Aufgrund der immer dichteren Gebäudehüllen, Feinstaubdiskussionen und der Schimmelproblematik bei Fenstersanierungen im großen Stil finden Luftkollektorsysteme auch im Wohnbau ihren Einsatzbereich. Die recht einfache Technik ermöglicht je nach Anwendungsfall Energieeinsparungen bis zu 50 % bei gesteigerter Wohnqualität.

Durch den solaren Wärmeeintrag der Luftkollektoren werden Heizungs- und Lüftungsanlagen der Gebäude auch im Winter und in der Übergangszeit unterstützt. Da bei der Raumheizung und Raumlüftung deutlich niedrigere Ausgangstemperaturen ausreichen als bei der Heißwasserbereitstellung, sind hier die Tageslaufzeiten der Anlagen wesentlich länger als bei ausschließlich wassergeführten Systemen. In Sommer- und Übergangszeiten kann das notwendige Brauchwasser tagsüber durch Warmluftüberschüsse erwärmt werden. Eine Vorrangschaltung leitet nach Erreichen der gewünschten Raumtemperatur den heißen Luftstrom an einen Wärmetauscher. Nach Sonnenuntergang kann das Gebäude mit der gefilterten frischen, insektenfreien Nachtluft gespült werden. Man erreicht dadurch eine deutliche Entladung der Baumassen von am Tag eingespeicherter Wärmelast, beispielsweise aus Haushaltsgeräten, Maschinen oder Glasfassaden. Ein physikalischer Effekt in den Absorberlamellen sorgt hierbei für eine zusätzliche Temperaturabsenkung um etwa 1,5 bis 2 °C im Rückkühl-Luftstrom.

Eine besondere Variante bei Luftkollektoren sind vom Netzstrom unabhängige Anlagen, wie sie beispielsweise auf Berghütten oder abgelegenen Boots- und Ferienhäusern Verwendung finden. Hier erzeugen integrierte Photovoltaikmodule den notwendigen Lüfterstrom.

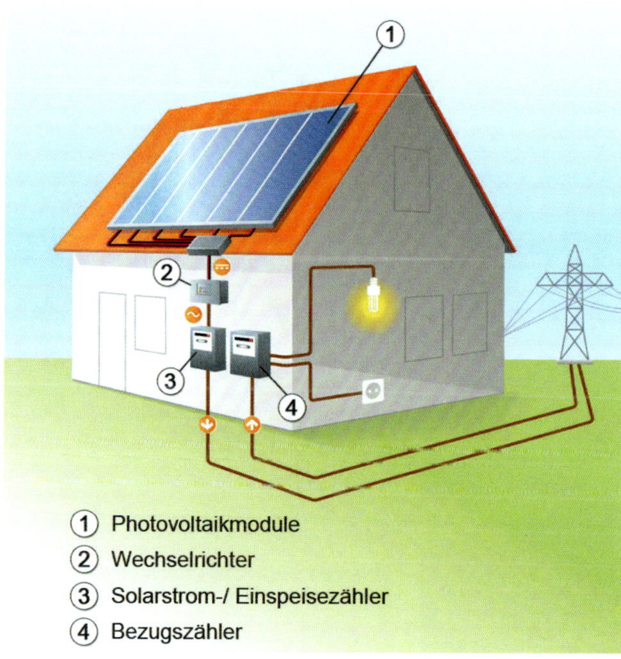

Abb. 5.6: Schematische Darstellung einer Photovoltaikanlage

Die aktivierte Fassade

In Zeiten des Klimaschutzes gelangt die Gebäudehülle mehr und mehr in den Fokus von Wissenschaft und Forschung. Im Rahmen ihrer aktuellen Studie „Future Facade" gelang es dem FLEX-Team der Hochschule für Technik, Wirtschaft und Kultur Leipzig, eine solarthermisch aktivierte und funktionsintegrierte Metallfassade zu entwickeln. Die Integration von Solarthermie in die Fassade birgt große Potenziale zur Gewinnung solarer Erträge, die bisher weitestgehend ungenutzt bleiben. Obwohl das Leibniz-Institut für Ökologische Raumentwicklung (IÖR) in einer Studie insgesamt 12.000 m² Fassadenfläche in Deutschland als solar nutzbar ausweist, existieren bisher noch keine architektonisch anspruchsvollen solarthermischen Fassadenelemente. Die Kombination von Solarthermie an innerstädtischen Fassadenflächen und Photovoltaik auf Dächern kann zur Warmwasserbereitung, Heizunterstützung und Kühlung im Haushalt genutzt werden. Hinsichtlich unabsehbarer Entwicklungen der Kosten aller Brennstoffe bietet Solarthermie eine nachhaltige und kostengünstige Alternative. Die Innovationen des Projektes stellen der neuartige Aufbau der Module und die gewählte Fertigungstechnik dar. Während herkommliche Kollektoren optisch immer durch Glas und die dunkelblaue Absorberfläche zu erkennen sind, können durch Mono-Material-Paneele aus Metall komplexere Erscheinungsbilder erzeugt werden. Zusätzlich sind diese Fassadenelemente nahezu komplett recycelbar gestaltet und kommen weitestgehend ohne Kombination mit anderen Materialien und Verklebungen aus. Die gewählte Fertigungstechnik der inkrementellen Blechumformung stellt ebenso eine Innovation dar. Hierbei werden mittels Drückdorn und einer Patrize komplexe Geometrien erzeugt. Das innere Paneel stellt das Trägermedium für die Kanalstruktur dar. Das Fassa-

Abb. 5.7: So könnte eine architektonisch gestaltete Fassade der Zukunft aussehen, die das Gebäude zugleich mit Wärmeenergie versorgt.

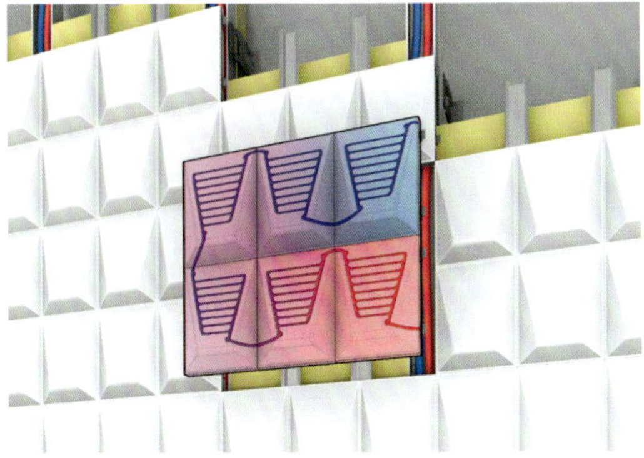

Abb. 5.8: Das Fassadenpaneel ist als Kassette ausgebildet und kann so beispielsweise an den Bolzen von Fassadenkonstruktionen diverser Hersteller eingehängt werden.

Abb. 5.9: Ausschlaggebend für die Effizienz des Solarthermie-Paneels ist die Formbarkeit des Materials, dessen Witterungs- und Korrosionsbeständigkeit sowie ein hoher solarer Absorbtionsgrad der Metalloberfläche.

denpaneel ist als Kassette ausgebildet und kann so beispielsweise an den Bolzen von Fassadenkonstruktionen diverser Hersteller eingehängt werden. Durch die Verwendung einer standardisierten Unterkonstruktion kann der Aufwand für die Montage und Wartung minimiert und die Wirtschaftlichkeit erhöht werden.

Forschungsprojekt „Solar-VHF"

Auch im vom Bundesministerium für Wirtschaft und Energie (BMWi) geförderten Forschungsprojekt „Solar-VHF" untersuchen u.a. das Fraunhofer-Institut für Bauphysik IBP und das Institut für Solarenergieforschung ISFH, wie Solarthermie und die Nutzung von vorgehängten hinterlüfteten Fassaden (VHF) als Wärmetauscher kombiniert werden können. Der FVHF ist Netzwerkpartner im Forschungsprojekt und unterstützt die Vorbereitung und Umsetzung von Pilotfassaden im mehrgeschossigen Wohnungsbau. Das Vorhaben setzt sich die Entwicklung solarthermisch aktivierter Fassaden für den Geschosswohnungsbau (Neubau und Sanierungsbereich) sowie die Bewertung ihres Energieeinsparpotenzials im System zum Ziel. Spezifisch adressiert werden die vorgehängten hinterlüfteten Fassaden, die sich aus konstruktiven, bauphysikalischen und montagetechnischen Gründen optimal für die Aktivierung eignen. Der zentrale Projektansatz besteht darin, 3 unterschiedliche Fassadenverkleidungen aus Glas, Beton und Metall ohne Veränderung der architektonischen Wirkung als Solarabsorber zu verwenden, damit eine unsichtbare Integration und ein optisch ansprechendes Erscheinungsbild erzielt werden. Für die anlagentechnische Anbindung wer-

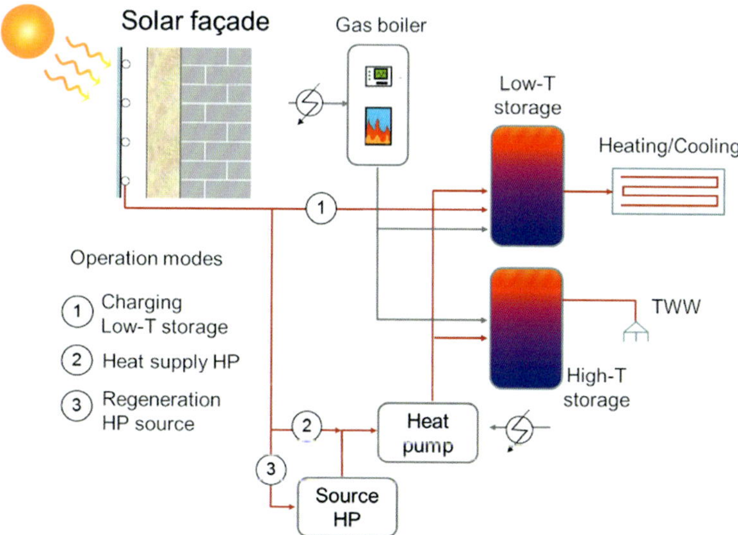

Abb. 5.10: Der zentrale Projektansatz besteht darin, 3 unterschiedliche Fassadenverkleidungen aus Glas, Beton und Metall ohne Veränderung der architektonischen Wirkung als Solarabsorber zu verwenden. Für den Wärmeerzeuger richtet sich der Fokus auf die Wärmepumpe.

den Konzepte untersucht, die eine effiziente Nutzung der wechselhaften Niedertemperaturwärme und -kälte aus der Fassade ermöglichen. Für den Wärmeerzeuger richtet sich der Fokus auf die Wärmepumpe, wobei hier unterschiedliche Typologien untersucht werden und der Aspekt der Netzdienlichkeit besonders beachtet wird. Für die Speicherung liegt der Schwerpunkt auf der thermischen Nutzung der Gebäudemasse, mit der Option der direkten Beladung mit solarer Wärme bzw. Kälte. Die Bearbeitung von regelungstechnischen Fragestellungen stellt eine wesentliche Aufgabe bei der Entwicklung der Anlagentechnik dar.

Das Projekt aus 2022 gliedert sich in 2 Hauptphasen: In einer ersten dreijährigen Phase werden die aktivierten Fassaden und die passende Anlagentechnik sowie deren Regelungsstrategien durch theoretische (dynamische Gebäudesimulation) und experimentelle Untersuchungen erarbeitet und erprobt. Gleichzeitig werden Konzepte zur Erhöhung des Vorfertigungsgrades und zur Standardisierung der Montageprozesse entwickelt. In einer anschließenden zweijährigen Phase werden vielversprechende, erfolgreich getestete Lösungen in realen Mehrfamilienhäusern umgesetzt und einem umfassenden Monitoring unterzogen.

5.2 Photovoltaik

Als Photovoltaik bezeichnet man die direkte Umwandlung von Sonnenlicht in elektrische Energie mittels Solarzellen. Der Umwandlungsvorgang beruht auf einem Fotoeffekt. Hierbei werden positive und negative Ladungsträger in der Solarzelle durch Lichteinstrahlung freigesetzt. Solarzellen bestehen aus verschiedenen Halbleitermaterialien, jedoch überwiegend aus Silizium. Silizium ist als zweithäufigstes Element der Erdrinde in ausreichenden Mengen vorhanden und wird unter Zufuhr von Licht oder Wärme elektrisch leitfähig.

Anders als in der Solarthermie bezeichnet man das Kernelement einer Photovoltaikanlage als Solarmodul, das mehrere Solarzellen enthält. Die Leistungskurve eines Solarmoduls folgt dem täglichen Lauf der Sonne, bei dem der höchste Ertrag folglich um die Mittagszeit erreicht wird. Da etwa zur gleichen Zeit auch die Tagesverbrauchsspitzen im Stromnetz auftauchen, wird der Solarstrom überwiegend direkt in das Stromnetz eingespeist. Je nach Anlagengröße wandeln ein oder mehrere Wechselrichter den gelieferten Solar-Gleichstrom in Wechselstrom um, damit eine Einspeisung in das öffentliche Netz erfolgen kann. Für den Gesamtertrag der Anlage sind die Qualität und die richtige Dimensionierung des Wechselrichters entscheidend. Zu den weiteren wichtigen Bestandteilen einer Photovoltaikanlage zählen eine Schutzeinrichtung, die für die automatische Abschaltung bei Störungen im Stromnetz sorgt, sowie ein Zähler zur Erfassung der eingespeisten Strommenge. Die Bemessung netzgekoppelter Anlagen hängt im Wesentlichen ab von ökonomischen und rechtlichen Faktoren, den verfügbaren Investitionsmitteln und Flächen sowie von der aktuellen Solarstrom-Förderung. Diese regelt das Erneuerbare-Energien-Gesetz (EEG).

Netzunabhängige Photovoltaikanlagen, sogenannte Insellösungen, bieten sich an netzfernen Standorten an, an denen elektrische Energie benötigt wird.

Hierzu zählen beispielweise Ferienhäuser, Berghütten oder mobile Systeme. Der Solarstrom hält hier notwendige Pumpen in Betrieb, versorgt Lichtzeichenanlagen oder liefert Strom für Wohnwagen. Eine Insellösung besteht ebenfalls aus mehreren Komponenten: dem Photovoltaikmodul, einer Solarbatterie sowie einem Laderegler, der den Ladezustand der Batterie regelt und überwacht. In Ferienhäusern kann ein zusätzlicher Wechselrichter für den Betrieb von 220-Volt-Wechselstromabnehmern zwischengeschaltet werden.

5.3 Solartechnik auf Metalldeckungen

Da sich Metalldächer perfekt für die Installation von Solarmodulen eignen, entwickelt sich für Klempner/Spengler ein lukratives Betätigungsfeld. Teils bundesweit, teils für einzelne Bundesländer gelten verschiedene Gesetze, um mit erneuerbaren Energien und Solaranlagen CO_2-Immissionen im Gebäudesektor zu minimieren. Auf Bundesebene sind dies u.a. das Gebäude-Energie-Gesetz (GEG) und das Bundes-Klimaschutzgesetz. In einigen Bundesländern gibt es dagegen bereits Klimaschutzgesetze (KSG) oder ähnliche Gesetze, in denen eine Solar-Pflicht für Wohngebäude und Nichtwohnge-

Abb. 5.11: Bereits bei der Planung ist darauf zu achten, dass sowohl die Metalldeckung als auch die Tragkonstruktion der Solarkollektoren korrekt befestigt werden können.

bäude bzw. öffentliche Gebäude festgelegt ist. Weitere KSG bzw. Solargesetze sind geplant oder sollen novelliert werden. Außerdem wird voraussichtlich eine Solarpflicht auf Bundesebene kommen, die für alle Bundesländer gilt. Daraus ergibt sich für Klempner/Spengler, jedes Metalldach von vornherein so auszuführen, dass sich dieses für eine problemlose und statisch sichere Montage von Solarmodulen eignet. Hierzu besagen die Klempner-Fachregeln des ZVSHK: „Bauteile wie Solaranlagen, Schneefangsysteme und dergleichen müssen sich stand- und windsogsicher in die bzw. auf der Metalldacheindeckung integrieren lassen. Dabei ist die Längenausdehnung des Metalldaches zu berücksichtigen. Es ist darauf zu achten, dass Bauteile für den jeweiligen Verwendungszweck geeignet und zugelassen sind. Herstellerangaben sind bei Einbau und Befestigung zu beachten. Nicht alle Möglichkeiten der Befestigung eignen sich für Metalldächer im Bestand." Der Hinweis, dass sich nicht alle Möglichkeiten der Befestigung für Metalldächer im Bestand eignen, meint, dass sich nicht jedes beliebige Befestigungselement aus dem Baumarkt, Internethandel o.Ä. als Solarhalter für Falze eignet. Die unsachgemäße Befestigung von Solaranlagen an Metalldächern kann bei Starkwinderereignissen zu erheblichen Schäden an der Deckung bis hin zum Abtrag ganzer Module führen.

Statische Anforderungen

Bereits bei der Planung ist darauf zu achten, dass sowohl die Metalldeckung als auch die Tragkonstruktion der Solarkollektoren korrekt befestigt werden können. Hierzu sind die zugehörigen Halter, Falzklemmen, Halteclips oder Hafte entsprechend der Windlastnorm DIN EN 1991-1-4 in ausreichender Anzahl vorzusehen. Zu berücksichtigen sind ebenso die Schubkräfte, die

Abb. 5.12: Solar-Klemmhalter für industrielle Stehfalze.

Abb. 5.13: Der Solar-Klemmhalter für das handwerkliche Stehfalzsystem wird einfach aufgeklemmt und die Muttern mit einem Drehmomentschlüssel nach Herstellerangabe angezogen.

sich je nach Dachneigung und den Gewichtslasten der Solarmodule entwickeln können. Eine von der Firma Protectum Dachsysteme GmbH veranlasste Prüfung der Schublasten ergab, dass zur Fixierung von Metalldeckungen für jede Profilbahn je ein Festpunkt anzuordnen ist. Dieser Festpunkt bestehe üblicherweise bei Edelstahlbahnen bzw. -scharen aus mindestens 2, bei Titanzink und Aluminium aus mindestens 3 hintereinander angeordneten Festhaften, bei denen die Falzzungen im Gegensatz zu den Schiebehaften mit der Grundplatte verschweißt bzw. verfalzt werden. Die geeignete Ausbildung und Befestigung der Festpunkte werde vom Verlegebetrieb eigenverantwortlich festgelegt.

Für die sichere Auslegung einer Solaranlage sind dementsprechende statische Berechnungen notwendig. Dabei ist zu prüfen, ob die Systembefestigungen der Metalldeckung (Hafte, Clips) in der Lage sind, die Tragkonstruktion der Solarkollektoren mit Falzklemmen an den Scharen oder Bahnen zu fixieren.

Ebenso sind die Gegebenheiten bei bestehenden Metalldächern wie beispielweise die Lage der eingebauten Hafte sowie die Möglichkeit zur freien Dehnungsbewegung der Metallscharen oder Profiltafeln zu prüfen. Auch bei den Trägern der Solarelemente, die oft aus Aluminium-Strangpressprofilen bestehen, müssen die thermischen Dehnungsbewegungen berücksichtigt werden. Bei Klemmbefestigungen, die bei der Befestigung die Dachdeckung nicht durchdringen und durch Profile oder Winkel miteinander verbunden sind, darf die Verbindungslänge von 3 m in Längs- und Querrichtung nicht überschritten werden; die Bauteile sind bei größeren Längen entsprechend zu trennen. Grundsätzlich sind hierbei auch die Montagehinweise der jewei-

Abb. 5.14: Um einen schlankeren Aufbau für Solardachkonstruktionen zu erzielen, können alternativ zum Schienensystem auch Modul-Falzklemmen eingesetzt werden.

Abb. 5.15: Wie in diesem Versuch sichtbar wurde, sind auch Schubkräfte zu berücksichtigen, die sich je nach Dachneigung und den Gewichtslasten der Solarmodule entwickeln können.

ligen Hersteller zu beachten. Die Solar-Klemmhalter selbst sind mit dem angegebenen Drehmoment des Herstellers zu spannen (siehe hierzu auch Kapitel 2.6 „Dachinstallationen sicher ausführen“).

5.3.1 Befestigung im Traggrund

Bei einem nachträglichen Einbau von Dachinstallationen können die jeweiligen statischen Grundlagen kaum ermittelt werden, weil Haftanzahl und Haftabstände unbekannt sind. Somit ist auch der statische Nachweis für das Metalldach zur Aufnahme großer Lasten kaum möglich. In diesem Falle werden die Halterungen direkt mit der statisch abgesicherten Deckunterlage verbunden. Eine Möglichkeit dazu ist beispielsweise, Leistenfalze mit Holzkern in die bestehende Metalldeckung zu integrieren. Die Solarhalterung wird über den Holzkern mit dem Traggrund verbunden – Solar-Elemente und Metalldeckung können sich unabhängig voneinander bewegen. Die Leistenfalztechnik kommt auch bei Neudeckungen oder, je nach Ausrichtung, in einzelnen Dachbereichen des Gebäudes zur Anwendung, wie beispielsweise im Rahmen der energetischen Dachsanierung eines Verwaltungsgebäudes. Der neue Aufbau besteht aus einer bauphysikalisch sicheren, wärmegedämmten, hinterlüfteten Holzunterkonstruktion. Nach technischen und architektonischen Abwägungen wählten der Fachplaner und Bauherr als Deckungswerkstoff 0,5 mm dickes, elektrolytisch verzinntes Edelstahlblech. Die Ausführung der Metalldeckung erfolgte in Doppelstehfalztechnik mit 600 mm Scharenbreite (Deckmaß). Als Deckunterlage dient eine 24 mm dicke Brettschalung mit einer diffusionshemmenden Unterdeckbahn. Der Anschluss der Hinterlüftungsebene an die Außenluft erfolgt mittels durchge-

Abb. 5.16: Einige Dachbereiche wurden mit Photovoltaikmodulen ausgerüstet. In diesen Feldern erfolgte die Deckung im Deutschen Leistensystem.

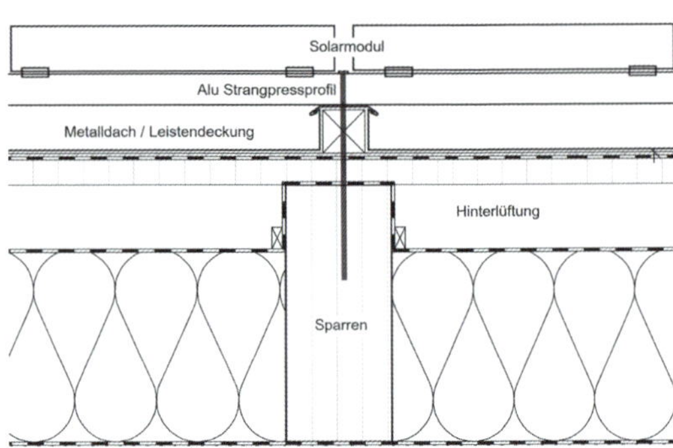

Abb. 5.17: Die Solarhalterung wird über den Holzkern statisch sicher mit dem Traggrund verbunden.

Abb. 5.18: Die Dehnungsbewegungen erfolgen aufgrund der konstruktiven Trennung der Deckung und der Solarmodulbefestigung zwängungsfrei.

hender Öffnungen unterhalb des weiten Dachüberstandes sowie an Firsten, Graten, Gefällestufen und Wandanschlüssen. Ausgerüstet sind die Dächer in der schneereichen Region mit dreireihig auf den Flächen verteilten Schneefangrohren in der Art einer Lawinenverbauung. Dies sichert vor dem Abrutschen der Schneemengen und sorgt für eine gleichmäßige Lastverteilung. In das energetische Konzept der Gebäudesanierung integriert ist auch die Erzeugung von Solarstrom, sodass einige Dachbereiche mit Photovoltaikmodulen ausgerüstet wurden. In diesen Feldern erfolgte die Deckung im Deutschen Leistensystem, sodass die Solarbefestiger innerhalb der Leistenfelder regensicher und ohne die Metalldeckung zu durchdringen eingesetzt werden konnten. Die Vorteile: Zum einen erfolgt der Lastabtrag direkt in den Traggrund, was eine erhöhte Sicherheit bei zusätzlichen Schneelasten bietet. Zum anderen können Dehnungsbewegungen durch die konstruktive Trennung der Deckung von der Solarmodulbefestigung zwängungsfrei und somit schadlos erfolgen.

5.3.2 Dachintegrierte Solartechnik

Die Installation aufgeständerter Solarmodule ist aus statischen Belangen zum Teil nicht möglich oder besonders aufwendig umsetzbar. An exponierten Dachbereichen müssen sie starken Windsoglasten standhalten und entsprechend gesichert werden. Auch aus architektonischen Gründen sind sie oft nicht gewünscht, deshalb kommen immer mehr dachintegrierte Lösungen zur Anwendung. Nachfolgend zeigen wir anhand von Praxisbeispielen einige Systeme.

Abb. 5.19: Metalldachkonstruktionen eignen sich ideal für die dachintegrierte, auch nachträgliche Installation von Solarmodulen innerhalb von Dachstein- oder Ziegeldeckungen.

Indachlösung für Ziegel- und Metalldächer

Dachintegrierte Lösungen für die solare Nachrüstung von Gebäuden sind zwar an die jeweilige Dachneigung gebunden, sie werden heute aus statischen und optischen Gründen jedoch oft bevorzugt eingesetzt. Da sich statisch abgesicherte Metalldeckungen ideal für die Aufnahme von Solaranlagen eignen, besteht die Möglichkeit, einen Metalldach- und Steildachaufbau mit Dachsteinen oder Dachziegeln zu kombinieren, wie das nachfolgende Praxisbeispiel zeigt. Es handelt sich um die energetische Sanierung eines Einfamilienhauses, das gleichzeitig mit einer Photovoltaikanlage ausgerüstet wurde. Solarmodule und Dachdeckung konnten dabei konstruktiv und relativ problemlos auf eine Ebene gebracht werden. Der Aufbau für den Solardachbereich erfolgte als hinterlüfteter Metalldachaufbau mit einer hochwertigen Dämmung. Die Deckunterlage besteht aus einer 24 mm dicken Holzschalung und einer nahtselbstklebenden robusten Schalungsbahn als Trennlage. Als Metalldeckung kam ein Stehfalzprofil mit 32 mm Höhe und 630 mm Scharbreite aus Edelstahl 0,5 mm zur Ausführung. Die Fläche wurde unter Berücksichtigung der Schublasten und unter Verwendung von statisch abgesicherten Systemhaften verlegt. Die Berechnung berücksichtigt eine gleichmäßig verteilte Einleitung der Windsoglasten. Sie erlaubt eine optionale Solaranlage, die dachparallel (flach aufliegend) angeordnet ist. Um den schlankeren Aufbau zu erzielen, kamen zur Befestigung der Solarmodule anstelle eines Schienensystems Modul-Klemmen zum Einsatz, die direkt an den Falzen befestigt wurden (siehe Abb. 5.15). Der Übergang vom Solar- zum Ziegeldach erfolgte mit den üblichen klempnertechnischen Anschlüssen.

Abb. 5.20: Solarfolien kommen beispielsweise an industriellen Profildächern zum Einsatz. Die Installation und den Anschluss bis zum Wechselrichter vor Ort kann der Dachhandwerker selbst vornehmen.

Dünnschichtmodule für die Solarstromgewinnung

Keine Probleme mit der Statik und der Montage aufwendiger Tragkonstruktionen bestehen bei der Verwendung sogenannter Dünnschichtmodule für die Solarstromgewinnung, auch als Solarfolien bezeichnet. Sie sind flexibel und lassen sich auch bei rund geformten Dachgeometrien verwenden. Die Dünnschichtmodule mit amorphem Silizium erzeugen einen höheren Energieertrag als kristalline Siliziumzellen, insbesondere in der Anwendung auf Dächern mit geringer Neigung. Sie bündeln das Sonnenlicht je nach Wellenlänge in 3 verschiedenen Halbleiterschichten, wobei mehr Licht des blauen Spektrums absorbiert werden kann. Blaues Licht herrscht am Morgen und späten Nachmittag sowie unter diffusen Lichtbedingungen vor, z.B. bei bewölktem oder bedecktem Himmel. Jede Zelle innerhalb des PV-Moduls ist elektrisch mit einer Bypass-Diode verbunden. Aus diesem Grund ist die Leistung bei Teilverschattung deutlich höher als bei herkömmlichen Modulen. Während eine verschattete Zelle aus kristallinem Silizium die Funktionalität des gesamten Moduls beeinträchtigt, ist bei Dünnschichtmodulen mit BypassDioden nur die einzelne verschattete Zelle betroffen. Die anderen Zellen arbeiten normal weiter. Durch den geringeren Temperaturkoeffizienten sind sie bei steigenden Modultemperaturen weniger vom Effizienzrückgang betroffen und erzielen im Sommer eine höhere Leistung ohne zusätzliche Ventilation als Module aus kristallinem Silizium. Auch diese Eigenschaft macht die Dünnschichttechnologie so interessant für den Einsatz bei Metalldächern und Metallfassaden.

Eine Weiterentwicklung dieser Technologie sind neue organische Solarfolien. Sie kommen beispielsweise an industriellen Profildächern zum Einsatz. Im Gegensatz zu kristallinen Solarzellen und zur konventionellen Dünn-

Abb. 5.21: Die Solardachplatten sind 700 x 420 mm und 1.400 x 420 mm in verlegter Fläche, systemintegriert und bringen Leistungen von 43 Wp und 100 Wp pro Platte.

Abb. 5.22: Die systemkonformen Anschlussdosen sind im PV-Modul integriert.

Abb. 5.23: Dachintegrierte PV-Laminate bieten hohe statische Reserven, die insbesondere bei Nachrüstungen von Bestandsdächern benötigt werden.

schichttechnologie besteht die Solarfolie aus Schichten organischer Moleküle, zusammen unter 1 mm, die auf eine flexible PET-Folie aufgebracht sind. Sie behält ihre Effizienz bei schlechten Lichtverhältnissen und hohen Temperaturen und wird im speziellen Rolle-zu-Rolle-Verfahren hergestellt. Daher kann sie auch in den Fertigungsprozess der Profilbahnen integriert werden. Sie wird als komplettes Paket projektbezogen werkseitig konfektioniert und in einem weiteren Prozess auf die Dachbahnen laminiert. Auch die nachträgliche Aufbringung der Solarfolie auf Bestandsbauten ist möglich. Die Installation inklusive Anschluss bis zum Wechselrichter vor Ort kann vom Dachhandwerker selbst vorgenommen werden.

Beispiel Solardachplatte

Die Solardachplatte ermöglicht eine optisch unauffällige Art, Strom zu produzieren. Es handelt sich hierbei um eine industriell produzierte Dachplatte aus beschichtetem Aluminium, auf die eine Solarfolie aufgebracht ist. Die PV-Zellen verfügen über eine moderne Halbzellentechnologie und somit optimierte Leistung. Die systemeigenen Anschlussdosen sind direkt im PV-Modul integriert. Das widerstandsfähige, reflexionsarme Solarglas in Kombination mit dem kompatiblen Aluminium-Dachsystem des Her-

Abb. 5.24: Schlecht geplant: Schnee rutscht flächig ab und gefährdet darunterliegende Gehwege und beschädigt Autos.

Abb. 5.25: Gut geplant: Durch die leichte Aufständerung wird der abrutschende Schnee gebremst und richtet keinen Schaden an.

stellers ist hagel- und bruchfest. Die Solardachplatten in den Abmessungen 700 x 420 mm und 1.400 x 420 mm in verlegter Fläche bringen Leistungen von 43 Wp und 100 Wp pro Platte. Auch mit dieser integrierten Technologie wiegen beide Elemente nur 12,6 kg/m^2.

Beispiel Solar-Stehfalzdach

Das nach Süden ausgerichtete Dach eines einstöckigen Neubaus für die Übermittagsversorgung einer Schule ist mit einem industriellen Stehfalzdach als dachintegrierte Photovoltaikanlage ausgerüstet. Die dachintegrierten PV-Laminate füllen dabei einen Großteil der Aluminiumprofiltafeln aus und nutzen das maximale Potenzial der Fläche. Um zu vermeiden, dass Staub, Schmutz oder Feuchtigkeit die Verbindung der Solar-Elemente auf der Aluminiumoberfläche beeinträchtigen, werden sie unter Schutzatmosphäre bereits im Werk auf die Profiltafeln laminiert. Die elektrotechnische Verschaltung erfolgt auf der Rückseite. Mithilfe des mitgelieferten Schaltungsplans konnten insgesamt 6 Stränge mit jeweils 41 PV-Modulen in Reihe geschaltet und an 2 Wechselrichter anschlossen werden. Mit einem Gewicht von nur etwa 6 kg pro Quadratmeter bietet das System entsprechend hohe statische Reserven, die insbesondere bei Nachrüstungen von Bestandsdächern benötigt werden. Auf der gesamten Dachfläche von etwa 310 m^2 wurden 246 Photovoltaik-Dachelemente verbaut. Sie erbringen eine Leistung von rund 28 kWp.

5.3.3 Schneelasten

Auch die anfallenden Schneelasten dürfen bei der Planung von Solaranlagen nicht vergessen werden. Bei falscher Anordnung der Module besteht die Gefahr, dass der Schnee flächig abrutscht und darunterliegende Gehwege gefährdet oder Fahrzeuge beschädigt. Eine Nachrüstung mit einem Schneefangsystem ist nachträglich kaum möglich, da zwischen den einzelnen Elementen meistens kein ausreichender Raum zur Verfügung steht. Ein einzelner Schneefang an der Traufe ist durch den Höhenversatz zwischen Solaranlage und Dacheindeckung selten ausreichend oder er wird vom Schneeschub der gesamten Dachfläche beschädigt. Vermeiden lässt sich dieses Problem durch eine entsprechende Planung der Anlagenanordnung im Vorfeld. Eine wirksame Möglichkeit ist hierbei die geringfügige Erhöhung des Abstandes der Solarmodule parallel zur Traufe und zueinander. Durch diese Maßnahmen kann der Schnee vom Kollektor vor bzw. unter den nachfolgenden Kollektor rutschen. Der Schnee wird dadurch gebremst und richtet bei einer entsprechend geschützt verlegten Verkabelung keinen Schaden an.

5.3.4 Blitzschutz für Solaranlagen

Solange bei einem Gebäude ohne vorhandenen Blitzschutz Teile der Solaranlage nicht wesentlich über das Gebäude hinausragen, wird davon ausgegangen, dass das Gefährdungspotenzial für direkte Blitzeinschläge nicht erhöht ist. Sind Gebäude mit einer Blitzschutzanlage ausgerüstet, muss die Solaranlage durch getrennte Fangeinrichtungen vor direkten Blitzschlägen geschützt werden, beispielsweise mittels Fangstangen o.Ä. Dabei ist darauf zu achten, dass der erforderliche Trennungsabstand von der Solaranlage zum äußeren Blitzschutz eingehalten wird. Der Anschluss einer Solaranlage an Blitzschutzanlagen muss grundsätzlich mit dem Hersteller abgestimmt werden, da ansonsten die Gefahr des Verlustes der Herstellergarantie besteht. Installationen an der Blitzschutzanlage dürfen nur von einer Blitzschutzfachkraft ausgeführt werden. Die VDE-Bestimmungen müssen beachtet werden (gemäß ZVSHK).

5.3.5 Verschattung

Die beste Solaranlage kann nur dann erfolgreich arbeiten, wenn die Wettereinflüsse in die Planung einbezogen werden. So sorgen Schatten und Schnee dafür, dass die Leistung bei solarthermischen Anlagen proportional abfällt, bei Photovoltaikanlagen sogar überproportional. Bereits eine geringfügige Verschattung kann die Anlagenleistung insbesondere kristalliner Module auf ein Minimum reduzieren. Dabei ist die Verschattung durch Baukörper, Bäume o.Ä. (Kernschatten) nicht mit der Strahlungsminderung durch Wolken oder Nebel gleichzusetzen. Im Kernschatten sinkt der Anteil direkter Strahlung auf nahezu 0 %.

Viele Anlagen, bei denen die Verschattung in der Planung vernachlässigt wurde, können deshalb nicht wirtschaftlich betrieben werden. Eine Verschattungsanalyse schafft Abhilfe und vermeidet Ärger mit dem Kunden. Die Analyse kann sowohl im Näherungsverfahren mit der manuellen Einmessung der Verschattungssilhouette als auch mit einer computergestützten Simulation durchgeführt werden.

Bei der Planung ist deshalb besonders auf mögliche Schattengeber zu achten, wie beispielsweise

- benachbarte Bauwerke und/oder Bauteile wie Kamine,
- Dachinstallationen, haustechnische Anlagen,
- Antennenanlagen,
- Geländeerhebungen.

Tabelle 5.1: Planungsübersicht für Solaranlagen auf Metalldächern

Bauteil	Anforderung	Maßnahme
Kollektor	• standfest, windsogsicher • schneelastsicher • korrekte Sonnenausrichtung • blitzgeschützt, überspannungsgeschützt	► statische Berechnung, Montageanleitungen beachten ► ggf. leichte Aufständerung ► Verschattung prüfen ► Anschluss an die Blitzschutzanlage und Potenzialausgleich
Kollektorbefestigung	• geeignete Solarhalter für das jeweilige Dachsystem • ausreichende Anzahl der Halter • keine Dehnungsbehinderung der Dachdeckung und der Solarbauteile	► ggf. Herstelleranfrage, Montageanleitungen beachten ► nach statischer Berechnung ► ggf. Dehnungsmöglichkeiten schaffen, Bauteile trennen
Metalldeckung	• standfest, windsogsicher nach Klempnerfachregeln und Herstellerrichtlinien sowie der Windlastnorm DIN EN 1991-1-4	► Anordnung zugelassener Hafte oder Clips nach Lage der Kollektoren und den statischen Berechnungen zur Solaranlage ► bei nachträglicher Kollektormontage prüfen, ob die Metalldeckung für eine Befestigung der Solarmodule mit Solar-Falzklemmen geeignet ist (Anzahl und Anordnung der Hafte entsprechend statischer Berechnung)

6 Digitales Planen und Messen

Digitale Technologien bieten Fachbetrieben, die sich mit der Gebäudehülle aus Metall beschäftigen, heute vielfältige Anwendungsmöglichkeiten. Sie reichen von der Verwaltung, Bauplanung und Kommunikation bis hin zur Werkstattfertigung und Baustellenlogistik. Mit einfachen Mitteln, wie z.B. den bestehenden Office-Software-Paketen, werden schon heute interne Daten für die Mitarbeitenden gepflegt und via Cloud im Betrieb oder Homeoffice zur Verfügung gestellt. Lese- und Schreibrechte werden für Mitarbeitende maßgeschneidert im System hinterlegt. Mit wenig Aufwand lassen sich die Stundenerfassung, Überstunden oder Abwesenheiten auf dem Mobiltelefon, Tablet oder PC direkt vom Mitarbeitenden verwalten. Viele Facharbeiter nutzen bei der Projektbearbeitung online verfügbare Auftragsdaten. So können beispielsweise neben dem Werkvertrag, Nachträgen, Adresslisten und Gesprächsprotokollen allen Mitarbeitenden auch die neuesten Pläne und Baustellenfotos zur Verfügung gestellt werden. Dank der digitalen Stunden- und Materialerfassung kann jeder Auftrag zu jedem Zeitpunkt mit minimalem Aufwand nachkalkuliert werden. Die sogenannte digitale Transformation ist in den Handwerksbetrieben also in vollem Gange – bei dem einen etwas mehr, bei dem anderen etwas weniger. Die Corona-Pandemie 2020/2021 hat diesen Prozess noch beschleunigt.

Abb. 6.1: Eine erfolgreiche Integration digitaler Technologien gelingt durch die behutsame, schrittweise Einführung unter Einbeziehung der gesamten Unternehmensorganisation.

Abb. 6.2: Exoskelette helfen beim Heben schwerer Lasten oder bei über Kopf auszuführenden Arbeiten.

Abb. 6.3: Sensoren auf den parallel zur Dachkonstruktion laufenden Streifen überwachen und melden Wassereintritt in die Dachkonstruktionen.

Prozessketten im Blick

Neue Technologien berühren typischerweise alle Unternehmensprozesse nach innen bis hin zum Kunden – von der ersten Kontaktaufnahme über die Auftragserteilung bis zur Begleitung durch das Metallprojekt. Deshalb ist die erfolgreiche Integration digitaler Tools abhängig von einer klaren Strategie. Ebenso wichtig sind die Einbeziehung der gesamten Unternehmensorganisation und eine behutsame, schrittweise Einführung neuer Systeme. Hierzu zählt beispielsweise die Verkettung der Arbeitsprozesse Dach- und Fassadenplanung per CAD > digitale Baustellenaufmaße > bis zur Übergabe der Planungsdaten an die Produktionsmaschinen zur Blechbearbeitung.

Zukunft VR und Exoskelett

Weitere schon jetzt nahezu alltagstaugliche Technologien sind beispielsweise Augmented- oder Virtual-Reality-Brillen, die zur Schulung oder für Wartungseinsätze von Maschinen und Anlagen eingesetzt werden. Damit wird durch Wände oder in Dächer „geblickt". Weitere Entwicklungen gibt es im Bereich der Robotik, wie beispielsweise Exoskelette. Es handelt sich hierbei um eine äußere der menschlichen Muskulatur nachempfundene Stützstruktur für den Körper. Sie hilft dem Handwerker beispielsweise beim Heben schwerer Lasten oder bei über Kopf auszuführenden Arbeiten.

Auftragspotenzial Sensorik

Ob Beleuchtung, Klimatisierung oder Verschattung, die Vernetzung der technischen Gebäudeausrüstung unter dem Dach ist bereits alltäglicher Standard. Die Zukunft für das Gebäudehüllenhandwerk ist die Sensorik im Dach und auf dem Dach. Hierzu zählen beispielsweise Steuerungen von Solaranlagen oder Regensensoren für Dachfenster. Besonderen Gebäudeschutz bietet das Monitoring von Dachkonstruktionen. Sensoren überwachen selbstständig den Zustand eines Daches und melden Leckagen oder bauphysikalische Störungen. Sie dienen somit als Frühwarnsystem, sodass bei Bedarf sofort Gegenmaßnahmen ergriffen und kostspielige Schäden vermieden werden können. Das Messsystem Monitorix der SIHGA GmbH beispielsweise besteht aus Fühlern, Feuchte- und Temperatursensoren, Verka-

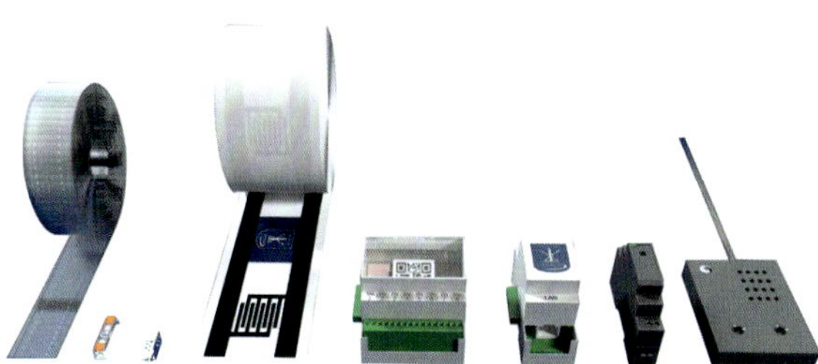

Abb. 6.4: Das Messsystem besteht aus Fühlern, Feuchte- und Temperatursensoren, Verkabelung sowie einem Terminal.

belung sowie einem Terminal. Über ein Ampelsystem oder Dashboard ist der aktuelle Dachzustand ersichtlich. Bei einem Schadensfall werden die räumliche Lage und der Zeitpunkt des gemessenen Wassereintritts gemeldet. Die Auswertungen über die Software sind online jederzeit zugänglich. Das Dach ist damit direkt nach der Inbetriebnahme und während der gesamten Nutzungszeit vor Schäden durch unentdeckten Wassereintritt geschützt.

6.1 Luftbildvermessung per Fotocopter

Kameras fotografieren und vermessen ganze Gebäude aus der Luft. Mit den gewonnenen Daten der Fotocopter können digitale Zwillinge generiert werden. Kombiniert mit Infrarotkameras werden Unregelmäßigkeiten und Schwachstellen an der Gebäudehülle punktgenau ermittelt. Aus diesen Daten können heute Zustandsberichte und Wartungspläne erarbeitet werden. Der Mehrwert durch Zeitersparnis für das Stellen von Leitern, Gerüsten oder Hebebühnen und der Ausschluss des Absturzrisikos eines Mitarbeitenden ist enorm. Seit der Gründung im Jahr 2018 unterstützt bereits das Startup-Unternehmen Airteam Aerial Intelligence GmbH aus Berlin Klempner/Spengler, Dachdecker und Metallleichtbauer. Ihr Leistungsspektrum umfasst die Erstellung zentimetergenauer digitaler Aufmaße in 3D, Dachinspektionen und vieles mehr. Per Fotocopter, moderner Software und künstlicher Intelligenz werden exakte Gebäudedaten für Angebot, Planung, Dachkontrolle oder Abrechnung ermittelt. Mit einem deutschlandweiten Netzwerk, bestehend aus mehr als 300 Fotocopterpiloten, sind die Anfahrtswege zum Objekt kurz, sodass ein Vermessungsservice kostengünstig angeboten werden kann. Dachhandwerker müssen sich somit weder mit Fotocoptern, Hardware, Software noch mit den teils komplizierten Aufstiegsregelungen in Deutschland auseinandersetzen.

Vermessen und inspizieren

Auf Basis der Aufnahmen werden die Daten analysiert, ein 3D-Modell wird erstellt und der Kunde erhält einen detaillierten Bericht mit allen Aufmaßen inklusive Gauben, Schornsteinen etc. Zusammen mit der Dachdeckerinnung arbeitet Airteam daran, die Vermessung mit Fotocoptern in die Ausbildung zu integrieren, um das Handwerk attraktiver zu gestalten. Neben dem aktuellen Angebot arbeitet das Unternehmen an weiteren Lösungen wie Inspektionen von Gebäuden mit Fotocoptern mit Wärmebildkameras, um die Energieeffizienz zu verbessern, Aufmaße mithilfe von Satellitenbildern zu

Abb. 6.5: Der Mehrwert der Dachvermessung per Fotocopter ergibt sich aus einer enormen Zeitersparnis. Das Stellen von Leitern, Gerüsten und Hebebühnen sowie das Absturzrisiko eines Mitarbeitenden entfallen.

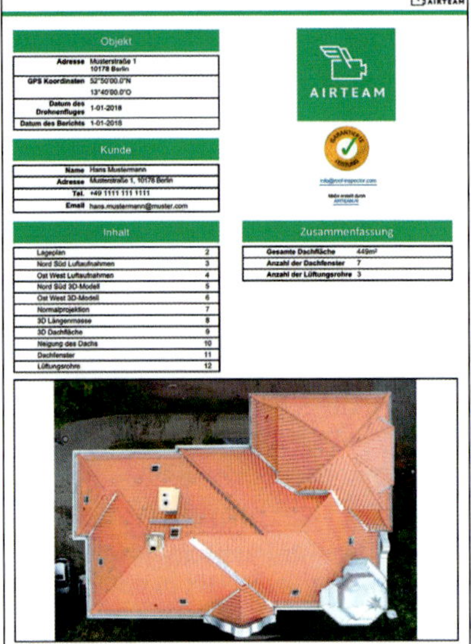

AIRTEAM

Objekt

Adresse	Musterstraße 1 10178 Berlin
GPS Koordinaten	52°50'00.0"N 13°40'00.0"O
Datum des Drohnenfluges	1-01-2018
Datum des Berichts	1-01-2018

Kunde

Name	Hans Mustermann
Adresse	Musterstraße 1, 10178 Berlin
Tel.	+49 1111 111 1111
Email	hans.mustermann@muster.com

Inhalt

Lageplan	2
Nord Süd Luftaufnahmen	3
Ost West Luftaufnahmen	4
Nord Süd 3D-Modell	5
Ost West 3D-Modell	6
Normalprojektion	7
3D Längenmasse	8
3D Dachfläche	9
Neigung des Dachs	10
Dachfenster	11
Lüftungsrohre	12

Zusammenfassung

Gesamte Dachfläche	449m²
Anzahl der Dachfenster	7
Anzahl der Lüftungsrohre	3

Abb. 6.6: Mit den Luftaufnahmen lassen sich zentimetergenaue Gebäudeaufmaße in 3D erzeugen.

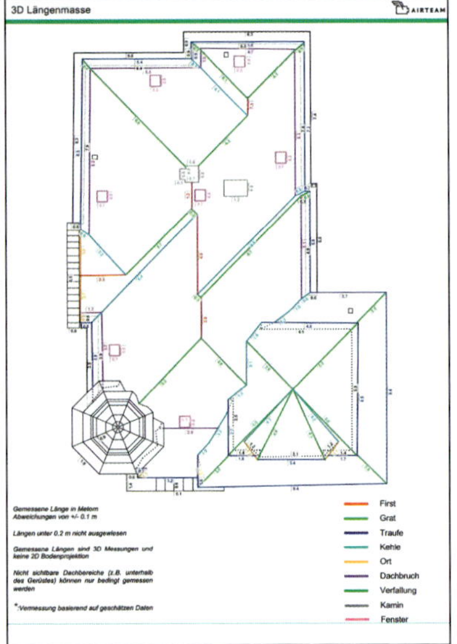

Abb. 6.7: Mit moderner Software und künstlicher Intelligenz werden aus den Luftfotos exakte Gebäudedaten für Angebot, Planung, Dachkontrolle oder Abrechnung ermittelt.

erstellen und Lösungen für Versicherungen z.B. zur Identifikation von Wind- und Hagelschäden auf Dächern zu finden. Mehr und mehr Betriebe nutzen Fotocopter bereits in ihrem Arbeitsalltag. Laut einer Umfrage des Zentralverbandes des Deutschen Dachdeckerhandwerks (ZVDH) setzen bereits über 3.300 Dachdeckerbetriebe Fotocopter ein.

6.2 Projekt planen und vorbereiten

Anspruchsvolle Gebäudehüllen aus Metall, insbesondere der Fassadenbereich, erfordern eine besonders detaillierte Planung. Moderne Messtechniken in Kombination mit speziellen CAD-Systemen ermöglichen heute eine exakte Arbeitsvorbereitung der Bauprojekte unter Berücksichtigung der gesamten Prozesskette – von der Arbeitsvorbereitung über die Produktion in der Klempnerwerkstatt bis zum Verlegeplan für die Baustellenmontage.

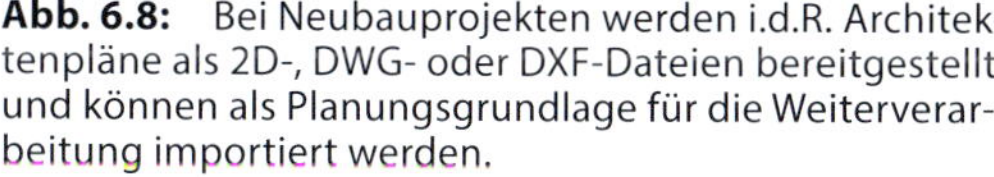

Abb. 6.8: Bei Neubauprojekten werden i.d.R. Architektenpläne als 2D-, DWG- oder DXF-Dateien bereitgestellt und können als Planungsgrundlage für die Weiterverarbeitung importiert werden.

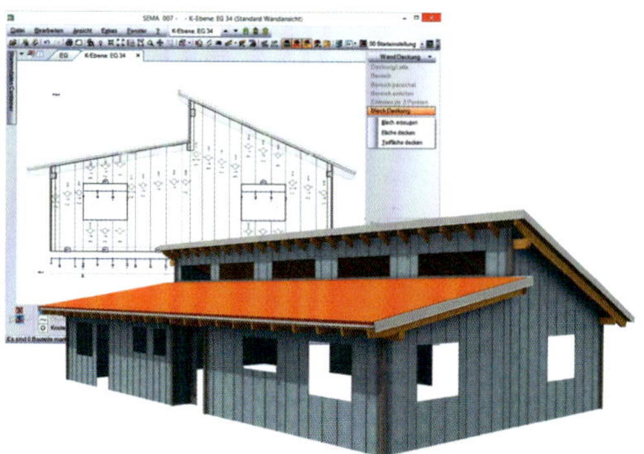

Abb. 6.9: Überzeugung durch Beratungskompetenz: Planungssoftware ermöglicht die Visualisierung eines Gebäudes als 3D-Modell und zeigt dem Kunden das virtuell sanierte oder neu errichtete Haus.

Gängige Praxis ist zudem, CAD-Planungen der Architekten weiterzuverarbeiten oder vorskizzierte Ideen zu visualisieren. So erhalten Planer und Bauherren oft schon in der Beratungsphase bzw. Auftragsentwicklung eine Vorstellung vom fertigen Bauwerk. Sie können die Gebäudehülle bei Bedarf mitgestalten oder nachbessern – unerwünschte Überraschungen werden von vornherein vermieden.

Speziell für die Gebäudehülle aus Metall entwickelte das Softwareunternehmen Sema ein Planungsprogramm, das alle Prozesse von der Auftragsentwicklung bis zur Übergabe der projektbezogenen Profilabwicklungen an die Blechbearbeitungsmaschinen abdeckt. Die Entwickler des Systems nutzen dabei das Know-how aus dem Holzbau, aus dem das Unternehmen hervorging.

Grundlagenermittlung

Zielsetzung des Klempners und Spenglers ist es, einen möglichst hohen Vorfertigungsgrad aller Bauteile, eine möglichst geringe Nacharbeit auf der Baustelle und somit eine hohe Ausführungsqualität der Metallbekleidungen zu erzielen. Im Sanierungsfall beginnt dies typischerweise mit der Bestandsaufnahme vor Ort anhand manuell, per Laser oder Fotocopter ermittelter Aufmaße. Die zu bekleidenden Geometrien werden mit der Software entweder nachgezeichnet oder über eine Schnittstelle eingelesen. Je präziser das Aufmaß, umso höher der mögliche Vorfertigungsgrad. Das Sema-Programm verfügt über Schnittstellen zu Aufmaßsystemen, beispielsweise von Hilti oder Leica. Darüber hinaus können sogenannte Punktwolken importiert werden, die u.a. mit Laserscannern wie Faro erstellt werden. Bei Neubauprojekten werden i.d.R. Architektenpläne als 2D-, DWG- oder DXF-Dateien bereitgestellt und können als Planungsgrundlage für die Weiterverarbeitung importiert werden. Die Planung mit sogenannten IFC-Dateien (Industry Foundation Classes) – das etablierte Dateiformat der BIM-Philosophie – bietet zusätzliche Vorteile. Sie liefern Bauwerks- und Modelldaten und bilden nicht nur Bauwerksstrukturen wie Fenster, Öffnungen oder Wände ab,

Abb. 6.10: In demselben 3D-Modell werden die Holzkonstruktion sowie die Unterkonstruktion und die Metallfassade geplant. Mögliche Fehlerquellen werden schnell erkannt und können per Mausklick korrigiert werden.

Abb. 6.11: Moderne Messtechniken und spezielle CAD-Systeme ermöglichen heute eine exakte Arbeitsvorbereitung der Bauprojekte – von der Arbeitsvorbereitung bis zur Baustellenmontage.

sondern auch zugehörige Eigenschaften. Damit lassen sich komplexe 3D-Planungsdaten zwischen Bausoftwaresystemen wie Sema übertragen. In demselben 3D-Modell-Projekt werden die Holzkonstruktion sowie die Unterkonstruktion und die Metallfassade geplant. Auf diese Weise werden mögliche Fehlerquellen an den Schnittstellen erkannt und können in dieser Bauphase noch per Mausklick korrigiert werden.

Visualisierung

Beste Überzeugungsarbeit beim Kunden für eine Metallbekleidung mit ihren vielfältigen Gestaltungsoptionen leistet die realistische 3D-Visualisierung. Sie ermöglicht beispielsweise den Nachbau eines Bestandsgebäudes als 3D-Modell und zeigt dem Kunden das virtuell sanierte Haus im neuen Gewand. Der Anwender hat die Möglichkeit, Projekte in einem Webviewer darzustellen und dem Kunden das visualisierte Projekt per Internetlink bereitzustellen. Der Bauherr lässt sein Haus am Monitor im neuen Look auf sich wirken. Dies zeugt von Beratungskompetenz des Unternehmers und kann die Entscheidung zugunsten seines individuellen Angebotes deutlich erhöhen.

Planung und Arbeitsvorbereitung

Ist der Auftrag erteilt und die Planungsgrundlage vorhanden, erfolgt die eigentliche Arbeitsvorbereitung. Die Planungssoftware enthält hierfür eine Auswahl von Standardsystemen für Dach und Fassade wie Stehfalzdeckungen und verschiedene Steckfalzpaneele. Die zu bekleidenden Flächen werden damit aus dem angelegten Profilkatalog einschließlich aller Anschlüsse und Durchdringungen und nach den Gestaltungswünschen am PC belegt. Ist das Projekt geplant, kann die Software per Klick eine Stückliste aller Profile mit Detailangaben zur Geometrie und Einzellänge ausgeben. Die dreidimensionale Darstellung eines konstruierten Kantteils lässt sich in jede Perspektive bewegen. So können mögliche Fehlkonstruktionen sofort entdeckt werden. Auch Biegeprofile mit Bearbeitungen wie Lochstanzungen oder Schrägschnitte werden mit wenigen Mausklicks konstruiert und abgewickelt. Sämtliche Bauele-

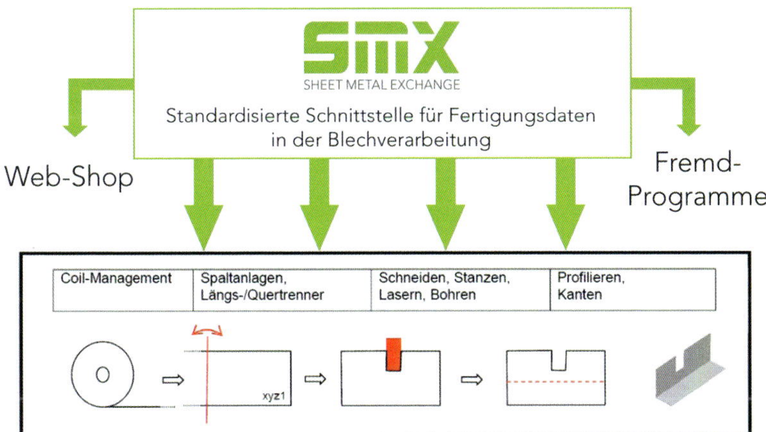

Abb. 6.12: Die SMX-Schnittstelle (Sheet Metal Exchange, Sema) ermöglicht einen universellen Maschinenexport an die Steuerungen der Blechverarbeitungsmaschinen. Damit ist ein durchgängiger Workflow von der Planung bis zur Fertigung hergestellt.

mente der Materialliste können nach beliebigen Kriterien wie Farbe, Werkstoff, Position am Projekt, Gewicht etc. sortiert werden. Falls eine bestimmte Verlegereihenfolge eingehalten werden muss, lässt die halbautomatische Nummerierungsfunktion manuelles Eingreifen zu. Somit werden nahezu alle gängigen Anforderungen dieser vorbereitenden Arbeitsprozesse bedient.

Übergabe zur Fertigung

Die projektbezogenen per CAD konstruierten Profildaten können über eine Schnittstelle vom PC direkt an die CNC-gesteuerten Blechbearbeitungsmaschinen übergeben werden. Dies erspart das manuelle Programmieren an den jeweiligen Maschinensteuerungen und schließt mögliche Tippfehler aus. Die Profildaten können als DWX- oder DXF-Dateien an Laser- und Stanzmaschinen beliebiger Hersteller übergeben werden. Anschließend erfolgen die Zuschnitte, Profilierungen oder jeweiligen Kantungen (siehe auch Kapitel 2.4).

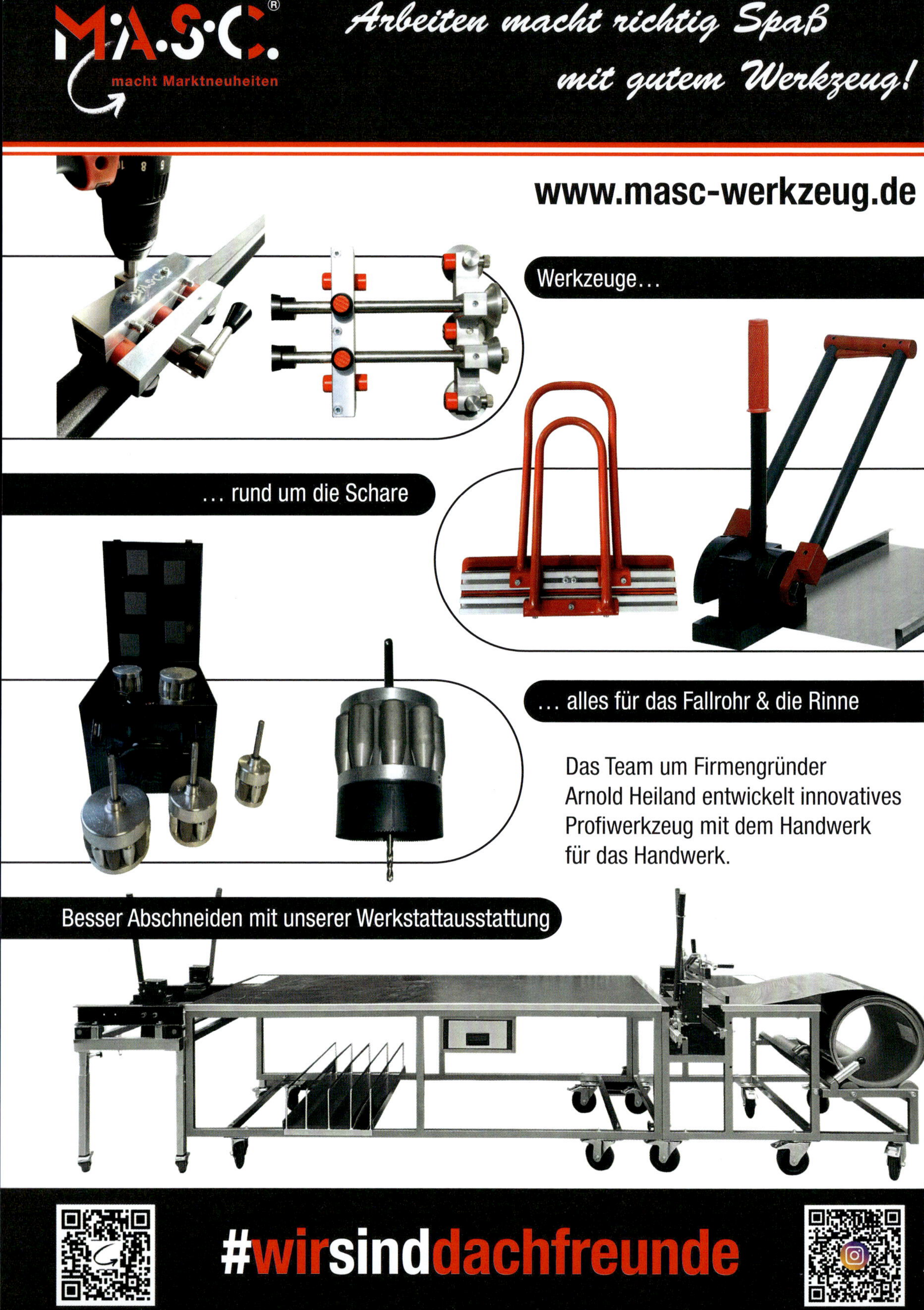

7 Werkzeuge und Maschinen für die Metallbearbeitung

Gestalten mit Metall bedeutet individuelles Anfertigen, Anpassen, Anformen, Befestigen und Verbinden der einzelnen Bauteile. Hierbei hat er zudem die unterschiedlichen Materialeigenschaften der eingesetzten Metallwerkstoffe zu berücksichtigen.

Nur mit dem korrekten Einsatz des richtigen Werkzeugs ist eine fachgerechte Leistung zu erzielen. Für die Unterstützung einer fachgerechten und zeitsparenden Blechbearbeitung in der Werkstatt und auf der Baustelle steht dem Dachdecker und Klempner eine Vielzahl traditioneller sowie neuer bzw. weiterentwickelter Werkzeuge und Spezialmaschinen zur Verfügung.

In den nachfolgenden Kapiteln werden die wichtigsten Werkzeuge und Maschinen für Metallarbeiten an Dach und Fassade sowie deren Einsatzbereiche vorgestellt. Beispiele für Werkstatteinrichtungen für Unternehmen unterschiedlicher Größenordnung runden dieses Themenfeld ab.

7.1 Werkzeuge

Für die handwerkliche Umformung von Blechen für das Bauwesen benötigen Dachdecker und Klempner unterschiedliche Arten von Werkzeugen, die verschiedenen Anwendungszwecken wie Schneiden, Biegen, Falzen dienen.

7.1.1 Handblechscheren

Handblechscheren, das Hauptwerkzeug der Klempner, werden in unterschiedlichen Ausführungen, Arten und Qualitäten angeboten. Bei der Normalausführung werden Schneide und Griff aus einem Stück geschmiedet. Doch es werden auch Handblechscheren mit Hebelübersetzung verwendet. Handblechscheren ohne Hebelübersetzung sind für Blechdicken bis ca. 1,2 mm Normalblech geeignet.

Der Vorteil des Einsatzes von hebelübersetzten Scheren ist ein geringerer Kraftaufwand und somit ermüdungsärmeres Arbeiten. Durch die höhere Schneidleistung ist zudem das Schneiden von Blechdicken bis ca. 1,8 mm Normalblech, je nach Scherenausführung, möglich.

In der handwerklichen Blechbearbeitung unterscheidet man 3 Arten von Blechscheren: Idealscheren, Figurenscheren und Durchlaufscheren.

Idealscheren werden für große Radien und für gerade durchlaufende Schnitte verwendet, Durchlaufscheren für lange, gerade Schnitte.

Abb. 7.1: Idealschere im Einsatz

Abb. 7.2: Figurenschere im Einsatz

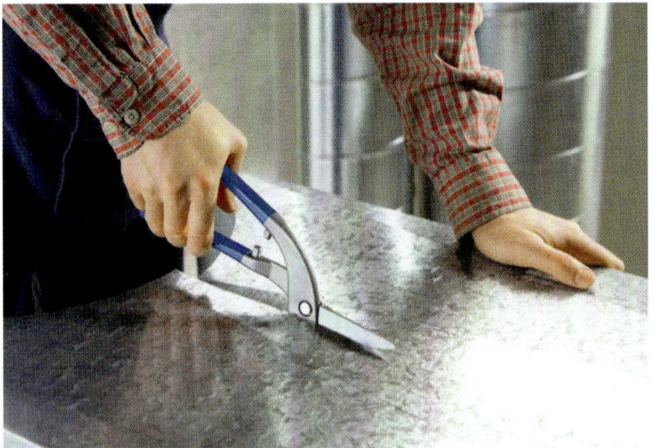

Abb. 7.3: Durchlaufschere im Einsatz

Abb. 7.4: Mobiles Handschneidegerät für lange Schnitte

Figurenscheren sind optimal für kleine Radien wie Ausschnitte für Rinnenstutzen sowie zum Ausklinken z.B. von Scharenenden.

Blechscheren sind – abhängig von der Werkstoffeigenschaft des zu bearbeitenden Metalls – einem mehr oder weniger starken Verschleiß unterworfen. Aus diesem Grund werden für unterschiedliche Ansprüche Schneidwerkstoffe (legierte Stähle) mit unterschiedlichen Härtegraden von 54 bis 65 HRC angeboten. Für besondere Ansprüche an eine lange Standzeit und dauerhafte Schneidleistung sind sogenannte HSS-Schneiden (Härte 65 HRC) verfügbar.

Tabelle 7.1: Härtegrade unterschiedlicher Schneidwerkstoffe

Schneidwerkstoff	Härtegrad
Edelstahl	58
Edelstahl spezial	60
HSS	65
HSS + Titannitrit	65

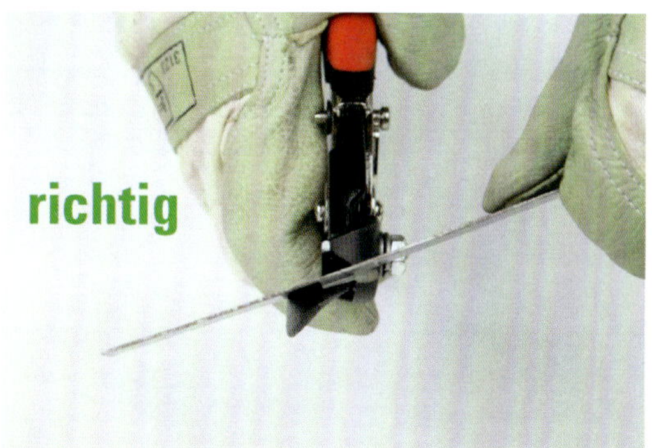

Abb. 7.5a: Das Blech muss auf die Schneidbacke aufgelegt werden.

Abb. 7.5b: Verziehen des Blechs durch Nichtauflegen

Abb. 7.6a: Die Schere sollte nicht ganz geschlossen werden.

Abb. 7.6b: Beim kompletten Schließen bilden sich kleine Querrisse.

HRC ist ein spezielles Härtemessverfahren, entwickelt von einem Wissenschaftler namens Rockwell, das einen Diamantkegel (= Cone) verwendet.

Da Qualität bekanntlich ihren Preis hat, ist für den Dachdecker und Klempner abzuwägen, welche Scherenqualität er für welchen Verwendungszweck einsetzt. Als Empfehlung für die richtige Scherenauswahl sind in der Tabelle 7.1 die Härtegrade der Schneidenqualitäten aufgeführt. Es wird empfohlen, einen höheren Härtegrad der Schneide zu wählen, je zähhärter das zu schneidende Material ist, da somit die Standzeit der Schere erhöht wird.

Richtige Handhabung für das Schnittbild

In der Regel sind die Scheren rechts und links schneidend lieferbar. Rechts schneidend bedeutet, dass die Blechauflage in Schnittrichtung rechts angeordnet ist. Rechts schneidende Scheren werden bevorzugt für rechte Radien eingesetzt – Kreisausschnitte erfolgen im Uhrzeigersinn. Bei links schneidenden Blechscheren ist die Blechauflage links angeordnet und für das Schneiden linker Radien besonders geeignet – Kreisausschnitte erfolgen gegen den Uhrzeigersinn.

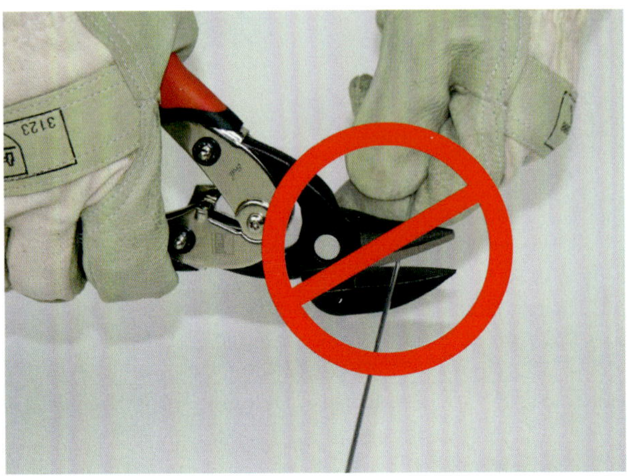

Abb. 7.7: Handblechscheren sind nur zum Schneiden von dünnen Blechen aus weichen Metallen und Stahl geeignet. Auf KEINEN FALL für Draht!

Nicht nur die Qualität der Schere beeinflusst das Ergebnis – es kommt auch auf den richtigen Umgang mit dem Werkzeug an. So wird ein optimales, rundes Schnittbild erzielt, wenn das Blech im Winkel der Blechauflage der Schneidbacke aufgelegt wird. Liegt es nicht auf, verzieht es sich. Erhöhter Kraftaufwand und geringere Standzeiten sind die Folgen.

Zum Schneiden wird die Schere weit geöffnet und das Blech möglichst weit in das Maul der Schere geschoben. Beim Schneiden sollte sie nicht ganz geschlossen, sondern bereits nach etwa ¾ der Schnittlänge wieder geöffnet werden. Auf dieser Weise wird ein gratfreier Schnitt erzielt. Beim kompletten Schließen der Schere ergeben sich mit jedem Schnitt kleine Querrisse am Schnittende.

Handblechscheren dürfen nur zum Schneiden von dünnen Blechen aus weichen Metallen und Stahl verwendet werden. Sie sind zum Durchtrennen von runden und eckigen Metallformen wie beispielsweise Draht nicht geeignet, da die Schneiden beschädigt werden.

Bei sehr langen Zuschnitten, wie beispielsweise örtlich zu erstellenden schrägen Wandanschlüssen, eignet sich eine Hand-Rollenschere. Das Blech wird durch den einfachen Vorschub des Schneidegerätes getrennt – ermüdende Hebelbewegungen entfallen.

Für besonders präzise runde oder eckige Ausschnitte mit gratfreien Schnittkanten werden sogenannte Knabber eingesetzt. Durch die besondere Schnitttechnik werden zudem Materialspannungen vermieden, wie sie bei der Verwendung rechts bzw. links schneidender Handblechscheren auftreten können.

Für den Dauergebrauch und z.B. bei der Verarbeitung von Profiltafeln werden überwiegend elektrisch angetriebene Knabber verwendet. Mit Sonderwerkzeugen ist auch bei stark profilierten Blechen präzises Schneiden möglich.

Tabelle 7.2: Scheren und Anwendungen im Überblick

Scheren-bezeichnung	**Verwendung**	**Besonderheiten**	**Rechts schneidend**	**Links schneidend**	**Abbildung**
Pelikan-schere	für lange gerade Schnitte und durchlaufende Schnitte		X		
Ideal-schere	für gerade durchlaufende und Figuren-schnitte		X	X	
Figuren-Loch-schere	für kurze gerade und Figurenschnitte (kleine Radien)	besonders schlanker Scherenkopf	X	X	
Loch-schere	für kurze gerade und Figurenschnitte (große Radien)		X	X	
Rundloch-schere	besonders für kreisförmige Schnitte	mit rund gebogenen Schneiden	X	X	
Universal-schere	für lange gerade und Figurenschnitte		X		
Universal-schere	für lange gerade und Figurenschnitte (große Radien)	mit breitem Blatt	X		
Lyoner-Schere	für lange gerade Schnitte		X		
Berliner-Schere	für lange gerade Schnitte		X		
Englische Falcon-schere	für lange gerade Schnitte				
hebel-übersetzte Ideal-schere	für gerade durchlaufende und Figuren-schnitte	Griffe mit Weich-stoffeinlage	X		

Abb. 7.8: Elektronibbler

Abb. 7.10: Falzhammer und Schaleisen

Abb. 7.9: Blechknabber

Abb. 7.11: Eck-Schaleisen

7.1.2 Falzwerkzeuge

Für die fachgerechte Herstellung von Falzverbindungen, An- und Abschlüssen, Verwahrungen usw. werden viele unterschiedliche Werkzeuge benötigt. Hierzu zählen auch Kleinwerkzeuge für filigrane Falzarbeiten.

Nachfolgend werden eine Auswahl der wichtigsten Werkzeuge und Geräte und deren Verwendungszweck vorgestellt.

Falzhammer und Schaleisen

Die handwerkliche Blechbearbeitung beginnt i.d.R. dort, wo Maschinen nicht mehr eingesetzt werden können. Dies kann z.B. an Randbereichen, aufgehenden Bauteilen und Durchdringungen oder im Bereich behindernder Gerüstteile der Fall sein. Mit Klempnerhammer und Schaleisen werden hier erforderliche Falzverbindungen handwerklich hergestellt. Für die unterschiedlichen Anschlüsse kommen entsprechend geformte Schaleisen zum Einsatz.

Abb. 7.13: Quetschfalzange

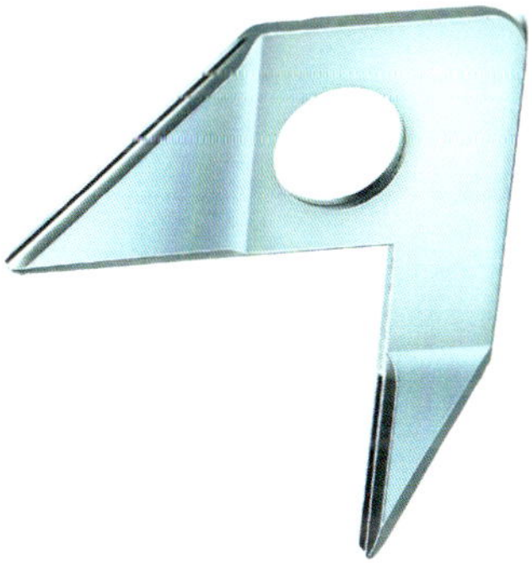

Abb. 7.12: Quetschfalzeisen

Abb. 7.14: Faltenzieher

Abb. 7.15: Herstellung eines Quetschfalzes

Quetschfalzeisen, Quetschfalzzange und Faltenzieher

Quetschfalzeisen und Faltenzieher werden für die Herstellung von Anschlüssen an aufgehenden Bauteilen und Knickpunkten, sogenannten Quetschfalzen, eingesetzt. Die auf den Knickpunkt zulaufenden Falze können mit diesen Werkzeugen fachgerecht in eine andere Ebene gelenkt werden.

Die Herstellung der Anschlüsse und Knickpunkte erfordert viel Übung und handwerkliches Geschick.

Abb. 7.16: Klempner-Flachzange

Klempner-Flachzange

Die Klempner-Flachzange wird für kleine, präzise Falz- und Biegearbeiten eingesetzt.

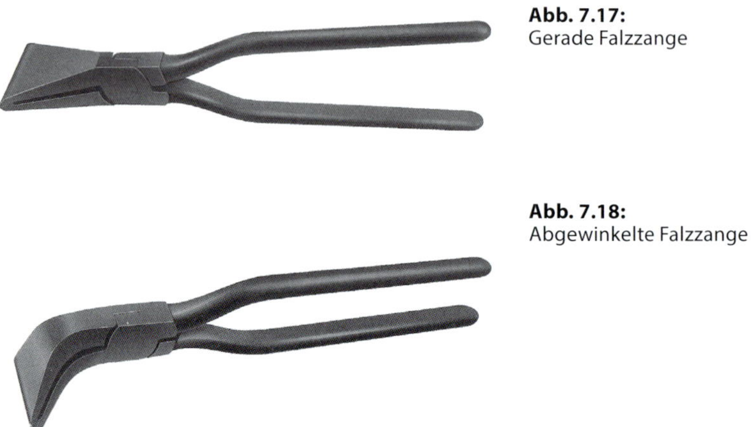

Abb. 7.17:
Gerade Falzzange

Abb. 7.18:
Abgewinkelte Falzzange

Falzzange

Die Falzzange gehört wie auch die Blechschere zum Standardwerkzeug des Klempners. Sie wird für die vielfältigsten Biegearbeiten eingesetzt. Die Falzzange kommt in verschiedenen Ausführungen, gerade oder abgewinkelt, zur Anwendung.

Abb. 7.19:
Falz-Aufbiegezange

Falz-Aufbiegezange

Dieses Spezialwerkzeug ermöglicht das Öffnen von Falzverbindungen z.B. für Änderungen, nachträgliche Einbauten oder zur Ausbesserung von Montagefehlern an Metallfalzdächern.

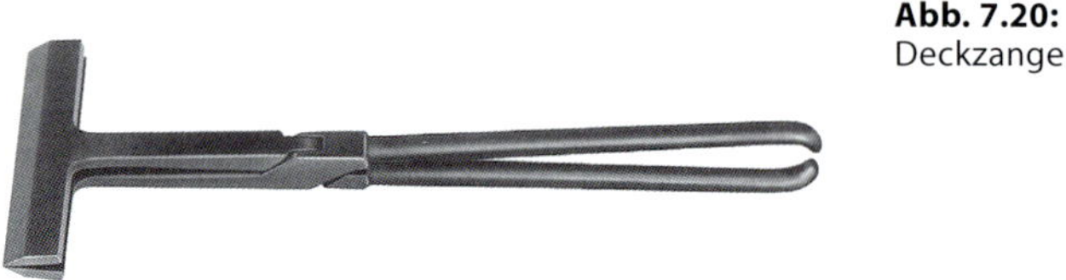

Abb. 7.20:
Deckzange

Deckzange

Deckzangen haben gegenüber den einfachen Falzzangen größere Biegebreiten sowie größere Einstecktiefen, die z.B. für das Herstellen von Wandanschlüssen oder First- und Grataufstellungen erforderlich werden. Deckzangen werden in gerader oder abgewinkelter Ausführung eingesetzt.

Abb. 7.21:
Winkelfalzschließer

Winkelfalzschließer

Winkelfalzschließer werden zum Schließen maschinell vorgefertigter Stehfalzprofile eingesetzt.

Abb. 7.22:
Blechbiegegerät

Blechbiegegeräte

Blechbiegegeräte werden in unterschiedlichen Biegebreiten und Biegetiefen (ca. 300 bis 1.000 mm) gefertigt. Sie werden auf der Baustelle für die Herstellung großer Kehl- und Kastenrinnen, langer und hoher Maueraufkantungen oder Maueranschlüsse eingesetzt.

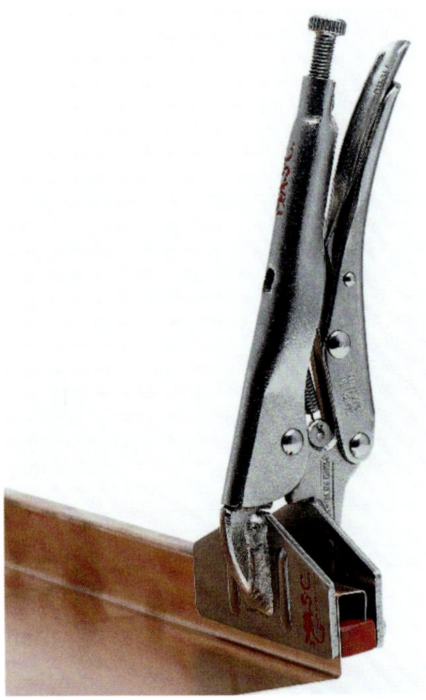

Abb. 7.23:
Scharen-Gripzange

Scharen-Gripzange

Als „dritte Hand" erleichtert die Scharen-Gripzange die Montage der vorprofilierten Stehfalzprofile. Mit einer breiten, parallel verlaufenden Auflage und einer hohen Spannkraft können Scharen schnell und sicher für das anschließende Setzen der Hafte fixiert werden.

Abb. 7.24:
Traufenkanter

Traufenkanter und Traufenschließer

Traufenkanter und Traufenschließer ermöglichen das fachgerechte Einfalzen von Scharabschlüssen z.B. an der Rinnentraufe oder am Fassadenfußpunkt. Das abgebildete Werkzeug zeigt einen Segment-Traufbieger, der die Schare in einem Arbeitsschritt formt. Durch seine spezielle Konstruktion entstehen beim Biegevorgang keine scharfen Kantungen und Kapillarspalte werden vermieden. Mittels Stellschrauben kann die Umschlagtiefe (Einstecktiefe) bei Bedarf verstellt werden, wahlweise auf 20, 25 oder 30 mm. Austauschbare Segmente ermöglichen eine problemlose Umrüstung auf die typischen Scharbreiten (Deckmaß) von 415 mm, 515 mm und 565 mm.

Abb. 7.25: Falzschließer

Falzschließer

Der Falzschließer findet vielfältige Anwendung beispielsweise bei Ortgang- oder Pultabschlüssen.

Abb. 7.26: Rundgauben-Winkelfalzschließer

Rundgaubenschließer

Mit dem Rundgauben-Winkelfalzschließer lassen sich vorgefertigte SPM-Blechprofile auch bei kleinen Radien problemlos schließen. Darüber hinaus eignet er sich zum Heften von Längsscharen, wodurch das Herausspringen bei Falzmaschinen verhindert wird.

Abb. 7.27: Trapezblechkanter

Trapezblechkanter

Um Flugschnee im Firstbereich zurückzuhalten, kommen an industriellen Metalldachsystemen Zahnleisten und Profilfüller zum Einsatz. Zusätzlich sind die jeweiligen Profilendungen mit einer Aufkantung zu versehen. Das für diesen Zweck geeignete Werkzeug ist ein sogenannter Trapezblechkanter. Er besteht aus einem Grundgerät in Verbindung mit einem T-Aufsatz (T = Trapezblech). Diese Aufsätze gibt es in unterschiedlichen Größen, je nach Breite der Tiefsicke (Untergurt) des jeweiligen Trapezbleches. Außerdem sind spezielle S-Aufsätze (S = Sandwichpaneel) verfügbar, die in den Dämmstoffkern geklopft werden. Somit können auch Sandwichpaneele mit einer Aufkantung versehen werden.

Abb. 7.28: Attikaschließer

Attikafalzschließer

Der Attikafalzschließer mit Schnellspannsystem ermöglicht das fachgerechte Einfalzen eines indirekt befestigten Abdeckungsprofils in den Vorstoß- oder Saumstreifen. Druckstellen oder Kratzspuren werden durch eine gleitfähige Auflage des Werkzeugs vermieden. Die stufenlose Höhenverstellung beträgt 20 bis 120 mm.

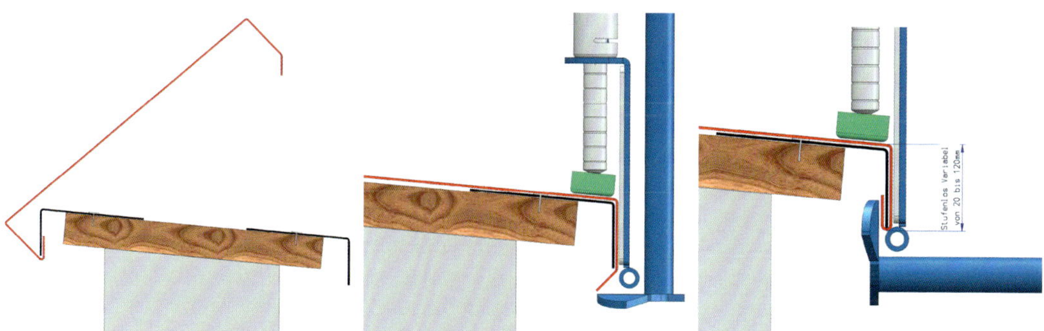

Abb. 7.28a, b, c: Funktionsweise des Attikafalzschließers

„Klempnerkiste"

Eine praktische Hilfe für den Baustelleneinsatz ist die passende Zusammenstellung einer sogenannten Klempnerkiste. Die Klempnerkiste sollte alle wichtigen Werkzeuge für den Baustelleneinsatz enthalten, beispielsweise:

- 1 Pelikanschere 300 mm rechts,
- 1 Idealschere 280 mm rechts,
- 1 Idealschere 280 mm links,
- 3 Falzzangen 60 mm, gerade, 45° und 90° gebogen,
- 1 Quetschfalzeisen,
- 1 Falzöffnerzange,
- 1 Wulstenbeißzange,
- 1 Klempner-Flachzange 240 mm,
- 1 Klempner-Rundzange 240 mm,
- 1 Stechbeitel 30 mm,
- 1 Anschlagwinkel 250 mm,
- 2 Schlosserhammer DIN 1041, 300 g, 500 g,
- 1 Holzhammer mit Metallband 60 · 120 mm,
- 1 Kunststoff-Klempnerhammer, Keilform,
- 1 Latthammer DIN 7239,
- 1 Bogenzirkel 250 mm,
- 1 Reißnadel 250 mm,
- 1 Metallsägebogen 300 mm,
- 1 Alu-Wasserwaage 400 mm,
- 1 Rinnenschnur rot 50 m · 1,0 mm,
- 1 Feilraspel 200 mm mit Heft,
- 1 Anreißschablone, Edelstahl,
- 1 Klempner-Gripzange 80 mm,
- 1 Rohreinziehzange,
- 1 Nietzange,
- 3 Werkstatt-Schraubendreher, Gr. 5,5/6,5/8,0 mm,
- 2 Kreuzschlitz-Schraubendreher, Gr. 1 + 2,
- 1 Handsäge 300 mm.

7.2 Maschinen für die Blechbearbeitung

Die Herstellung von anspruchsvollen Metalldachdeckungen und Metall-Außenwandbekleidungen ist auch aus wirtschaftlicher Sicht ohne die Unterstützung modernster Maschinen für die Blechbearbeitung nicht mehr denkbar. Aufgrund der hohen Ansprüche, die heute an die Herstellung hochwertiger Metalloberflächen gestellt werden, hat sich auch die Arbeitsweise der Klempner-Fachbetriebe verändert. So erzielen sie bei der Vorbereitung der Projekte in einer strukturierten Prozesskette einschließlich der Materiallogistik in der Werkstatt einen sehr hohen Vorfertigungsgrad. Dies ist mit eigenen Maschinen oder mit der Unterstützung von Dienstleistungsunternehmen möglich, die über den entsprechenden Maschinenpark verfügen.

Das bedeutet zwar einen höheren Planungsaufwand, jedoch zeigen sich die Vorteile im optischen Erscheinungsbild von Metalldächern und Metallfassaden sowie in der geldwerten Einsparung witterungsabhängiger Baustellen-Arbeitszeiten.

Hardware für die Präzision

Seit Erscheinen der dritten Auflage des Fachbuches im Jahr 2017 bis zu dieser vierten aktualisierten Fassung 2023 hat es in der Biege- und Stanztechnik, der Hardware für die Blechbearbeitung, aber besonders in der Digitalisierung, also der Steuerungssoftware, deutliche Weiterentwicklungen gegeben. Auf den einschlägigen Fachmessen EuroBLECH in Hannover, der Blechexpo in Stuttgart oder der BLE.CH in Bern ging es bei allen neuen Features um die Optimierung von Produktions- und Arbeitsprozessen – in Zeiten des Fachkräftemangels also letztendlich um Zeitersparnis. Dabei spielte auch die hohe Präzision von Zuschnitten, Biege- und Stanzteilen eine bedeutende Rolle, um damit ein aufwendiges Nacharbeiten bei der Montage zu vermeiden.

Software für die Prozesskette

Für präzise Zuschnitte sorgen beispielsweise elektronisch angetriebene Rollenscheren mit einem einstellbaren Rollenscherenkopf. Der Luftspalt sowie die Überdeckung der Rollen kann hiermit je nach Materialqualität und Materialdicke präzise justiert werden. Um die Gesamtproduktivität durch einen automatisierten Beladeprozess von Biegemaschinen zu steigern, gibt es heute Seiteneinzüge; Bleche können vom Stapeltisch angesaugt und mit hoher Geschwindigkeit in die Maschine eingezogen werden. Moderne Maschinensteuerungen ermöglichen neben der projektbezogenen Profilplanung bis zur eindeutigen Kennzeichnung aller Biegeteile auch den Datenimport über offene Schnittstellen. Dies ermöglicht eine Verkettung aller Arbeitsprozesse, vom digitalen Baustellenaufmaß über die Dach- und Fassadenplanung per CAD bis zur Übergabe der Planungsdaten an die Maschinensteuerungen. Lesen Sie auch hierzu das Kapitel 6 „Digitales Planen und Messen".

Zeitersparnis und eine hochwertige Ausführung der Metallarbeiten an Dach und Fassade ermöglichen auch viele Elektrowerkzeuge zum Formen von Blechkanten, Fixieren von Metallelementen und vieles mehr. Nachfolgend haben wir eine Auswahl moderner Maschinen für die unterschiedlichen Arbeitsprozesse in der Werkstatt und für den Baustelleneinsatz zusammengestellt.

7.2.1 Schneiden, Spalten, Coilen

Bleche für Dachdeckungen und Fassadenbekleidungen werden als Tafelmaterial oder als Coil geliefert. Coil ist der Fachbegriff für aufgerollte Breitflacherzeugnisse wie Metall- und Papierbänder o.Ä. Ob längs, quer, schräg oder gar rund – vor jeder Falzarbeit und vor jedem Profiliervorgang sind präzise Zuschnitte erforderlich.

Bei großen Stückzahlen typischer Bauklempnerprofile erfolgen die Zuschnitte meistens vom Coil, i.d.R. mit Rollenscheren oder Kreismessern. Hierbei wird das Blech mit motorischem oder mit manuellem Vorschub (bei Handrollenscheren) zwischen den kreisrunden und drehbar gelagerten Rollenmessern hindurchgeführt und dabei durchtrennt bzw. gespalten. Bei Spaltanlagen können mit mehreren verstellbaren Rollenmesserpaaren mehrere Streifen gleicher oder unterschiedlicher Breite gleichzeitig zugeschnitten werden.

Für die Fertigung von Stehfalzscharen werden Standard-Zuschnittbreiten bereits werkseitig geliefert und müssen nur noch abgelängt werden. Hierfür sind bei den modernen Profilieranlagen bereits Schneidevorrichtungen integriert. Notwendige Passscharen, die vom Scharenraster abweichen, werden entweder von Hand oder – soweit verfügbar – mit der Rollenschere einer Lang-Abkantbank zugeschnitten. Müssen viele Sonderscharen erstellt oder große Mengen Bauprofile zugeschnitten und vorbereitet werden, kommen Längs-(Spalt-) und Querteilanlagen zum Einsatz. Vorteil ist ihr wirtschaftlicher Betrieb, da die Fertigung extrem langer Metallprofile möglich ist und durch die Verwendungen maximaler Bandbreiten der Verschnitt minimiert wird.

Einige Spaltanlagen bieten die Möglichkeit, mithilfe einer graphischen Steuerung konische Zuschnitte in beliebiger Länge durchzuführen. Der Einsatz von Kreismessern ermöglicht dabei gratfreie Schnitte ohne Verhärtungen. Zusätzlich mit Richtwalzen ausgestattet, wird das Metallband während des Schneidevorgangs mehrfach umgelenkt und dadurch entspannt. Dieser Vorgang minimiert eine besonders im Fassadenbereich unerwünschte Wellenbildung. Spaltanlagen können als Einzelmaschinen verwendet oder in eine Abcoilanlage integriert werden. Die Möglichkeit einer Fertigung von Großcoils bringt zudem Vorteile beim Materialeinkauf gegenüber 100 kg Handwerkercoils und beinhaltet somit auch Lohneinsparungen durch geringere Rüstzeiten beim Coilwechsel. Gewichte von etwa 500 bis 1.500 kg sind dabei gängige Größenordnungen, da diese Coils noch mit relativ leichten Hebezeugen bewegt werden können. Höchste Präzision bei komplizierten Blechzuschnitten, beispielsweise für Kuppeldächer oder für Kurvenkehlen®, ermöglichen spezielle Plasmaschneidanlagen. Sie werden i.d.R. in der Lohnfertigung eingesetzt.

Abb. 7.29: Mehrfach-Abcoil- und Lageranlage. Mithilfe eines motorisch betriebenen Gondelsystems nimmt diese Anlage, je nach Ausstattung, 7 bis 17 Lagergondeln auf.

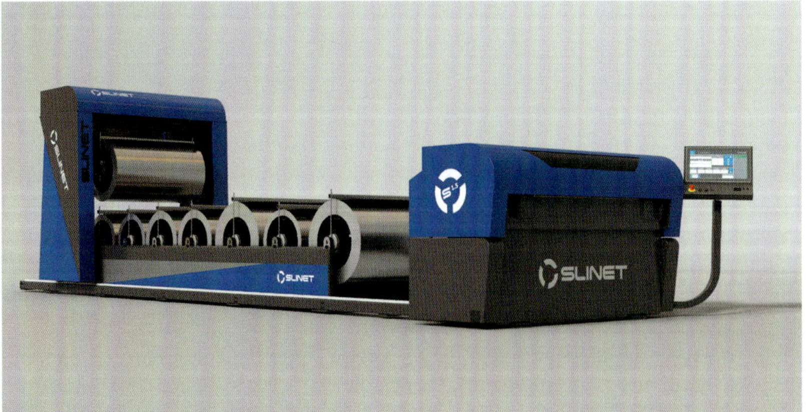

Abb. 7.30: Komplette Spaltanlage mit Abwickler, Längs-, Querteil- und Richtanlage

Abb. 7.31: Mit Plasmaschneideanlagen lassen sich auch komplizierte Blechzuschnitte realisieren.

Abb. 7.32: Hebel-Tafelschere

Abb. 7.33: Motor-Tafelschere

Für den schnellen Zugriff auf die unterschiedlichen Coils aus Kupfer, Zink oder Aluminium in unterschiedlichen Farben und Materialdicken ist eine professionelle Lagerhaltung wichtig. Für diesen Zweck werden sogenannte Abwickelhaspeln (Abcoiler) oder Abcoilanlagen verwendet. Diese Lagervorrichtungen können ein oder mehrere Coils aufnehmen. Korrekt eingespannt sind die aufgerollten Metallbänder zudem vor Verformungen und Beschädigungen ausreichend geschützt und ermöglichen einen schnellen Materialwechsel.

Für Zuschnitte von Tafeln und Blechen werden in der Klempnertechnik Schlagscheren sowie Hebel- und Motortafelscheren eingesetzt. Anders als bei Rollenscheren wird das Blech zwischen einem festen und einem beweglichen Messer in einem Arbeitsgang gerade abgeschert. Vor dem Durchtren-

Abb. 7.34: Handliche elektronische Profilier- und Falzmaschinen eignen sich für Kleinstflächen.

Abb. 7.35: Handrollformer erleichtern kleinere Falzarbeiten an kurzen Passscharen vor Ort.

nen liegt der Werkstoff auf einer geraden Unterlage, dem Maschinentisch, an dem das Untermesser bündig montiert ist. Das Blech wird in der Schneidposition vom Niederhalter festgespannt.

Für kleinere Blechzuschnitte in der Werkstatt und auf der Baustelle bis zu einer Schnittlänge von etwa 1 m werden meistens Schlagscheren eingesetzt. Bei großen Werkstoffdicken und großen Stückzahlen kommen Hebel- und Motortafelscheren zum Einsatz. Auch hierbei ermöglichen moderne, elektronisch gesteuerte Maschinen ein rationelles Zuschneiden des Tafelmaterials in der Klempnerwerkstatt. Mit dem geeigneten Zubehör wie Kipptisch und Blechstapelwagen können die Zuschnitte zeitsparend dem weiteren Biegeprozess zugeführt werden. Hierbei gleitet das Schnittgut vom Kipptisch auf den Stapelwagen und kann mit ihm problemlos zur nächsten Arbeitsstation transportiert werden – ein mühsames Aufsammeln der Zuschnitte entfällt.

7.2.2 Profilieren

Die Stärke des Klempnerhandwerks liegt in der Realisierung komplizierter dreidimensionaler Dach- und Fassadengeometrien. Um Stehfalzprofile in der handwerklichen Klempnertechnik präzise in Form zu bringen und wirtschaftlich zu fertigen, kommen moderne Rollformer zum Einsatz. Nach DIN 8586 gehört das Rollformen zu der Gruppe der Fertigungsverfahren „Biegeumformen mit drehender Werkzeugbewegung". Aufgrund seiner hohen Wirtschaftlichkeit hat dieses Verfahren in einer Vielzahl industrieller Anwendungen eine große Bedeutung erlangt. Beim Rollformen wird das in der Länge theoretisch unbegrenzte Metallband durch hintereinander angeordnete Umformstationen (Rollensätze) transportiert. Das durchlaufende Band wird dabei stufenweise von den Rollformwerkzeugen umgeformt, bis die Endform des Profils erreicht ist. Die Profilform ist beliebig und es können sowohl einfache als auch komplizierte Querschnitte auf diese Weise hergestellt werden. Geringe Werkzeugkosten und eine hohe Flexibilität zeichnen Rollformen aus. Somit sind Rollformer in der Scharenfertigung den Biegemaschinen deutlich überlegen.

Seit dem Einsatz der Rollformtechnik im Klempnerhandwerk in den 1970er Jahren wurde dieses Verfahren ständig optimiert. Statt der damals üblichen festen Bandbreite von 600 mm sind heute variable Bandbreiten von etwa 300 bis 800 mm profilierbar. Mit einigen Spezialmaschinen oder Zusatzausrüstungen werden zudem auch Passscharen sowie konische und runde Scharen zeitsparend, theoretisch ohne Längenbegrenzung profiliert. Somit können beim Fertigungsprozess Zeit und Verschnitt eingespart und anspruchsvolle Architektenwünsche kostengünstig erfüllt werden. Daraus ergibt sich ein entscheidender Wettbewerbsvorteil gegenüber vielen nicht metallischen Bekleidungs- oder Dachdeckungswerkstoffen. Nachgeschaltete Geräte wie Ausklinkeinheiten z.B. für Traufenabschlüsse, Ablängvorrichtungen oder Rundbogenmaschinen (für Tonnendächer, Kuppeln oder sonstige runde Dachgeometrien) vervollständigen die Prozesskette der rationellen Bandprofilierung.

Auch für die Endbearbeitung der Scharen zum Doppel- oder Winkelstehfalz auf dem Dach oder an der Fassade stehen kleine Rollformer mit elektrischem Antrieb zur Verfügung und erleichtern dem Klempner die Arbeit, die er früher nur mit Holzhammer und Schaleisen erledigen musste. Darüber hinaus gibt es pfiffige Hand-Rollformer für die kleinen handwerklichen Anwendungen am Dach, die sonst typischerweise mit der Falzzange ausgeführt werden. Der Hand-Rollformer wird kabellos mit Muskelkraft betrieben und zum Herstellen von Stehfalzen an kurzen Passscharen, Kehlfalzen an Rundgauben, Umfalzungen an Ortgängen oder an Mauerabdeckungen eingesetzt.

Für die unterschiedlichen Bedürfnisse und Leistungsbereiche der Klempner-/Spenglerfachbetriebe stellen die Maschinenhersteller der Branche ein breites Angebot an Maschinen in allen Größenordnungen bereit. Hierzu zählen sowohl kleine, variable oder mobile Profilieranlagen für Einsteiger als auch professionelle Profilierzentren für die Fertigung vom Coil. Diese produzieren montagefertige Scharen einschließlich Rundung und/oder Abschlusskantungen. Ausgerüstet mit intelligenter Software und modernen Steuerungen können Profilieranlagen heute projektbezogene Aufträge komplett „abwickeln".

7.2.3 Biegetechnik

Das Biegen von Blechen zählt zum Tagesgeschäft der Klempner und der Spengler. Es ist als umformendes Fertigungsverfahren definiert, bei dem die Blechtafeln räumlich gekrümmt werden. Auf das Material wird ein Biegemoment aufgebracht, das eine dauerhafte plastische Verformung bewirkt. Die Bleche werden so stark gebogen, dass sie über die Elastizitätsgrenze, aber nicht über die Bruchgrenze hinaus beansprucht werden. Dies führt zur bleibenden Formänderung. Beim maschinellen Schwenkbiegen wird das Blech i.d.R. mit der Oberwange gespannt und durch eine Schwenkbewegung der Biegewange gebogen.

Moderne Biegemaschinen erzielen heute hohe Schwenkgeschwindigkeiten der Biegewange (ca. 80°/s) und Öffnungsgeschwindigkeiten der Oberwange (ca. 50 mm/s). Bereits beim Zurückschwenken der Biegewange öffnet sich gleichzeitig die Oberwange und gibt das Werkstück frei zur Positionierung für den nächsten Bearbeitungsschritt. Ausgerüstet mit motorischem Tiefenanschlag und beweglichem Fußschalter können somit auch große Zuschnitte von nur einer Person bewerkstelligt werden.

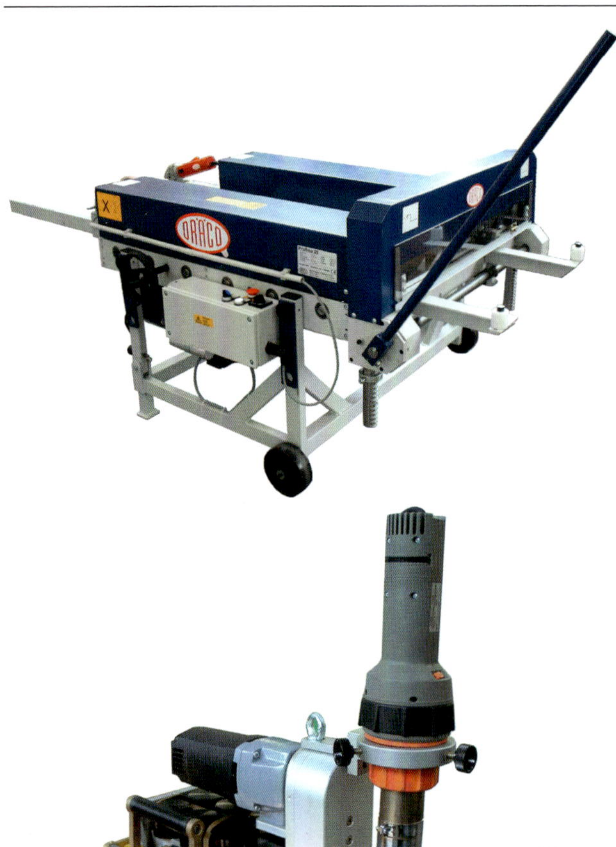

Abb. 7.36: Profiliermaschine mit Längenmessung und manueller Querteilanlage nach dem Profilieren, für schräge Scharen bis 45° schwenkbar

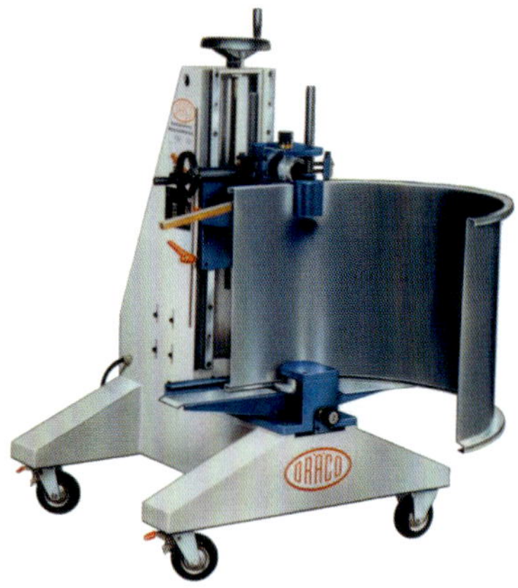

Abb. 7.38: Mit der Rundbogenmaschine können vorprofilierte Scharen variabel geformt werden.

Abb. 7.37: Falzmaschine zum Falzen von Winkel- und Doppelstehfalz jeweils in einem Arbeitsgang, bei geraden und gebogenen Profilscharen. Das Vorwärmgerät kommt bei Titanzinkdeckungen und Temperaturen unter 10 °C zum Einsatz.

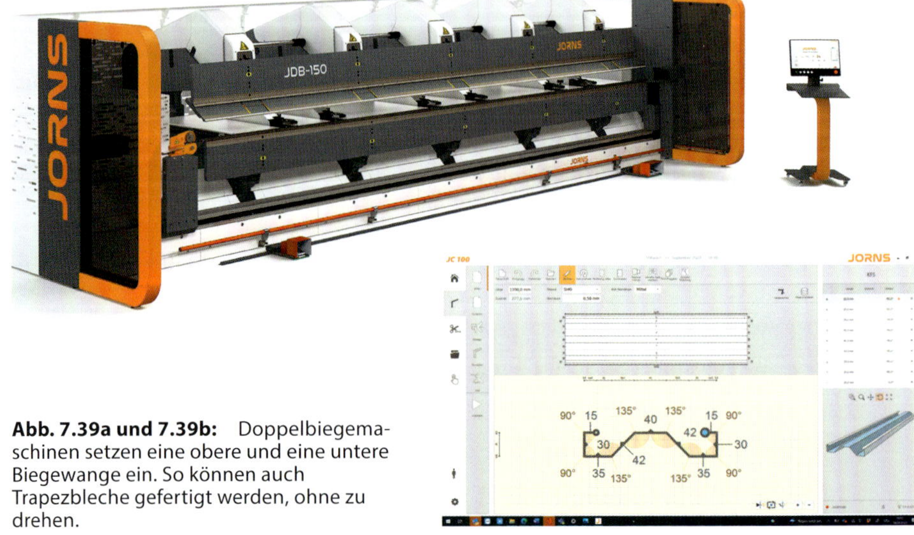

Abb. 7.39a und 7.39b: Doppelbiegemaschinen setzen eine obere und eine untere Biegewange ein. So können auch Trapezbleche gefertigt werden, ohne zu drehen.

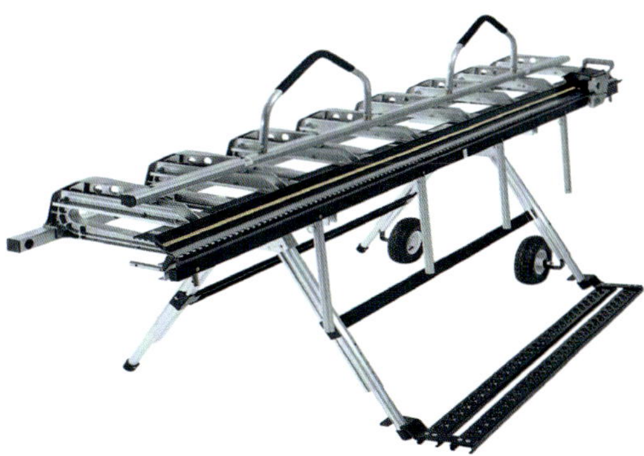

Abb. 7.40: Leichte, transportable, klappbare Handabkantbank für den Baustelleneinsatz. Das Gestell ist höhenverstellbar und kann an die Dachneigung angepasst werden.

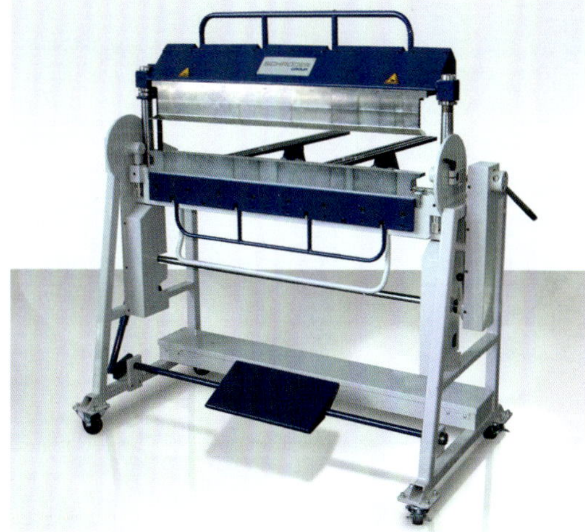

Abb. 7.41: Mit einer Segmentabkantbank lassen sich Bleche an allen Seiten biegen, um z. B. komplexe Schachtelformen zu erzeugen.

Abb. Abb. 7.42a und 7.42b: Die motorisierte Schwenkbiegemaschine ist universell einsetzbar und insbesondere für kleinere Spenglereien geeignet. Eine moderne Steuerung ermöglicht ein automatisches konisches Biegen von Blechen und somit die Herstellung ineinandersteckbarer Profile.

Neu ist die sogenannte Doppelbiegetechnik, bei der eine obere und eine untere Biegewange eingesetzt werden. Das Blech muss bei diesem Verfahren nicht mehr gewendet und gedreht werden und die Produktionszeit verkürzt sich um ein Vielfaches. Während die eine Biegewange arbeitet, kann die andere aus dem Biegebereich gefahren werden und schafft somit den notwendigen Freiraum für diesen Arbeitsprozess.

Bleche müssen für die unterschiedlichsten Anwendungen und Einbausituationen geformt werden. Sowohl für die Herstellung kleinster Kassetten oder für lange Bauteile wie Kehlen, Kastenrinnen, Traufbleche, Mauerabdeckungen oder Ortgänge sind geeignete Biegemaschinen verfügbar. Dabei reichen die Varianten von der kleinen transportablen Baustellenkantbank bis hin zu CNC-gesteuerten Präzisionsbiegezentren für die industrielle Fertigung großer Stückzahlen und großer Blechdicken.

Für filigrane Biegearbeiten werden Segmentbiegemaschinen eingesetzt. Das Besondere an diesen Maschinen ist, dass sie mit segmentierten Biegewerk-

Abb. 7.43: Rundmaschine

Abb. 7.44: Sickenmaschine

zeugen an den 3 Wangenelementen Ober-, Unter- und Biegewange ausgestattet sind. Hiermit lassen sich Bleche an allen Seiten biegen und z.B. komplexe Schachtelformen oder Werkstücke mit Biegeschenkeln nach oben und unten erzeugen.

Die maschinelle Fertigung von Profilblechen mit Biegemaschinen ist präzise und wirtschaftlich. Besonders im stark wachsenden Tätigkeitsfeld der Fassadenbekleidungen mit Metall ist der Einsatz von Präzisionsbiegemaschinen unabdingbar. Dies ist jedoch nur mit einem hohen Vorfertigungsgrad aller Bekleidungsbleche, die mit einer präzisen Detailplanung der Profile einhergeht, zu realisieren. Kaum ein Fassadenendstück, eine Fassaden-Eckausbildung, Leibung oder sonstige Anarbeitung muss heute noch mit der Falzzange hergestellt werden. Genau geplant, sorgfältig gemessen und mit der Segmentabkantbank vor Ort oder mit den Werkstattmaschinen hergestellt, können die Bauteile anschließend spannungsfrei und optisch einwandfrei montiert werden. Das Zusammenspiel der traditionellen Klempner-Handwerkstechniken und der Einsatz moderner Blechbearbeitungsmaschinen ist dabei von entscheidender Bedeutung.

7.2.4 Runden, Wulsten, Sicken

Für Reparaturarbeiten müssen z.B. Rinnen mit Sonderabmessungen für Reparaturarbeiten an historischen Gebäuden handwerklich hergestellt werden. Für diese Arbeiten werden wie vor 100 Jahren Rund- und Wulstmaschinen verwendet. Die Rundmaschine dient der Herstellung von Rinnen, Rohren und Ornamenten. Die Wulstmaschine erleichtert das Herstellen von Rinnenwulsten. Rund- und Wulstmaschinen gehören ebenso zu den Standardeinrichtungsgegenständen der Klempner wie Abkantbänke und Tafelscheren.

Sickenmaschine

In der handwerklichen Metallbearbeitung, speziell für die Dach-, Fassaden- und Lüftungstechnik, werden sogenannte Sickenmaschinen eingesetzt. Diese können hand- oder motorbetrieben sein. Mittels gegenläufiger unterschiedlich geformter Walzeneinsätze können viele verschiedene Anwendungen ausgeführt werden. Diese sind:

Abb. 7.45: Die Anordnung der Maschinen ergibt sich aus den notwendigen Arbeitsprozessen für die Projektvorbereitung.

- Formen verschiedener Sicken mit unterschiedlichen Sickenwalzen,
- Schweifen und Bördeln mit Schweif- und Bördelwalzen, Herstellen von Drahteinlagen mit Draht-Vornehmwalzen und Zudrückwalzen, Ab- und Durchsetzen mit Bördelwalzen (siehe Kapitel 12.1),
- Einziehen und Spannen mit Einziehwalzen (Kuchenblechwalzen),
- Abschneiden von langen, schmalen Blechstreifen mit Abscherwalzen,
- Vorbereiten von Mantel- und Bodenfalzen.

(Näheres zu den Anwendungen siehe auch Kapitel 12.)

7.3 Effiziente Blechbearbeitung

Die Vorfertigung von Blechen in der eigenen Klempnerwerkstatt erlangt eine immer größere Bedeutung. Dabei sind die Anforderungen an die Ausstattung abhängig von den unterschiedlichen Betriebsstrukturen. Noch in den 1980er-Jahren war es gängige Praxis, den größten Teil der Metallprofile für die anstehenden Klempnerarbeiten direkt auf der Baustelle zu fertigen. Eine kleine Profiliermaschine, eine Bauabkantbank und ein selbst gezimmerter Arbeitstisch zählten zu den Ausstattungen vor Ort. Es wurde wenig geplant, dafür öfter gemessen und angepasst, da auch die Baukonstruktionen dieser Zeit häufig große Maßtoleranzen aufwiesen. Die Zeiten und die Bautechnik haben sich jedoch geändert, ebenso die Tätigkeitsfelder für Klempner/Spengler und Metallleichtbauer. So zählen die Herstellung hochwertiger architektonisch gestalteter Fassaden und Innenbekleidungen einschließlich komplexer Unterkonstruktionen sowie die Solartechnik zu ihrem heutigen, deutlich erweiterten Aufgabenfeld. Es gilt, den hohen optischen Ansprüchen der Architekten und Bauherren gerecht zu werden, was eine detailgenaue Planung und werkstoffgerechte Metallbearbeitung erfordert. Unabhängig von der Größe eines Klempner-Fachbe-

Abb. 7.46a: Mit modernen Stanz-Nibbelmaschinen lassen sich komplexe Abwicklungen und Stanzungen auf Bleche übertragen.

Abb. 7.46b: Die Sonderanfertigung dieses Lochblechprofils erfolgte mittels Stanz- und Biegemaschine. Die Ausklinkungen an den Profilendungen ermöglichen ein problemloses Zusammenstecken der Einzellängen.

triebs wird es deshalb immer wichtiger, einen möglichst hohen Vorfertigungsgrad für die Ausführung der Metallarbeiten an Dach und Fassade zu erzielen. Die Werkstattfertigung von Profilen, Ornamenten oder der Bekleidung kompletter Dachteile wie Gauben oder Turmelemente ist wirtschaftlich und zudem von hoher Präzision gekennzeichnet. Grund dafür sind die deutlich besseren Arbeitsbedingungen als bei der Baustellenfertigung vor Ort. Durch die Verlagerung möglichst vieler Metallarbeiten in die Werkstatt erzielt man neben Witterungsunabhängigkeit und der Verfügbarkeit von leistungsfähigen Maschinen, Werkzeugen und Montageplätzen nicht zuletzt auch eine bessere Arbeitssicherheit für die Mitarbeiter. Ein weiterer wichtiger Faktor ist die enorme Zeitersparnis durch logistische Vorteile.

Produktion mit Konzept

Welche Klempnermaschinen eingesetzt werden, hängt von mehreren Faktoren ab. Wichtige Kriterien, die bei der Werkstattplanung berücksichtigt werden sollten, sind:

- Schwerpunkt der Metallarbeiten
- unternehmerische Ziele
- Betriebsgröße/Anzahl der Mitarbeiter
- Werkstattfläche, Grundriss
- Investitionsvolumen

Grundsätzlich gilt jedoch, dass die typischen Arbeitsprozesse in einer Blechbearbeitungswerkstatt wie Zuschneiden, Spalten, Coilen, Biegen, Profilieren sowie das fachgerechte Lagern zu einer logistisch durchdachten Prozesskette zusammengefügt werden sollten. Wie dies in der Praxis gestaltet werden kann, zeigen wir am Beispiel des Spengler-Fachbetriebs Gebr. Adelsberger GmbH aus München mit etwa 15 Mitarbeitenden. Das Leistungsspektrum des Unternehmens umfasst Metall- und Dachdeckerarbeiten für den Gewerbe- und Privatkundenbereich sowie Lohnkantungen für unterschiedliche blechverarbeitende Gewerbe. Mithilfe eines modernen EDV-Systems erfolgen die technische Planung, Arbeitsvorbereitung und Visualisierung der Bauprojekte ein-

Abb. 7.47: Ein großer Monitor im Werkstattbereich zeigt die aktuellen Produktionspläne, Aufmaß-Skizzen und sonstige Hinweise für die Mitarbeitenden an.

Abb. 7.48: Die Biegeautomatik ermöglicht mittels kleinteilig ablaufender Kantungen die Herstellung runder Blechformen.

schließlich Verlegeplan mit Stücklisten für die Baustelle. Die Arbeitsprozesse in der Fertigungshalle mit etwa 250 m² Fläche sind wie folgt gestaltet:

- Lagern von Blechtafeln im Hochregallager mit Bewegungsraum für Gabelstapler und fahrbare Hebezeuge
- automatisiertes Coillager mit verschiedenen Metallwerkstoffen und Oberflächen
- CNC-gesteuerte Längs- und Querteilanlage bis 1.250 mm Breite, für Coils bis 2 t in Einheit mit dem Coillager
- Segmentbiegenmaschine mit Up-&-Down-Biegetechnik und drehbarer Oberwange für 2 Werkzeugstationen
- Arbeitstische, beweglich 1 Stk. x 2,0 m, 2 Stk. x 3,0 m
- 2-m-Hand-Tafelschere
- 3-m-Kantbank, motorisch
- 3-Walzen-Rundmaschine, Sickenmaschine, Wulstmaschine
- 4-m-Motor-Tafelschere mit 2,5 mm Schneidleistung, Motoranschlag und elektronischer Schnittspaltverstellung
- 6-m-Biegemaschine, 2 mm Biegeleistung
- 6 m Arbeitstisch für Zuschnitte und Blechablage (Halleneinfahrt)
- CNC-Stanzmaschine 1.250 x 2.500 mm für wirtschaftliches Präzisionsstanzen, Nibbeln und Blechumformen mit 64 Werkzeugen
- CNC-gesteuerte 4-fach-Werkstatt-Profiliermaschine mit Wechselkassetten und integrierter Stanzeinheit für Ausklinkungen sowie nachgeschalteter Längstrennung
- Ausklink-Einheit für maschinelle Schar-Endausbildung, Biegen der Schar-Enden
- Arbeitstisch/Arbeitsplatz für Schweißarbeiten, Bauteil- und Ornamentfertigung

Abb. 7.49: Vollautomatisierte Anlage „The Base“

- WIG-Schweißgeräte zum Schweißen von Aluminium und Edelstahl
- Arbeitsbereich für Metallklebungen auf Unterkonstruktionen (Dach und Fassade)

Die Maschinen werden über die Software Bendex angesteuert, die Coil- und Spaltanlage (Slinet) ist mit einem Etikettendrucker ausgestattet und die Segmentbiegenmaschine mit Up-&-Down-Technik kann QR-Codes der EDV einscannen und das hinterlegte Programm starten. Vermehrt investieren Klempner-/Spengler-Fachbetriebe, wie die Firma Adelsberger, in moderne Stanz-Nibbelmaschinen. Mit den vielfältigen Werkzeugen lassen sich Bleche beispielsweise mit individuellen Lochmustern gestalten und somit außergewöhnliche Architekturwünsche erfüllen. Das beschriebene Werkstattkonzept hat sich im Tagesgeschäft des Unternehmens bewährt. Abgesehen von dem Materiallager und der schweren Biege- und Stanzmaschine sind Rollformer und Arbeitstische mit dem notwendigen Zubehör beweglich auf Rollen aufgestellt. So kann die Anordnung der Maschinen für die projektbezogene Fertigung und die hierfür notwendigen Arbeitsprozesse variabel angepasst werden.

Vollautomatisierte Profilherstellung

Die wirtschaftliche und teils vollautomatische Profilherstellung benötigt eine spezielle Maschinenkombination, beispielsweise die Anlage „The Base“ von Cidan Machinery. Sie besteht aus mehreren Komponenten: einer Doppelbiegemaschine für eine breite Profilvielfalt, einer Mehrfach-Coilanlage, die den schnellen Wechsel verschiedener Materialien (Blechbreite bis zu 1.500 mm) ermöglicht, sowie den integrierbaren Automationsmodulen Blecheinzugs-, Blechwende- und Blechentnahme-Einheit. Hinzu kommt eine zentrale Steuereinheit, die alle Anlagenkomponenten vernetzt. Die Aufträge werden mit einer modernen Biegesoftware wie auf einem Tablet erstellt, so kann die Großanlage von nur einem Mitarbeiter bedient werden.

7.3.1 Maschinenwartung

Technik braucht Pflege. Für den reibungslosen Ablauf in der Klempnerwerkstatt ist es wichtig, den Maschinenpark regelmäßig zu warten und zu pflegen – wie dies auch beim eigenen Pkw ganz selbstverständlich durchgeführt wird. Ein Maschinenausfall im laufenden Projektgeschäft kann einen hohen wirtschaftlichen Schaden zur Folge haben.

Wird die Wartung vernachlässigt, können insbesondere beim Schneiden, Biegen und Profilieren „Blechschäden" auftreten: Hochwertige Metalloberflächen werden verunreinigt oder verkratzt oder es entstehen durch verstellte Profilieranlagen Spannungen in Scharen, die die Optik und die Dehnungsbewegungen beeinträchtigen. Darüber hinaus rufen Grate an den Schnittkanten schwerwiegende Schnittverletzungen hervor. Deshalb gilt als wichtigster Hinweis, die Bedienungs-, Wartungs- und Pflegeanleitung des Maschinenherstellers zu beachten. Nachstehend sind einige allgemeine Pflegetipps zusammengestellt:

- **Maschinen reinigen**

Nach Gebrauch und insbesondere beim Werkstoffwechsel mit patinierten Metalloberflächen sollten die Teile, die mit dem Blech in Berührung gekommen sind, mit einem neuen Schleifvlies sorgfältig gereinigt und leicht eingeölt werden. Metallabrieb und Patinierstäube können die Oberflächen der nachfolgenden Werkstoffe verunreinigen und schlimmstenfalls zur Korrosion führen. Auch die Leichtgängigkeit der Rollformer im Umformprozess kann beeinträchtigt werden. Aggressiver Handschweiß führt zur Oberflächenkorrosion an unbeschichteten Maschinenteilen. Deshalb sollten auch diese Teile regelmäßig gereinigt und geschützt werden. Zur Reinigung und zum temporären Schutz hat sich das Multifunktionsöl WD 40 bewährt, sofern der Hersteller kein anderes Mittel vorgibt. Wachsartige Wartungssprays haben den Nachteil, dass sie verharzen können und in diesem Fall selbst eine Verunreinigung darstellen.

Bei Verunreinigungen durch Metallabrieb beim Schneiden von Aluminium und Zink können einige Schnitte durch verzinktes Stahlblech einen guten Reinigungseffekt erzielen.

- **Maschinen prüfen**

Wurden Maschinen viele Arbeitsstunden lang genutzt, empfiehlt es sich, beim oder nach dem Reinigen eine Sicht- und Funktionsprüfung durchzuführen bzw. vom Fachmann durchführen zu lassen. Bei einer Sichtprüfung können z.B. undichte Hydraulikschläuche, beschädigte Biegewangen oder Elektro-Anschlusskabel entdeckt und rechtzeitig repariert oder erneuert werden. Dies ist allein schon aus Gründen der Arbeitssicherheit wichtig.

Scheren

Zur störungsfreien Funktion einer Tafelschere ist es z.B. wichtig, dass der Niederhalter korrekt aufliegt und das Blech fest einklemmt. Im Dauerbetrieb kann es vorkommen, dass sich das Niederhaltergummi löst, die Klemmwirkung teilweise nicht mehr gegeben ist und das Blech beim Schneidevorgang schräg in die Maschine rutscht.

Sofern ein Tiefenanschlag vorhanden ist, sollte geprüft werden, ob er parallel zur Schnittkante verläuft.

Rollformer

Die korrekte Einstellung eines Rollformers ist abhängig vom Werkstoff und von der Bandbreite. Insbesondere die Herstellerangaben für 0,4 oder 0,5 mm dickes Edelstahlblech sind zu beachten – ebenso die Ein- stellung der Bandführung. Ist die Bandführung zu eng, kann der Unterfalz zu breit werden und beim Fügen der Falze Spannungen verursachen. Eine einfache Prüfung der korrekten Form des Unterfalzes lässt sich mit einem geeigneten Fest- oder Schiebehaft durchführen. Ist dieser problemlos aufzuklemmen und leicht verschiebbar, stimmt die Einstellung.

Um einen leichten Lauf und einen verschleißarmen Betrieb sicherzustellen, müssen die Antriebszahnräder mit einem geeigneten Schmiermittel versehen werden.

Biegemaschinen

Bei Biegemaschinen kann der Klemmdruck der Oberwange geprüft werden. Lässt sich das eingespannte Blech an einer Seite herausziehen, muss nachjustiert werden. Weiter kommt es vor, dass sich der Biegewinkel verstellt und das Blech verwindet. In diesem Fall ist mithilfe einer Schablone ebenfalls nachzujustieren. Für das Einstellen der Vorspannung/Bombierung der Biegewange ist jedoch besonderes Fachwissen erforderlich. So ist u. U. der zuständige Werkskundendienst einzuschalten.

8 Bleideckungen und Bauornamente

8.1 Bleideckungen

Der Werkstoff Blei ist das schwerste und weichste Metall, das im Bauwesen verwendet wird (siehe auch Kapitel 11.1.2). Es ist sehr langlebig und wurde bereits im Altertum verarbeitet, um Wasserrohre vor Korrosion zu schützen. Die Ägypter verwendeten schon 7.000 v. Chr. Blei als Bestandteil von Keramikglasuren. Auch heute noch findet Blei im Bauwesen, insbesondere am Dach, viele Anwendungsmöglichkeiten. Durch die gute Formbarkeit eignet sich Blei für komplizierte Dachanschlüsse und Dachformen, die sich mit harten Metallwerkstoffen wie Aluminium, Kupfer oder Zink nur sehr aufwändig realisieren lassen. Hierzu zählen z.B. Übergänge von Bauteilen an Ziegeldächern und aufgehenden Wänden, Dachdurchdringungen und rund geformte Dächer mit engen und unterschiedlichen Radien. Auch für die dauerhafte Abdichtung von Balkonen und Terrassen sowie zum Feuchteschutz bei drückendem Wasser ist Walzblei ein geeigneter Werkstoff.

Abb. 8.1: Aachener Dom

Für die unterschiedlichen Verwendungszwecke werden Walzbleiprodukte in den verschiedenen Lieferformen angeboten. Die bekannteste Lieferform für alle Dachanschlüsse sind Rollen bzw. Coils. Dachdeckungen und Fassadenbekleidungen führt man i.d.R. mit Tafelmaterial aus. Für die Anarbeitung an Dachziegeln, bei Fensterbänken, Dachfenstern oder Gauben eignet sich besonders plissiertes (gewelltes) Walzblei. Die durch die Wellprofilierung vergrößerte Oberfläche ermöglicht auch extreme Verformungen, ohne dass das Material geschwächt wird oder Risse entstehen. Um architektonischen Ansprüchen zu genügen, ist auch farbbeschichtetes Walzblei in den beschriebenen Lieferformen und vielen gängigen Ziegel- und Metalloberflächenfarben verfügbar.

In diesem Kapitel werden die gängigen Verwahrungen und Verbindungstechniken für Bleideckungen dargestellt. Es folgen Beschreibungen der speziellen Werkzeuge und praxisorientierte Hinweise für die Verarbeitung von Blei.

8.1.1 Verwahrungen

Zu den gängigen mit Blei ausgeführten Verwahrungen zählen Anschlüsse an Gauben, Kaminen, Dachflächenfenstern und allen anderen aufgehenden Bauteilen. Die trauf- oder firstseitigen Anschlüsse erfolgen entweder zweiteilig mit Nocken, einteilig mit Stufen oder zweiteilig in Einzelstufen.

Für glatte Deckungen mit Schiefer oder Biberschwanzziegeln ist der zweiteilige Nockenanschluss geeignet. Er besteht aus unterdeckenden Nocken und einem gestuftem Überhangstreifen. Die Nockenlänge ergibt sich aus dem Lattenabstand, der Überlappung und dem Umschlag zur Sicherung gegen Abrutschen. Der Überhangstreifen wird anschließend entsprechend dem Fugenbild zugeschnitten und ca. 25 mm in die Fuge eingekantet. Die Befestigung erfolgt in jeder Stufe mit einem Bleikeil.

Beim einteiligen Anschluss sind der Wandanschluss und der dachseitige Anschluss aus einer Tafel geformt. Die Befestigung an der aufgehenden Wand erfolgt wie bei dem zweiteiligen Anschluss. Dachseitig sollte die freie Kante in jeder zweiten Ziegelreihe mittels zusätzlicher Haften gegen Abheben gesichert werden.

Bei den vorbeschriebenen seitlichen Anschlüssen in gestufter Form kann bei Starkregenereignissen Niederschlagswasser in den schrägen, offenen Spalt zwischen Stufe und Wand eindringen. Deshalb sollten in den windbelasteten Gebäudebereichen (Wetterseite) Einzelstufen verwendet werden. Anschlüsse mit wandseitigen Einzelstufen haben den Vorteil, dass durch die Überlappung seitlich eindringendes Niederschlagswasser sicher auf das Dach abgeleitet wird.

Traufseitige Anschlüsse bezeichnet man an Kaminen, Dachfenstern und Gauben auch als Brustbleche. Die Zuschnittlänge ergibt sich aus der Bauteilbreite und den seitlichen Überdeckungen, die Zuschnittsbreite aus der Anschlusshöhe und der Überdeckungslänge. Nach dem Zuschneiden wird das Brustblech grob angeformt und mit den geeigneten Blei-Treibwerkzeugen an den Baukörper getrieben. Dabei wird eine seitliche Überdeckung der Eckausbildung mit dem Seitenblech von 100 mm vorgesehen.

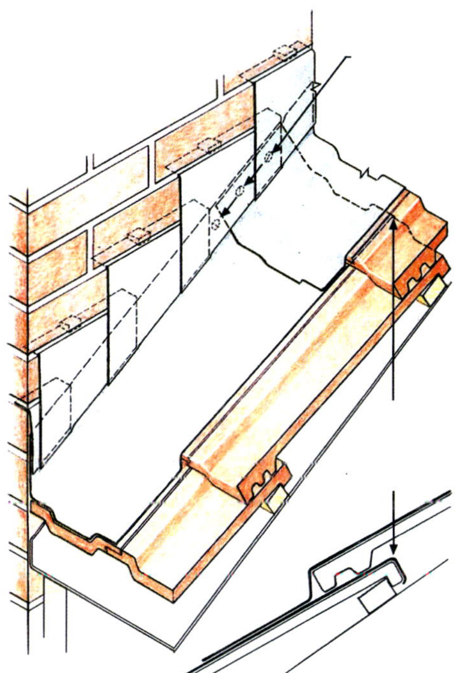

Abb. 8.2: Anschluss zweiteilig mit Einzelstufen

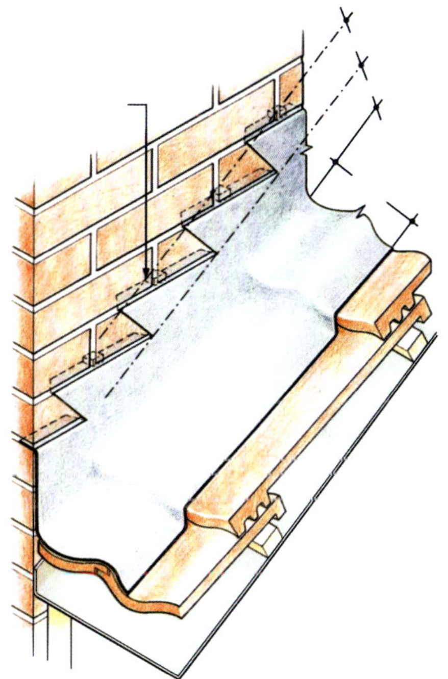

Abb. 8.3: Befestigung in der Fuge mit Bleikeil

Abb. 8.4: Anschluss einteilig mit Stufen

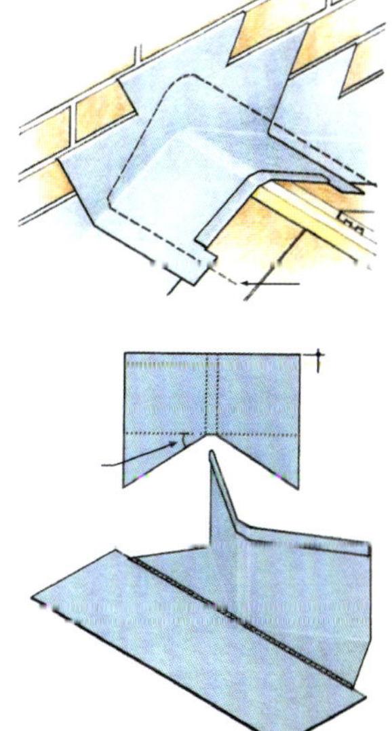

Abb. 8.5: Firstausbildung

Falls Treiben aufgrund des großen Werkstoffbedarfs bei bestimmten Eckausbildungen nicht möglich ist oder diese Anschlüsse besonders dicht sein müssen, können sie auch in Falz- oder Schweißtechnik hergestellt werden.

Firstseitige Anschlüsse bezeichnet man auch als Kehlbleche. Sie werden in ihrer Funktion durch Schnee, Regen und herabrutschende Deckwerkstoffe erheblich stärker beansprucht als traufseitige Anschlüsse und sind deshalb entsprechend sorgfältig zu planen und herzustellen. So sollte zur sicheren Ableitung des Niederschlagswassers und für Wartungszwecke eine möglichst breite Kehlsohle vorgesehen werden. Um einen ausreichenden Schutz vor mechanischen Beschädigungen von Bleikehlen zu gewährleisten, wird eine Werkstoffdicke von 2 mm und eine vollflächige begehbare Unterkonstruktion empfohlen.

Bei der Montage des Kehlbleches werden die Eckausbildungen wie beim Brustblech etwa 100 mm herumgeführt und dachseitig mit einem Umschlag gegen auftreibendes Wasser versehen. Kehlausbildungen können in Abhängigkeit von den baulichen Gegebenheiten geschweißt oder gefalzt werden.

8.1.2 Verbindungstechniken

Die am häufigsten verwendeten Techniken für die fachgerechte Verbindung sind der einfache liegende Falz, die Hohlwulst und die Holzwulst. Kann die Falztechnik aufgrund planerischer Vorgaben nicht angewandt werden, müssen Nahtverbindungen geschweißt werden.

Der einfache liegende Falz

Der einfache liegende Falz ist sowohl für Längs- als auch für Querverbindungen geeignet. Durch die schwache Profilierung bietet er eine relativ glatte Oberfläche, wie sie an Fassaden und steil gestalteten Dächern häufig gewünscht wird. Als Längsverbindung kann der einfache liegende Falz ab einer Dachneigung von 60° angewendet werden. Die Höhen der Falzaufkantungen betragen für den Unterfalz etwa 25 mm und für den Oberfalz 50 mm. Die Befestigung der Längsverbindung erfolgt innerhalb der Falzverbindungen mittels 50 mm breiter Haften aus 0,7 mm dickem Kupferblech oder 0,4 mm dickem nichtrostendem Edelstahlblech. Die Haften werden mit korrosionsbeständigen Schrauben aus Kupfer, Messing oder Edelstahl auf der Deckunterlage fixiert.

Damit die vergleichsweise harten Haften das weiche Bleiblech während des Falzvorgangs nicht durchstoßen, werden die Spitzen schräg oder rund angeschnitten.

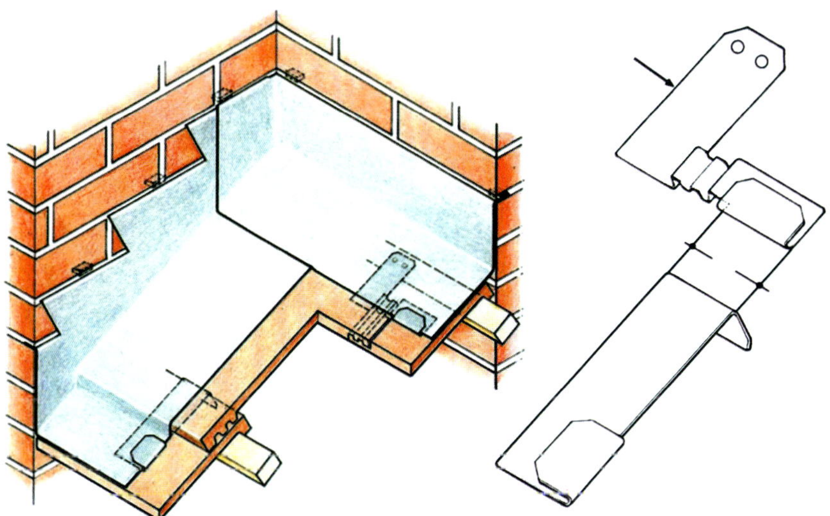

Abb. 8.6: Sicherungshaft

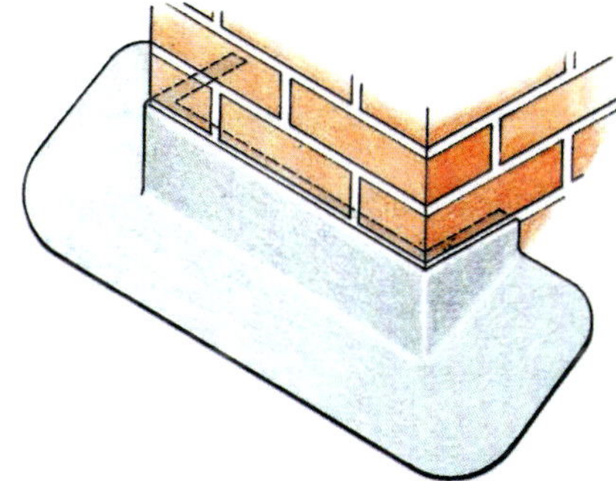

Abb. 8.7: Angeformtes Brustblech

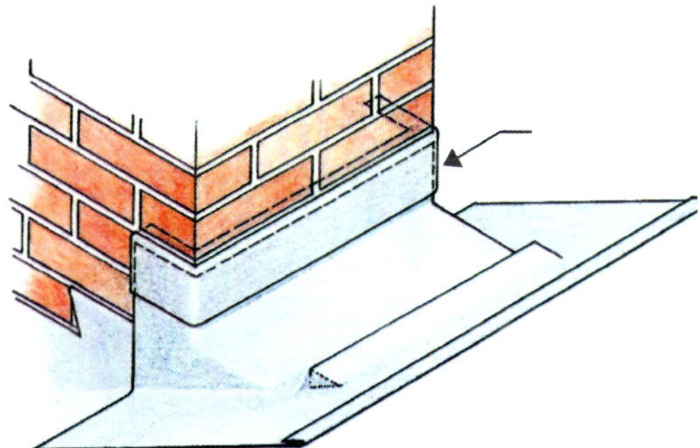

Abb. 8.9: Firstseitiger Anschluss/Kehlblech

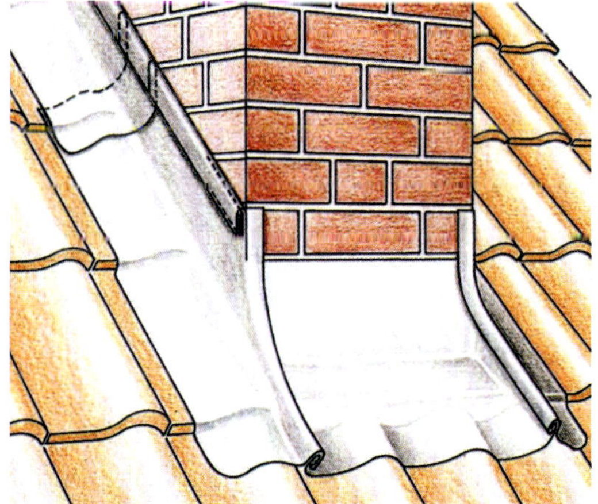

Abb. 8.8: Gefalztes Brustblech

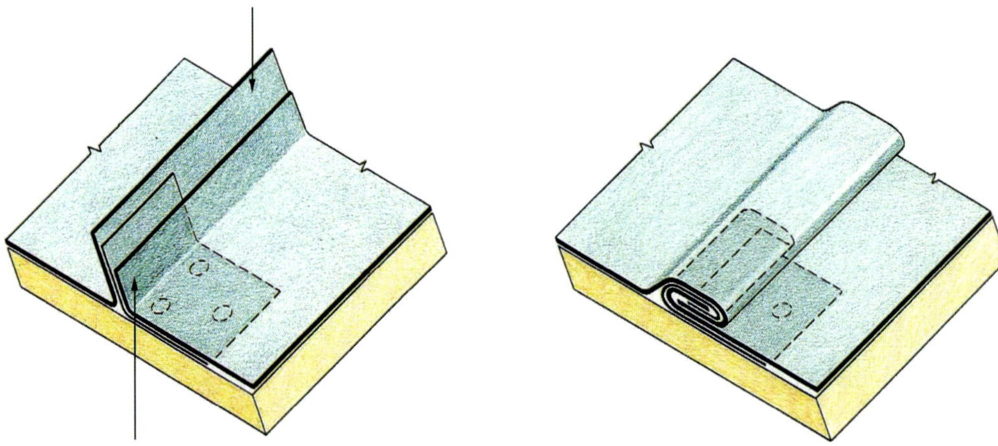

Abb. 8.10: Einfacher liegender Falz

Tabelle 8.1: Schargrößen für Längs- und Querformate

	Dächer über 10° bis 60°		Dächer über 60° bis 85°		Fassaden über 85° bis 90°	
Dicke mm	A_{max} mm	B_{max} mm	A_{max} mm	B_{max} mm	A_{max} mm	B_{max} mm
2,25	550	1.800	550	1.750	550	1.600
2,50	590	2.000	580	1.900	580	1.800
3,00	620	2.200	610	2.100	600	1.800
3,50	650	2.400	–	–	–	–

B_{max} = maximaler Abstand der Längsverbindungen (Scharbreite)
A_{max} = maximaler Abstand der Querverbindungen (Scharlänge)
Bei Scharen (Längsformate) ist das Maß B größer als das Maß A.
Die Maximalabmessungen A und B sind je nach Einfluss von Windsoglasten zu reduzieren.
Die Abmessungen der Schare für geneigte Dächer gelten auch für Kehlen.

Die Hohlwulst

Die traditionelle Verbindungstechnik für Steildächer und Fassaden aus Blei ist die Hohlwust, deren Größe je nach der gewünschten Profilierung der Fläche gestaltet werden kann. Es handelt sich dabei um einen einfachen stehenden Falz, der mit speziellen Klopfhölzern rund geformt wird. Die Regelhöhen der Falzaufkantungen betragen für den Unterfalz etwa 100 mm und für den Oberfalz 125 mm. Wie beim einfachen liegenden Falz erfolgt die Befestigung mit Haften innerhalb der Falze.

Die Holzwulst mit verdeckten Haften

Bei flach geneigten begehbaren Dächern verwendet man vorzugsweise die stabile Holzwulst. Sie gleicht in der Form der Hohlwulst, hält jedoch auch starken mechanischen Belastungen stand. Die Holzwulst besitzt einen Holzkern, dessen Querschnitt an der oberen Hälfte halbkreisförmig (D = 40 bis 45 mm) ist und sich nach unten an jeder Seite um etwa 10 mm verjüngt.

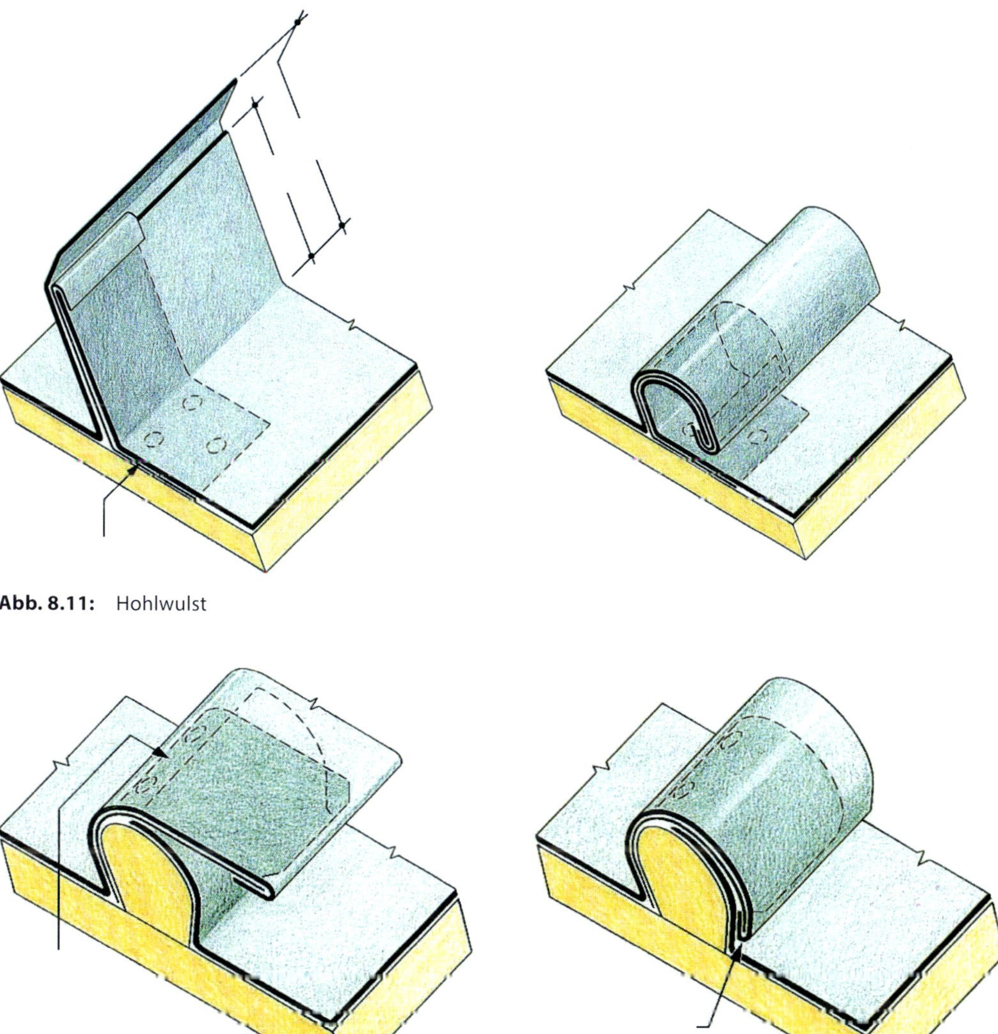

Abb. 8.11: Hohlwulst

Abb. 8.12: Holzwulst mit verdeckten Haften

Die Verjüngung ermöglicht die Aufnahme der temperaturbedingten Längendehnung. Die Hafte werden auf dem Wulstholz befestigt. Dabei ist darauf zu achten, dass die untere Bleiaufkantung nicht mit dem Haft fixiert wird und damit die thermische Längendehnung behindert.

Schweißverbindungen

Geschweißt werden Nahtverbindungen, wenn beispielsweise Dichtheit gegen drückendes Wasser gefordert ist. Auch komplizierte Details, an denen eine starke Ausdünnung des Bleibleches durch Treibarbeiten entstehen kann, werden vorzugsweise geschweißt.

Abb. 8.13: Schweißverbindung

Schweißverbindungen werden bei dem Werkstoff Blei im Schmelzschweißverfahren hergestellt, bei dem Flussmittel oder andere Metalle nicht benötigt werden. Ist für eine Schweißnaht Zusatzwerkstoff erforderlich, werden einfach schmale Streifen aus Bleiresten zugeschnitten, die dann dem Schweißvorgang zugeführt werden können. Die zu schweißenden Kanten müssen metallisch blank sein. Die Naht wird mit einem Brenner mit den Größen 00, 0, 1 oder 2 durchgeschweißt. Für eine saubere Schweißnaht ist ein Wasserstoff-Sauerstoff-Gemisch zu bevorzugen. Aber auch Acetylen-Sauerstoff oder Propan-Sauerstoffflammen sind zum Schweißen von Blei geeignet.

8.1.3 Hinweise für die Verarbeitung

Bei der Verarbeitung von Blei sind werkstoffspezifische Verarbeitungsregeln zu beachten. Dabei sind temperaturbedingte Längendehnung, Verformung durch Windsogkräfte und der Zusammenbau mit anderen Werkstoffen wichtige Faktoren, die bereits bei der Planung und nachfolgend bei der Montage berücksichtigt werden müssen.

Die Längendehnung bei Blei beträgt bei einer Temperaturdifferenz von 100 °C etwa 3 mm/m. Da Blei nicht formstabil ist, besteht die Gefahr, dass Profile sich schon bei geringen Behinderungen der thermischen Dehnungsbewegung stauchen und aufbeulen. Ebenso können sich Bleibleche durch die einwirkenden Windsogkräfte leicht verformen. Aus diesem Grund sind maximale Abmessungen und Werkstoffdicken der einzelnen Bauteile zu beachten. Sie sind werkstoffbedingt erheblich geringer als bei den bekannten harten Metallen Aluminium, Kupfer und Titanzink.

Beispiel für eine Dachdeckung mit 10° bis 60° Dachneigung:

> Bei einer Dachschar mit einem Deckmaß von 550 mm Breite und einer Länge von 1.800 mm muss die Werkstoffdicke 2,25 mm betragen. Beträgt das Deckmaß 650 mm und die Scharlänge 2.400 mm, ist bereits eine Werkstoffdicke von 3,5 mm erforderlich. Verglichen mit dem Werkstoff Kupfer sind bei gleichem Deckmaß Scharenlängen bis zu 10 m – mit Zusatzmaßnahmen auch weit darüber hinaus – möglich.

Beim Zusammenbau mit anderen Werkstoffen kann Blei mit den gängigen am Bau verwendeten Metallen kombiniert werden. Hierzu zählen Aluminium, Kupfer, Titanzink sowie nichtrostender und verzinkter Stahl. Lediglich beim Zusammenbau von Bleiflächen mit darunterliegenden Aluminiumanschlüssen können in Meeresatmosphäre Korrosionserscheinungen auftreten.

Problematisch ist der direkte Kontakt mit kalk- oder zementhaltigen Baustoffen wie Beton oder Mörtel. In Verbindung mit Wasser werden Alkalien herausgelöst, die zu Bleikorrosion führen. Schutz bieten in diesen Fällen geeignete Anstriche oder Beschichtungen, die beidseitig aufgebracht werden.

Auch stark saure Abbauprodukte aus Bitumenabdichtungen können am Werkstoff Blei wie auch an anderen Metallen Korrosion verursachen. Sie entstehen durch die UV-Strahlung und können bei geringem Wasserzufluss hohe Säurekonzentrationen bilden. Soweit konstruktiv möglich, sollte Niederschlagswasser von ungeschützten Bitumendächern nicht über Metallteile geleitet werden. Ist dies nicht zu vermeiden, sind Kiesschüttungen, UV-beständige Bitumenbahnen und Schutzbeschichtungen erforderlich.

Weitere Korrosionsschäden an Blei können durch die Verwendung essigsäurehaltiger Dichtmittel entstehen. Zum einen verliert das Dichtmittel die Haftung, was in kürzester Zeit zum Funktionsverlust führt. Zum anderen korrodiert das Blei. Aus diesem Grund darf für dauerelastische Fugen ausschließlich säurefreies, neutrales Dichtmittel verwendet werden! Nach Möglichkeit sollten Anschlüsse so konstruiert werden, dass man auf die Verwendung von Dichtmitteln, die zudem nur eine begrenzte Haltbarkeit aufweisen, verzichten kann.

Bei neu verlegten Verwahrungen aus Blei können Schlieren aus abgeschwemmtem sogenanntem Bleiweiß auf den unterhalb liegenden Bauteilen entstehen. Diese Schlierenbildung kann durch die Beschichtung mit Patinieröl vermieden werden. Das Öl ist auf pflanzlicher Basis hergestellt und enthält verschiedene Zusätze. Bis das Öl nach etwa 6 bis 12 Monaten abgetragen ist, bildet sich die nahezu unlösliche Bleipatina.

Eine Alternative zur natürlichen und zur verzinnten Bleioberfläche bietet ein neues Produkt mit der Bezeichnung Venusblei. Es handelt sich dabei um ein speziell veredeltes Walzblei, dessen Oberfläche witterungsstabil behandelt wurde. Somit bleibt die metallische Bleioptik langfristig erhalten und das gleichmäßige Farbbild von den sonst typischen Bleiweiß-Ausschwemmungen verschont. Gleichzeitig bietet der Siegeleffekt eine Schutzfunktion. Tauwasser wird vom Bleikern ferngehalten, Korrosion und Lochfraß langfristig unterbunden. Zudem ist es kostengünstiger als zinnplattiertes Blei. Das veredelte Bleiblech ist genauso verarbeitbar wie unveredeltes Material und das Patinieren mit Patinieröl entfällt.

Abb. 8.14:
Mit verschieden geformten Treib-, Klopf-, Setzhölzern und Treibhämmern werden Verwahrungen, Dächer und Fassaden aus Blei geformt.

Bleiwerkzeuge

Die fachgerechte Bearbeitung von Bleiblechen erfolgt i.d.R. durch Treibtechnik. Hierzu benötigt man handwerkliches Geschick im Umgang mit Blei, Kenntnisse der einzelnen Dachdetails und die speziellen Bleiwerkzeuge. So verwendet man für die Formarbeiten unterschiedlich geformte Klopfhölzer, Setzhölzer und Treibhämmer. Die Werkzeuge haben keine scharfe Kanten, damit Beschädigungen an dem weichen Werkstoff vermieden werden. Für Zuschnitte werden handelsübliche Blechscheren verwendet.

Bei großen Dach- und Fassadenflächen oder Profillängen können die Bleitafeln zeitsparend auf leicht herzustellenden Kanttischen aus Holz vorgebogen werden. Hierzu wird an eine Bohle in Deckmaßbreite auf jeder Seite eine Biegewange mit einem einfachen Klappscharnier befestigt. Die Biegewangen sind auf die Breite der vorgesehenen Kantungen zugeschnitten.

Zur Herstellung der Aufkantungen wird ein U-förmig gekantetes ausgesteiftes Blech, das als Oberwange dient, auf die bereits ausgerichtete Bleitafel gelegt. Die Abmessungen des Bleches entsprechen dem Deckmaß abzüglich 2 Materialdicken. Nachdem das Blech mittels Spannzangen festgeklemmt ist, können die Biegewangen hochgeklappt werden. Das U-Blech kann auch als Transportvorrichtung verwendet werden. Man spannt das vorbereitete Bleiprofil einfach an das U-Blech und transportiert es zum Einbauort. Dabei bleibt das Bleiprofil in Form und muss nicht nachgeglättet werden.

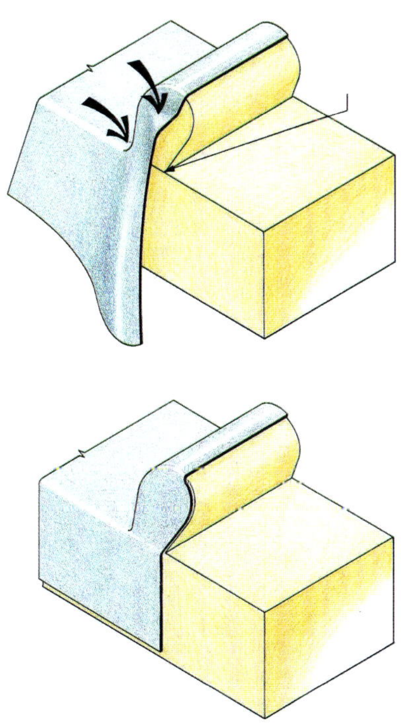

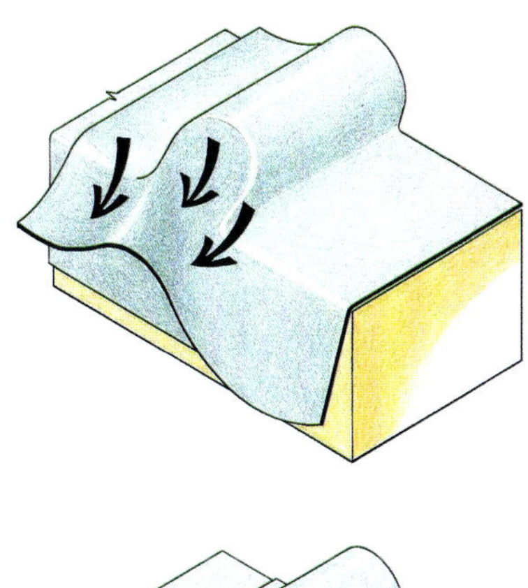

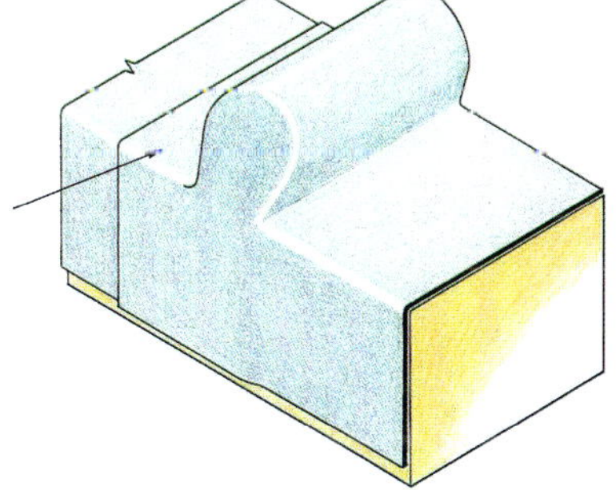

Abb. 8.15: Treibarbeit

Abb. 8.16: Bleitreibarbeit als Sandsteinschutz

8.2 Bauornamente

Der Begriff Ornament ist abgeleitet von dem lateinischen „ornare“ und bedeutet übersetzt: schmücken. Deshalb werden Bauornamente auch häufig als Dachschmuck bezeichnet. Besonders um die Jahrhundertwende vom 19. zum 20. Jahrhundert herum wurde reich verziert gebaut. Im Fachjargon spricht man auch von der Zeit der Metallornamentik. Metallornamente, meistens aus Kupfer oder Zink, wurden in den vielfältigsten Formen als Ersatz oder als Ergänzung für Stein und Stuck zur „Veredelung“ der Bauwerke verwendet. Hierzu zählten kunstvoll geformte Fensterverkleidungen, Dachspitzen, Windfahnen, Wasserspeier, Rinnenkessel und Gesimse. Aber auch frei stehende Vasen, Pyramiden, Baluster (ausgebauchte Säulen) und unterschiedliche Zierelemente verliehen Gebäuden ein prunkvolles Aussehen.

Eine große Herausforderung ist es heute, die durch Umwelteinflüsse beschädigten und korrodierten Ornamente instand zu setzen oder zu kopieren. So müssen die Formen der teilweise nicht mehr vorhandenen Ornamentteile mit Kunst-Sachverstand nachempfunden und mit Handwerkskunst geformt werden.

Abb. 8.17: Fensterverkleidung

Abb. 8.18: Dachspitze

Abb. 8.19: Jalousie-Schutzbleche

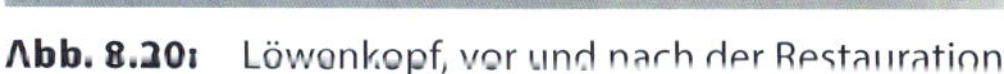

Abb. 8.20: Löwenkopf, vor und nach der Restauration

Abb. 8.21:
Fragment des alten Turmschmucks

Einige Unternehmen haben sich auf die Rekonstruktion und Restauration von Metallornamenten spezialisiert und verfügen über das notwendige Fachwissen sowie über die erforderlichen Spezialwerkzeuge und Maschinen. Sie arbeiten i.d.R. mit den Klempnern und Dachdeckern vor Ort zusammen und unterstützen sie bei Aufmaß, Kalkulation und bei Bedarf auch bei der Montage der rekonstruierten Bauteile. An einem praktischen Beispiel wird nachfolgend der Ablauf einer Kirchturmsanierung dargestellt.

Beispiel einer Kirchturmsanierung:

> Im Zuge der Dachsanierung eines Kirchengebäudes wurde festgestellt, dass die Holzkonstruktion eines kleinen Glockentürmchens morsch war und komplett erneuert werden musste. Zudem hatten Umwelteinflüsse die Turmbekrönung aus Kupfer so stark zerstört, dass die Ursprungsform der Verzierungselemente, sogenannte Kreuzblumen, nur schwer erkennbar war.

Für die Rekonstruktion wurde der alte Turm vom Hauptschiff abgetrennt und komplett mit einem Spezialkran abgetragen. Der Nachbau erfolgte am Boden. Dabei war das Ziel, das neue Türmchen so weit herzustellen, dass eine Montage vom Spezialkran aus mit wenigen Handgriffen realisiert werden konnte. Zunächst wurde die Holz-Unterkonstruktion des Turms zimmermannsmäßig erstellt. Am sogenannten Kaiserstiel, dem Mittelpfosten der Turmkonstruktion, wurde eine spezielle Halterung aus Edelstahl für die Aufnahme der Turmbekrönung befestigt. Anschließend brachte man die

Dachschalung auf und führte die neue Kupferdeckung bis zum Aufnahmedorn für die Turmspitze hoch. Für die Herstellung der neuen Turmbekrönung, die zeitgleich durchgeführt wurde, verwendete man das alte, stark beschädigte Bauelement als Vorbild.

Im ersten Arbeitsgang wurde ein stabiler Konus aus Kupferblech mit einem Kern aus Messing-Vollmaterial gefertigt. Eine flachovale Kugel stellte man in 2 Teilen mittels Drücktechnik her. Sie diente als Zierelement und wurde so konstruiert, dass sie die Verschraubungen zur Befestigung am Kaiserstiel verdeckte. Als Schablone verwendete man eine nach dem vorhandenen Muster gedrechselte Form aus Hartholz.

Abschließend mussten die stark zerstörten Kreuzblumen für die Verzierung der Turmspitze aus Kupferblech getrieben werden. Hierzu wurde ein verhältnismäßig gut erhaltenes Teil in einzelne Fragmente zergliedert. Von den einzelnen Fragmenten erstellte man Abdrücke und daraus wiederum Treibformen. Die fertiggetriebenen neuen Fragmente wurden dann Schritt für Schritt im WIG-Schweißverfahren zusammengefügt und anschließend an der Turmspitze befestigt.

Nach Abschluss der Arbeiten am Glockenturm und an der Turmbekrönung konnten die Bauteile in 2 Zügen montiert werden. Ein Spezialkran transportierte den kompletten Turm zum Einbauort, wo er aufgrund der präzisen Vorarbeit innerhalb kürzester Zeit verankert werden konnte. Danach wurde die neue verzierte Turmspitze aufgesetzt und dauerhaft befestigt. Abschließend erfolgte die Anarbeitung der Dachdeckung des Kirchenschiffs an den Glockenturm.

Durch komplexes Fachwissen und fachgerechte Verarbeitung war es gelungen, einen beeindruckenden Dachschmuck im neuen Glanz erscheinen zu lassen.

Abb. 8.22: Herstellung der Turmspitze

Abb. 8.23

Abb. 8.23 und 8.24: Herstellung der Halbkugeln in Metall-Drücktechnik

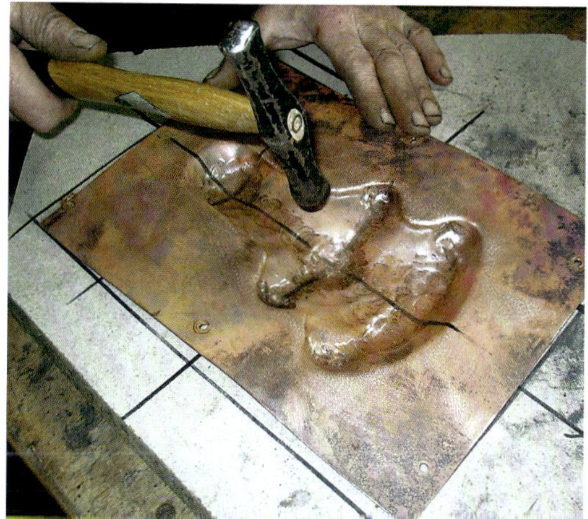

Abb. 8.25: Treiben der Kreuzblume

Abb. 8.26: Zusammensetzen der Kreuzblume

Abb. 8.27: Befestigen der Kreuzblume an der Turmspitze

Abb. 8.28: Fertig montierte Kreuzblume

9 Äußerer Blitzschutz

Blitzschutzsysteme dienen dem Schutz von Personen, Installationen und Einrichtungen an oder innerhalb von Gebäuden vor Blitzeinwirkung. Sie haben die Aufgabe, den Blitz gezielt einzufangen und auf gefahrlosem Weg schnell in die Erde abzuleiten. Die Festlegungen für den Bau von Blitzschutzanlagen sind in der DIN EN 62305-3 (VDE 0185-305-1 bis -4) geregelt. Je nach Gefährdungsgrad eines Gebäudes wird in einigen Ländern eine dauerhafte Blitzschutzeinrichtung gefordert. Dabei sollte die Auswahl der geeigneten Schutzmaßnahmen schon in die Rohbauplanung mit einbezogen werden. Bei der Errichtung von Blitzschutzanlagen orientiert man sich an der Notwendigkeit von innerem oder äußerem Blitzschutz. Dieses Kapitel gibt Informationen zu den Bauteilen und der Montage des für Klempner relevanten äußeren Blitzschutzes.

Abb. 9.1: In Deutschland betragen die Schäden durch Blitzeinschlag oder plötzliche Oberspannung in elektrischen Geräten einige Hundert Millionen Euro pro Jahr.

Abb. 9.2: Darstellung einer Blitzschutz- und Erdungsanlage am Beispiel eines Wohnhauses

Rein physikalisch betrachtet ist der Blitz eine Funkenentladung zwischen Wolken oder zwischen Wolken und Erde, die dem Spannungsausgleich dient. Blitze dauern nur wenige tausendstel Sekunden und können dabei Stromstärken von mehreren hunderttausend Ampere transportieren. Durch den globalen Klimawandel haben auch Blitzhäufigkeit und die Blitzstärke zugenommen. So steigt nach Aussagen der World Meteorological Organization (WMO) mit Sitz in Genf mit jedem Grad Erhöhung der weltweiten Durchschnittstemperatur die Zahl der Gewitter. Bereits jetzt betragen allein in Deutschland die Schäden, die jährlich durch direkten Blitzeinschlag oder die plötzliche Überspannung in elektrischen Geräten entstehen, einige hundert Millionen Euro.

Heute ist bekannt, dass Blitzeinschläge u.a. von der Gebäudeform und der Gebäudehöhe abhängig sind. Charakteristisch ist jedoch, dass bevorzugt Stellen mit erhöhter elektrischer Feldstärke einschlaggefährdet sind, beispielsweise Firste, Traufen, Ortgänge oder Dachaufbauten. Wirksame Vorbeugung vor direkten Blitzeinschlägen bietet ein integriertes System aus äußerem und innerem Blitzschutz. Metalldächer bieten sich entsprechend der Blitzschutznorm als „natürliche Fangeinrichtung“ ideal zur Nutzung als äußerer Blitzschutz an. Hierzu hat der Klempner-Fachbetrieb die Dachelemente entsprechend den Klempnerfachregeln derart miteinander zu verbinden, dass der Blitzstrom zu den Anschlussstellen der Ableitungen und mit den Ableitungen in die Erde geführt werden kann. Bei einem industriellen Metalldachsystem, das durch eine Typprüfung geprüft wurde, stellt der Hersteller eine Montagerichtlinie zur Verfügung. Die Arbeitskräfte müssen in diesem Fall in der Anwendung der Montagerichtlinien entsprechend geschult sein. Nach Fertigstellung des Metalldaches übergibt der verantwort-

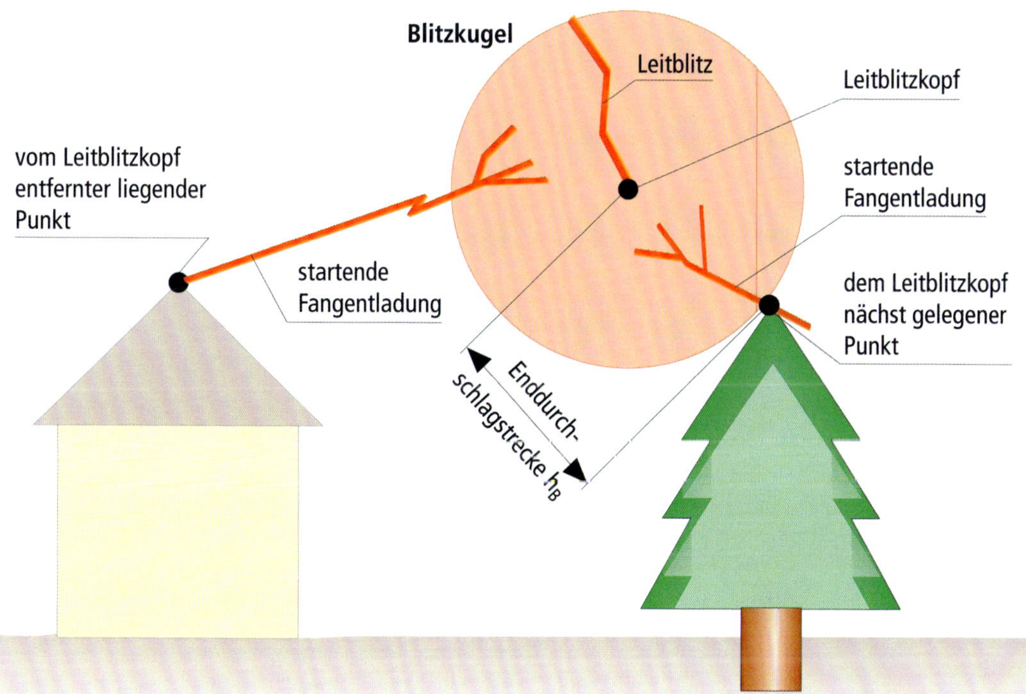

Abb. 9.3: Blitzkugelverfahren

liche Klempner-Fachbetrieb dem Errichter des Blitzschutzsystems eine Bescheinigung über die konforme Ausführung (Konformitätsbescheinigung). Der Blitzschutz-Fachbetrieb stellt die Anschlüsse zur Erdung her und übergibt in diesem Fall das gesamte Blitzschutzsystem an den Auftraggeber.

Schutzklassen

Zur Errichtung einer Blitzschutzanlage an Gebäuden teilt die DIN EN 62305-1 (VDE 0185-305-1) die projektspezifischen Anforderungen in einzelne Schutzklassen ein und legt die daraus resultierenden Blitzschutz-Maßnahmen fest. Sie unterscheidet 4 Schutzklassen, wobei die Schutzklasse I den höchsten und die Schutzklasse IV den im Vergleich geringsten Schutz bietet. Mit der Schutzklasse einher geht die Einfangwirksamkeit der Fangeinrichtungen. Sie sagt aus, welcher Anteil der zu erwartenden Blitzeinschläge durch die Fangeinrichtungen sicher beherrscht wird. Daraus ergibt sich die Enddurchschlagstrecke und damit der Radius der sogenannten Blitzkugel.

9.1 Fangeinrichtung Metalldach

Metalldächer, deren Elemente typischerweise durch Falzen, Pressen, Bördeln oder Klemmen verbunden sind, können als natürlicher Bestandteil in die Blitzschutzanlage integriert werden. Voraussetzung ist, dass sie im Falzbereich eine walzblanke Oberfläche und keine Beschichtung aufweisen. Der Blitzstrom verteilt sich gleichmäßig über die Metalldachfläche, sodass eine

Abb. 9.4: Verschiedene Blitzschutzbauteile für Metalldächer

Ableitung von der Einschlagstelle über das Metalldach zu den Anschlussstellen der Ableitungen mit sehr niedriger Impedanz (geringem Widerstand > guter Leitfähigkeit) entsteht. Metalldächer, die mit farbbeschichteten Metallwerkstoffen ausgeführt werden, können in die Blitzschutzanlage eingebunden werden, wenn sie nach DIN V VDE V 0185-600 typgeprüft sind. Bei dieser Prüfung werden die Stellen des Stromübergangs an den Längs- und Querverbindungen von einem Element der Dachdeckung zum nächsten geprüft. Auch die zugehörigen Anschlussbauteile an das Metalldach werden in diesem Zusammenhang einer Prüfung unterzogen (nach DIN EN 50164-1).

Bauelemente wie Abdeckungen, Rinnen oder Verwahrungen, die durch Löten, Schweißen, Schrauben oder Nieten verbunden sind, entsprechen den Bestandteilen eines äußeren Blitzschutzsystems. Bei Anwendung dieser Verbindungstechniken ist es gleichgültig, ob die Bleche blank oder mit Kunststoff beschichtet sind. Eine dünne Beschichtung mit Farbe, 1,0 mm dickem Bitumen oder 0,5 mm dickem PVC ist hierbei unbedeutend und nicht als Isolierung anzusehen.

Blitze mit sehr großer Stromstärke und bestimmten Charakteristiken können zu Durchschmelzungen führen; dies passiert im statistisch ungünstigsten Fall einmal in 150 bis 160 Jahren. Die geringen Querschnittsflächen dieser Durchschmelzungen haben nahezu keinen Einfluss auf die Regendichtheit des Daches und lassen sich ggf. ohne großen Aufwand, beispielsweise durch Löten, beheben. Der mechanische Impuls eines Blitzeinschlages kann örtlich zu plastischen Verformungen führen, jedoch nicht zu größeren Deformationen oder dem Lösen der Verbindungen. Aus der Praxis sind keine derartigen Schäden bekannt. Nach jedem Blitzeinschlag muss das Metalldach, wie jedes andere Dach auch, kontrolliert und eventuell ausgebessert werden.

Tabelle 9.1: Eignung eines Metalldachsystems als natürliche Fangeinrichtung

Bauelement	Voraussetzung, Verbindung
Beschichtete oder unbeschichtete Metalldachelemente	• in geringen Abständen miteinander verschraubt oder vernietet
Unbeschichtete Metalldachelemente	• gefalzt, gelötet, geschweißt
Beschichtete Metalldachelemente	• mit nachgewiesener Typenprüfung: gefalzt, gebördelt, genietet, geschraubt, eingehängt, geklemmt, gepresst
Metalldach	• fachgerechte Ausführung entsprechend dem anzuwendenden Regelwerk (z.B. Normen und Richtlinien der Bauaufsicht, Anweisungen von Herstellern und Fachverbänden, Fachregeln der Handwerker) • standsichere Verbindung mit der Unterkonstruktion
Metalldach	• Prüfung nach jedem Blitzeinschlag, ggf. Ausbesserung

Korrosion vermeiden

Die Werkstoffe der Blitzschutzanlage sowie der Dachdeckung sind aufeinander abzustimmen, da insbesondere bei Verbindungen mit unterschiedlichen Metallwerkstoffen eine erhöhte Korrosionsgefahr besteht. Sicheren Schutz vor nachlassender Leitfähigkeit bieten Blitzschutzanlagen, bei denen alle Bauteile – Fangsysteme, Maschen, Klemmen, Ableitungen, Verbindungen oder Schrauben – möglichst nur aus einem Werkstoff bestehen oder aus Werkstoffen, die laut Spannungsreihe schadlos zusammengebaut werden können (siehe auch Kapitel 11.2 Korrosion). Eine dauerhafte Korrosionsbeständigkeit, wie dies beispielweise der Werkstoff Edelstahl bietet, ist insbesondere für die sehr beanspruchten Erdungsanlagen unverzichtbar, beispielsweise an den Übergangsstellen zum Erdreich. So können unzureichend korrosionsgeschützte Systeme bei fortschreitender Korrosion ihre Leitfähigkeit und somit ihre Funktion verlieren. Bei Neubauten werden Flach- oder Rundleiter direkt in das Betonfundament des Gebäudes eingebettet. Da diese Fundamentleiter nicht reversibel sind, ist die sichere Korrosionsbeständigkeit während der gesamten Lebensdauer des Gebäudes gefragt und eine entsprechende Werkstoffwahl erforderlich.

Längendehnung beachten

Bei einer erforderlichen zusätzlich zu installierenden Fangeinrichtung sind geeignete Leitungshalterungen zu verwenden, die die thermische Längendehnung eines handwerklichen oder industriellen Metalldachsystems nicht beeinträchtigen. Auch bei notwendigen Überbrückungen an Bauteilen, die nicht leitend mit der Dachfläche verbunden sind, wie Dachrinnen, Lüfterfirste, Kamine, Dachflächenfenster oder Fallrohre, ist eine dehnungsbehindernde Montage zu vermeiden. Zurzeit ist es noch übliche Praxis, dass die Blitzschutzanlage nicht durch den Klempner-Fachbetrieb, sondern von einem Blitzschutzunternehmen nach der Fertigstellung des Daches errichtet wird. Aus Unkenntnis der Konstruktion des Metalldachsystems werden hierbei häufig ungeeignete Blitzschutzbauteile verwendet, die dehnungsbehindernd an der Metalldeckung und Verwahrungen fixiert werden.

So kommt es immer wieder vor, dass beispielsweise Überbrückungen an indirekt befestigte Abdeckungen genietet oder geschraubt werden. Hierbei werden zugleich Abdeckung und Vorstoßblech fest miteinander verbunden, sodass ein Gleiten bei Dehnungsbewegungen nicht mehr möglich ist – Rissbildungen und Wasserschäden können die Folge sein.

Aus diesem Grund sollte die Errichtung der Fangeinrichtungen und Überbrückungen entweder vom Klempner-Fachbetrieb ausgeführt werden oder eine entsprechende Vorplanung erfolgen.

Die falsch montierte und zudem nicht erforderliche Überbrückung mit Dehnungsschleife setzt den Dehnungsfalz außer Kraft. Dehnungsschleife und Dehnungsfalz sind wirkungslos und der Bauschaden vorprogrammiert.

Schaden durch dehnungsbehindernd montierte Überbrückungsklemme an der Traufe

Korrekte Überbrückung bei einer Attikaabdeckung mit nicht leitenden Stoßverbindungen

Zur Vermeidung von Schäden durch die temperaturbedingte Dehnungsbewegung (wie z.B. bei Attikaabdeckungen) dürfen die Überbrückungen nicht mit der Unterkonstruktion bzw. dem Haltesystem verbunden werden.

Abb. 9.5: Erdung des Regenfallrohrs

Abb. 9.6: Erdung der Fassadenkonstruktion

Ableitungen

Die Ableitungen sollen die aufgefangene Blitzenergie auf dem kürzesten Weg in die Erdungsanlage führen. Dazu sind sie gerade, senkrecht und ohne Schleifen von der Fangeinrichtung bis zur Erdungsanlage zu verlegen. An Kreuzungsstellen müssen Dachrinnen aus Metall an die Ableitungen angeschlossen werden.

Regenfallrohre aus Metall werden auch dann mit der Erdungsanlage oder dem Potenzialausgleich verbunden, wenn sie nicht Bestandteil der Ableitung sind. Diese Maßnahmen sollen mögliche Funkenbildung bei Blitzeinschlag verhindern. Innerhalb von Regenrohren dürfen keine Ableitungen verlegt werden, da auch hier die Gefahr der Funkenbildung besteht. Weitere unerwünschte Folgen wären Verstopfungen oder mögliche Korrosionsschäden.

Als „natürlicher" Bestandteil der Ableitung kann eine durchverbundene Metallfassade oder Fassadenunterkonstruktion aus Metall dienen, wobei ein sicherer Anschluss zur Erdungsanlage und zur Fangeinrichtung bestehen muss. Der Abstand und somit die Anzahl der Ableitungen eines Gebäudes orientiert sich am Umfang der Dachaußenkanten. Die Anordnung der Ableitungen ist so zu gestalten, dass sie ausgehend von den Ecken der baulichen Anlage möglichst gleichmäßig auf den Umfang verteilt sind. Je nach den baulichen Gegebenheiten (z.B. Tore, Betonfertigteile) können die gegenseitigen Abstände der Ableitungen unterschiedlich sein. In jedem Fall ist mindestens die Gesamtzahl der erforderlichen Ableitungen je nach Schutzklasse einzuhalten (siehe Tabelle 9.2).

Abb. 9.7: Trenn- und Messstelle mit Nummer

Abb. 9.8: Anschlussfahne/teilisolierte Erdeinführungsstange mit Anschluss an den Fundamenterder

Tabelle 9.2: Abstände der Ableitungen

Schutzklasse	Abstand
I	10 m
II	10 m
III	15 m
IV	20 m

Erdungsanlage

Die Erdungsanlage hat die Aufgabe, den Blitzstrom gefahrlos in das Erdreich einzuleiten. Dazu können je nach den baulichen Gegebenheiten oder der Beschaffenheit des Baugrundes unterschiedliche Erder verwendet werden.

Fundamenterder aus korrosionsgeschütztem Flachstahl sind bei Neubauten der Regelfall. Sie werden in das Fundament mit eingegossen und im Bereich der Ableitungen mit sogenannten Anschlussfahnen herausgeführt.

Der Ringerder wird als möglichst geschlossener Ring in mindestens 0,5 m Tiefe und 1 m Abstand vom Außenfundament verlegt.

Um die einwandfreie Funktion der Erdanlage und der Blitzschutzeinrichtung überprüfen zu können, sind Messungen erforderlich. Zu diesem Zweck sollte an jedem Anschluss zur Ableitung eine Messstelle vorgesehen werden.

Nur ein einwandfreies Zusammenspiel der Komponenten Fangeinrichtung, Ableitung und Erdung kann vor Blitzschäden schützen. Deshalb ist eine sorgfältige Vorplanung und Ausführung notwendig.

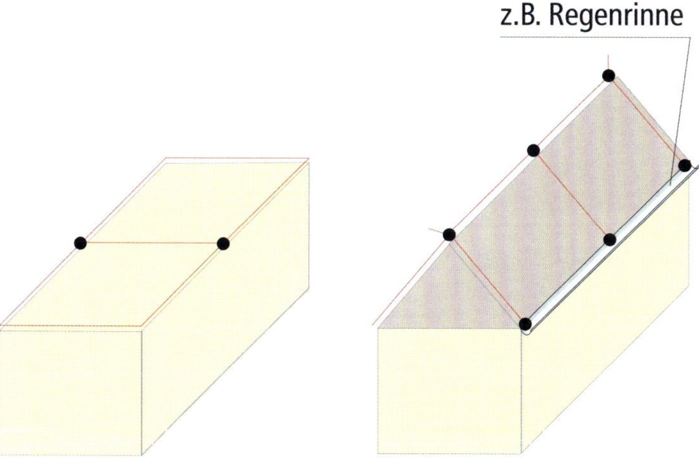

Abb. 9.9: Für zusätzliche Fangeinrichtungen empfiehlt sich eine maschenförmige Anordnung der Leitungsanlage.

9.2 Zusätzliche Fangeinrichtungen bei Metalldächern

Bei besonders zu schützenden Bauwerken kann die Beachtung von Brandschutzvorschriften erforderlich werden. Bei explosionsgefährdeten Gebäuden oder Krankenhäusern beispielweise bedeutet dies, dass ein Durchschmelzen und eine Überhitzung bei Blitzeinschlägen ausgeschlossen werden muss. In diesem Fall werden Metalldicken gefordert, die nur mit separaten Blitzableitungen erzielt werden können (siehe Tabelle 9.3). Die Ableitungen sind als zusätzliche Fangeinrichtung auf der Metalldeckung zu installieren. Eine Unterkonstruktion der Dacheindeckung, die mindestens der Baustoffklasse DIN 4102-B2 entspricht, erfüllt die Anforderungen des Brandschutzes.

Für die zusätzliche Fangeinrichtung empfiehlt sich eine maschenförmig angeordnete Leitungsanlage mit Längsleitungen und Fangspitzen („Igeldach"). In der Praxis haben sich, unabhängig von der Schutzklasse, die in der Tabelle 9.4 angegebenen Höhen der Fangspitzen bewährt.

Für die Befestigung der Leitungen und Fangspitzen darf das Metalldach nicht durchdrungen werden. Für die unterschiedlichen Varianten der Metalldächer (Rundstehfalz, Stehfalz, Trapez) sind verschiedenartige Leitungshalter verfügbar. Zu beachten ist, dass im Leitungsverlauf der Leitungshalter, welcher sich an der höchsten Stelle des Daches befindet, mit einer festen Leitungsführung ausgeführt sein muss, während alle anderen Leitungshalter wegen des temperaturbedingten Längenausgleichs mit loser Leitungsführung ausgeführt sein müssen.

Abb. 9.10: Gauben von Metalldächern, die nicht leitend mit der Dachfläche verbunden sind, werden mit Spezialklemmen und Leitungen an die Metalldeckung oder Ableitungseinrichtung angeschlossen.

Tabelle 9.3: Mindest-Metalldicken für Fangeinrichtungen

Schutzklassen I–IV	Verhindert Durchlöchern, Überhitzung, Entzündung	Bänder, Bleche, Profile wenn Durchlöchern, Überhitzung und Abschmelzen zulässig sind
Metallwerkstoff	**Dicke t in mm**	**Dicke t' in mm**
Blei	–	2,0
Stahl (rostfrei, verzinkt)	4	0,5
Titan	4	0,5
Kupfer	5	0,5
Aluminium	7	0,65
Zink	–	0,7

Tabelle 9.4: Leitungen und Fangspitzen

Alle Blitzschutzklassen	
empfohlener Abstand der horizontalen Leitungen	empfohlene Höhe der Fangspitze
3 m	0,15 m
4 m	0,25 m
5 m	0,35 m
6 m	0,45 m

9.3 Fangeinrichtung für Kirchtürme

Kirchtürme mit einer Höhe bis zu 20 m sind mit einer Ableitung zu versehen. Sind Kirchturm und Kirchenschiff zusammengebaut, so muss diese Ableitung auf dem kürzesten Weg mit dem äußeren Blitzschutz des Kirchenschiffes verbunden werden. Fällt die Ableitung des Kirchturms mit einer Ableitung des Kirchenschiffes zusammen, so kann hier eine gemeinsame Ableitung verwendet werden. Nach dem Beiblatt 2 zur DIN EN 62305-3 (VDE 0185-305-3) Abschnitt 18.3 müssen Kirchtürme über 20 m Höhe mindestens mit 2 Ableitungen ausgerüstet sein. Mindestens eine dieser Ableitungen muss mit dem äußeren Blitzschutz des Kirchenschiffes auf dem kürzesten Weg verbunden werden. Ableitungen an Kirchtürmen sind grundsätzlich außen am Turm herabzuführen. Eine Verlegung im Inneren des Turms ist nicht zulässig (DIN EN 62305-3 Beiblatt 2 [VDE 0185-305 Beiblatt 2]). Auch muss der Trennungsabstand s zu Metallteilen und elektrischen Anlagen im Turm (z.B. Uhrenanlagen, Glockenstelle) und unter dem Dach (z.B. Klima-, Lüftungs- und Heizungsanlagen) durch eine geeignete Anordnung des äußeren Blitzschutzes eingehalten werden. Der geforderte Trennungsabstand kann speziell an der Turmuhr zu einem Problem werden. In diesem Fall kann zur Vermeidung gefährlicher Funkenbildung in Teilen des äußeren Blitzschutzes die leitfähige Verbindung in das Gebäudeinnere durch ein Isolierstück (z.B. GFK-Rohr) ersetzt werden.

Bei Kirchen neuerer Bauart, die in Stahlbetonbauweise errichtet wurden, können die Bewehrungsstähle als Ableitungen verwendet werden, wenn ihre durchgehende leitende Verbindung sichergestellt wird. Finden Stahlbeton-Fertigteile Verwendung, so darf die Bewehrung als Ableitung verwendet werden, wenn an den Beton-Fertigteilen Anschlussstellen zum durchgehenden Verbinden der Bewehrung angebracht sind.

Bei Wolke-Erde-Blitzen wächst ein Leitblitz schrittweise in Rückstufen von der Wolke in Richtung Erde voran. Hat sich der Leitblitz auf einige 10 bis einige 100 m der Erde genähert, wird die elektrische Isolationsfähigkeit der bodennahen Luft überschritten. Es beginnt von der Erde eine weitere, dem Leitblitz ähnliche „Leader"-Entladung in Richtung Leitblitzkopf zu wachsen, die Fangentladung. Damit wird die Einschlagstelle des Blitzes festgelegt.

10 Bauphysik

Viele Bauschäden entstehen durch unzureichende Kenntnisse bauphysikalischer Grundlagen in der Planung und Ausführung von Metalldächern und Metallfassaden. Um eine funktionstüchtige Gebäudehülle herzustellen, sind viele bauphysikalische Einflussgrößen zu berücksichtigen. Viele Fehler entstehen bereits in der Planung von Metalldächern und -fassaden. Somit sind die Kenntnisse über Bauphysik für Dachdecker und Klempner eine grundlegende Voraussetzung, um Leistungen der Planer und Vorgewerke genau prüfen zu können und selbst eine bauphysikalisch einwandfreie Dach- und Wandkonstruktion herzustellen. Auch das Erkennen von Fehlern an Vorleistungen vor Beginn der eigenen Arbeiten ist besonders wichtig, um einen möglichen wirtschaftlichen Schaden abzuwenden. Als letztes Glied in der Baukette ist der Dachdecker und der Klempner im Schadensfall trotz einer fachgerechten Ausführung der eigenen Leistungen leider meistens der erste Ansprechpartner.

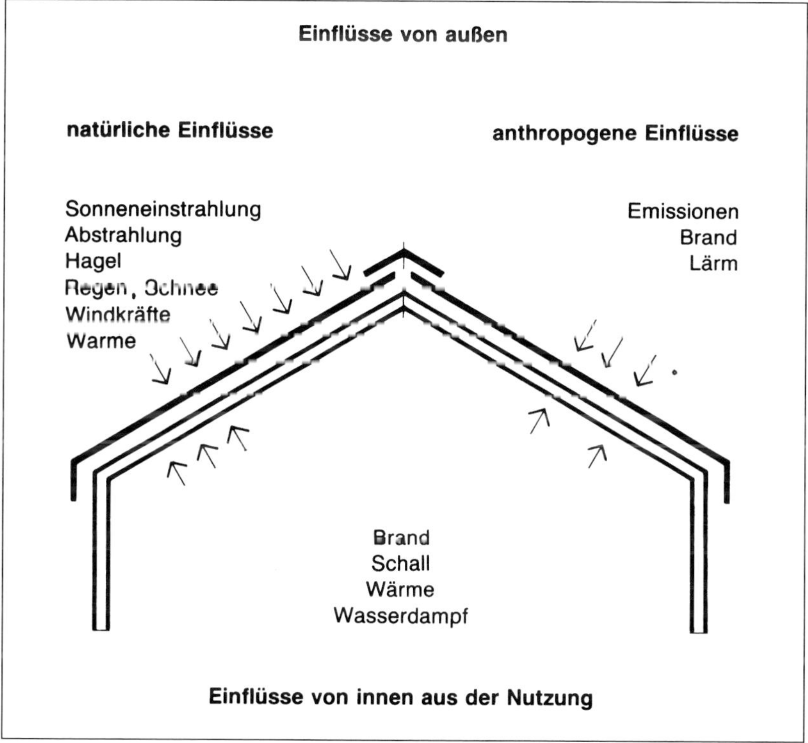

Abb. 10.1: Einflüsse auf die Gebäudehülle

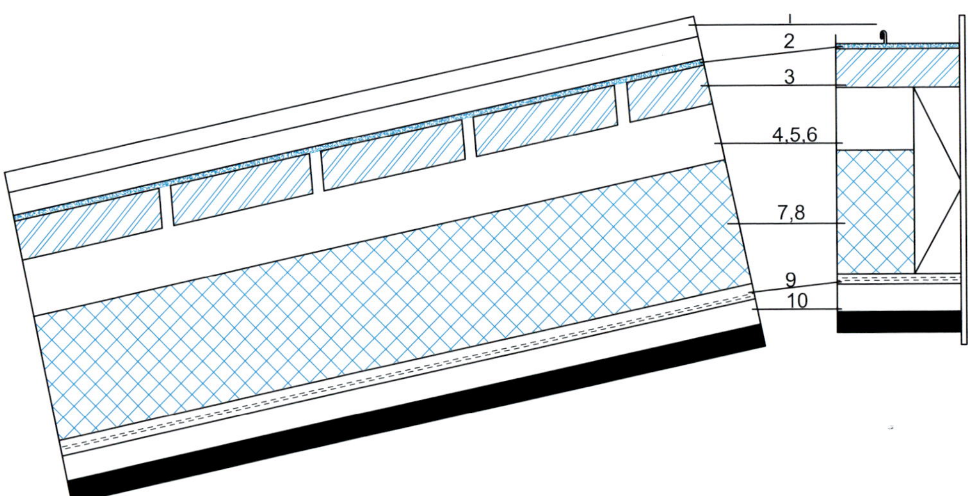

Abb. 10.2: Funktionsschichten der Dachkonstruktion

Im Folgenden werden Umwelteinflüsse und bauphysikalisch wirksame Maßnahmen zur Vermeidung von Bauschäden beschrieben.

10.1 Einflüsse der Umgebung auf die Gebäudehülle

Einflüsse, die von außen auf die Gebäudehülle einwirken, sind z.B. die Sonneneinstrahlung, Hagel, Regen, Schnee, Windkräfte, Wärme, aber auch Brand, Schall und Emissionen (z.B. Verunreinigungen, Rauchgase). Wasserdampf, Wärme, Schall und Brand sind Einflüsse aus dem Gebäudeinneren auf die Dach- und Wandkonstruktion. Als Folge dieser Einwirkungen können z.B. Beeinträchtigungen des Wohnklimas oder weit reichende Sturm-, Wasser-, Brand- und Korrosionsschäden auftreten.

Um das Gebäudeinnere vor diesen unterschiedlichen Umweltfaktoren zu schützen, ist eine entsprechende Gebäudehülle unerlässlich.

10.2 Die Gebäudehülle als Wetterschutz und Klimagrenze

Die wichtigste Funktion der Gebäudehülle ist der Schutz des Gebäudeinneren vor den Einflüssen der inneren und äußeren Umgebung.

Nur eine sorgfältige Grundlagenermittlung der auf die Gebäudehülle einwirkenden Einflüsse ermöglicht die Planung einer bauphysikalisch wirksamen Kombination unterschiedlicher Funktionsschichten. Diese erforderlichen Funktionsschichten und deren Aufgaben werden zur besseren Veranschaulichung am Beispiel einer Metalldachkonstruktion (Abb. 10.2) dargestellt.

1. Metalldachdeckung
- Schutz gegen Regen, Schnee, Hagel, Feuer,
- Reflexionsschicht gegen Sonneneinstrahlung,
- architektonisches Gestaltungsmittel.

2. Trennschicht
- Schutz des Metalls vor Schadstoffen aus der Unterkonstruktion,
- Verbesserung der Gleiteigenschaften der Metalldeckung,
- Wasser führendes Unterdach für kleinere Leckagen,
- Montagedeckung während der Bauphase.

3. Holzschalung
- Tragkonstruktion für die Dachdeckung,
- Speicher für kurzzeitig auftretendes Tauwasser.

4. Lüftungsebene oberhalb der Wärmedämmung
- Transport der Baufeuchte aus der Dachkonstruktion,
- Transport von Wärme aus der Dachkonstruktion.

5. Be- und Entlüftungsöffnungen
- Verbindung der Lüftungsebene mit der Außenluft.

6. Konterlattung
- Distanzkonstruktion für die Lüftungsebene und/oder Verbindung der Lüftungsräume bei stabförmiger Tragkonstruktion.

7. Dämmung
- Schutz vor Wärmeverlust,
- Schutz vor Wärmebrückenwirkung tragender Bauteile,
- Schallschutz,
- Verringerung von Temperaturschwankungen der Dach-/Fassadenkonstruktion und somit der thermisch bedingten Längendehnung der Bauteile.

8. Tragkonstruktion
- Standsicherheit,
- Begrenzung der Durchbiegung.

9. Diffusionshemmende Schicht/Luftdichtheit
- Schutz vor Feuchteeintrag in die Konstruktion,
- Begrenzung der Diffusionsstromdichte,
- Verhinderung von Luftdurchsatz und somit Schutz gegen Wärmeverluste und Feuchteeintrag.

10. Abgehängte Decke/Innenbekleidung
- Schallschutz,
- Raumakustik,
- Aufnahme haustechnischer Anlagen,
- architektonisches Gestaltungsmittel,
- Schutz vor mechanischer Beschädigung der darüberliegenden Schichten.

Eine spezielle Anordnung der Funktionsschichten und eine optimale Werkstoffkombination minimieren somit die schädigende Wirkung der inneren und äußeren Einflüsse auf das Bauwerk.

Nachfolgend werden damit verbundene Maßnahmen wie Wärme-/Feuchteschutz und Sondermaßnahmen bei Windsogbelastung dargestellt.

Tabelle 10.1: Wärmeleitfähigkeit und Richtwerte der Wasserdampf-Diffusionswiderstandszahl (nach DIN 4108-4)

Stoff	Wärmeleitfähigkeit (W/m · K)	Richtwerte der Wasserdampf-Diffusionswiderstandszahl μ
Beton	2,10	70/150
Kalksandstein 1600	0,79	15/25
Porenbeton	0,19	5/10
Kalk-Zementputz	1	15/35
Nadelholz	0,13	20/50
PUR-Hartschaum	0,03	40/200
Mineralwolleplatten	0,04	1
Schaumglas	0,05	praktisch dampfdicht
Kupfer	380	∞ (dampfdicht)
Titanzink	109	∞ (dampfdicht)

10.3 Wärme- und Feuchteschutz

Der Begriff Bauphysik bedeutet für den Dachdecker und Klempner im Wesentlichen Wärme- und Feuchteschutz der Baukonstruktion.

In diesem Zusammenhang sind die wesentlichen Faktoren der Wärmefluss, der Wärmedurchgang, die Wärmeleitfähigkeit und die Wasserdampfdiffusion durch die Bauteile.

10.3.1 Wärmeschutz

Als Wärmefluss bezeichnet man den Temperaturausgleich innerhalb eines oder verschiedener Stoffe. Dabei fließt die Wärme so lange, bis der Temperaturausgleich erreicht ist.

Der Wärmedurchgang durch die Gebäudehülle wird bestimmt durch die Wärmeleitfähigkeit der eingesetzten Werkstoffe in den Funktionsschichten. Um den Energieaufwand für die Beheizung des Gebäudes zu minimieren und temperaturbedingte Spannungen im Baukörper zu vermeiden, wird der Wärmedurchgang durch speziell angeordnete Funktionsschichten und Werkstoffkombinationen verringert.

Neben vielen anderen Werkstoffkennzahlen ist jedem Stoff auch eine Kennzahl für die Wärmeleitfähigkeit zugeordnet, die im Labor ermittelt wurde. Diese Kennzahl wird auch als „Bemessungswert der Wärmeleitfähigkeit" (W/m · K, kurz Lambda = λ) bezeichnet.

Zum Vergleich sind die Kennzahlen einiger wichtiger Bauwerkstoffe in der Tabelle 10.1 gegenübergestellt. Hier wird deutlich, dass die zur Wärmedämmung eingesetzten Werkstoffe wie PUR-Hartschaum und Mineralwolle erheblich kleinere Werte aufweisen als z.B. die Metalle wie Kupfer und Zink.

Die Wärmeleitfähigkeit l ist die Wärmemenge, die in einer Stunde durch 1 m² einer 1 m dicken Schicht eines Stoffes geleitet wird, wenn die Temperaturdifferenz zwischen beiden Flächen 1 °C beträgt.

Im Zusammenhang mit dem Thema Wärmeschutz ist noch auf die Luftdichtheit des Baukörpers hinzuweisen, die in der Energieeinsparungsverordnung (EnEV) geregelt ist. Diese besagt, dass zu errichtende Gebäude so auszuführen sind, dass die wärmeübertragende Umfassungsfläche (also die Gebäudehülle) einschließlich der Fugen dauerhaft luftundurchlässig entsprechend dem Stand der Technik abgedichtet ist. Es besteht dabei keine Pflicht zum Nachweis der Luftdichtheit. Sollte jedoch eine Überprüfung durch eine sogenannte Blower-Door-Messung (siehe Kapitel 10.3.2) stattfinden, sind die vorgegebenen Grenzwerte einzuhalten. Werden die Anforderungen nicht erfüllt, besteht nunmehr für den Bauherrn erstmals ein einklagbares Recht auf Nachbesserungen bzw. Minderungen auf die unzureichend erbrachten Bauleistungen. Zur Abwendung eines möglichen wirtschaftlichen Schadens bedeutet das für den Dachdecker- oder Klempner-Fachbetrieb die gewissenhafte Ausführung der Winddichtheit oder die gewissenhafte Überprüfung dieser durch Fremdunternehmen erbrachten Vorleistung. Bei nicht fachgerechter Ausführung sind der Bauherr und die Bauleitung durch die Anmeldung von Bedenken rechtzeitig zu informieren.

Luftdichtheit:

Die Luftdichtheit, oder Luftdichtigkeit genannt, ist eine wichtige Voraussetzung, um ein Gebäude energetisch und bauphysikalisch optimal betreiben zu können. Bei unzureichender Dichtheit treten folgende Probleme auf:

- *Der Luftwechsel ist häufig wesentlich zu hoch, raumweise stark differenziert und vom Nutzer kaum kontrollierbar. Dies erhöht den Heizenergiebedarf.*
- *Bei stärkeren Winden und tiefen Außentemperaturen kommt es zu Beheizungsproblemen und Zugerscheinungen.*
- *Das Abströmen feuchter Luft an kalten Bauteilen führt zur Wasserdampfkondensation und damit zu Bauteildurchfeuchtung und Bauschäden. Dies betrifft besonders die Dämmung von Dachgeschossen.*
- *Bei Lüftungsanlagen mit Wärmerückgewinnung kommt es zu einem großen Ungleichgewicht von Zu- und Abluft. Die Wärmerückgewinnung aus der Abluft ist dann nicht mehr wirksam.*

Abb. 10.3: Blower-Door-Messung

10.3.2 Feuchteschutz

Im Zusammenhang mit der Verringerung des Wärmedurchgangs und dem auftretenden Temperatur- und Druckgefälle spielen Luft und Feuchte für die Tauwassersicherheit eine entscheidende Rolle. Wo die Wasserdampf-Sättigungsmenge und der Wasserdampf-Sättigungsdruck der Luft überschritten wird, entsteht Tauwasser, das in den Bauteilen zu Schäden führen kann. Deshalb ist eine spezielle Anordnung von Funktionsschichten der Baukonstruktionen wichtig, damit Tauwasser gar nicht erst entsteht.

Luft ist ein Gasgemisch, welches u.a. wechselnde Mengen Wasserdampf enthält. Wie viel Wasserdampf die Luft aufnehmen kann, hängt von der Lufttemperatur ab. Die in der Tabelle 10.2, Seite 296 angegebenen Werte für die Wasseraufnahmefähigkeit der Luft nennt man absolute Luftfeuchte oder Sättigungsmenge.

Die in der Luft tatsächlich enthaltene Feuchtigkeit nennt sich relative Luftfeuchte und wird in Prozent angegeben.

Berechnungsformel:

$$\text{relative Luftfeuchtigkeit} = \frac{\text{vorhandener Wasserdampf} \cdot 100}{\text{maximal möglicher Wasserdampfgehalt}}$$

Blower-Door-Messung:

Die Luftdichtheit wird mit einer Einrichtung namens „Blower-Door“ gemessen. Dabei wird in die Haustür ein Rahmen mit Segeltuchbespannung und integriertem Ventilator eingebaut. Anschließend wird ein Unter- oder Überdruck von 50 Pa aufgebaut und der vom Ventilator geförderte Volumenstrom mittels einer Messblende gemessen. Daraus ergibt sich, bezogen auf das Raumvolumen, die Luftwechselrate. Dieser Wert muss den Anforderungen der EnEV Anhang 4 Nr. 2 genügen:

- *Gebäude ohne raumlufttechnische Anlage $n_{50} = 3\ h^{-1}$ (3-fache Luftwechselrate)*
- *Gebäude mit raumlufttechnischer Anlage $n_{50} = 1{,}5\ h^{-1}$ (1,5-fache Luftwechselrate)*

Dabei bedeutet n_{50} die Luftwechselrate bei einer Druckdifferenz zwischen innen und außen von 50 Pa. Die volumenbezogene Luftdurchlässigkeit ermöglicht die Bewertung der Dichtheit eines Gebäudes oder einer Wohnung.

Bei einem Anstieg auf 100 % relative Luftfeuchtigkeit ist der Taupunkt erreicht und Wasser wird ausgeschieden. Bei starken Temperaturwechseln tritt dieses Phänomen in der Natur z.B. als Nebel auf; in der Bautechnik kann Tauwasser z.B. an der Blechunterseite von Metalldeckungen entstehen.

Verteilung des Wasserdampfteildrucks im Bauteil, s_d-Wert

Das in der Luft enthaltene gasförmige Wasser trägt mit einem Teildruck zum Gesamtdruck der Luft bei. So treten mit den Temperaturunterschieden der Innen- und Außenluft Druckgefälle auf. Ähnlich wie beim Wärmedurchgang (siehe Kapitel 10.3.1) haben unterschiedliche Druckpotenziale das Bestreben, sich in Richtung des Druckgefälles auszugleichen.

Dabei strömt bzw. diffundiert Wasserdampf durch die Bauteile. Je nach Werkstoff setzt das Bauteil dem Diffusionsvorgang einen spezifischen Widerstand entgegen – den „Richtwert der Wasserdampf-Diffusionswiderstandszahl μ". Sie ist dimensionslos – eine Verhältniszahl.

Die Diffusionswiderstandszahl gibt an, um wie viel Mal dichter das Stoffgefüge gegen diffundierende Wassermoleküle ist als eine ruhende Luftschicht gleicher Dicke.

Da eine ruhende Luftschicht die kleinstmögliche Behinderung für diffundierende Wassermoleküle darstellt, hat sie die Wasserdampf-Diffusionswiderstandszahl 1.

Aus der Wasserdampf-Diffusionswiderstandszahl μ allein lässt sich noch nicht die Dichtigkeit bzw. der Widerstand einer Baustoffschicht gegen die Diffusion herleiten. Auch die Dicke der Baustoffschicht muss dabei berücksichtigt werden. So werden beide Einflussgrößen als Produkt $\mu \cdot s$ (in m) angegeben. Sie bilden die diffusionsäquivalente Luftschichtdicke, den sogenannten s_d-Wert.

Beispiel:

Beton
Wasserdampf-Diffusionswiderstandszahl μ nach DIN 4108-4 = 70
Schichtdicke = 0,25 m $s_d = 70 \cdot 0{,}25$ m $s_d = 17{,}5$ m

Der Diffusionswiderstand der Gesamtkonstruktion ergibt sich aus der Zusammenstellung der einzelnen Konstruktionsschichten. Abhängig von den s_d-Werten der Bauteilschichten stellt sich eine Verteilung des Wasserdampfteildrucks im Bauteil ein.

Tabelle 10.2: Maximale Sättigungsmenge in Abhängigkeit von der Lufttemperatur

Lufttemperatur °C	Maximale Feuchtigkeit/ Sättigungsmenge g/m³
-20	0,90
-15	1,40
-10	2,14
-8	2,54
-6	2,99
-4	3,51
-2	4,13
0	4,8
2	5,6
4	6,4
6	7,3
8	8,3
10	9,4
12	10,7
14	12,1
16	13,9
18	15,4
20	17,3
22	19,4
24	21,8
26	24,4
28	27,2
30	30,3
35	39,4
40	50,7
45	64,5
50	82,3

Tauwasser durch Überschreitung des Sättigungsdrucks

Die Temperatur und der maximal mögliche Wasserdampfteildruck sind voneinander abhängig. Wird der maximale Wasserdampfteildruck bei einem Temperatursturz, z.B. durch ein Gewitter, überschritten und somit der Sättigungsdruck (Taupunkt) des gasförmigen Wassers in der Luft erreicht, fällt Wasser aus (Tauwasser).

Bleibt der vorhandene Wasserdampfteildruck an jeder Stelle des Bauteils unterhalb des maximal möglichen temperaturabhängigen Teildrucks, fällt kein Tauwasser aus.

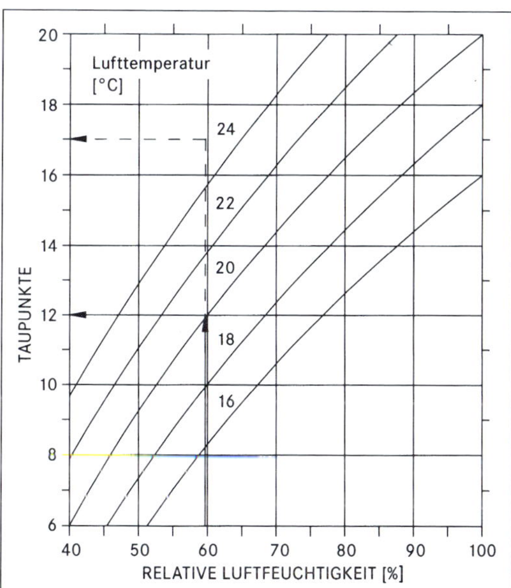

Abb. 10.4: Taupunkttemperatur in Abhängigkeit von der relativen Luftfeuchte und Lufttemperatur. In dem Beispiel beträgt die Taupunkttemperatur 12 °C bei einer Lufttemperatur von 20 °C und einer relativen Luftfeuchtigkeit von 60 %.

Abb. 10.5: Schaden durch Tauwasser

Zur Vermeidung von Tauwasser sind Baukonstruktionen so zu planen, dass der vorhandene Wasserdampfteildruck an jeder Stelle des Bauteils unterhalb des maximal möglichen temperaturabhängigen Teildrucks bleibt.

Bei Temperaturunterschieden im Winter von –10 °C Außentemperatur und 20 °C innerhalb von Gebäuden können Druckgefälle von 20 hpa (bzw. Millibar) entstehen. Das entspricht etwa dem Druck unserer Gas-Versorgungsleitungen. Mit diesem Druck gelangt Wasserdampf, auch über kleinste Fehlstellen der diffusionshemmenden Schicht, in die Dachkonstruktion und wird dort kondensieren. Nur eine sorgfältige Planung und gewissenhafte Ausführung der Dachkonstruktion – insbesondere dieser Schicht – bieten Schutz vor Tauwasser und den damit verbundenen Folgeschäden.

11 Werkstoffkunde

Eine wichtige Grundlage für die fachgerechte Herstellung von Metalldächern und Metallfassaden ist die Kenntnis über die verwendeten Werkstoffe und deren Eigenschaften. So müssen z.B. die temperaturbedingte Längendehnung der Metalle und der Korrosionsschutz sowohl bei der Planung als auch bei der Verarbeitung unbedingt berücksichtigt werden.

In den nachstehenden Kapiteln werden im Bauwesen eingesetzte Metalle, deren Eigenschaften sowie die korrekte Kombination mit anderen Bauwerkstoffen dargestellt. Für die architektonische Gestaltung von Dach und Wand werden ergänzend Objektbeispiele mit den unterschiedlichen Oberflächenstrukturen und -farben dargestellt.

11.1 Metalle

Die häufigsten an Dach und Fassade eingesetzten Metalle sind Aluminium, Blei, Kupfer, Stahl und Titanzink. Neben den wichtigen physikalischen Kennwerten wie Dichte, Ausdehnungskoeffizient und Schmelzpunkt werden in diesem Abschnitt auch Informationen zu Vorkommen, Herstellung sowie zur Oberflächengestaltung gegeben.

11.1.1 Der Werkstoff Aluminium

Für den Einsatz von Aluminium an Dach und Wand sprechen die leichte Verarbeitbarkeit, das geringe spezifische Gewicht, eine günstige mechanische Festigkeit und eine chemische Beständigkeit und Langlebigkeit. Weitere positive Eigenschaften sind hohes Reflexionsvermögen von Wärme und Licht sowie Unbrennbarkeit und Funkenfreiheit.

Vorkommen

Der Rohstoff für die Aluminiumgewinnung ist Bauxit – ein Erz, das zu 90 % in den Ländern des Tropengürtels vorkommt. Es wird ausschließlich im Tagebau gewonnen. Hauptfördergebiete sind Australien, Westafrika, Jamaika und Brasilien.

Physikalische Eigenschaften
Dichte: 2,7 kg/dm^3
Schmelzpunkt: ca. 570 °C
Ausdehnungskoeffizient: L_t bei 100 K Temperaturänderung = 2,4 mm/m

Herstellung von Aluminium für das Bauwesen

Die Metallgewinnung erfolgt in einem zweistufigen Verfahren. Zunächst wird im sogenannten Bayer-Prozess unter Druck und Hitze aus dem Bauxiterz das Aluminiumhydroxid extrahiert, das anschließend durch Glühen zu Aluminiumoxid (Tonerde) gebrannt wird. Als Rückstandsprodukt fällt

Abb. 11.1: Natürliche, walzgeprägte (dessinierte) Oberfläche

Abb. 11.2: Mit Zink veredeltes (galvanisiertes) Falzaluminium

Abb. 11.3: Falzbares Farbaluminium

umweltneutraler Rotschlamm an, der auf Deponien abgelagert wird. Aluminiumoxid ist das Ausgangsprodukt für die zweite Gewinnungsstufe: den Elektrolyseprozess. Eine Schmelze aus Tonerde und aus dem Flussmittel Kryolith wird mithilfe von Strom in flüssiges Aluminium und Sauerstoff getrennt. Aus 2 t Aluminiumoxid wird so 1 t Primäraluminium für die Weiterverarbeitung, z.B. zu Bändern für das Bauwesen, gewonnen.

Verwendung unterschiedlicher Aluminiumoberflächen für Dach und Wand

Für die Gestaltung von Dach und Fassade mit Aluminium können verschiedene Oberflächen eingesetzt werden. Man unterscheidet natürliche von industriell veredelten Oberflächen.

1. Die natürliche Oberfläche

Auf der zunächst walzblanken Aluminiumoberfläche bildet sich mit dem Sauerstoff der Luft im Laufe der Zeit eine beständige Oxidschicht. Diese natürliche, grau getönte Schutzschicht verstärkt sich weiterhin, wodurch ihre Schutzwirkung noch erhöht wird.

Walzgeprägte (dessinierte) Oberfläche

Aluminiumbänder, Tafeln und Profiltafeln sind auch in geprägter Ausführung erhältlich. Die naturbelassene, metallisch wirkende Oberfläche entsteht durch die Bearbeitung mit zusätzlichen Prägewalzen.

Abb. 11.4: Anodisiertes Falzaluminium

Die Vorteile für die Verwendung an Dach und Fassade sind:
- verminderte Blendwirkung bei Sonneneinstrahlung,
- gleichmäßige Oxidschichtbildung.

2. Industriell veredelte Oberflächen für den Werkstoff Aluminium

Bei aggressiver Stadt- und Industrieatmosphäre sowie in Küstennähe empfiehlt sich die Verwendung von bandbeschichtetem Aluminium oder Aluminium mit metallischen Überzügen. Die unterseitige Korrosion durch Feuchteeinwirkung aufgrund bauphysikalischer Mängel oder Montagefehler ist durch eine geeignete Beschichtung vermeidbar.

Die im Anodisierungsverfahren ohne Verwendung von Farbaufträgen hergestellten Aluminiumbleche für Dächer und Fassaden sind in Tönungen Hellgold, Champagner und Bronze lieferbar. Die Oberflächen zeichnen sich bei diffuser Lichtreflexion durch eine verminderte Blendwirkung aus; sie sind unempfindlich gegen Fingerprints und UV-beständig.

11.1.2 Der Werkstoff Blei

Blei hat eine gute Korrosionsbeständigkeit gegen viele in der heutigen Atmosphäre vorkommenden Medien durch eine sich natürlich bildende Schutzschicht aus fast unlösbarem Bleikarbonat oder -sulfat (Patina). Es wird so z.B. gegen schweflige Säuren aus den Rauchgasen im Kaminbereich geschützt. Blei ist UV-beständig, verrottungsfest, bruchsicher und wiederverwendbar.

Blei hat eine gute Verformbarkeit. Als weicher Werkstoff kann Blei auch in kaltem Zustand gut verformt werden. Für die handwerkliche Bearbeitung werden spezielle Werkzeuge verwendet (siehe Kapitel 7).

Vorkommen

Blei wird vorwiegend aus Bleiglanz gewonnen. Bleiglanz enthält etwa 86 % Blei und kommt im Harz, in Schlesien, Spanien, Australien und Amerika vor.

Physikalische Eigenschaften

Dichte: 11,34 kg/dm^3
Schmelzpunkt: 327 °C
Ausdehnungskoeffizient: L_t bei 100 K Temperaturänderung = 0,03 mm/m

Abb. 11.5: Die natürliche Bleioberfläche

Abb. 11.6: Werkseitig veredelte Bleioberfläche

Abb. 11.7: Farbbeschichtete Bleioberfläche

Herstellung von Blei für das Bauwesen

Bleiglanz wird durch Rösten (hohe Temperatur und Luftzufuhr) zu Bleioxid umgewandelt, welches im Bleiofen zu Rohblei für die Weiterverarbeitung reduziert wird.

Fertigung von Tafeln und Bändern für das Bauwesen

Bleibleche werden ausnahmslos durch Walzen hergestellt. Technologische Entwicklung und ständige Güteüberwachung ermöglichen die Herstellung von Bleiblechen in stets gleichbleibender Qualität und in verschiedenen Dicken.

Walzblei für Klempnerarbeiten wird i.d.R. auf Rollen sowie in Tafelform und als Zuschnitte geliefert. Neben Standardmaterial mit walzblanker, ebener Oberfläche ist auch gewelltes, zinnplattiertes, farbbeschichtetes und einseitig selbstklebendes Bleimaterial im Handel. Die Breite des Walzmaterials beträgt bis zu 1.000 mm, die Materialdicken liegen bei 1,25 bis 3,0 mm.

Für weitere Einsatzzwecke wird Bleifolie, Bleiwolle und Bleidraht gefertigt.

Verwendung unterschiedlicher Bleioberflächen für Dach und Wand

Sowohl für die Gestaltung von Dach und Fassade als auch zur Optimierung des Korrosionsschutzes können verschiedene Oberflächen eingesetzt werden. Man unterscheidet natürliche, handwerklich und industriell veredelte Oberflächen.

1. Die natürliche Oberfläche

Bleiblech bildet eine Patina aus Oxidschichten und Karbonaten. Diese Karbonate können im Anfangsstadium der Patinabildung durch Regen ausgeschwemmt werden. So entstehen die bekannten Schlierenbildungen auf den Bleiblechen und eventuell Streifen auf dem darunterliegenden Deckmaterial. Dies geschieht jedoch nur bei neu verlegten Bleieindeckungen und -verwahrungen.

Nach sehr kurzer Zeit ist die Patinabildung abgeschlossen. Die Patina haftet nun fest auf den Bleiblechen.

2. Handwerklich und industriell veredelte Oberflächen

Die handwerklich veredelte Oberfläche

Um die Bildung und die spätere Abschwemmung von Karbonat zu vermeiden, kann auf das Bleiblech ein Oberflächenschutz aufgetragen werden. Eine Möglichkeit besteht darin, dass der Handwerker selbst, direkt nach dem Verlegen, das Bleiblech im Streichverfahren mit einem Blei-Patinieröl für den Oberflächenschutz nachbehandelt. Eine weitere Möglichkeit ist die Verarbeitung von werkseitig vorbehandeltem Bleiblech.

Die industriell veredelte Oberfläche

Alternativ zur handwerklichen Veredelung stellt die Herstellerindustrie dem Klempner und Dachdecker bereits werkseitig schutzbeschichtete Bleibleche (verzinnt, farbbeschichtet) zur Verfügung.

Mit dem Fabrikat „Venusblei" ist eine werkseitig veredelte Oberfläche verfügbar, die sich durch eine gleichmäßige und dauerhafte Oberflächenfärbung auszeichnet und das Austreten von Bleiweiß (Bleikarbonat) verhindert. Somit lässt sich der Werkstoff auch bei feuchter Witterung verlegen. Die bleitypische Oberfläche bleibt erhalten.

Verarbeitungshinweise

Alkalien aus frischem Beton oder Mörtel wirken aggressiv auf Blei. Deshalb ist Blei vor Alkalien zu schützen. Dieser Schutz kann durch einen porenfreien Bitumenanstrich oder eine Abdeckung mit geeigneten Trennlagen erfolgen. Selbst bei abgebundenem Beton können Alkalienausschwemmungen vorkommen, wenn Feuchtigkeit eindringt.

Das Eindringen von Feuchtigkeit birgt zudem Korrosionsgefahr. Eine lange Feuchteeinwirkung auf Blei, z.B. Tauwasser und eingeschlossene Baufeuchte zwischen Dachdeckung und dem Untergrund, ist zu vermeiden. Wenn davon auszugehen ist, dass bei An- und Abschlussblechen verstärkte Tauwasserbildung auftritt, müssen vorbeugende Schutzmaßnahmen getroffen werden, die einen Angriff durch das Tauwasser auf das An- und Abschlussblech verhindern.

Schutzmaßnahmen können sein:
- die Verwendung beschichteter An- und Abschlussbleche,
- unterseitiger Anstrich.

Tabelle 11.1: Bleidicken und Kennzeichnung

Dicke in mm	Gewicht in kg/m²	Kennzeichnung durch Banderole (Saturnblei)
1,00	11,34	nicht im Bauwesen
1,25	14,18	dunkelgrün
1,50	17,01	gelb
1,75	19,85	blau
2,00	22,68	rot
2,50	28,35	schwarz
3,00	34,02	weiß
3,50	39,69	orange

11.1.3 Der Werkstoff Kupfer

Kupfer zeichnet sich aus durch eine hohe Lebensdauer, da es gegen atmosphärische Einflüsse und gegen Einflüsse aus dem Gebäudeinneren (keine Rückseitenkorrosion) korrosionsbeständig ist. Es ist bei der Ausführung schwieriger Details problemlos zu verarbeiten – auch bei niedrigen Temperaturen.

Vorkommen

Im Allgemeinen kommt Kupfer in Form von schwefelhaltigen und oxidierten Mineralien (Kupfererze) vor, da es zur Verbindung mit Schwefel und Sauerstoff neigt.

Die wichtigsten Kupfererze sind Kupferkies ($CuFeS_2$) und Kupferglanz (Cu_2S). Sie werden weltweit abgebaut. So zählen zu den Abbaugebieten Sambia, Südafrika, Mexiko, USA, Kanada, Griechenland, Finnland, Kasachstan, China und Australien.

Physikalische Eigenschaften

Dichte: 8,93 kg/dm^3
Schmelzpunkt: 1.083 °C
Ausdehnungskoeffizient: L_t bei 100 K Temperaturänderung = 1,7 mm/m

Herstellung von Kupfer für das Bauwesen

Aufgrund der sehr guten Schweiß- und Lötbarkeit sowie einer hohen Wasserstoffbeständigkeit wird für das Bauwesen ausschließlich sauerstofffreies und phosphordesoxidiertes Kupfer hergestellt.

Das Kupfer wird zu Blöcken, sogenannten Brammen, stranggegossen und dann in mehreren Walzschritten zu Bändern und Tafeln weiterverarbeitet.

Abb. 11.8: Objekt mit natürlicher Kupferoberfläche

Abb. 11.9: Objekt mit werkseitig vorpatinierter Kupferoberfläche

Fertigung von Tafeln und Bändern für das Bauwesen

1. Schritt: Anwärmen der Brammen auf ca. 900 °C zum Entfestigen (Weichmachen)

2. Schritt: Warmwalzen bis zu einer Dicke von 13 mm

3. Schritt: Fräsen – Entfernen der Zunderschicht

4. Schritt: Kalt vorwalzen – „Herunterwalzen" auf geringere Banddicke. Dabei verfestigt sich das Kupfer wieder.

5. Schritt: Zwischenglühen zum Entfestigen

6. Schritt: Fertigwalzen bis zur Enddicke des Materials – bei Kupfertafeln für das Bauwesen meist 0,6 und 0,7 mm

7. Schritt: Streckrichten – beim Streckrichten werden die Toleranzen bezüglich Planheit und Geradheit noch weiter eingeengt, um eine mögliche Beulenbildung zu verringern. Streckgerichte Tafeln und Bänder werden im Fassadenbereich und für gestaltete Dächer eingesetzt.

8. Schritt: Längs- und Querteilen

Verwendung unterschiedlicher Kupferoberflächen für Dach und Wand

Für die Gestaltung von Dach und Fassade mit Kupfer können verschiedene Oberflächen eingesetzt werden. Man unterscheidet in natürliche und industriell veredelte Oberflächen.

1. Die natürliche Oberfläche

Ablauf der Schichtbildung

Das metallblanke Kupfer bildet an trockener Luft bereits innerhalb weniger Stunden einen Oxidfilm, der mit bloßem Auge praktisch nicht wahrnehmbar ist.

Dieser dünne Film stabilisiert die Oberfläche des Kupfers bereits gegenüber den Witterungseinwirkungen und stellt die eigentliche Schutzschicht dar.

Wesentlich für die Oxidationsgeschwindigkeit sind die Häufigkeit und die Dauer von Wasserfilmen auf der Oberfläche. So erfolgt bei flach geneigten Flächen mit langsam ablaufendem Niederschlagswasser eine schnellere Oxidation als bei steilen oder senkrechten Flächen wie z.B. Außenwandbekleidungen mit schnell ablaufenden Niederschlägen.

Braune Oxidschichten

Die Bildung von weiteren Oxidschichten infolge der Reaktion des Kupfers mit Feuchtigkeit, Luftsauerstoff und anderen Luftinhaltsstoffen lässt allmählich eine gleichmäßige matte Braunfärbung entstehen.

Nach einem längeren Zeitraum tritt eine Farbvertiefung bis Braun-Schwarz oder Anthrazit auf. Bei steilen oder senkrechten Flächen ist dies im Allgemeinen der optische Endzustand.

Grüne Patina

Auf flach geneigten Dächern verändert sich die Deckschicht farblich weiter.

Bei trockenerem Wetter wird zunächst ein leichter Grünschimmer auf dunklem Grund sichtbar. Im weiteren Verlauf entsteht mit zunehmender Intensität das kupfertypische Patinagrün.

Ursache für diese Weiterentwicklung ist die intensive Einwirkung von Niederschlagswasser auf flach geneigte Flächen.

Die Patinabildung ist abhängig von der Gebäudegeometrie und den örtlichen atmosphärischen Bedingungen. Eine exakte Bestimmung des Zeitraumes der Patinaentwicklung ist nicht möglich. Bei nicht zu steil geneigten Flächen rechnet man erfahrungsgemäß mit einer Dauer von etwa 8 bis 15 Jahren. Die grüne Patina wirkt als zuverlässiger Korrosionsschutz.

2. Industriell veredelte Oberflächen

Von einer Oberflächenbehandlung mit sogenannten Hausmitteln wird abgeraten! Nur in seltenen Fällen wird die gewünschte Färbung des Kupfers erreicht – der Ärger mit dem Bauherrn ist vorprogrammiert.

Zu empfehlen sind daher nur qualitativ hochwertige Produkte, die als voroxidierte Kupfertafeln und Bänder in großen Mengen hergestellt werden.

Grün patiniertes Kupferblech

Die Gestaltungsmöglichkeiten von Gebäuden in der modernen Architektur und im Denkmalschutz werden durch vorpatiniertes Kupferblech entscheidend erweitert.

Mit diesem Werkstoff ist es möglich, die gewünschte Patina, auf die man sonst viele Jahre warten musste, sofort zu realisieren.

Vorpatiniertes Kupferblech ist besonders interessant bei Komplett- oder Teilsanierungen von Dacheindeckungen und Bekleidungen historischer Gebäude.

Abb. 11.10: Objekt mit verzinntem Kupferblech

Abb. 11.11: Objekt mit Kupfer-Zink-legierter Oberfläche (Messing)

Im Gegensatz zu einer künstlichen Farbbeschichtung, deren Bindung mit der Zeit verloren geht, weisen die bewährten industriell hergestellten Grünpatinierungen ähnliche Eigenschaften auf wie die natürliche Patina. Durch die weitere atmosphärische Bewitterung sind sie ständigen Änderungen unterworfen, was die Natürlichkeit der Oberfläche unterstreicht.

Braun oxidiertes Kupferblech

In der Anfangsphase der Oxidschichtbildung können auf der zunächst glänzenden, auffallenden Kupferoberfläche unerwünschte optische Beeinträchtigungen gegeben sein. Hierbei kann es sich um Farbabweichungen durch Fingerabdrücke oder geringe Beulenbildung durch kleinere Materialspannungen handeln.

Um diese optischen Beeinträchtigungen von Anfang an zu minimieren, stellt die Kupferindustrie mattbraun oxidiertes Kupferblech zur Verfügung.

Auch diese in Spezialverfahren hergestellten Oxidschichten weisen ähnliche Eigenschaften wie die natürlichen Oxidschichten auf. Durch die weitere natürliche Bewitterung sind sie einer ständigen Weiterentwicklung unterworfen, wobei in Abhängigkeit von Lage und Gebäudegeometrie Unterschiede in der farblichen Ausbildung und damit im optischen Erscheinungsbild entstehen können.

Verzinntes Kupferblech

Verzinntes Kupferblech wird hergestellt, um besondere Farbvorstellungen und interessante Gestaltungsmöglichkeiten zu bieten, ohne auf die technischen Vorzüge von Kupfer wie Lebensdauer und gute Verarbeitbarkeit verzichten zu müssen.

Legiertes Kupferblech

Eine weitere Möglichkeit, alternative Metalloberflächen zu erhalten, ist das Herstellen von Legierungen. Die in der Klempnertechnik häufig verwendeten Legierungen sind Messing (Kupfer-Zink-Legierung) und Bronze (Kupfer-Zinn-Legierung) mit dem Hauptbestandteil Kupfer. Beide Legierungen zeichnen sich durch gute Umformeigenschaften aus.

Verarbeitungshinweise

Bei der Verarbeitung von Kupfer kann es zu unerwünschten Verfärbungen kommen.

Grünspan

Patina wird in der Umgangssprache oft als Grünspan bezeichnet.

Diese Bezeichnung ist **falsch**!

Grünspan entsteht durch chemische Reaktionen von Kupfer mit Essigsäure und ist im Gegensatz zur langsam entstandenen Patina giftig.

Aus diesen und aus optischen Gründen wird beispielsweise für Versiegelungen an Wandanschlüssen nur säurefreies Dichtungsmaterial verwendet.

Blau-Grün-Färbungen

Aufgrund von Ausschwemmungen aus frischem Mörtel, Putz oder Betonplatten während des Abbindeprozesses, eventuell auch aus Kiesschüttungen und alkalischen Reinigungsmitteln, können im Anschlussbereich Blau-Grün-Färbungen entstehen. In diesen Bereichen empfiehlt es sich, die entsprechenden Kupferanschlüsse mit einem geeigneten Schutzanstrich z.B. auf Bitumenbasis zu versehen.

Verarbeitungsbedingte Verfärbungen

Auf noch blanken Kupferbauteilen sind häufig, besonders bei warmer Witterung, Flecken zu erkennen. Ursache ist eine beschleunigte Oxidation durch aggressiven Handschweiß. Diese Flecken verschwinden jedoch im Verlauf der atmosphärischen Flächenoxidation, was jedoch in geschützten Bereichen, wie Rinnenuntersichten, relativ lange dauern kann.

Verfärbungen beim Löten

Verfärbungen treten beim Hartlöten durch Wärmeoxidation (Verzunderung) auf. Sie werden mit der Zeit durch die atmosphärische Oxidation überdeckt oder können auf mechanischem Weg mittels Edelstahldrahtbürste oder eines Reinigungsvlieses entfernt werden.

Die Ursache für Verfärbungen beim Weichlöten sind Flussmittelreste, die nach dem Lötvorgang nicht ordnungsgemäß entfernt wurden. Auch diese lassen sich noch nachträglich auf mechanischem Weg, wie oben beschrieben, beseitigen.

11.1.4 Der Werkstoff Edelstahl

Edelstahl Rostfrei ist ein Sammelbegriff für eine Vielzahl verschiedener Stahlsorten, die mindestens 10,5 % Chrom enthalten. Ihre Korrosionsbeständigkeit geht auf eine nur wenige Moleküllagen dicke chromreiche Oxidschicht zurück. Auch bei Beschädigungen bildet sie sich unter dem Einfluss von in Luft oder Wasser enthaltenem Sauerstoff spontan immer wieder neu. Höhere Chromgehalte und weitere Legierungsbestandteile wie Nickel und Molybdän verbessern die Korrosionsbeständigkeit, beeinflussen aber auch die mechanischen Eigenschaften positiv.

Im Dachbereich verwendete Stahlsorten zeichnen sich durch Weichheit und geringe Ausdehnung aus. Sie lassen sich sehr gut falzen, kanten und runden.

Bei erhöhten Anforderungen an die Korrosionsbeständigkeit bei aggressiven Luftverhältnissen in Industriegebieten und in Meeresnähe sowie bei hohen mechanischen Belastungen finden sogenannte austenitische Chrom-Nickel-Molybdän-Stähle ihre Einsatzgebiete. Diese Stähle haben gute Umformeigenschaften und sind schweißbar.

Nichtrostende Stähle sind alterungsbeständig, hygienisch, UV-beständig, verrottungsfest und bruchsicher. Die Beständigkeit besteht sowohl gegen Baumaterialien (Zement, Kalkmörtel, Beton, Bitumen) als auch gegen Holzimprägnierungsmittel und schwefelsaure Rückstände.

Vorkommen/Gewinnung

Roheisen wird durch Reduktion von Eisenerzen (Eisenoxiden) im Hochofen gewonnen und zu Edelstahl weiterverarbeitet. Die wichtigsten Eisenerze sind Magneteisenstein, Roteisenstein, Brauneisenstein und Spateisenstein. Roheisen ist aufgrund seines hohen Kohlenstoffgehalts und anderer Beimengungen hart und spröde und daher technisch kaum verwendbar. Um aus dem Roheisen Stahlsorten mit technisch verwendbaren Eigenschaften zu erzeugen, werden diese Beimengungen entfernt und das Roheisen durch weitere Verfahren und Zulegierungen behandelt.

Physikalische Eigenschaften

Dichte: 7,7 bis 7,9 kg/dm³
Schmelzpunkt: 1.380 bis 1.790 °C
Ausdehnungskoeffizient: L_t bei 100 K Temperaturänderung = 1,06 bis 1,6 mm/m

Kennzeichnung

Die nicht rostenden Stähle werden von den Herstellern mit Kurznamen und Werkstoffnummern gekennzeichnet:

Stahlsorte 1.4301
(Kurzname X5 CrNi18-10):
X5 = Kohlenstoffgehalt in hundertstel Gewichtsprozent (z.B. 0,05 %)
Cr = Chrom
Ni = Nickel
18 = 18 % Chrom
10 = 10 % Nickel

Abb. 11.12: Objekt mit Edelstahlblech im Stehfalzsystem

Besondere Eigenschaften:
- gut kalt und warm umformbar,
- schweißbar unter Baustellenbedingungen,
- für Dächer mit einer Neigung von 7 bis 90° (gefalzt) geeignet.

Stahlsorte 1.4541
(Kurzname: X6 CrNiTi18-10): Legierung wie 1.4301, jedoch zusätzlich mit Titan stabilisiert

Besondere Eigenschaften:
- gut kalt und warm umformbar,
- schweißbar unter Baustellenbedingungen,
- bessere Korrosionsbeständigkeit der Schweißnähte (bei Schweißkonstruktionen, z.B. für Tragwerke, sollte ab ca. 6 mm Dicke generell dieser Werkstoff eingesetzt werden),
- für Dächer mit einer Neigung von 7 bis 90° (gefalzt) geeignet.

Stahlsorte 1.4401
(Kurzname X5 CrNiMo17-12- 2): Chrom-Nickel-Molybdän-Stahl

Besondere Eigenschaften:
- höhere Korrosionsbeständigkeit in chloridhaltiger und schwefelsaurer Atmosphäre im Vergleich zu den Stahlsorten 1.4301 und 1.4541, bei Raumtemperatur weitgehend beständig und daher für den Einsatz in Industrieatmosphäre sowie in Küstennähe geeignet,
- gut kalt und warm umformbar,
- auch in dünnen Abmessungen auf der Baustelle schweißbar,
- für Dächer mit einer Neigung von 0 bis 7° (rollnahtgeschweißt) geeignet,
- für Dächer mit einer Neigung von 7 bis 90° (gefalzt) geeignet.

Stahlsorte 1.4571
(Kurzname X6 CrNiMoTi17-12-2): ist wie 1.4541 mit Titan, aber zusätzlich noch mit Molybdän legiert

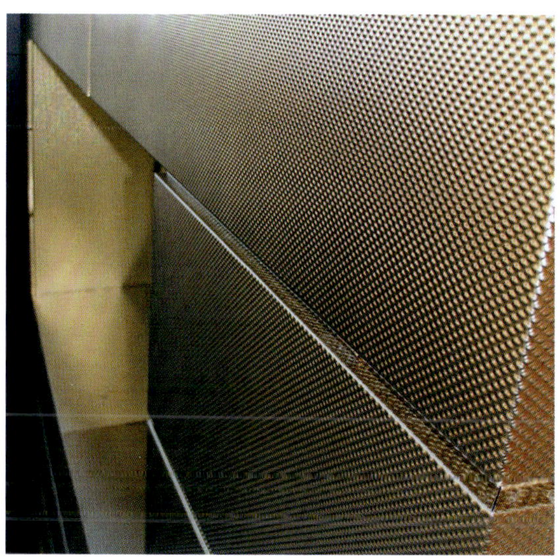

Abb. 11.13:
Fassadenbekleidung mit goldfarbenem und walzgeprägtem Edelstahlblech

Besondere Eigenschaften:

- Schweißnähte sind besonders korrosionsbeständig. Deshalb besonders geeignet für Schweißkonstruktionen ab ca. 6 mm Werkstoffdicke,
- für Dächer mit einer Neigung von 0 bis 7° (rollnahtgeschweißt) geeignet.

Verwendung unterschiedlicher Edelstahloberflächen für Dach und Wand

Für die Gestaltung von Dach und Fassade mit Edelstahl können verschiedene Oberflächen eingesetzt werden.

1. Die walzblanke Oberfläche

Edelstahlbänder für Dächer erhalten meist eine walzblanke Oberfläche. Man erreicht damit eine gleichmäßige, leicht matte Oberfläche mit typischer Edelstahloptik.

2. Verzinntes Edelstahlblech

Edelstahlbleche mit einer beidseitigen, elektrolytisch aufgetragenen Zinnschicht bilden durch atmosphärische Einflüsse eine matte Patina. Der Zinnüberzug ist ohne Einfluss auf die Korrosionsbeständigkeit des Grundwerkstoffs, wirkt sich aber positiv bei Lötarbeiten aus und bietet verbesserte Haftung für Bitumen und Farbanstriche.

3. Behandelte Oberflächen

Eine mattgraue Oberflächenwirkung wird durch die Behandlung mit scharfkantigem, ferritfreiem Granulat erreicht. Die so behandelte Oberfläche reflektiert das Licht diffus. Zudem wird die elektrische Leitfähigkeit verbessert, was wiederum bei der Fertigung rollnahtgeschweißter Dachdeckungen von Vorteil ist.

4. Gefärbtes Edelstahlblech

Da sich Klempner-/Spenglerfachbetriebe vermehrt den Bereich Fassadentechnik erschließen, bieten sie ihren potenziellen Auftraggebern heute ein deutlich erweitertes Angebot an Metallen und Metalloberflächen zur Auswahl an. Hierzu zählen neuerdings auch mit Spezialverfahren gefärbte (keine Beschichtung) und oberflächenbehandelte bzw. walzgeprägte Edelstahlbleche. Dies sind beispielsweise blank gewalzte Leinenmuster, bronzefarbene, geschliffene Oberflächen oder goldfarbene Musterwalzungen. Die verschiedenen Schliff-, Polier-, Walz- und Färbeverfahren sind kombinierbar und bieten individuelle Möglichkeiten der Metallgestaltung für die Fassade. Die als Tafelmaterial hergestellten Bleche sind in Materialdicken von 0,5 mm bis 2,0 mm lieferbar.

Verarbeitungshinweise

Alle Edelstahlsorten werden mit üblichen Metallwerkzeugen und Maschinen verarbeitet. Diese sind jedoch durch die hohe Festigkeit des Materials einem größeren Verschleiß unterworfen. Für Dachdeckungen und Außenwandbekleidungen in Falztechnik werden Werkstoffdicken von 0,4 mm, in besonderen Fällen 0,5 mm, verwendet. Bänder und Bleche sind in Breiten zwischen 500 und 1.250 mm verfügbar.

In der Regel fordern Hersteller von nichtrostendem Stahl neigungsunabhängig zusätzliche dichtende Maßnahmen.

11.1.5 Der Werkstoff Stahl

Dachdecker und Klempner verarbeiten täglich Bauteile aus Stahl. Von Rinnenhaltern und Sturmsicherungsblechen angefangen über Trapezprofile und Kassetten bis zu Sandwichelementen für Dach und Wand reicht die Produktpalette.

Die guten Gebrauchs- und Verarbeitungseigenschaften machen Stahl zu einem wichtigen Konstruktionswerkstoff. Er ist uneingeschränkt recyclingfähig und zudem preisgünstig. Allerdings hat der Werkstoff Stahl die Eigenschaft, im ungeschützten Zustand zu korrodieren. Deshalb erhalten Bauelemente aus Stahl Überzüge aus Zink oder Zink-Aluminium. Diese metallischen Überzüge werden in unterschiedlichen Verfahren aufgebracht und stellen wegen der guten Korrosionsschutzeigenschaften eine Barriere gegen eine flächenhafte Korrosion dar.

Physikalische Eigenschaften

Dichte: 7,4 bis 7,8 kg/dm^3
Schmelzpunkt: 1.300 bis 1.400 °C
Ausdehnungskoeffizient: L_t bei 100 K Temperaturänderung = 1,2 mm/m

Oberflächen für den Korrosionsschutz von Stahl

Viele Bauschäden entstehen durch unzureichenden Korrosionsschutz der Bauelemente aus Stahl. Der Korrosionsschutz von Stahl ist aus diesem Grunde von hoher wirtschaftlicher Bedeutung. Dies trifft im Besonderen für Bauteile im Dach- und Wandbereich zu, die ständig wechselnden Witterungseinflüssen ausgesetzt sind. Um die Auswahl geeigneter Produkte zu

Barrierewirkung
gegen korrosionsfördernde Medien durch eine dichte festhaftende Deckschicht

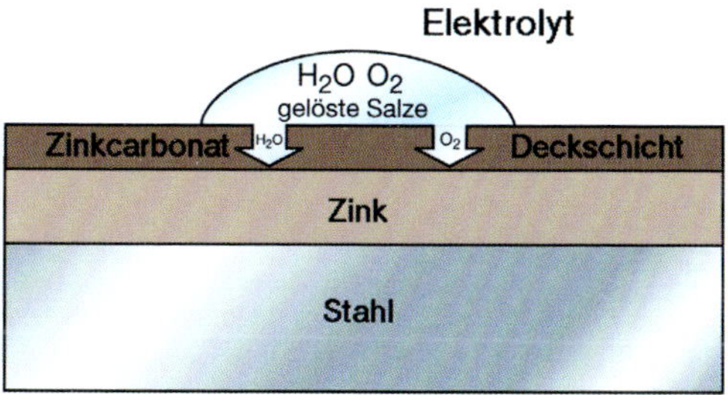

Kathodischer Schutz
des Stahls bei Verletzung des Zinküberzugs und an Schnittflächen

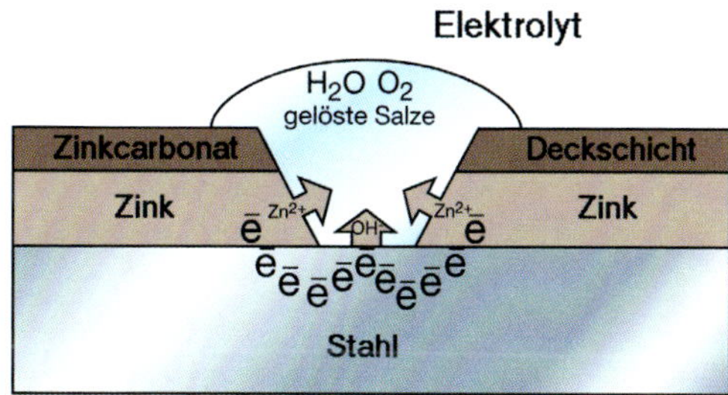

Abb. 11.14: Korrosionsschutz von Stahl durch einen Zinküberzug

erleichtern, sind die besonderen Anforderungen an die Beschichtung in Abhängigkeit von der zu erwartenden Korrosionsbelastung in 3 unterschiedliche Korrosionsschutzklassen I bis III eingeteilt. Diese unterscheiden u.a. nach Standort, Nutzungsart, angestrebter Schutzdauer und nach der Zugänglichkeit eines Bauteils.

In der Baupraxis werden vorwiegend verzinktes Stahlblech, Zink-Aluminium-legiertes Stahlblech und die Kombination von metallischen Überzügen und organischer Beschichtung (z.B. PVDF) verwendet.

Farbige Bleche und Bänder für Dach und Fassade werden meistens mit einem PVDF(Polyvenyldidenfluorid)-Beschichtungssystem bandbeschichtet. PVDF-Beschichtungssysteme zeichnen sich durch hohe Wetterfestigkeit, UV-Beständigkeit und Lichtechtheit der Farben aus.

Die Dicke des Überzugs sowie die örtlichen Klimabedingungen entscheiden, wie schnell oder wie langsam die metallische Schutzschicht abgetragen wird.

Für die Erfüllung der Anforderungen der Korrosionsschutzklasse III im Bauaußeneinsatz sind die Trägerwerkstoffe durch metallische Überzüge und – falls erforderlich – durch eine zusätzliche organische Beschichtung zu schützen.

Je nach Anforderungen an Korrosionsschutz, Umformbarkeit, Temperaturbeständigkeit, gewünschte Farbe und Glanzstufe, Oberflächenhärte usw. besteht die Möglichkeit, verzinktes oder Zink-Aluminium-legiertes Stahlblech mit unterschiedlichen Flüssig- oder Folienbeschichtungen zu beschichten (Coil-Coating-Verfahren).

Ein besonderer Vorzug von Zink und Zinklegierungen als Überzugsmetall ist die sogenannte kathodische Schutzwirkung bei Blechdicken bis ca. 1,5 mm. Wird die Zinkschicht z.B. durch das Zuschneiden auf der Baustelle durchtrennt oder durch mechanische Einflüsse, die beim Transport nicht immer zu vermeiden sind, beschädigt oder liegt die Stahlfeinblechoberfläche aus anderen Gründen frei, bilden Zink und Stahl bei Einwirkung von Elektrolyten ein galvanisches Element, wobei sich das unedlere Zink als „Opfermetall" anstelle des Stahls auflöst. Durch die Zinkauflösung wird das Potenzial der benachbarten Stahloberfläche so weit abgesenkt, dass das Eisen dort nicht angegriffen wird. Zudem bilden die „geopferten" Zinkionen korrosionshemmende Deckschichten. Dadurch wird die Stahloberfläche so lange vor Korrosion geschützt, wie in der unmittelbaren Umgebung noch Zink vorhanden ist.

Tabelle 11.2: Korrosionsschutzklassen in Abhängigkeit von Korrosionsbelastung, Schutzdauer und Zugänglichkeit

<table>
<tr><th>Korrosionsbelastung</th><th>Schutzdauer</th><th>Zugänglichkeit</th><th>Korrosionsschutzklasse [1)]</th></tr>
<tr><td rowspan="3">unbedeutend</td><td>kurz</td><td rowspan="3">zugänglich oder unzugänglich</td><td rowspan="5">I</td></tr>
<tr><td>mittel</td></tr>
<tr><td>lang</td></tr>
<tr><td rowspan="3">gering</td><td>kurz</td><td rowspan="2">zugänglich</td></tr>
<tr><td>mittel</td></tr>
<tr><td>lang</td><td>unzugänglich</td><td>III</td></tr>
<tr><td rowspan="3">mäßig</td><td>kurz</td><td rowspan="2">zugänglich</td><td>II</td></tr>
<tr><td>mittel</td><td rowspan="7">III</td></tr>
<tr><td>lang</td><td>unzugänglich</td></tr>
<tr><td rowspan="3">stark</td><td>kurz</td><td rowspan="3">zugänglich oder unzugänglich</td></tr>
<tr><td>mittel</td></tr>
<tr><td>lang</td></tr>
<tr><td rowspan="2">sehr stark</td><td>kurz</td><td rowspan="2">zugänglich</td></tr>
<tr><td>mittel</td></tr>
<tr><td>sehr stark</td><td>lang</td><td>zugänglich oder unzugänglich</td><td>siehe DIN 55928-8, Absatz (7)</td></tr>
<tr><td colspan="4">1) Bei der Festlegung der Korrosionsschutzklasse hat die jeweils höhere Anforderung aus den Spalten Schutzdauer und Zugänglichkeit Vorrang (z.B. geringe Belastung, lange Schutzdauer, zugänglich: Korrosionsschutzklasse III)</td></tr>
</table>

Die kathodische Schutzwirkung ist bei den heute angewandten modernen Weiterverarbeitungsprozessen von großer Bedeutung. Der metallische Überzug wird bereits beim Schneiden des Bleches teilweise über die Schnittfläche gezogen und verhindert somit Korrosion. Der kathodische Schutz des restlichen Teils der Schnittfläche, die nicht mit Zink bedeckt ist, hängt von der Blechdicke, der Dicke des metallischen Überzugs (Verfügbarkeit des Überzugmetalls im Schnittbereich), dem Trennverfahren (Glattschnittanteil, Temperatureinwirkung beim Trennen) und der Leitfähigkeit des Korrosionsmediums (Kondensat, Regenwasser usw.) ab.

Die Kombination von Trägermaterialien mit metallischem Überzug und zusätzlicher organischer Beschichtung, sogenannte Duplex-Systeme, ergibt Verbundwerkstoffe mit vielfältigen Eigenschaften. Die organischen Beschichtungen stellen eine zusätzliche Barriere dar, die den Abtrag des metallischen Überzugs verhindert.

Falzfähiges Stahlblech

Beschichtetes Stahlblech findet in Deutschland typischerweise im Industriebau und für Unterkonstruktionen seine Anwendungsbereiche. Seit 2014 kommt in der Klempnertechnik auch die falzfähige Variante „Greencoat PLX" eines schwedischen Herstellers mit einer Blechdicke von 0,6 mm zum Einsatz. Die Bleche und Bänder bestehen aus einer Weichstahllegierung mit einer beidseitigen Verzinkung. Diese ist auf der Vorderseite mit Grund- und Deckfarbe, auf der Rückseite mit Rückseitenfarbe beschichtet. Die Deckfarbe enthält Polymereinstreuungen, die für eine kratzfeste Oberfläche sorgen. Als Korrosionsschutz und zur Verbesserung der Haftfähigkeit des Decklackes dient eine chromfreie Grundierungsschicht. Der Werkstoff einschließlich der Beschichtungen zeichnet sich durch eine sehr gute Falzfähigkeit aus und ist für alle Anwendungen in der Klempnertechnik geeignet. Der Stahl kann praktisch nicht nachfedern, sodass die handwerkliche klempnertypische Blechbearbeitung mit Maschinen und Handwerkszeugen problemlos möglich ist.

Bei Vorbehandlung der Oberfläche und mit dem Einsatz eines speziellen Flussmittels können die Bleche in Löttechnik wasserdicht gefügt werden. Der Werkstoff ist in Schweden bereits seit über 40 Jahren für Dachdeckungen und Fassadenbekleidungen im Einsatz und hat sich bei den extremen Witterungsbedingungen Skandinaviens mit niedrigen Temperaturen und großen Niederschlagsmengen bewährt. Die Mindesttemperatur für Falzarbeiten beträgt –10 °C. Ansonsten kann der Werkstoff entsprechend den Klempnerfachregeln und den Fachregeln des Dachdeckerhandwerks für Metallarbeiten angewendet werden.

Standard-Lieferformen:

Blechdicke: 0,6 mm
Tafeln: 1.010 · 2.000 mm; 1.010 · 3.000 mm
Bänder: 500 / 650 / 670 / 1.010 mm
Schutzfolie: generell, wahlweise vollflächig oder teilfoliert mit 50 mm folienfreiem Rand
Farbkarte: 13 Farbtöne
Coilgewichte: 22 m² – ca. 100 kg; 44 m² – ca. 200 kg; 220 m² – ca. 1.000 kg
Sonderlieferformen auf Anfrage.

Die Coil-Coating-Technologie liefert farbgetreue und gleichmäßige Oberflächen und trägt entscheidend zur Optimierung des Korrosionsschutzes von verzinktem Stahlblech und anderen Metallwerkstoffen bei.

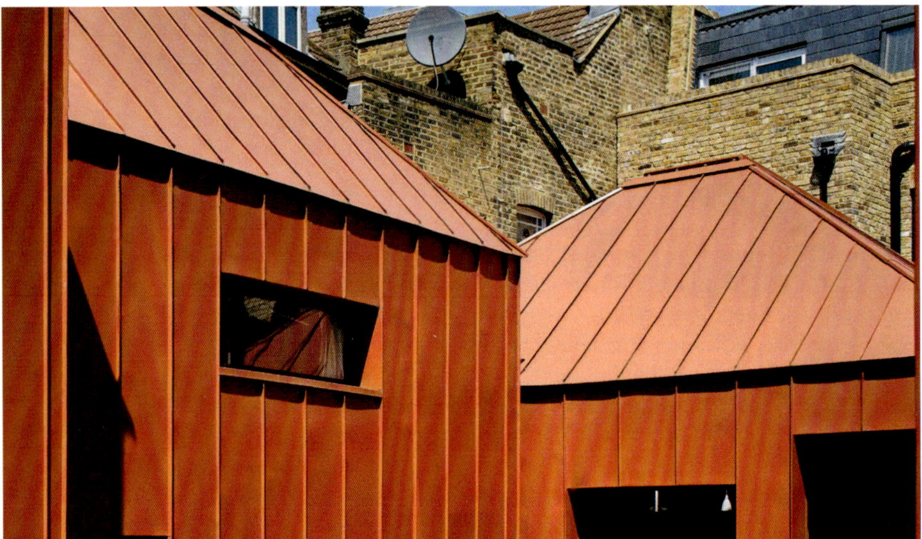

Abb. 11.15: Das falzfähige, verzinkte und farbbeschichtete Stahlblech eignet sich für alle klempnertechnischen Anwendungen an Dach und Fassade.

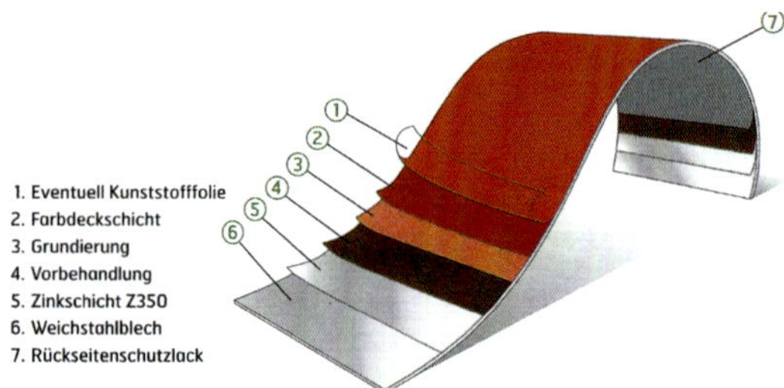

Abb. 11.16: Schichtenaufbau des falzfähigen Stahlbleches

11.1.6 Der Werkstoff Titanzink

Zink zählt zu den traditionellen Metallwerkstoffen für Dachdeckungen, Verwahrungen und Fassadenbekleidungen. Grund für die häufige Verwendung ist die Korrosionsbeständigkeit. Bei der Freibewitterung entsteht eine natürliche wasserunlösliche Schutzschicht (Patina) aus basischem Zinkkarbonat. Durch die Zulegierung von Titan konnten die Werkstoffeigenschaften noch optimiert werden. Dazu zählen eine verbesserte Dauerstandfestigkeit, die sehr gute Verarbeitbarkeit unabhängig von der Walzrichtung und eine verringerte Kaltsprödigkeit. Weiter erhöht sich die Rekristallisationsgrenze (Grobkorngrenze) auf 300 °C, was sich positiv auf die Löttechnik auswirkt.

Vorkommen

Zinkerze sind geologisch wie geographisch in großem Umfang vorhanden und weltweit verteilt. Der größte Erzabbau erfolgt derzeit in Australien, Kanada und Peru. Aber auch Länder wie die USA, Mexiko, Irland, Polen, Russland, Spanien, Schweden, das ehemalige Jugoslawien, Nordkorea, China, Japan und Zaire gehören zu den weltbedeutendsten Abbaugebieten.

Der Abbau erfolgt vorwiegend unter Tage.

Abb. 11.17: Graues und farblich vorbewittertes Titanzink in unterschiedlichen Abstufungen

Physikalische Eigenschaften

Dichte: 7,2 kg/dm³
Schmelzpunkt: 418 °C
Ausdehnungskoeffizient: L_t bei 100 K Temperaturänderung = 2,2 mm/m

Herstellung von Titanzink für das Bauwesen

Titanzink wird auf hochtechnisierten, modernen Anlagen bandgewalzt und nach Bedarf auf die handelsüblichen Abmessungen von Bändern und Tafeln (EN 988) zugeschnitten. Dieses Fertigungsverfahren garantiert Titanzinkbänder und -bleche (Tafeln) gleichbleibender Qualität mit hoher Oberflächengüte und sehr geringen Dickentoleranzen.

Fertigung von Tafeln und Bändern für das Bauwesen

1. Schritt: Vorlegieren im Induktionstiegelofen bei ca. 760 °C. Hier entstehen Vorlegierungsblöcke, die ein Vielfaches der Titan- und Kupferanteile der späteren Walzlegierung enthalten.

2. Schritt: Schmelzen bei 500 bis 550 °C. Hier werden Feinzink- und Vorlegierungsblöcke geschmolzen und miteinander vermischt.

3. Schritt: Gießen. In der Gießmaschine wird die Zinklegierung zu einem festen Gussstrang heruntergekühlt.

4. Schritt: Walzen. Der Walzprozess erfolgt mit mehreren Walzenpaaren. An jedem Walzenpaar wird die Dicke des Gussstranges durch entsprechenden Druck auf die Enddicke reduziert.

5. Schritt: Streckrichten. Beim Streckrichten werden die Toleranzen bezüglich Planheit und Geradheit noch weiter eingeengt, um eine mögliche Beulenbildung zu verringern. Streckgerichtete Tafeln und Bänder werden im Fassadenbereich und für gestaltete Dächer eingesetzt.

6. Schritt: Längs- und Querteilen.

Verwendung unterschiedlicher Zinkoberflächen für Dach und Fassade

Für die Gestaltung von Dach und Fassade mit Titanzink können verschiedene Oberflächen eingesetzt werden. Man unterscheidet natürliche von industriell veredelten Oberflächen.

1. Die natürliche Oberfläche

Auf der zunächst walzblanken Oberfläche bildet sich in Verbindung mit Sauerstoff das Zinkoxid. Durch die Einwirkung von Feuchtigkeit bildet sich Zinkhydroxid, welches durch Reaktion mit dem Kohlendioxid aus der Luft zu einer fest haftenden und wasserunlöslichen Deckschicht aus basischem Zinkkarbonat umgewandelt wird.

Diese sehr dichte und bei Verletzung „selbstheilende“ Schicht ergibt einen Langzeitschutz gegen Witterungseinflüsse, einen hohen Korrosionsschutz und minimiert den natürlichen Metallabtrag.

Durch die natürliche Bewitterung ändert sich die zunächst silbrig glänzende Oberfläche des Titanzinks in eine matte, graublaue Patina. Diese Schutzschichtbildung verläuft je nach Standort, Bauteilart und Witterung unterschiedlich schnell. Im Laborversuch konnte gezeigt werden, dass bis zur Ausbildung vergleichbarer (beginnender) Schutzschichten bei trockener Luft ca. 100 Tage, bei 75 % Luftfeuchtigkeit nur ca. 3 Tage benötigt werden.

2. Industriell veredelte Oberflächen für den Werkstoff Titanzink

Um von Anfang an ein gleichmäßig grau bewittertes Bauteil zu erhalten, bietet die Herstellerindustrie vorbewitterte Titanzinkbleche und -bauteile an, die nachfolgend beschrieben werden.

Vorbewittertes Titanzinkblech

Aufgrund der Materialdicken, die in der Falztechnik üblich sind (0,7 bis 0,8 mm je nach Werkstoff und Einsatzort), sind Welligkeiten durch Fertigungsprozesse und/oder Unebenheiten in der Unterkonstruktion unvermeidbar. Diese Welligkeiten werden bei walzblanken Oberflächen durch Lichtreflexion optisch deutlich betont. Aus diesem Grund stellt die Industrie durch besondere chemische Verfahren Zinkbänder mit einer mattgrauen, einheitlichen Oberfläche her, welche die Lichtreflexion stark minimiert und ein einheitliches optisches Erscheinungsbild, z.B. im Fassadenbereich und bei gestalteten Dächern ermöglicht, wobei sie einer natürlich bewitterten Zinkoberfläche ähnlich ist. In diesem Verfahren handelt es sich nicht um eine Beschichtung. Eine weitere natürliche Schutzschichtbildung sowie die Verarbeitbarkeit wird nicht behindert.

Je nach Verfahren können die Titanzinkbänder in unterschiedlichen Grautönen – bis fast Schwarz – hergestellt werden.

Seit einiger Zeit liefern Hersteller auch Bleche und Bänder aus farblich vorbewittertem Titanzink in roten, blauen oder grünen Abstufungen, die durch das Hinzufügen mineralischer Pigmente entstehen. Die Textur der Vorbewitterung bleibt dabei sichtbar und das Zink behält seinen natürlichen Oberflächencharakter.

Wer eine einheitliche Oberfläche wünscht, kann heute auch auf Titanzink mit einer PVDF-Bandbeschichtung in ähnlichen Farbtönen plus Gold und Braun zurückgreifen. Anders als Patinierungen bleiben diese Farbtöne dauerhaft beständig.

Verarbeitungshinweise

Bei der Verarbeitung von Zink kann es zu unerwünschten Verfärbungen der Metalloberfläche kommen.

In der Baupraxis kommt es daher immer wieder vor, dass vor, während oder nach dem Einbau von Titanzink-Bauteilen Verunreinigungen und Flecken auf den Bauteilen entstehen. Ursachen hierfür sind u.a. falsche Lagerung und Unachtsamkeit der am Bau tätigen Gewerke (z.B. beim Absäuern von Klinkerfassaden).

So sind Titanzink-Bauteile vor Nässe geschützt an gut durchlüfteten Orten zu lagern.

Bei neuen Titanzink-Bauteilen bzw. auf Dach- und Fassadenflächen können weißliche Färbungen auftreten. Diese entstehen aufgrund einer lang anhaltenden Nässewirkung wie z.B. durch falsche Lagerung ohne Abtrocknungsmöglichkeiten oder intensive Taubildung. An den beaufschlagten Stellen bildet sich Zinkhydroxid, auch unter dem Namen „Weißrost" bekannt. Weißrost ist ein lockeres poriges Korrosionsprodukt.

Bei kurzer Nässeeinwirkung zeigt sich das Zinkhydroxid lediglich als weiße Verfärbung, welche im Zuge der natürlichen Deckschichtbildung ohne Rückstände in die natürliche mattgraublaue Farbe übergeht.

Lange Feuchteeinwirkung auf Titanzink, z.B. durch eingeschlossene Baufeuchte zwischen Dachdeckung und dem Untergrund, muss unbedingt vermieden werden.

Weißrostbildung ist ein Korrosionsprozess, bei dem Metall abgetragen wird. Erst bei Zugang von Luft an der Zinkoberfläche wird dieser Prozess beendet und es bildet sich die schützende Karbonatschicht, auch Patina genannt. Bei eingeschlossener Feuchte setzt sich der Prozess fort und führt in vielen Fällen nicht nur zu Verfärbungen, sondern sogar zu Korrosionsschäden.

Durch längere Einwirkung, z.B. von Flussmittelresten, säurehaltigen Emulsionen und Ölen entstehen tief in die Oberfläche des Titanzinks hineingedrungene Verfärbungen, welche nicht mehr ohne Weiteres vollständig beseitigt werden können. Eine Behandlung mit chemischen Reinigungsmitteln bewirkt nur eine Abschwächung der Erscheinung. Hier sollte die Oberfläche auf mechanischem Weg, z.B. mittels Edelstahldrahtbürste oder eines Reinigungsvlieses, so weit behandelt werden, dass der Fleck nach Einsetzen der natürlichen Deckschichtbildung nicht mehr wahrnehmbar ist.

Fertiggestellte Bauteile, die im Gefährdungsbereich anderer noch nicht fertiggestellter Gewerke liegen, müssen ebenfalls vor Verschmutzung und Beschädigung geschützt werden. Hier sind ggf. geeignete Maßnahmen mit der Bauleitung abzustimmen.

11.1.7 Verbundwerkstoffe mit Metalldeckschichten

Verbundwerkstoffe mit metallischen Deckschichten, auch Composite genannt, sind Werkstoffe, bei denen verschiedene Materialien miteinander kombiniert werden. Es gibt eine Vielzahl an Träger- und Deckmaterialien, die in mehreren Schichten zu Composite Boards verbunden werden – mit einer äußeren und inneren Schicht sowie einem Kern. Die Zusammenstellung der verwendeten Materialien erfolgt abhängig vom jeweiligen Verwendungszweck. Die wesentlichen Merkmale von Platten aus Verbundwerkstoffen sind ein geringes Flächengewicht bei gleichzeitig hoher Biegesteifigkeit und Formstabilität sowie eine sehr gute Planheit. Ihre vielfältigen Gestaltungsmöglichkeiten ergeben sich aus dem Angebot an natürlichen, farbbeschichteten oder patinierten Oberflächen der Deckschichten aus Aluminium, Kupfer und Zink. Somit sind diese vielseitig anwendbar und werden in der Architektur sowohl für Fassaden- wie auch für Innenbekleidungen eingesetzt.

Die metallischen Werkstoffe werden in Blechdicken von 0,2 bis 0,5 mm auf den Kern laminiert. Dieser besteht bei Architekturanwendungen, je nach geforderter Baustoffklasse; beispielsweise aus Polyetylen Typ LDPE (B2 normal entflammbar), mineralisch gefülltem Polymer (B1 – schwer entflammbar) oder mineralischen Füllstoffen mit polymerem Bindemittel (A1 – nicht brennbar mit brennbaren Bestandteilen). Siehe auch Tabelle 14.4 „Brandklassen".

Sonstige Einsatzmöglichkeiten

- Balkonbekleidungen,
- Tür- und Torfüllungen,
- Ausbildung Attiken, Ortgang und Dachuntersichten bei Flach- und Steildächern,
- Sockelbekleidungen,
- Stützenummantelungen,
- Schallschutzblenden,
- Werbeträger,
- Ladenbau,
- Küchenrückwände,
- Innenverkleidung Duschen.

Abb. 11.18: Aufbau der Verbundplatte: Deckschicht, Klebeschicht, Kern, Klebeschicht, Rückseiten-Deckschicht

Verarbeitung

Da für die Verarbeitung und Montage der zahlreichen im Markt verfügbaren Verbundplatten mit metallischen Deckwerkstoffen keine allgemeingültigen Fachregeln eines Fachverbands verfügbar sind, müssen Anwender stets die bereitgestellten Unterlagen der Hersteller hinzuziehen. Dies sind z.B. Planungshinweise und Verlegeanleitungen, allgemeine bauaufsichtliche Zulassungen (abZ), allgemeine bauaufsichtliche Prüfzeugnisse (abP), Zulassungen im Einzelfall (ZiE) oder sonstige Verwendbarkeitsnachweise des eingesetzten Fabrikats. Im Vergleich verschiedener Fabrikate wie Planbond (Maas Gruppe), Reynobond (Alcoa), Alucobond (3A Composites GmbH) oder Tecu-Bond (KME) sind viele Montageregeln (siehe Kapitel 3.1.4) und Verarbeitungsmethoden nahezu deckungsgleich.

Trennen

Verbundplatten lassen sich mithilfe der im professionellen Handwerk üblichen Hand-, Tisch- und Plattenkreissägen, die mit von den Herstellern empfohlenen Sägeblättern ausgestattet sind, in der Regel problemlos trennen. Bei Verlegung mit offenen Schnittkanten müssen die Fabrikationskanten der Rohtafeln durch Besäumen entfernt werden, da aus fertigungstechnischen Gründen bei 4.000 mm Länge bis zu 6 mm Maßtoleranzen entstehen können/dürfen und überflüssiger Werkstoff aus dem Plattenkern austreten kann.

Mit dem Besäumen wird außerdem die Maß- und Winkelgenauigkeit der Verbundplattenzuschnitte in allen Ebenen gewährleistet. Um optisch einwandfreie, gratarme Besäumungen und Zuschnitte herzustellen, wird beispielsweise ein Trapez-Flachzahn-Sägeblatt (TF) mit 160 mm Durchmesser und einer Drehzahl von ca. 2.500 U/min eingesetzt. Bei der Verwendung von Tischkreissägen ist darauf zu achten, dass diese stets frei von Spänen sind, um die Plattenoberfläche nicht zu beschädigen. Daher wird insbesondere bei Besäumzuschnitten der Rohtafeln und Konfektionierungen in der Klempnerwerkstatt der Einsatz vertikaler Plattensägen bevorzugt.

Abb. 11.19: Mit der Fräskanttechnik lassen sich Verbundplatten auch dreidimensional formen.

Fräsen, Kanten, Runden

Anstelle einer glatten Verlegung mit schmalen Fugen und offenen Schnittkanten können Verbundplatten auch zu Kassetten bis hin zu dreidimensionalen oder runden Geometrien geformt werden. Gerundet wird mit Walzbiegemaschinen und Biegepressen. Enge Radien werden in Schwenkbiegemaschinen gebogen, die mit speziellen Profilschienen ausgerüstet sind.

Die gängigste Formtechnik ist die sogenannte Fräskanttechnik. Hierbei werden auf der Rückseite mit Scheiben- oder Formfräsern V-förmige Nuten bis zur äußeren metallischen Deckschicht gefräst. Das verbleibende Material ermöglicht dann ein problemloses Abbiegen der Verbundplatte von Hand. Die Nuten können im CNC-Blechbearbeitungszentrum oder mit einer Vertikalplattenkreissäge mit Fräseinrichtung eingebracht werden. Diese spannungsfreie Biegetechnik ist wirtschaftlich und ermöglicht ein optisch sehr hochwertiges Erscheinungsbild. Es sind keine Eckprofile erforderlich und als Kassette kann die Montage ohne sichtbare Befestigungsmittel erfolgen.

Eckausbildung in Einzelschritten

Abb. 11.20a: Fräsen der V-Nut zum Umkanten der Verbundplatte.

Abb. 11.20c: Bei Innenecken Sollknickstelle durch Einschneiden des Kunststoffkernes definieren.

Abb. 11.20b: Verbundplatte mit V-Nut.

Abb. 11.20d: Außenecken einfach von Hand umkanten

11.2 Korrosion

Für Dachdecker und Klempner ist die Fachkenntnis über die am Bau verwendeten Metallwerkstoffe und deren spezielle Korrosionseigenschaften aus Gewährleistungsgründen enorm wichtig. Aus diesen Gründen beschäftigt sich dieses Kapitel ausführlich mit diesem Thema.

Weiterführende vertiefende Informationen rund um das Thema Korrosion findet man auch unter der Internetadresse www.korrosion-online.de.

Allgemein versteht man unter dem Begriff Korrosion die Reaktion eines metallischen Werkstoffes mit seiner Umgebung, die eine messbare Veränderung des Werkstoffes bewirkt. Die Korrosionsprodukte der am meisten verwendeten Metalle (Kupfer, Zink, Aluminium) entstehen unter atmosphärischen Einflüssen an ihrer Oberfläche und führen zu einer sogenannten Patina, die den metallischen Kern des Werkstoffes schützt. Diese dauerhafte Schutzschicht wird nur zu einem geringen Teil vom Regen abgeschwemmt und ist der eigentliche Grund für die große Langlebigkeit der Metalle an Dach und Fassade.

Tabelle 11.3: Elektrochemische Spannungsreihe

Element	Kurzzeichen	Normalpotenzial in Volt bei 25°C	Metallcharakter
Lithium	Li	-3,01	unedel
Kalium	K	-2,92	unedel
Kalzium	Ca	-2,84	unedel
Natrium	Na	-2,71	unedel
Magnesium	Mg	-2,38	unedel
Aluminium	Al	-2,34	unedel
Mangan	Mn	-1,05	unedel
Zink	Zn	-0,76	unedel
Eisen	Fe	-0,44	unedel
Kadmium	Cd	-0,40	unedel
Kobalt	Co	-0,28	unedel
Nickel	Ni	-0,23	unedel
Zinn	Sn	-0,14	unedel
Blei	Pb	-0,13	unedel
Wasserstoff	H2	0,00	neutral
Kupfer	Cu	+0,34	edel
Silber	Ag	+0,80	edel
Quecksilber	Hg	+0,80	edel
Gold	Au	+1,36	edel
Platin	Pt	+1,60	edel

Bei Veränderungen des Werkstoffes, die die Funktion, die Festigkeit oder die Dichtigkeit des Metalls bei einer Korrosion beeinträchtigen, spricht man von Korrosionsschäden.

Korrosionsschäden entstehen in aller Regel durch unsachgemäße Planung und Ausführung. Dies ist insbesondere bei der Werkstoffauswahl und der Detailgestaltung der Fall. Durch die Beachtung einfacher konstruktiver Regeln könnten die meisten Korrosionsschäden von vornherein vermieden werden.

Folgende Korrosionsarten werden unterschieden:

- galvanische Korrosion,
- Kontaktkorrosion,
- chemische Korrosion,
- Korrosion durch Immission,
- Bitumenkorrosion,
- Korrosion durch abgelagerte Feststoffe,
- Korrosion durch Auswaschung,
- Korrosion durch dauerhaft einwirkende Feuchtigkeit.

Abb. 11.21: Historische Metalldeckung

Abb. 11.22: Schliffbild eines ca. 100 Jahre alten Kupferbleches

Nachfolgend werden die unterschiedlichen Korrosionsarten beschrieben, Praxisbeispiele der häufigsten Korrosionsschäden dargestellt und Lösungsmöglichkeiten für eine korrekte Ausführung aufgezeigt.

11.2.1 Galvanische Korrosion

Unter galvanischer Korrosion versteht man einen Korrosionsprozess, bei dem sich 2 Metalle mit unterschiedlichen Spannungspotenzialen unter Anwesenheit eines Elektrolyten (in den meisten Fällen Wasser) berühren. Man nennt dies ein „galvanisches Element".

Es fließt Strom, der Metallionen des unedleren Metalls zum edleren transportiert. Das unedlere Metall verliert dadurch Masse. Wenn dieser Masseverlust die Funktion eines Bauteils (Tragfähigkeit, Festigkeit, Dichtheit, Optik) beeinträchtigt, liegt ein Korrosionsschaden vor.

Tabelle 11.4: Werkstoffkombinationen

	Alumini um	Blei	Kupfer	Titanzink	nicht rostender Stahl	verzinkter Stahl
Aluminium	+	+	–	+	+	+
Blei	+	+	+	+	+	+
Kupfer	–	+	+	–	+	– 1), 2)
Zink	+	+	–	+	+	+
Edelstahl	+	+	+	+	+	+
Stahl, verzinkt	+	+	–	+	+	+

+ zulässig
– nicht zulässig

1) Stahlstifte von Hohlnieten sind im Außenbereich unzulässig.
2) Galvanische Verkupferungen verzinkter Bauteile können Korrosionsvorgänge verstärken; sie stellen keinen Korrosionsschutz dar.

Die Korrosionsgeschwindigkeit ist abhängig von der elektrischen Leitfähigkeit des Elektrolyten und der Einordnung in die elektrochemische Spannungsreihe der Metalle.

So leitet z.B. salzhaltiges Meerwasser den Strom besser als Süßwasser. Bezogen auf die Einordnung in die elektrochemische Spannungsreihe verliert unedles Zinkblech in Berührung durch einen Elektrolyten mit edlem Kupferblech schnell an Masse. Die Einordnung der Metalle in die elektrochemische Spannungsreihe geht aus der Tabelle 11.3 hervor.

Bildet man mit Kupfer- (+0,34 Volt) und Zinkblech (–0,76 Volt) ein galvanisches Element, so fließt Strom mit einer Spannung von 1,1 Volt. Das ist genug, um eine kleine Taschenlampenbirne zum Glühen zu bringen.

11.2.2 Kontaktkorrosion

Die Kontaktkorrosion ist ebenfalls eine galvanische Korrosion. Sie entsteht bei falscher Werkstoffkombination und der Anwesenheit eines Elektrolyten (z.B. Kondensat oder Niederschlagswasser) und führt in den meisten Fällen zu Schäden.

Häufige Ursache für eine Kontaktkorrosion ist die falsche Werkstoffauswahl für Befestigungsmittel. Der Einfachheit halber werden gern Befestigungsmittel wie Nieten und Nägel verwendet, die von einer anderen, gerade bearbeiteten Baustelle übrig geblieben sind. So passiert es, dass z.B. verzinkte Schieferstifte auch für die Haftbefestigung von Kupfer-Dachdeckungen oder Kupfer-Schieferstifte für die Haftbefestigung von Dachdeckungen aus Titanzink eingesetzt werden.

Hier besteht die Gefahr, dass zum einen verzinkte Befestigungsmittel korrodieren und nicht mehr die notwendige Windsogsicherheit bieten. Zum anderen kann Lochfraß im Bereich der Befestigungsmittel zu Leckagen im Zinkdach führen.

Diese Situation wird auch als „eingebauter Verschleiß" bezeichnet, der für den Auftraggeber sowie für den ausführenden Klempner oder Dachdecker einen großen wirtschaftlichen Schaden bedeuten kann.

Auch metallionenhaltiges Wasser kann zu Korrosionsschäden führen. Wenn beispielsweise Niederschlagswasser von einer Metalldach-Eindeckung aus Kupferblech Kupferionen aufnimmt und in eine Dachrinne aus Zink abgeleitet wird, entsteht an der unedleren Zinkrinne (siehe Tabelle 11.4) ein Korrosionsschaden.

Diese Korrosionsgefahr wird deutlich verringert, wenn das Regenwasser auf seinem Weg durch das Entwässerungssystem zuerst Bauteile aus unedleren Metallwerkstoffen überspült und danach Kontakt mit den edleren Metallen hat. Im umgekehrten Fall lagern sich z.B. Kupferionen auf Eisen- oder Zinkoberflächen ab, wobei das unedlere Zink oder Eisen in Lösung geht. Sogenannter kupferinduzierter Lochfraß ist die Folge.

Damit leitet sich folgende Fließregel ab:

Bei Entwässerungsanlagen mit 2 oder mehreren Metallen muss in Fließrichtung gesehen erst der unedle und dann der edle Metallwerkstoff eingesetzt werden.

Nicht alle Werkstoffkombinationen führen automatisch zur Korrosion. Tabelle 11.4, Seite 325, zeigt, welche Kombinationen möglich und welche Werkstoffe nicht miteinander verbunden werden sollten.

11.2.3 Chemische Korrosion

Die chemische Korrosion entsteht durch den Einfluss chemischer Substanzen (Säuren, Laugen, Salze), die auf die Metalloberfläche einwirken. Sie können von der Atmosphäre herangetragen werden oder aus Bauteilen auswaschen und sich auf Dachteilen ablagern. Korrosionsschäden können die Folge sein.

Da die unterschiedlichen Metallwerkstoffe unterschiedlich auf chemische Substanzen reagieren, sollten die äußeren atmosphärischen Bedingungen auf die regionalen Immissionen (z.B. angrenzender Feuerstätten, Industrie) für das entsprechende Bauvorhaben geprüft und bei der Werkstoffauswahl berücksichtigt werden. Bei möglichen Auswaschungen angrenzender Baustoffe ist ein entsprechend korrosionsbeständiger Metallwerkstoff einzusetzen oder eine konstruktive Trennung der Bauwerkstoffe herzustellen. Auch entsprechende Richtlinien der Metallhersteller sind bei der Bauplanung und Bauausführung zu berücksichtigen.

11.2.4 Korrosion durch Immissionen

Immissionen (= Einwirkungen von Verunreinigungen auf die Umwelt) durch aggressive Abgase und Säuren können mit dem Niederschlag auf die Metalloberfläche gelangen und sich insbesondere bei flach geneigten Dächern in Pfützen anreichern.

Korrosionsschäden dieser Art können durch ausreichendes Dachgefälle, richtige Werkstoffauswahl oder ggf. Beseitigung der Immissionsquelle vermieden werden.

11.2.5 Bitumenkorrosion

Durch die UV-Strahlung der Sonne entstehen bei der Oxidation ungeschützten Bitumens aggressive Säuren. Gelangt nun mit Säure angereichertes Regenwasser auf darunterliegende Metallbauteile, z.B. aus Aluminium, Blei, Stahl, Zink oder Kupfer, werden diese früher oder später durch Korrosion zerstört.

Abb. 11.23: Pfützenbildung auf einem zu flach geneigten Gaubendach

Abb. 11.24: Schaden durch Bitumenkorrosion

Abb. 11.25: Korrosionserscheinung am Balkonanschluss durch Mörtelreste

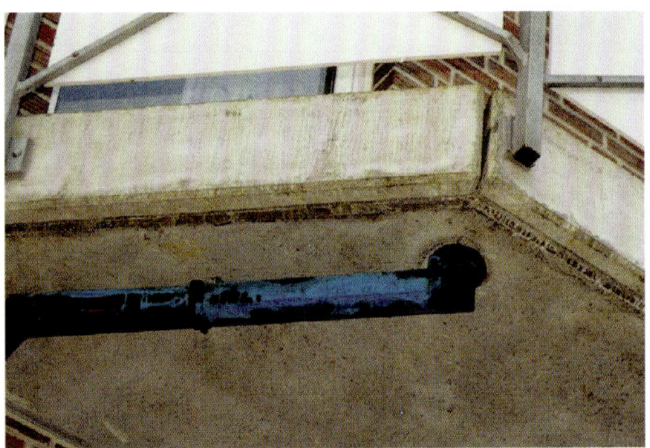

Abb. 11.26: Korrosionserscheinung durch Auswaschung

Zu den besonders gefährdeten Bauteilen zählen An- und Abschlüsse, Traufbleche, Dachrinnen und Regenfallleitungen sowie Winkelbleche unterhalb der mit Bitumenbahnen abgedichteten Dachflächen. Aber auch Winkelbleche und Anschlüsse an diesen Oberflächen und in Fließrichtung darunter angeordnete Abdeckungen, Bekleidungen usw. sind der Bitumenkorrosion ausgesetzt.

Das Bild zeigt einen Konstruktionsfehler des Daches, bei dem säurehaltiges Dachwasser über eine steil geneigte, mit Kupferblech gedeckte Dachfläche gelangt. Eine schützende Patina kann sich nicht bilden und ein fortschreitender Korrosionsprozess entsteht, der zur Zerstörung des Metalls führen kann. Das saure Dachwasser hätte in diesem Fall in einer separaten korrosionsgeschützten Entwässerungseinrichtung abgeleitet werden müssen.

Schutzmaßnahmen gegen Bitumenkorrosion sind:

- die Verwendung eines wirksamen Oberflächenschutzes der Bitumenbahnen, z. B. Kiesschüttungen,
- die Verwendung von Metallwerkstoffen mit ausreichender Korrosionsbeständigkeit gegen stark saure Rückstände, z.B. nichtrostender Stahl,
- die Verwendung von werkseitig beschichteten Werkstoffen,
- Schutzanstriche.

Abb. 11.27: Unfachgerechte Lagerung

Tabelle 11.5: Chemische Reaktionen auf Metalloberflächen mit Baustoffen unter Feuchteeinwirkung

	alkalisch	**sauer**
Kalk- und Zementmörtel, Beton 1 (frisch ausgeführt oder mit häufiger Feuchtigkeitseinwirkung), Abschwemmungen von Faserzement	+	
Gipshaltige Mörtel und Baustoffe, salzhaltige Holzschutzmittel, Druckimprägnierung	+	+
Humus (z.B. Dachbegrünungen)	+	+
Kiesschüttungen, Sand und Ausgleichsschichtungen bei Belägen	+	+
Stehendes Wasser (Niederschläge)		– –
Rückstände von Alterungsvorgängen bei ungeschützten Bitumen-Dachbahnen, -Schindeln, -Anstrichen sowie Kunststoff-Bitumen-Bahnen (z.B. ECB)		+ +
Sekundär-Schwitzwasser und Tauwasser unter dem Blech		– –
Emissionen und Kondensat von Ölfeuerungen		+ +
Emissionen und Kondensat von Gasfeuerungen		+
Emissionen und Kondensat von Kohlefeuerungen		+
Faulgase aus Kläranlagen bei Fallrohren		+ bzw. + +
Bestimmte exotische Hölzer bzw. Holzschindeln		
(z.B. Red Cedar)		+ bzw. + +
Bestandteile von Flachpresslatten (Spanplatten)	+ +	+
Organische Ablagerungen auf flach geneigten Dächern (Lauf usw.)	– –	+
Ablagerungen durch Industrie-Emissionen mit Anreicherungen	+	+
– – schwach + + stark		

11.2.6 Korrosion durch abgelagerte Feststoffe

Auch abgelagerte Feststoffe können auf der Metalloberfläche Korrosion verursachen. Es handelt sich hierbei z.B. um Stoffe wie Mörtelreste, Auswaschungen, Vogelkot, verwitterndes Laub und Mikroorganismen, die aufgrund einer ungünstigen Dachgeometrie nicht vom Niederschlagswasser fortgespült werden können.

Durch eine strömungsgünstige Dachgeometrie oder eine regelmäßige Reinigung der Dachdeckungen oder Verwahrungen und Schutzbeschichtungen kann Korrosion durch Ablagerungen weitgehend vermieden werden.

11.2.7 Korrosion durch Auswaschungen

Ähnlich wie bei der Bitumenkorrosion kann durch die Werkstoffe der angrenzenden Bauteile (Beton, Gründächer, Sand, Kies) verunreinigtes Ablaufwasser Metallelemente überspülen und Korrosion hervorrufen.

Wie unterschiedlich die am Bau verwendeten Werkstoffe auf Metalloberflächen wirken, ist in der Tabelle 11.5 zusammengefasst.

Es gibt besonders beanspruchte Bereiche, in denen ein Korrosionsschutz erforderlich bzw. empfehlenswert ist:

- **Bleche im Bereich Sand und Kies: Hier ist ein Korrosionsschutz bei Kupfer und Aluminium empfehlenswert; bei Titanzink und Blei sogar erforderlich.**
- **Bleche im Bereich zementgebundener Baustoffe: Hier ist wieder ein Korrosionsschutz bei Kupfer empfehlenswert; bei Aluminium und Titanzink erforderlich.**
- **Bleche im Bereich bituminöser Baustoffe: Korrosionsschutz bei Kupfer und Aluminium empfehlenswert; bei Titanzink und Blei erforderlich.**
- **Bleche im Humus: Bei Edelstahl ist ein Korrosionsschutz erforderlich bei den Werkstoffnummern 1.4301 und 1.4510 sowie bei Kupfer. Aluminium ist für eine Verwendung in diesem Bereich nicht geeignet.**

Verzinktes Stahlblech eignet sich grundsätzlich nicht für die genannten Anwendungsbereiche.

Schutzmaßnahmen vor korrosionsfördernden Auswaschungen sind z.B.:

- werkseitige Beschichtungen,
- geeignete Schutzanstriche,
- Verwendung von korrosionsbeständigen Metallen/richtige Werkstoffauswahl bzw. Werkstoffkombination,
- evtl. separate Ableitung von Auswaschungen der angrenzenden Bauteile durch korrosionsbeständige Entwässerungssysteme.

11.2.8 Korrosion durch dauerhaft einwirkende Feuchtigkeit

Über längere Zeiträume einwirkende Feuchtigkeit, z.B. aus Rest-Baufeuchte, Leckagewasser und Niederschlagswasser, kann Korrosionsprozesse auslösen, die zu Schäden führen. Betroffen sind hier im besonderen Metallbauteile aus Zink, Blei, Aluminium und Stahl.

Abb. 11.28: Schaden durch unterseitige Korrosion

Zink, Blei und Aluminium besitzen an der Atmosphäre eine sehr lange Lebensdauer. Diese Metalle bilden an ihrer zunächst walzblanken Oberfläche eine fest haftende Patina. Für die Bildung dieser Patina werden Bestandteile aus der Luft benötigt. So bilden sich bei Zink infolge des Kohlendioxidgehalts der Luft basische Zinkkarbonate. Diese Schutzschichten können sich aber nicht ausbilden, wenn die Zinkoberflächen, insbesondere die Blechunterseiten, ständiger Feuchte ausgesetzt werden und der Luftzutritt und damit das Angebot an CO_2 ungenügend ist. Es kommt zur sogenannten Weißrostbildung (Zinkhydroxidbildung). Das Zinkbauteil korrodiert.

Korrosion durch dauerhaft einwirkende Feuchtigkeit kann durch

- trockene Lagerung der Bauteile,
- Schutz vor schnellen Temperaturwechseln bei der Lagerung,
- eine strömungsgünstige Dachgeometrie und
- Schutzbeschichtungen

verhindert werden.

Besonders wichtig ist es, die Unterseite von Metalldeckungen vor Baufeuchte zu schützen. Jegliches Eindringen von Wasser zwischen Metalldeckung und Unterkonstruktion muss vermieden werden. Laut VOB C DIN 18339 Ziffer 3.1.1 dürfen z.B. Leistungen bei Witterungsverhältnissen, die sich nachteilig auf die Ausführung auswirken können, nur erbracht werden, wenn durch besondere Maßnahmen (z.B. Einhausung/Winterbau) nachteilige Auswirkungen verhindert werden. Solche Witterungsverhältnisse sind u.a. Feuchtigkeit, Nässe, Schnee und Eis. Auf der Baustelle sind offene Anschlüsse nach Abschluss der Tagesleistung mit Abdeckplanen vor möglichen Niederschlägen zu schützen.

Weitere Maßnahmen zum Schutz vor Wassereintrieb durch Rückstau- bzw. Treibwasser und Flugschnee sind:

- Falz-Dichtungsmittel,
- Schlagregen- und Flugschneesicherungen,
- zweite Ablaufebene.

Abb. 11.29: Falsch verlegte Folienabdeckungen schließen Wasser ein ...

Abb. 11.30: ... und verursachen oft Verfärbungen bis hin zu Korrosionsschäden.

Abb. 11.31: Verölte Profilier- und Biegemaschinen können dauerhafte Spuren an der Metalloberfläche hinterlassen.

11.2.9 Verfärbungen an Metalloberflächen

Für Verfärbungen an Metalloberflächen gibt es viele Ursachen – die in den meisten Fällen vermeidbar sind. Sie entstehen beispielsweise durch das Nutzungsverhalten von Hausbewohnern oder auch schon in der Bauphase durch die unsachgemäße Behandlung von Nachfolgegewerken. Dies ist besonders ärgerlich, da der Klempnerfachbetrieb sein Gewerk bis zur Abnahme schützen muss und der Verursacher oft nicht ermittelt werden kann. So können Verfärbungen durch Ablagerungen, Urin, Vogelkot, Streusalz oder auch durch das Aufstellen von Gegenständen wie Blumentöpfen o.Ä. auf Mauerabdeckungen von Terrassen und Balkonen entstehen. Da die Nutzer dies in der Regel nicht wissen, sollten sie stets darauf hingewiesen werden. Gut gemeint, aber vielfach unsachgemäß ausgeführt, sind Folienabdeckungen von Metallverwahrungen bei Maler- oder Putzarbeiten. Hierbei wird oft Feuchte eingeschlossen, sodass durch den kapillaren Wassereinschluss Folie und Metall „verkleben“. Bei natürlichen Metalloberflächen verursacht dies schon innerhalb kurzer Zeit unschöne Wasserflecken, die unter Umständen sehr lange sichtbar bleiben.

Deshalb müssen Folien

- bei trockener Witterung so verlegt werden, dass in der kurz zu haltenden Bauzeit keine Feuchtigkeit eindringen kann,
- UV-, temperaturbeständig und für den Außeneinsatz zugelassen sein,

rückstandsfrei entfernbar und für empfindliche Oberflächen geeignet sein.

Wurden Oberflächen von Streusalz angegriffen, sollte die Oberfläche schnellstmöglich mit viel klarem Wasser abgespült und mithilfe von weichen Tüchern oder Vliesen gereinigt werden. Fettablagerungen an Küchenfenstern und -abzugsrohren oder bei der Scharenprofilierung entstandene Ölspuren im Rollformer können mit Neutralseife entfernt werden. Die betroffenen Bereiche sind mit viel Wasser wieder abzuspülen. Nur an walzblanken Oberflächen können Verunreinigungen behutsam mechanisch mit Edelstahlwolle entfernt werden, da sie in der Freibewitterung wieder eine recht gleichmäßige Patina bilden. Niemals sollten Scheuermittel verwendet werden.

12 Grundtechniken der handwerklichen Metallbearbeitung

„Gefühl für Blech“ ist erforderlich für eine handwerksgerechte Be- und Verarbeitung in der Werkstatt und auf der Baustelle. Neben dem Wissen über die spezifischen Metalleigenschaften (siehe auch Kapitel 11) wird dieses Gefühl für Blech ausschließlich durch eine fundierte praktische Ausbildung in der Lehrwerkstatt und auf der Baustelle erworben. Nur wer Metalle durch Bördeln, Falzen, Schweifen, Kanten, Runden und Löten „ausprobiert“ hat, kennt die Grenzen der Werkstoffe und die richtigen Werkzeuge für jede Arbeitstechnik. Dieses Kapitel soll die grundlegenden Arbeitstechniken für die Metallbearbeitung erläutern.

12.1 Metall – Umformtechniken

Umformen bedeutet, dass die Moleküle der Werkstoffe unter einer Belastung, wie z.B. Druck, in sogenannten Gleitebenen gegeneinander verschoben werden, ohne dass der Materialzusammenhang gelöst wird.

Für die Herstellung von Bauteilen, Profilen und kunsthandwerklichen Gegenständen aus Metallwerkstoffen werden viele unterschiedliche Umformtechniken angewendet. Hierzu zählen das Biegen, Kanten, Runden, Schweifen und Bördeln. Diese und weitere Techniken sind unter dem Begriff der „spanlosen Umformung“ zusammengefasst und nachfolgend im Einzelnen dargestellt.

12.1.1 Biegen und Kanten

Bauprofile und kastenförmigen Bauteile werden gekantet oder gebogen. Um Bleche biegen und kanten zu konnen, müssen sie verformbar bzw. ausreichend dehnbar sein. Das bedeutet, dass die Elastizitätsgrenze des Blechwerkstoffes überschritten werden kann, ohne zu brechen. Im Vergleich zu Kupfer, Zink, Aluminium und Blei sind harte Werkstoffe wie z.B. Gusseisen wenig dehnbar.

Biegen

Beim Biegen treten an der Biegestelle Veränderungen auf. Der Werkstoff wird an der Außenseite gestreckt und an der Innenseite gestaucht. Je kleiner der Biegeradius ist, desto größer sind die Verformung und die Spannung im Werkstück. Um Materialbrüche zu vermeiden, sind aus diesem Grund bei dicken und harten Werkstoffen mit einer geringen Dehnbarkeit große Biegeradien zu wählen.

Abb. 12.1:
Rissbildung durch zu kleinen Biegeradius

Kanten

In der Klempnertechnik werden die meisten Bauteile gekantet. Beim Kanten werden Bleche längs einer geraden Linie (= Kante) mit einem sehr kleinen

Radius gebogen (der Mindest-Biegeradius ist je nach Werkstoff unterschiedlich). Kleinere Bauteile oder handwerklich herzustellende Metalldachanschlüsse werden mit Handwerkzeugen gekantet. Dabei eignet sich zum Kanten, z.B. von kleinen einzupassenden Bauteilen, fast jede feste, scharfe Kante, über die das Blech mit einem Holz- oder Kunststoffhammer gebogen wird.

Übliche Werkzeuge für Kantungen von Hand sind Umschlageisen, Schaleisen, Polierstock, Sperrhaken und Rohrstange. Auf der Baustelle genügt meistens eine starke Bohle mit eingelegtem Winkelstahl. Weiter kommen auf der Baustellen, unterschiedliche Biegezangen zum Einsatz (siehe auch Kapitel 7.1).

Bei der Vorbereitung von Kantungen ist darauf zu achten, dass Kantlinien wegen der Gefahr der Kerbrissbildung nicht mit harten, spitzen Werkzeugen angezeichnet bzw. angerissen werden. Dies gilt auch für Metalle mit Farbbeschichtungen oder metallischen Überzügen wie z.B. Verzinkungen, da bei der Zerstörung der Beschichtungen oder Überzüge Korrosionsgefahr besteht.

Beim Kanten mit dem Holzhammer ist darauf zu achten, dass die Hammerbahn glatt ist. Ist dies nicht der Fall, entstehen Einkerbungen, die nur schwer zu beseitigen sind.

Zunächst wird die Kantlinie des Bleches durch leichtes Anschlagen markiert. So können kleinere Ungenauigkeiten noch problemlos ausgeglichen werden. Die Abkantung erfolgt dann mit größerem Krafteinsatz, je nach Geschick, in mehreren Durchgängen.

Kanten mit Maschinen

Für lange Bauteile wie Kehlen, Kastenrinnen, Traufbleche, Mauerabdeckungen, Ortgänge usw. werden Abkantmaschinen eingesetzt. Beim Herstellen von Profilen mit Abkant- oder Schwenkbiegemaschinen wird das Blech zwischen der Ober- und Biegewange gespannt und von der schwenkbaren Biegewange gekantet.

In der Metallbearbeitung werden manuell zu bedienende und motorisch/ hydraulisch betriebene Abkantmaschinen verwendet (siehe auch Kapitel 7.2).

Für präzise Kantungen bei besonders dicken Blechen empfehlen sich Kantpressen.

Beim Herstellen von Profilen mit Abkantpressen wird das Metall zwischen Stempel und Matrize eingelegt und vom niedergehenden Stempel gebogen. Durch die besondere Ausbildung von Stempel und Matrize wird die hohe Presskraft auf die ganze Länge gleichmäßig verteilt. So können bei rund 80 t Presskraft Profil-Nutzlängen bis zu 6 m erzielt werden.

12.1.2 Runden

Zur Herstellung von Rinnen, Rinnenwulsten, Rohren, Behältern, Rund-, Flach- und Profilstäben wird das Metall gerundet. Wie beim Biegen und Kanten werden Bleche auch beim Runden umgeformt. Sie werden dabei längs einer geraden Linie mit einem Radius gebogen; trichterförmige (konische) Bauteile werden mit 2 Radien gerundet.

Runden mit Handwerkzeugen

Bei kleinen Bauteilen (z.B. Stützen) können Metalle mit Handwerkzeugen gerundet werden. Sie werden auf einer Rohrstange, einem Sperrhaken, einem Rohr – und bei kleinen Durchmessern – über einen Dorn im Schraubstock von Hand gerundet. Für stark konische Bauteile werden Trichtersperrhaken verwendet.

Rund- oder Flachstäbe, z.B. für Rinnenträger mit Sondergrößen, rundet man zwischen den geöffneten Schraubstockbacken über dem Trichterhorn des Ambosses oder über der Rohrstange.

Runden mit Maschinen

Bei einer größeren Stückzahl oder bei größeren Bauteilen empfiehlt sich das Runden mit Maschinen. In der Klempnerwerkstatt wird i.d.R. die klassische 3-Walzen-Rundmaschine verwendet. Das Blech wird in dieser Maschine durch 2 Zuführungswalzen transportiert und von der Biegewalze gerundet. Die unterschiedlichen Blechdicken werden an der unteren höhenverstellbaren Walze eingestellt. Um die gerundeten Metallteile aus der Maschine entfernen zu können, ist die obere Zuführungswalze ausschwenkbar. Der Biegeradius wird an der parallel zu den Zuführungswalzen bewegbaren Biegewalze eingestellt. Für das Runden konischer Bleche wird die Biegewalze einseitig in der Höhe verstellt.

Die Walzen der Rundbiegemaschinen können von Hand mit Kurbeln, aber auch mit Motorkraft bewegt werden.

Beim Runden sollten die Metallkanten der Bauteile angerundet werden, damit sie von der Biegewalze erfasst werden und einen kreisrunden Querschnitt erhalten. Die Zuführungswalzen werden so eingestellt, dass das Blech nicht rutscht. Eine zu stramme Einstellung ist jedoch zu vermeiden, damit zusätzliche Spannungen im Material und unregelmäßiges Runden vermieden werden.

12.1.3 Schweifen

Die Arbeitstechnik „Schweifen" wendet man an, um runde Außenränder als Vorbereitung zum Löten z.B. an Rohrstutzen für Dachrinnen herzustellen. Auch bei rund geformten Metalldachdeckungen werden Falzaufkantungen geschweift. Um einen 5 mm Schweifrand an einem runden Rinnenstutzen mit 100 mm Durchmesser zu erzielen, muss der Werkstoff um 31,4 mm (!) gestreckt werden. Hierzu verwendet man Handwerkzeuge oder Sickenmaschinen. Der Werkstoff wird bei der Bearbeitung fester, härter und dünner. Bei unsachgemäßem Schweifen können durch die Materialverhärtung Risse entstehen. Durch verschiedene Maßnahmen können diese Rissbildungen verhindert werden. Eine Möglichkeit besteht darin, den Werkstoff durch Erwärmung zu enthärten. Weiter kann bei Zink und Kupfer der zu schweifende Bereich des Werkstücks vorher verzinnt werden. Voraussetzung sind in jedem Fall die richtige Schlagtechnik, die korrekte Maschineneinstellung sowie ein gratfreier Zuschnitt.

Schweifen mit Handwerkzeugen

Für das Schweifen von Hand verwendet man bei harten Metallen (Kupfer, Zink, Aluminium, Stahl) einen sogenannten Schweifhammer, bei weichen Metallen (Blei) einen besonders zugefeilten Holzhammer. Je nach Form und Größe des Werkstücks wird der Schweifstock, der Polierstock, die Rohrstange oder die Richtplatte verwendet.

Beim Schweifen darf der Schweifhammer nur den äußeren Rand auf etwa drei Viertel der Randbreite treffen. Die Hammerfinne muss dabei immer zum Mittel- oder Systempunkt gerichtet sein. Das Strecken des Randes erfolgt stufenweise in mehreren Durchgängen. Dabei muss das Blech immer auf der harten Unterlage aufliegen.

Um einen möglichst glatten Rand und einen einheitlichen Radius zu erzielen, sollten die Hammerschläge gleichmäßig stark und in regelmäßigen Abständen hintereinander erfolgen. Je nach erforderlichem Radius sind die Hammerschläge für starke Rundungen in kleineren Abständen und für enge Rundungen in größeren Abständen auszuführen.

Falls ein glatter Rand erforderlich ist, erfolgt der letzte Schweifdurchgang mit einem sogenannten Schlichthammer (siehe Kapitel 12.1.8).

Schweifen mit Maschinen

Bei großen Stückzahlen oder bei besonders dicken Blechen werden für das Schweifen Spezialmaschinen eingesetzt. Je nach Werkstoff und Werkstoffdicke, Randbreite und Randform eignen sich unterschiedliche Maschinen zum Strecken von Blechrändern.

Kupferschmiede und Karosseriebauer verwenden für besonders dicke Bleche und besonders breite Ränder leistungsstarke Kraftformer. Sie sind mit unterschiedlichen Werkzeugeinsätzen ausgerüstet. Zwischen einer beweglichen Schlagbacke und einer festen Unterbacke wird das Blech verformt. Ein durch Pressluft getriebener Stößel liefert den Schlagdruck. Ein Gummibolzen zwischen Schlag und Unterbacke lässt die Schlagbacke zurückfedern.

Abb. 12.2: Schweifen auf dem Schweifstock

Abb. 12.3: Fachgerecht geschweifter Stutzen

Abb. 12.4: Gerissener Rand durch falsche Schlagtechnik

Abb. 12.5: Schweifen mit der Sickenmaschine

In der handwerklichen Metallbearbeitung, speziell für die Dach-, Fassaden- und Lüftungstechnik, werden meistens Sickenmaschinen eingesetzt (siehe auch Kapitel 7.2.4). Dies können hand- oder motorbetriebene Maschinen für die Bearbeitung von Metalltafeln sein.

Geschweift werden die Blechränder mittels gegenläufiger Schweifwalzen. Dazu steckt man die Walzen auf die Ober- und Unterwelle der Sickenmaschine und fixiert sie. Anschließend wird der Anschlag für die Randbreite eingestellt. Zur leichten Führung des Werkstücks am Anschlag werden die Walzen nur vorwärtsgedreht.

Der Schweifrand entsteht, indem das Werkstück beim Drehen durch die Walze allmählich angehoben wird.

Auch in der Doppelstehfalztechnik werden Falze z.B. für die Dachdeckung rundgeformter Dächer geschweift. Dazu verwendet man Kraftformer, die die Falzaufkantung auf das erforderliche Maß streckt. Anschließend wird der Falz handwerklich fertiggestellt.

Für vorprofilierte Scharen in Doppelstehfalztechnik setzt man spezielle Rundbogenmaschinen ein. Vorteil ist der Erhalt der Profilform beim Runden, durch den der Doppelstehfalz anschließend auch maschinell und somit präzise und zeitsparend fertiggestellt werden kann (siehe auch Kapitel 7.2).

Abb. 12.6: Bördeln

Abb. 12.7: Gebördeltes Rinnenendstück

12.1.4 Einziehen

Die Arbeitstechnik „Einziehen" wird angewendet, um Rohre zu verengen, Borde zum Löten, Falzen, Nieten herzustellen oder Profile zu krümmen. Im Gegensatz zum Schweifen bzw. Strecken wird der Werkstoff beim Einziehen am Rand gestaucht – der Werkstoff wird härter, fester und dicker.

Einziehen mit Handwerkzeugen

Kleinere Werkstücke werden meistens mit Handwerkzeugen eingezogen. Als ersten Arbeitsschritt legt man an breiten Rändern von runden Blechzuschnitten (Böden) oder an stark einzuengenden Rohrenden auf etwa zwei Drittel der Randbreite zunächst Falten. Hierzu verwendet man Faltenzieher, Rundzangen, Sickenhammer und Sickenstock oder den Schraubstock.

Mit dem Sickenhammer oder einem zugefeilten Holzhammer werden als Nächstes die Falten gestaucht. Die Schlagrichtung erfolgt dabei von innen zum äußeren Rand.

Um Rissbildung beim Stauchen zu vermeiden, sollten die Falten nicht zu hoch geformt werden.

Das Einziehen bei Steckverbindungen von Rohrenden erfolgt auf der Rohrstange mit dem Holzhammer. Das Einschubende wird dabei über einen weiten Bereich eingezogen und das Überschubende wird über einen kurzen Bereich aufgeweitet.

Einziehen mit Maschinen

Zum Einziehen oder Stauchen können auch Maschinen eingesetzt werden. Kraftformer und Sickenmaschinen haben entsprechende Stauchwerkzeuge bzw. Einziehrollen.

12.1.5 Bördeln

„Bördeln" bedeutet das Herstellen schmaler Ränder an Blechböden wie z.B. Rinnenendstücke oder beliebige andere Formen. Diese Ränder bzw. Bördel benötigt man vorwiegend für die Nahtbildung zum Löten, Nieten, Falzen oder Schweißen. Bördel werden an geraden Blechteilen gekantet (siehe auch Kapitel 12.1.1), an Innenbögen geschweift (gestreckt, siehe auch Kapitel 12.1.3) und an Außenbögen z.B. bei Rinnenendstücken eingezogen (gestaucht, siehe auch Kapitel 12.1.4).

Bördeln mit Handwerkzeugen

Zum Einbördeln verwendet man ein Bördeleisen und einen Holz- oder Kunststoffhammer. Da die Rundung des Bördeleisens der des Werkstücks entsprechen muss, lohnt es sich, bei großen Stückzahlen entsprechend geformte Bördelschablonen aus Stahl (Kaliber) anzufertigen. Das zu bördelnde Blech wird zwischen 2 Schablonen eingespannt und der Bördelrand in mehreren Durchgängen langsam umgelegt. Dabei soll der Holzhammer eine glatte, rillenfreie Bahn haben, um Unebenheiten und Rissbildungen zu vermeiden.

Beim Bördeln mit dem Bördeleisen wird der Boden mit der linken Hand (bei Rechtshändern) nur leicht geneigt gegen die Kante des Bördeleisens gehalten und beim Bördeln gegen den Uhrzeigesinn langsam gedreht. Mit leichten Hammerschlägen wird zunächst die Rundung angebördelt, die ein präzises Führen des Werkstücks bei den weiteren Durchgängen ermöglicht. In etwa 3 weiteren Durchgängen wird der Bördelrand fertiggestellt. Dabei wird bei jedem Durchgang das Werkstück steiler gegen das Bördeleisen geneigt.

Um starke Materialspannungen zu vermeiden, sollten die Hammerschläge gleichmäßig stark und von der Mitte des Bodens in Richtung Rand ziehend das Blech stauchen.

Durch die handwerkliche Fertigung lassen sich leichte Unebenheiten aufgrund entstandener Materialspannungen jedoch nicht vermeiden. Diese lassen sich auf einer planebenen Unterlage (Polierstock oder Richtplatte) durch leichte, senkrechte Schläge auf den Bördelrand ausgleichen.

Bördeln mit Maschinen

Wie beim Schweifen wird zum Bördeln auch die Sickenmaschine eingesetzt. Gebördelt werden die Metallränder mittels gegenläufiger Bördelwalzen. Dazu steckt man die Walzen zunächst auf die Ober- und Unterwelle der Sickenmaschine und fixiert sie. Anschließend stellt man den Anschlag für die Randbreite ein. Zur leichteren Führung des Werkstücks am Anschlag werden die Walzen nur vorwärtsgedreht. Der Bördelrand entsteht, indem man das Werkstück beim Drehen durch die Walzen allmählich anhebt.

Auch in der Doppelstehfalztechnik werden Falze, z.B. für die Dachdeckung rundgeformter Dächer, gebördelt. Dazu verwendet man Kraftformer, die die Falzaufkantung auf das erforderliche Maß stauchen. Anschließend wird der Falz handwerklich fertiggestellt.

Abb. 12.8:
Gehämmerte Oberfläche

12.1.6 Hämmern

Die Arbeitstechnik „Hämmern" wird zum Nachbearbeiten von Schweißnähten und zum Verzieren von Beschlägen oder kunstgewerblichen Gegenständen wie Vasen, Schalen und Krüge angewendet.

Beim Hämmern wird das Gefüge des Werkstoffes verdichtet, wodurch seine Härte und Festigkeit zunimmt. Je nach Hammerform kann das Werkstück mehr oder weniger stark verformt werden. Man unterscheidet die Hämmer an der unterschiedlich gewölbten Bahn in Kugelhämmer, Polierhämmer, Treibhämmer und Tellerhämmer.

Als Unterlage dienen je nach Prägung Richtplatte, Polierstock, Amboss, Hirnholz (Hartholz) und Bleiklotz.

Für eine werkstoffgerechte Bearbeitung setzt das Hämmern mit Handwerkzeugen beste Materialkenntnisse sowie handwerkliches Geschick voraus. So sind die Hammerschläge aus dem Handgelenk gleichmäßig stark und dicht nebeneinander anzuordnen, damit Materialspannungen und unerwünschte Verformungen vermieden werden.

12.1.7 Aufziehen – Poltern

Die Arbeitstechniken „Aufziehen und Poltern" werden weniger am Bau angewendet, sondern eher für kunsthandwerkliche Metallarbeiten wie z.B. das Herstellen gewölbter Flächen bei Böden von Eimern, Topfdeckeln, Schalen usw.

Beim Aufziehen wird das Material im Zentrum gestreckt und am Rand gestaucht. Beim Poltern wird der Werkstoff nur gestreckt, z.B. auf einer Rohröffnung.

Für weiche Bleche verwendet man einen abgerundeten Holzhammer. Harte Bleche und starke Rundungen werden mit Polter-, Kugel- oder Treibhämmern aus Stahl geformt.

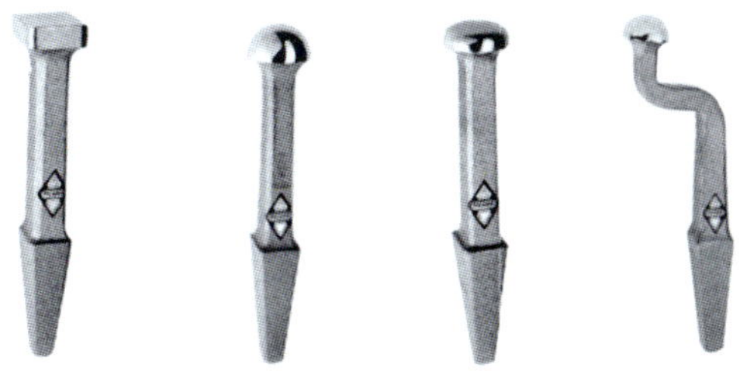

Abb. 12.9: „Fäuste zum Schlichten"

Abb. 12.11: Werkzeugsortiment für filigrane Treibarbeiten

Abb. 12.10: Beispiel für Treibarbeiten

Je nach der gewünschten Form dient als Unterlage hartes Hirnholz, ein sandgefüllter Ledersack, aber auch die Rohröffnung eines Stahl- oder Gussrohres.

Das zu bearbeitende Werkstück wird mit dicht nebeneinanderliegenden Hammerschlägen aufgezogen. Die Hammerschläge erfolgen kreisförmig von der Mitte bis zum Blechrand. Wird der Werkstoff durch die Bearbeitung zu hart, ist für die weitere Formgebung Zwischenglühen erforderlich.

Zum Aufziehen und Poltern werden auch Kraftformer mit den entsprechenden Werkzeugen eingesetzt.

12.1.8 Schlichten

Das „Schlichten" dient zum Beseitigen von Unebenheiten, die bei Umformarbeiten wie Schweifen, Hämmern, Poltern und Aufziehen entstehen. Auch die Festigkeit des Werkstoffes wird verbessert. Werkzeug und Unterlage müssen planeben und poliert sein.

Die Schläge werden dicht nebeneinander, gleichmäßig und mit geringem Kraftaufwand ausgeführt.

Zum Schlichten werden sogenannte Fäuste mit verschiedenen Formen eingesetzt.

Abb. 12.12:
Sicke als Anschlag

12.1.9 Treiben

Um Blechen kunstvolle, kugelige oder bauchige Formen zu geben, werden meistens mehrere Arbeitstechniken nebeneinander angewendet. Hierzu zählen Hämmern, Poltern, Aufziehen, Schweifen, Einziehen und Schlichten. Sie alle gemeinsam nennt man „Treibarbeiten".

Angesichts der unterschiedlichen Arbeitstechniken sind viele Werkzeuge für kunstvolle Treibarbeiten erforderlich.

Zu den Treibarbeiten zählen z.B. Kugeln für Turmbekrönungen, Behälter und Kunstgegenstände wie Vasen, Krüge und Schalen, aber auch Reparaturen an Karosserien.

Beim freien Treiben wird der Werkstoff auf planebenen oder gewölbten, harten Unterlagen oder in Mulden bzw. Hohlkörpern geformt. Besonderes Formgefühl und beste Materialkenntnisse sind für diese Arbeitstechnik erforderlich.

Bei großen Stückzahlen werden Formen aus Holz oder Stahl angefertigt, in die der Werkstoff hineingetrieben wird. Diese Technik nennt man Formtreiben.

12.1.10 Sicken

Das „Sicken" ist eine Arbeitstechnik zur Herstellung von Randversteifungen und Verzierungen an Böden, Rohren und Blechen. Rohrsicken dienen zudem als Anschlag z.B. für Rohrschellen und Deckel. Beim Sicken wird das Blech aus der Blechebene herausgedrückt. Bei diesem Verformungsprozess verhärtet sich der Werkstoff. Durch die Verhärtung und zusätzliche Profilierung erhält das Werkstück eine größere Stabilität.

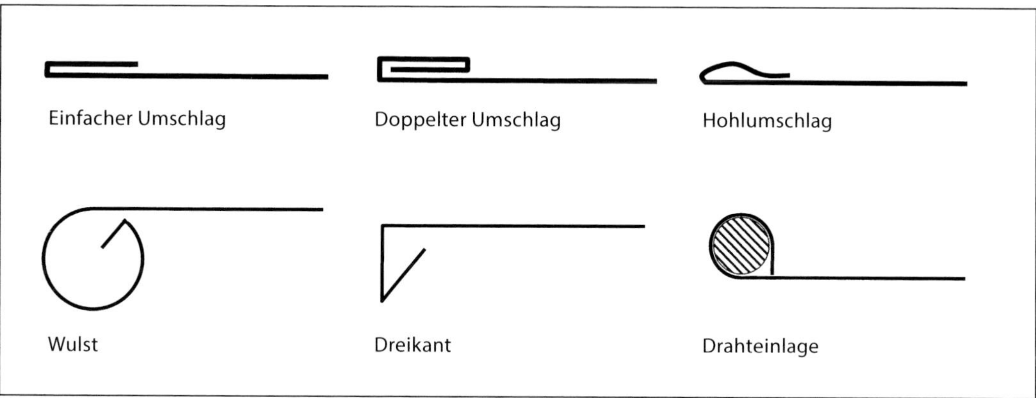

Abb. 12.13: Randversteifungen

Sicken mit Handwerkzeugen

Für das handwerkliche Sicken benötigt man den Sickenstock, den Sicken- bzw. Kornsickenhammer, viel Übung und handwerkliches Geschick. Entscheidend für das fachgerechte Sicken ist eine ausgefeilte Schlagtechnik und die gleichmäßige Führung des Werkstücks. Aus rationellen Gründen werden Sicken heute jedoch weitgehend mit hand- oder motorbetriebenen Sickenmaschinen hergestellt.

Sicken mit der Sickenmaschine

In Klempnerwerkstätten gehören die vielseitig verwendbaren Sickenmaschinen zur Standardausrüstung. Handbetriebene Sickenmaschinen eignen sich für die Bearbeitung von Stahlblechen bis ca. 2 mm, motorbetriebene bis ca. 5 mm.

Zwischen 2 gegenläufigen positiv und negativ geformten Walzen wird der Blechrand verformt. Dabei wird die obere höhenverstellbare Welle in mehreren Durchgängen bis zur gewünschten Sickentiefe weiter abgesenkt.

12.1.11 Randversteifungen

Randversteifungen dienen zur Profilierung und somit zur Versteifung von Blechzuschnitten, als Tropfkanten, zur Verzierung und zur Vermeidung von Schnittverletzungen.

Man unterscheidet Umschläge und Drahteinlagen. Nahezu jedes Bauprofil der Dachdecker und Klempner erhält an mindestens einer Seite eine Randversteifung in Form eines Umschlages, einer Wulst oder Dreikants.

Drahteinlagen werden heute i.d.R. nur noch bei der Fertigung kunsthandwerklicher Gegenstände eingesetzt. Da das Drahteinlegen viel Feingefühl beim Umgang mit den unterschiedlichen Werkzeugen und Werkstoffen erfordert, zählt diese Arbeitstechnik in den namhaften Ausbildungsstätten weiterhin zum Schulungsprogramm.

Die verschiedenen Falzarten für Metalldächer

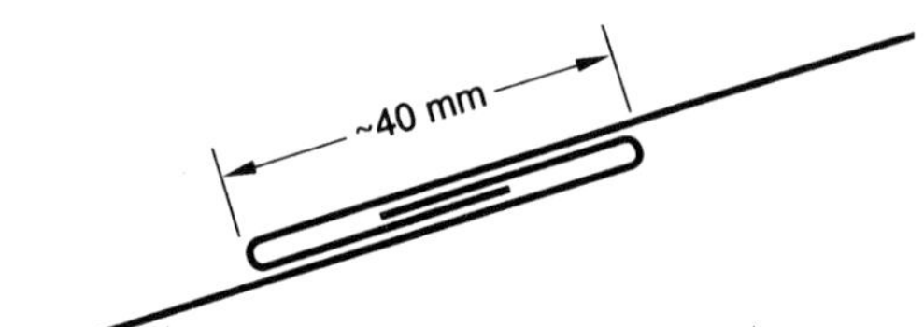

Abb. 12.14: Einfacher, liegender Falz, geeignet für Querverbindungen bei Dachdeckungen ab 25° Dachneigung

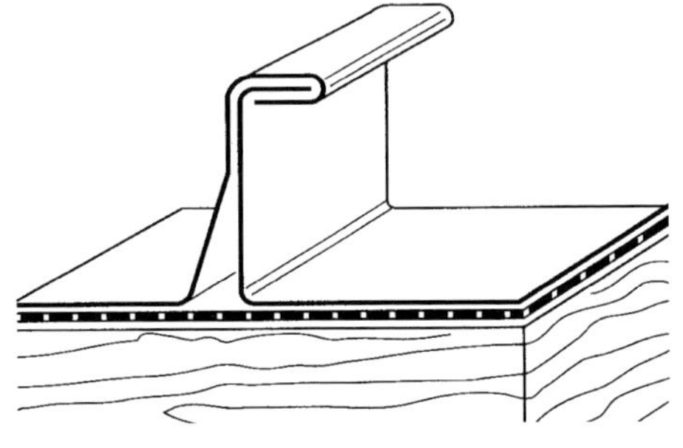

Abb. 12.16: Winkelstehfalz, geeignet für Längsverbindungen bei Wandbekleidungen und Dachdeckungen ab 25° Dachneigung

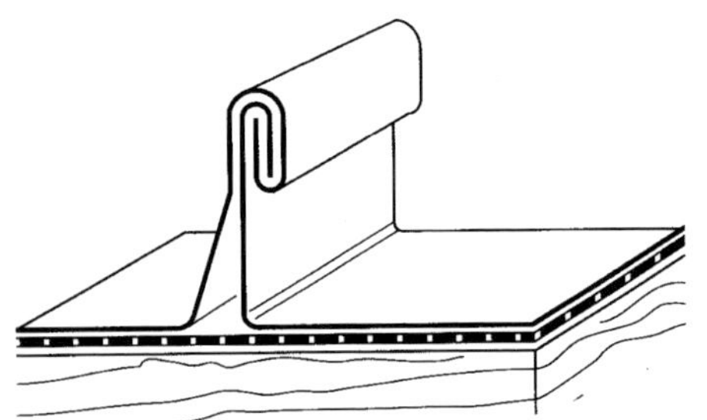

Abb. 12.15: Doppelstehfalz, geeignet für Längsverbindungen bei Dachdeckungen ab 7° Dachneigung

Die verschiedenen Falzarten für Rohre und Behälter

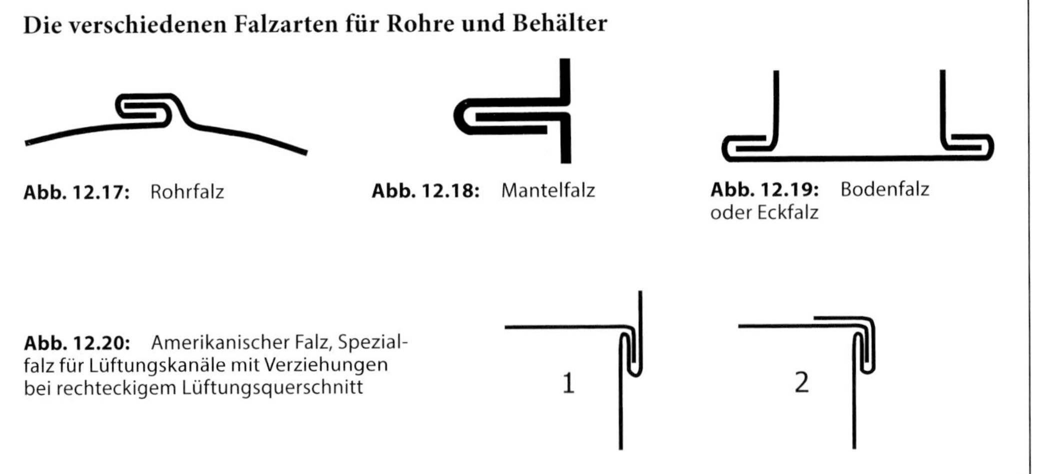

Abb. 12.17: Rohrfalz

Abb. 12.18: Mantelfalz

Abb. 12.19: Bodenfalz oder Eckfalz

Abb. 12.20: Amerikanischer Falz, Spezialfalz für Lüftungskanäle mit Verziehungen bei rechteckigem Lüftungsquerschnitt

12.2 Metall – Verbindungstechniken

Für die Herstellung von Rohren, Behältern, Einfassungen, Metalldächern und bei der Montage von Mauerabdeckungen, Dachrinnen usw. müssen Metalle miteinander verbunden werden. Die hierzu angewendeten Techniken wie Falzen, Nieten, Löten und Schweißen sowie Kleben werden in den nachfolgenden Kapiteln näher erläutert.

12.2.1 Falzen

Die wichtigste Verbindungstechnik von Blechen ist das Falzen. Die Falztechnik wird zum Verbinden dünner Bleche bis ca. 1 mm Werkstoffdicke angewendet.

Gefalzt werden Metalldachdeckungen, Wandbekleidungen, Rohre, Lüftungskanäle, Kanäle, Behälter, Abdeckungen und Einfassungen/Verwahrungen.

12.2.2 Nieten

Nietverbindungen sind unlösbare Verbindungen. Sie werden u.a. bei Stahlkonstruktionen, im Kessel- und Behälterbau und in der Dünnblechverarbeitung angewendet. Die klassische handwerkliche Nietung mit Voll- bzw. Halbhohlnieten wird in der Klempnertechnik fast nur noch für die Herstellung kunsthandwerklicher Gegenstände eingesetzt. Zum Nieten mit Voll- und Halbhohlnieten ist der beidseitige Zugang zur Verbindungsstelle erforderlich.

Da in den meisten Fällen der Zugang zur Verbindungsstelle nur von einer Seite möglich ist, z.B. bei Rohrverbindungen, Rinnennähten von innen liegenden Rinnen, verwendet man i.d.R. sogenannte Blindniete. Blindniete werden mit Spezialzangen von der zugänglichen Seite des Werkstücks gesetzt.

Durch Ziehen des Dorns wird der Niet am herausstehenden Schaftende gestaucht, bis der Dorn selbst an einer Sollbruchstelle abreißt. Das Schaftende ist „offen".

Die Spezialzangen können per Hand, elektrisch mit Akku oder mit Luftdruck betrieben werden. Auch lange Verbindungsnähte sind mit dieser Werkzeugunterstützung schnell und problemlos herzustellen.

Für unterschiedliche Verwendungszwecke werden unterschiedliche Niete verwendet.

So setzt man dichte Becherniete für Nähte in Wasser führenden Ebenen ein, sogenannte Presslaschenblindniete für die Befestigung von Bauteilen z.B. Unterkonstruktionen. Einfache Blindniete setzt man allgemein im Innenbereich ein.

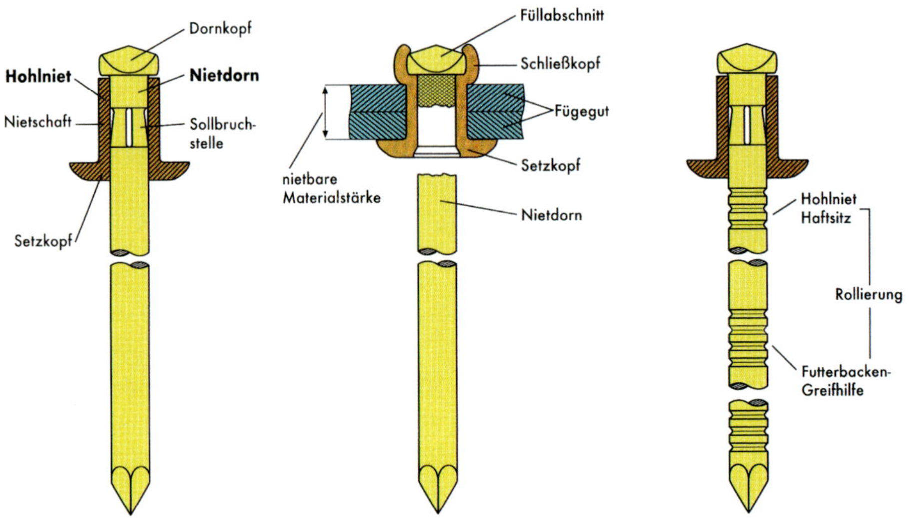

Abb. 12.21: Der Blindniet (Begriffe)

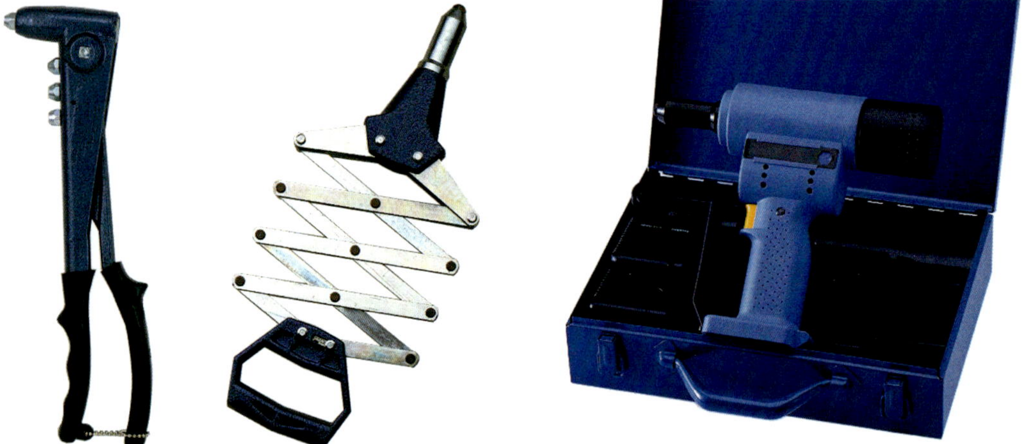

Abb. 12.22: Unterschiedliche Nietenzangen, v. l.: Handnietenzange, Scheren-/Hebelnietgerät, kabelloses elektromechanisches Blindnietgerät

Becherniet

Durch Ziehen des Dorns wird der Niet am herausstehenden Schaftende gestaucht, bis der Dorn selbst an einer Sollbruchstelle abreißt. Durch die Länge des Schaftes und Einschlitzungen bilden sich beim Pressen bzw. Stauchen mit der Nietenzange Laschen. Das Schaftende ist geschlossen.

Aus Gründen des Korrosionsschutzes ist grundsätzlich bei der Auswahl des Nietes der geeignete Werkstoff bzw. die geeignete Werkstoffkombination zu beachten.

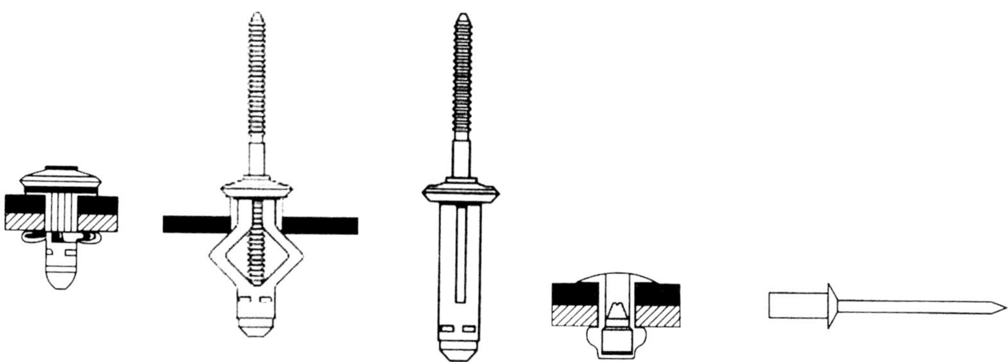

Abb. 12.23: Funktionsprinzip Presslaschenblindniet

Abb. 12.24: Funktionsprinzip Becherniet

So sind z.B. Hohlniete für den Außenbereich unzulässig.

Als korrosionsbeständige Werkstoffkombinationen für Niet/Dorn gelten:

- Aluminiumlegierungen/Edelstahl,
- Kupfer/Edelstahl,
- Edelstahl/Edelstahl,
- Kupferlegierungen/Bronze.

Für Nietungen innerhalb von Lötnähten sind bereits verzinnte Edelstahlnieten erhältlich. Diese lassen sich problemlos überlöten.

12.3 Löten

Der Begriff Löten bezeichnet das Verbinden von Metallteilen mit einem metallischen Zusatzwerkstoff, dem Lot. Bei Metalldächern und Metallfassaden wird üblicherweise auf das Löten weitgehend verzichtet und diese Technik vorwiegend für die Verbindung von Metallbauteilen wie Rinnen, Regenfallrohre, Verwahrungen und Abdeckungen angewendet. Dabei ist stets die temperaturbedingte Längendehnung zu beachten. Entsprechende Dehnungselemente sind vorzusehen. Der Schmelzpunkt des Lotes liegt unter dem der zu verbindenden Werkstoffe. Beim Schmelzen des Lotes löst sich der Gitteraufbau auf und die Atome dringen in die Randzonen des Bleches ein. Es entsteht eine Randzonenlegierung. Die Festigkeit der entstandenen Legierung ist höher als die Festigkeit des Lotes. In der Klempnertechnik werden 2 unterschiedliche Verfahren angewendet: das Weichlöten mit einer Arbeitstemperatur bis 450 °C und das Hartlöten mit einer Arbeitstemperatur von über 450 °C.

Bei Lötarbeiten sind u.U. Sicherheitsmaßnahmen des Brandschutzes gemäß VBG 15-UVV „Schweißen und Schneiden" zu erfüllen. Insbesondere im Sanierungsbereich besteht die Gefahr von Schwelbränden in der Unterkonstruktion durch Staubverpuffungen. In Fällen, wo diese Sicherheitsmaßnahmen nicht eingehalten werden können, empfiehlt es sich, die Verbindungen durch Nieten mit Dichteinlagen oder in Klebetechnik herzustellen.

Abb. 12.25: Auf die gewissenhafte Vorbereitung der Lötnaht kommt es an. Die Oberflächen der Lötstelle müssen metallisch blank sein, um eine fachgerechte Lötnaht zu erstellen.

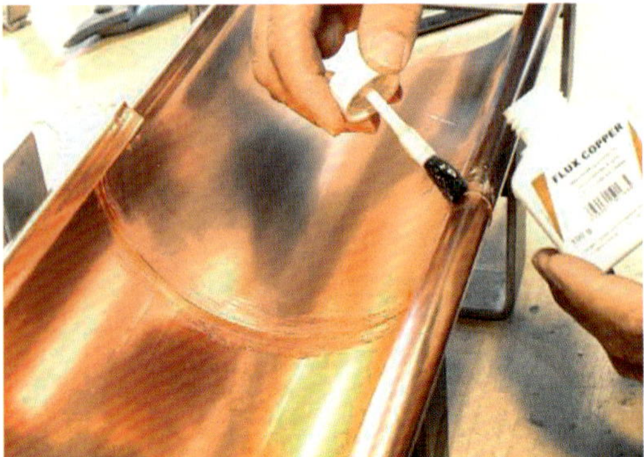

Abb. 12.26: Aufgabe des Flussmittels ist es, die Verbindungsstelle für die Dauer des Lötvorganges oxidfrei zu halten. Es sorgt dafür, dass das Lot die Oberflächen benetzt, dass es leicht fließt und sich mit dem Werkstoff verbindet.

12.3.1 Weichlöten

Um eine fachgerechte Weichlötnaht zu erzielen, sind einige wichtige Dinge zu beachten.

So kommt es besonders auf die gewissenhafte Vorbereitung der zu verbindenden Profilendungen an. Die Oberflächen der Lötstelle müssen metallisch blank sein, da Verunreinigungen den Lötvorgang erschweren und Undichtheiten zur Folge haben können. Hierzu sind die vom Walzvorgang verbliebenen Schmier- und Kühlmittel, Öle oder Emulsionen zu entfernen, z.B. mit Reinigungs- und Flussmitteln. Dicke, fest haftende Oxid- oder Schmutzschichten können teilweise nur abrasiv durch Abschaben oder Abschmirgeln entfernt werden.

Bei Metallwerkstoffen mit hoher mechanischer Festigkeit, wie z.B. Chromnickelstahl, dient das Weichlot vor allem zur Dichtheit der Verbindungsnaht. Zu deren Stabilität müssen sie zusätzlich punktgeschweißt, genietet oder gefalzt werden. Bei Titanzink und Kupfer ist dies bei der Verwendung des geeigneten Lotes nicht erforderlich, da die Lötnaht auch ohne Zusatzmaßnahme eine ausreichende Festigkeit besitzt.

Flussmittel und Lote

Ein weiterer wichtiger Faktor beim Löten ist aufgrund der unterschiedlichen Werkstoffeigenschaften der Metalle die richtige Wahl der Lote und Flussmittel. Diese sind auf die jeweiligen Metalle abgestimmt und zuständig für die feste Verbindung der zu lötenden Flächen – und somit für die Qualität der Naht. Aufgabe des Flussmittels ist es, die Verbindungsstelle für die Dauer des Lötvorgangs oxidfrei zu halten. Darüber hinaus sorgt es dafür, dass das Lot die Oberflächen gut benetzt, dass es leicht fließt und sich mit dem Werkstoff besser verbindet.

Abb. 12.27: Eine breite Auflagefläche der Finne (beim Hammerkolben) ermöglicht den schnellen und gleichmäßigen Wärmeübergang auf die Lötstelle. Dabei ist zu beachten, dass das Lot nur dorthin fließt, wo auch die Wärme zugeführt wird.

Abb. 12.28: Um immer gute Lötergebnisse zu erzielen, muss der Lötkolben von Zeit zu Zeit gereinigt, geschmiedet, geglättet und neu verzinnt werden.

Dazu ein wichtiger Hinweis: Chloridhaltige Flussmittel wirken beim Löten von Edelstahl korrosiv. Es dürfen nur chloridfreie Flussmittel verwendet werden. In der nachfolgenden Tabelle sind Herstellerempfehlungen zur Verwendung des richtigen Lotes und des geeigneten Flussmittels für die unterschiedlichen Metalle und deren Oberflächen zusammengestellt.

Die Lötnahtüberdeckung oder -überlappung sollte mindestens eine Breite von 10 bis 15 mm aufweisen, da die DIN 18339 eine gebundene Lötnahtbreite von 10 mm im waagerechten und im leicht geneigten Bereich von 5 mm fordert. Durchgelötete Nähte in Überlappungsbreite erbringen die größte Festigkeit und vermeiden Einschlüsse von korrosionsfördernden Flussmittelresten. Größere Überlappungsbreiten erschweren das Durchlöten. Beim Löten von Bauteilen mit großem Zuschnitt, wie z.B. innen liegende Sheddachrinnen und Metalldicken über 0,8 mm, empfehlen die Klempnerfachregeln des ZVSHK das Vorverzinnen der Lötnahtflächen. Dies erleichtert das Richten des Kapillar- bzw. Lötspaltes, der nicht größer als 0,5 mm sein darf.

Lötvorgang

Je nach Einsatzbereich können Hammer oder Spitzkolben für den Lötvorgang verwendet werden. Für die üblichen Überlappungen kommt der Hammerkolben, für schwer zugängliche Stellen oder für Lötarbeiten an Bauornamenten kommt der Spitzkolben zum Einsatz. Erfahrungsgemäß sorgt ein 500 g schwerer Kolben für eine gute Wärmespeicherung, ohne schnell zu überhitzen. Er bietet eine gleichmäßige Arbeitstemperatur und Schutz vor dem sogenannten „Brandenburger", dem Aufschmelzen beim Löten von Titanzink oder Blei. Eine breite Auflagefläche der Finne (beim Hammerkolben) ermöglicht den schnellen und gleichmäßigen Wärmeübergang auf die Lötstelle. Dabei ist zu beachten, dass das Lot nur dorthin fließt, wo auch die Wärme zugeführt wird. Die erforderliche Arbeitstemperatur beträgt in Abhängigkeit des Lotes etwa 250 °C. Die verzinnte Finne, die eine Fläche von 6 · 30 mm aufweisen sollte, wird auf die vorbereitete Überlappung vollflächig aufgesetzt, bis sie auf die Schmelztemperatur des Lotes erhitzt ist.

Das Lot wird am Lötkolben abgeschmolzen und dringt durch die Kapillarwirkung in den Lötspalt ein. Mit dem Erreichen der Wirkungstemperatur erfüllt dann das Flussmittel seine wichtigen Aufgaben:

Reste der Walzemulsion werden gelöst und abgeführt, der Flüssigkeitsanteil des Flussmittels verkocht und die darin gelösten Wirkstoffe bilden eine Schutzschicht gegen Oxidation.

Nach Beendigung des Lötvorgangs muss die Lötnaht sorgfältig von Flussmittelresten gereinigt werden – möglichst beidseitig. Dadurch wird die Korrosionsgefahr minimiert und es entstehen keine Oxidationsspuren, die sich nachteilig auf das optische Erscheinungsbild der Klempnerarbeit auswirken. Dabei empfiehlt es sich, die Lötnaht mit sauberem Wasser oder einer schwachen Spülmittellösung abzuwaschen und anschließend zu trocknen.

Wartung

Um stets gute Lötergebnisse zu erzielen, sollten Lötkolben und Brenner – von Zeit zu Zeit – gewartet werden. Der Kolben ist dabei wieder in seine entsprechende Form zu schmieden, damit er die gute Wärmeleitfähigkeit behält. Die seitlichen Flächen und die Finne werden durch Feilen geglättet. Zur Verringerung von Oberflächenoxidationen und für einen problemlosen Lötvorgang sind die regelmäßige Säuberung des verunreinigten Lötkolbens und das anschließende Verzinnen erforderlich. Der auf Arbeitstemperatur erwärmte Kolben wird unter Hinzufügen von Zinnlot über einen Salmiakstein gezogen, wobei sich die Kontaktflächen mit Zinnlot überziehen. Darüber hinaus ist auch die Brennerdüse des Lötgerätes oder des Handstücks regelmäßig zu reinigen, um ein optimales Flammenbild zu erzielen. Dies sind wesentliche Voraussetzungen für eine fachgerechte Lötnaht.

Im Anhang 15.1, Seite 345, finden Sie eine Übersicht „Löttechnik“ der derzeit verfügbaren Metalle und Oberflächen mit den zugehörigen Lötmaterialien.

12.3.2 Hartlöten

Hartlötverbindungen werden typischerweise an Kupferprofilen ausgeführt, die höheren mechanischen und thermischen Beanspruchungen ausgesetzt sind. Hierzu zählen Detaillösungen an Verwahrungen oder wasserdicht auszuführende Quernähte. Beim Hartlöten entstehen wegen der hohen Temperaturen im Lötbereich dunkle Verfärbungen, die erst nach einiger Zeit durch die Bildung der Oxidschicht nicht mehr sichtbar sind. Zur Beschleunigung dieses Vorgangs sollte die Verfärbung mit einer Edelstahl-Drahtbürste oder einem geeigneten Reinigungsvlies entfernt werden.

Brandgefahr

Ein weiterer Nachteil ist die erhöhte Brandgefahr, die sich durch die hohen Arbeitstemperaturen über 700 °C ergibt. So sind bei Lötarbeiten bereits mehrere Kirchtürme in Brand geraten und wurden zerstört. Deshalb sollte im Bereich von Holzkonstruktionen möglichst unter Anwendung der erhöhten Sicherheitsmaßnahmen gemäß VBG 15-UVV „Schweißen und Schneiden“

hartgelötet werden. In Fällen, bei denen Sicherheitsmaßnahmen nicht eingehalten werden können, sollte auf das Hartlöten verzichtet werden. Weichlöten oder Nieten mit Dichteinlage können hier Alternativen darstellen.

Lote und Nähte

Im Hartlötbereich gehen die durch die Kaltumformung erzielten hohen Festigkeitseigenschaften des Kupfers verloren. So können zu hohe Zug-, Druck- oder Scherbeanspruchungen des Werkstücks neben der Lötstelle zum Bruch führen, denn die Festigkeit aller üblichen Hartlote ist höher als die Festigkeit des geglühten Kupfers. Zum Hartlöten dickerer Teile aus Kupfer können Messinglote und phosphorhaltige Lote verwendet werden.

Größere Bedeutung haben jedoch die silberhaltigen Hartlote. Sie haben niedrigere Arbeitstemperaturen, verringern die Gefahr von Grobkornbildung, gestatten höhere Lötgeschwindigkeiten und erlauben einen verringerten Lotmaterialeinsatz. Das führt trotz des höheren Preises der Lote oft zu wesentlichen Kostensenkungen.

In der Klempnertechnik finden selbstfließende, phosphorhaltige Lote ihre Anwendung, die zum Hartlöten von sauerstofffreien Reinkupfersorten ohne Flussmittel einsetzbar sind.

Lötvorgang

Beim Hartlöten erfolgt die Lotzufuhr in der Streuflamme eines Propan- oder Acetylen-Sauerstoff-Brenners am kirschrot glühenden Werkstück. Nähte an Profilen mit kleinen Zuschnitten sollten auf der Innenseite ohne zusätzliches Heften zügig durchgelötet werden. Der Lötvorgang beginnt am Rinnen-Tiefpunkt und wird jeweils zur Wulst und zur Wasserfalz hochgeführt. Größere halbrunde Hängedachrinnen und kastenförmige Rinnen werden analog durch Heften mit dem Hartlötstab fixiert und dann durchgelötet. Das zügige Durchlöten verkürzt die Hitzeeinwirkung und schützt die Rinne vor Verwerfungen.

12.4 Schweißen

Schweißen ist ein technisches Verfahren, bei dem Werkstücke aus Metall unter Anwendung von Wärme, Druck oder einer Kombination von beidem zusammengefügt werden. Das Schmelzschweißen ist das gebräuchlichste Schweißverfahren.

Bei der Ausführung von Metallarbeiten an Dach und Fassade werden i.d.R. die folgenden Schmelzschweißverfahren angewendet:

- das Gasschmelzschweißen,
- das WIG-Lichtbogen-Schweißverfahren,
- das Widerstandsschweißen.

Gasschmelzschweißen

Beim Gasschweißen (Autogenschweißen) wird die Hitze einer Acetylen-Sauerstoffflamme verwendet. Mithilfe eines Schweißbrenners wird diese

Flamme unmittelbar an die zu verbindenden Metallkanten und gleichzeitig an einen Zusatzwerkstoff, den Schweißdraht oder -stab, gehalten. Der Zusatzwerkstoff schmilzt und bildet die Schweißnaht. Vorteil des Gasschweißens ist, dass dabei eine tragbare Ausrüstung eingesetzt werden kann und eine elektrische Stromquelle nicht erforderlich ist.

Die zu schweißenden Oberflächen und der Schweißdraht bzw. -stab werden mit einem Flussmittel beschichtet, welches das Material vor der Luft abschirmt und so eine fehlerhafte Schweißnaht verhindert.

Das Gasschweißverfahren wenden Klempner meistens zum Schweißen von Unterkonstruktionen aus Baustählen an.

WIG-Lichtbogen-Schweißverfahren (Wolfram-Inertgas-Verfahren)

Das Wolfram-Inertgas-Verfahren ist ein Schutzgasschweißverfahren, bei dem reaktionsträges Gas den Sauerstoff von der Schweißnaht fernhält und die Oxidation verhindert. Anstelle der Metallelektrode, wie beim normalen Lichtbogenverfahren, wird hier eine Wolframelektrode verwendet.

Die Wärme des Lichtbogens, der zwischen der Elektrode und dem Metall entsteht, lässt die Metallkanten schmelzen, der Schweißstab kann wie beim Gasschweißen hinzugefügt werden. Das WIG-Schweißverfahren kann bei fast allen Metallen eingesetzt werden. Die erzeugten Schweißnähte sind von hoher Qualität, jedoch ist die Schweißgeschwindigkeit langsamer als bei anderen Schweißverfahren.

Das WIG-Schweißverfahren eignet sich besonders zum Schweißen von Bauteilen aus Aluminium und Kupfer. Wegen der hochwertigen Schweißnähte wird das WIG-Schweißverfahren auch bei der Herstellung kunstgewerblicher Gegenstände verwendet.

Widerstandsschweißen

Das Widerstandsschweißen ist ein Schweißverfahren, bei dem kein Zusatzwerkstoff erforderlich ist. Dieses Prinzip wird bei der Herstellung von Edelstahldächern angewendet.

Hier werden die aneinanderzufügenden Scharen mit einfachen Aufkantungen von ca. 30 mm mit einer speziellen Rollnahtschweißmaschine kontinuierlich verschweißt. Die Verbindung entsteht durch rollenförmige Schweißelektroden, welche die aneinanderzufügenden Bleche beidseitig umfassen und mit einer Geschwindigkeit von ca. 3,5 m/min an ihnen entlangfahren.

12.5 Kleben

Die Verbindungstechnik Kleben im Klempner-/Spenglerhandwerk ist für viele Unternehmen heute Standard. Sie kommt zur Anwendung, wenn es darum geht, Mauer- und Gesimsabdeckungen auf dem Untergrund zu befestigen oder Bauelemente aus Metall miteinander zu verbinden. Das Merkblatt Kleben in der Klempnertechnik vom Zentralverband Sanitär Heizung Klima (ZVSHK) gibt hierzu einschlägige Hinweise. Klebeverbindungen erfolgen grundsätzlich spannungsarm, gering mögliche Spannungen werden auf die gesamte Klebefläche verteilt. Deshalb wird diese Verbindungstechnik auch

Abb. 12.29: Da Klebeverbindungen spannungsarm erfolgen müssen, wird diese Verbindungstechnik vermehrt bei optisch anspruchsvollen Fassadenbekleidungen eingesetzt.

vermehrt bei Fassadenbekleidungen eingesetzt, da diese zumeist optisch sehr hohe Anforderungen erfüllen müssen.

Das Kleben ist heute keine „Raketenwissenschaft“ mehr, jedoch gibt es hierfür Grundregeln. Insbesondere ist die Einhaltung von Verarbeitungsregeln der jeweiligen Hersteller für die Haltbarkeit einer Klebeverbindung von entscheidender Bedeutung. Bei der Ausführung sind die Angaben des Herstellers auf dem jeweiligen Gebinde und in den technischen Produktmerkblättern zu beachten. Hieraus sind insbesondere die Eignung des Klebstoffes für die Art der Verklebung und Angaben zu Verarbeitungsbedingungen sowie zur Verarbeitung zu entnehmen. Verschiedene Hersteller bieten für die Gewährleistung die Teilnahme an speziellen Zertifizierungslehrgängen als Grundlage für die Verarbeitung ihrer Produkte an.

Bei der Verarbeitung des Klebers darf die Lufttemperatur +5 °C nicht unter- und +35 °C nicht überschreiten. Die Lufttemperatur darf auch 5 Stunden nach dem Verkleben nicht auf unter +5 °C fallen, da der Kleber sonst nicht richtig mit der Tafel (1) oder der Unterkonstruktion abbindet. Beim Auftragen des Innotec-Project-Klebers ist ein Abstand von mindestens 5 mm zum Klebeband und zum Seitenrand der Unterkonstruktion einzuhalten. Auf der Unterkonstruktion (2/3) unter den Plattenfugen (4) ist das Klebeband (6) von der Mitte ausgehend jeweils innen, die Kleberraupe (5) jeweils außen aufzutragen. Beim Auftragen des Klebebandes (6) ist also darauf zu achten, dass außen genügend Platz für Abstand (2 x 5 mm) plus Kleberraupe (8 mm) bleibt.

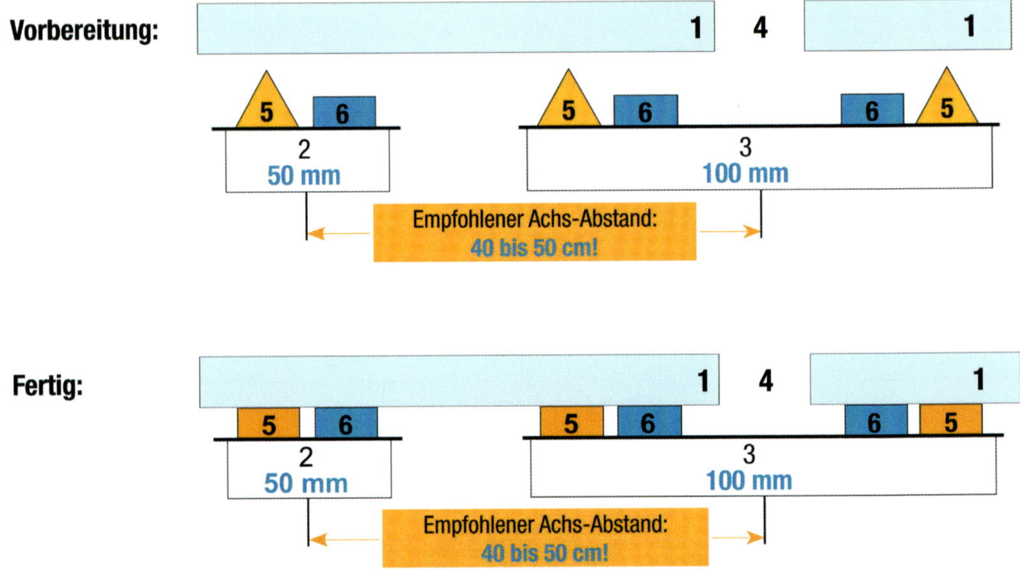

Abb. 12.30: Richtig kleben, Beispiel Kleber Innotec

13 Arbeitsschutz

In diesem Kapitel sind die wichtigsten Sicherheitsanforderungen und Maßnahmen für Arbeiten am Dach zusammengefasst. Ergänzend erhalten Sie Beispiele für Sicherheitseinrichtungen, die speziell für Metalldeckungen entwickelt wurden.

13.1 Anlegeleitern

Die Verwendung von Leitern als hoch gelegener Arbeitsplatz ist nur zulässig

- bis zu einer Standhöhe von 2 m und
- bei einer Standhöhe zwischen 2 m und 5 m, wenn nur zeitweilige Arbeiten ausgeführt werden,
- wenn wegen der geringen Gefährdung und der geringen Verwendungsdauer die Verwendung anderer, sichererer Arbeitsmittel nicht verhältnismäßig ist und
- die Gefährdungsbeurteilung ergibt, dass die Arbeiten sicher durchgeführt werden können.

Bei der Prüfung der Verhältnismäßigkeit sind die baulichen Gegebenheiten zu berücksichtigen

Anlegeleitern müssen im richtigen Winkel angelegt werden:

- bei Stufenanlegeleitern 60 bis 70°,
- bei Sprossenanlegeleitern 65 bis 75° (1).

Beim Anlegen ist darauf zu achten, dass die Leitern mindestens 1 m über die Austrittsstelle hinausragen (1). Auch wenn sie als Verkehrsweg/Zugang genutzt werden, müssen sie an der Austrittsstelle mindestens 1 m überstehen. Andernfalls sind gleichwertige Haltevorrichtungen, z.B. Griffe, vorzusehen. Anlegeleitern sind gegen Ausgleiten, Umfallen, Umkanten, Abrutschen und Einsinken zu sichern, z.B. durch Fußverbreiterungen (3), dem Untergrund angepasste Leiterfüße, Einhängevorrichtungen sowie Anbinden des Leiterkopfes.

Abb. 13.1: Dach-Auflegeleiter

13.2 Auflegeleitern

Dach-Auflegeleitern dürfen nur bei Dachneigungen bis 75° verwendet werden. Dabei sind diese in Sicherheitsdachhaken nach DIN EN 517 einzuhängen. Sie dürfen nicht in die oberste Sprosse eingehängt werden. Der Standplatz des Monteurs auf der Dach-Auflegeleiter muss unterhalb des Aufhängepunktes sein und für eine Mannlast von 1,5 kN bemessen sein. Die Leiterlänge beträgt in der Regel 3,0 m und darf durch geeignete Verbindungsmittel (z.B. Steckvorrichtungen, Knickgelenke) zu größeren Längen verbunden werden. Leiterabschnitte über 5,0 m Länge sind jedoch unzulässig. Der Sprossenabstand beträgt 280 mm ± 20 mm von Achse zu Achse gemessen. Für Holzleitern dürfen als Schutzüberzüge nur durchscheinende Anstriche verwendet werden.

13.3 Dach-Arbeitsstühle

Für Arbeiten auf einer mehr als 45° geneigten Dachfläche sind besondere Arbeitsplätze zu schaffen, und zwar unabhängig von den erforderlichen Absturzsicherungen, beispielsweise Dach-Arbeitsstühle. Dach-Arbeitsstühle sind mit mindestens dreilitzigem Polyamidseil nach ISO 1140 mit 16 mm Seildurchmesser an Sicherheitsdachhaken nach DIN EN 517 zu befestigen. Polyamidseile werden üblicherweise als Sicherheitsseil beim Einsatz von Auffanggurten verwendet.

Der Abstand der Dachdeckerstühle (Belagträger) nebeneinander darf höchstens 2,5 m betragen. Als Belag ist mindestens eine Gerüstbohle 4,5 · 24 cm zu verwenden (4).

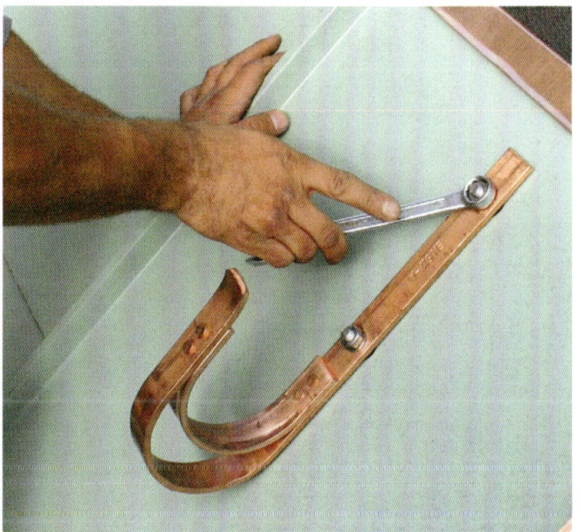

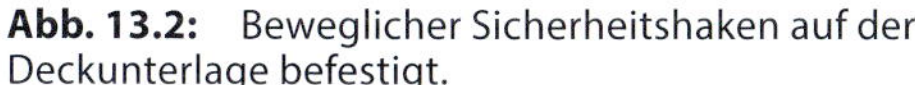

Abb. 13.2: Beweglicher Sicherheitshaken auf der Deckunterlage befestigt.

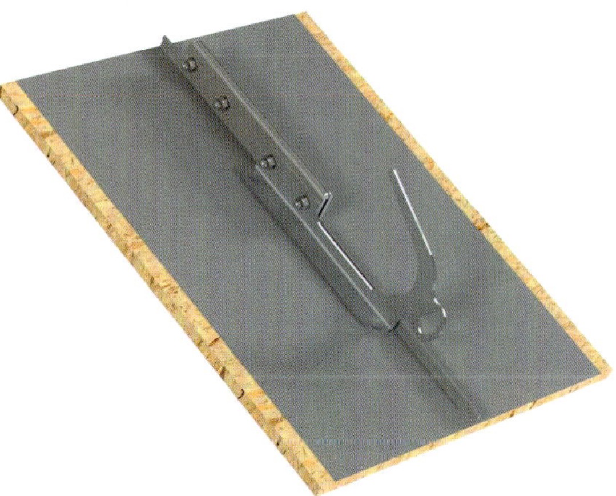

Abb. 13.3: Sicherheitshaken durchdringungsfrei auf dem Falz befestigt.

Der Belag darf höchstens mit 150 kg belastet werden. Die Absteckdorne der Verstelleinrichtungen zur Anpassung an verschiedene Dachneigungen müssen gegen unbeabsichtigtes Lösen gesichert werden (1). Der Belagträger hat eine mindestens 60 mm hohe Aufkantung aufzuweisen, die ein Abrutschen der Belagbohle verhindert (2). Das Anbringen eines Seitenschutzes ist aus Gründen der Standsicherheit nicht zulässig. Dachdeckerstühle und deren Tragmittel sind vor jedem Einsatz auf ihren einwandfreien Zustand zu prüfen. Dachhaken älterer Bauart erst benutzen, wenn deren Tragfähigkeit überprüft wurde.

13.4 Sicherheitsdachhaken für Metalldächer

Sicherheitsdachhaken benötigen zur Befestigung typischerweise ausreichend tragfähige Bauteile wie Sparren. Da Sparren- und Falzabstände in den seltensten Fällen übereinstimmen, treten oft Probleme bei der Anordnung der Sicherheitsdachhaken auf. Zum einen erschwert oft ein Längsfalz im Montagebereich den fachgerechten Einbau und bei Falzanordnungen, die eine architektonische Wirkung erzielen sollen, wirken die Bauelemente zum anderen störend, da sie sich außerhalb der Regelabstände der Metallscharen befinden. Je nach Befestigungsart behindern herkömmliche Sicherheitsdachhaken oft die Dehnungsbewegung der Scharen oder erfordern eine aufwändige Einbindung in die Metalldeckung.

Für Bausituationen, in denen die Anordnung der Sicherheitsdachhaken mit dem Raster der Metalldeckung abgestimmt werden soll und Dehnungsbewegungen der Scharen in diesem Bereich nicht behindert werden dürfen, stehen spezielle, zweiteilige Systeme zur Verfügung. Sie bestehen aus den Sicherheitsdachhaken und einer zweiteiligen Gleitplatte. Die Gleitplatte wird entsprechend den Herstellerangaben, beispielsweise bei Holzkonstruktionen, lastverteilend mit mehreren Schrauben auf der Schalungsfläche befestigt

Abb. 13.4: Verkehrswege auf Dächern

und kann somit frei angeordnet werden. Die durchdringungsfreie Montage ermöglicht ein Sicherheitsdachhaken mit sog. Falzklemmschiene. Er wird entsprechend der Verlegerichtung der Doppelstehfalzschare ausgerichtet und auf den Falzen aufgesetzt. Dabei greift die Falzklemmschiene mit dem Hintergriff unter die Bördelung. Die Befestigungsschrauben werden mit einem vorgegebenen Drehmoment fixiert.

13.5 Verkehrswege auf Dächern

Arbeitsplätze müssen über dauerhaft installierte Verkehrswege oder vergleichbar betretbare Bauteile erreichbar sein. Sie sind so einzurichten, dass eine Gefährdung durch Absturz von Beschäftigten so weit wie möglich vermieden wird. Sie sind für die jeweilige Nutzung möglichst eben und ohne Stolperstellen erstellt und durch geeignete Oberflächenbeschaffenheit rutschsicher gestaltet. Auf Dächern, deren Neigung mehr als 20° beträgt, sind Laufstege (mind. 25 cm), Trittflächen (mind. 25 · 40 cm) oder Einzeltritte (mind. 13 · 13 cm), fest installierte Leitern oder Dachleitern anzubringen. Laufstege müssen

- eine nutzbare Laufbreite von 0,5 m aufweisen, und
- bei einer Neigung über 1:5 (ca. 11°) mit Trittleisten versehen werden,
- bei einer Neigung über 1:1,75 (ca. 30°) und als Aufstiege sind Trittstufen/ Treppen zu verwenden.

Bauteile (wie z.B. Faserzementplatten, Lichtplatten, Oberlichter sowie Glasdächer) dürfen als Verkehrswege benutzt werden, wenn eine Prüfung oder Kennzeichnung nach DGUV-Testung vorliegt.

13.6 Absturzsicherungen

Dach-Arbeitsplätze müssen so beschaffen sein, dass Absturzgefahren auf ein Minimum reduziert werden. Mögliche Einrichtungen hierzu sind in Tabelle 13.4 zusammengefasst. Arbeitsplätze und Verkehrswege, die auf Flächen ≤ 20° Neigung liegen, erhalten einen Seitenschutz. Eine Persönliche Schutzausrüstung gegen Absturz (PSAgA) darf bei Dacharbeiten nur verwendet werden, wenn geeignete Anschlageinrichtungen vorhanden sind und die Dacharbeiten nicht mehr als 2 Personentage umfassen. Hierzu zählen z.B.:

- die Dachrinnenreinigung, wenn der Arbeitsplatz auf der Dachfläche liegt,
- der Einbau und Anschluss von Dachflächenfenstern,
- Reparaturen von Mauerabdeckungen und Blenden,
- Reparaturen von Anschlüssen, Kehlen, Dachrinnen, Dachgauben,
- das Auswechseln einzelner Dachsteine oder -ziegel,
- die Montage von Dachschutzwänden.

Zu den kurzzeitigen Dacharbeiten zählen z.B. nicht die Arbeiten im Ortgang- und Traufbereich bei Neu- und Umdeckungen.

13.6.1 Dachfanggerüste

Wenn aus arbeitstechnischen Gründen bei Dacharbeiten kein Seitenschutz verwendet werden kann, müssen stattdessen Dachfanggerüste angebracht werden, die ein Auffangen abstürzender Personen gewährleisten. Dieses gilt für Arbeitsplätze und Verkehrswege auf Dächern mit mehr als 20 bis 60° Neigung, wenn die Absturzkante (Traufe) mehr als 2 m beträgt. Dabei darf der maximale Höhenunterschied zwischen Absturzkante (Traufe) und Gerüstbelag 1,5 m nicht überschreiten; die Mindestbelagbreite muss 0,6 m betragen. Schutzwände von Dachfanggerüsten sind aus tragfähigen Netzen oder Geflechten mit einer Maschenweite von max. 10 cm herzustellen.

Hinweise zu Arbeiten bei Dachneigungen zwischen 45 und 60°. Für Arbeiten auf mehr als 45° geneigten Flächen sind besondere Arbeitsplätze zu schaffen, z.B. Dachdeckerstühle, Dach-Auflegeleitern oder Lattungen. Bei hohen Dächern mit Höhenunterschieden von mehr als 5,0 m müssen zusätzlich Schutzwände auf der Dachfläche angeordnet werden. Dabei sind die in der Gefährdungsbeurteilung beschriebenen Maßnahmen zu beachten.

Abb. 13.5: Mit einem abgestimmten Befestigungssystem werden die Grundplatten der Dachanker, je nach Dachsystem, auf den Bördeln oder Stehfalzen befestigt.

13.6.2 Seilgestützte Absturzsicherungssysteme für Metalldächer

Für die typischen Sicherheitssysteme bei Dachdeckungen werden besondere Bedingungen an die Unterkonstruktion gestellt, um die anfallenden Lasten beim Sturz aufnehmen zu können. Bei Einsatz von Sicherungsseilen mit den erforderlichen Anschlagpunkten kommen bei Metalldeckungen häufig spezielle Komplettsysteme zur Anwendung, die ohne Durchdringungen und Eingriff in die Tragstruktur des Daches in das Deckungsraster integriert werden können. Diese Seilsysteme werden in der Regel aus Zeit- und Kostengründen eingesetzt, um auf den Aufbau von Gerüsten verzichten und/oder um spätere Inspektionen und Instandsetzungsarbeiten durchführen zu können.

Teil eines permanenten seilgestützten Absturzsicherungssystems sind Anschlagpunkte, die nach Herstellerangaben im Raster des Dachsystems angeordnet werden. Die Komponenten des Metalldach-Sicherungssystems bestehen aufgrund der werkstoffspezifischen hohen Korrosionsbeständigkeit vorzugsweise aus Edelstahl. Mit einem abgestimmten Befestigungssystem werden die Grundplatten der Anschlagpunkte, je nach Dachsystem, auf den Bördeln bei Profiltafeln mit Balkenklauen oder mit Falzklemmen bei handwerklichen Stehfalzdeckungen befestigt; eine Fixierung an der Tragkonstruktion ist dabei nicht erforderlich und die Gebäudefunktionalität wird während der Montage und im Sturzfall nicht beeinträchtigt. Weitere Vorteile sind, dass durch die durchdringungsfreie Montage keine Wärmebrücken entstehen und Dehnungsbewegungen der Bahnen oder Scharen ungehindert ablaufen können.

Bei der Wahl des Systems ist auf die Zulassung entsprechend der allgemeinen bauaufsichtlichen Zulassungen (abZ) zu achten und bei der Montage die jeweiligen Herstellervorschriften einzuhalten.

Abb. 13.6:
Falldämpfer

13.6.3 Persönliche Schutzausrüstung gegen Absturz (PSAgA)

Persönliche Schutzausrüstungen gegen Absturz (PSAgA) werden immer dann benutzt, wenn Absturzsicherungen (Seitenschutz) aus arbeitstechnischen Gründen nicht erstellt werden können oder Auffangeinrichtungen wie Fanggerüste, Dachfanggerüste oder Auffangnetze unzweckmäßig sind. Dies sind beispielsweise Arbeiten geringen Umfangs bzw. kurzfristige Tätigkeiten.

Es dürfen nur CE-gekennzeichnete und EG-baumustergeprüfte Ausrüstungen wie Halte- oder Auffanggurte, Verbindungsmittel (Seile/Bänder), Falldämpfer, Höhensicherungsgeräte, mitlaufende Auffanggeräte einschließlich Führung benutzt werden. Die PSAgA ist vor jeder Benutzung durch Inaugenscheinnahme des Benutzers, und mindestens einmal jährlich zusätzlich von einem Sachkundigen, zu prüfen. Im Einsatz ist die Schutzausrüstung möglichst oberhalb des Benutzers anzuschlagen. Dabei sind Karabinerhaken zu verwenden, die mit einer Sicherung gegen unbeabsichtigtes Öffnen ausgestattet sind. Sie darf nur an tragfähigen Bauteilen bzw. Anschlageinrichtungen befestigt werden und muss eine Stoßkraft (Auffangkraft) von 9,0 kN pro Nutzer aufnehmen können. Den Einsatz der PSAgA hat der verantwortliche Unternehmer anzuordnen.

13.6.4 Dokumentationspflicht für Schutzausrüstungen

Um sicherzustellen, dass eine Schutzausrüstung an Dächern fachgerecht montiert wurde, besteht für den ausführenden Betrieb gemäß DIN EN 795 : 2012 eine Dokumentationspflicht. Hierzu sind Angaben über das Objekt, die Montagefirma, den Namen des verantwortlichen Monteurs, die Produktbezeichnung sowie die eingesetzten Befestigungsmittel zwingend erforderlich. Außerdem ist eine Dachaufsicht mit dem Einbauort der nummerierten Anschlagpunkte obligatorisch. Auf diese Nummern bezieht sich

Abb. 13.7: Karabinerhaken müssen eine Sicherung gegen unbeabsichtigtes Öffnen besitzen.

auch die vom Monteur zu erstellende Montagedokumentation. Somit ist es jederzeit möglich, jeden einzelnen Anschlagpunkt zu identifizieren und die Montage auch noch Jahre später detailliert nachzuvollziehen. Eine nachträgliche Erstellung ist hierbei kaum möglich. Die Dokumentation bildet eine Grundvoraussetzung für die langfristige Funktionsfähigkeit einer installierten Absturzsicherung.

Inbetriebnahme

Nach Abschluss der Arbeiten an den Sicherungssystemen wird vor Erstbenutzung die Inbetriebnahme durchgeführt. Diese erfüllt gleichzeitig die Erstprüfung und ist wie die Jahresprüfung für ein Jahr gültig. Hierunter fallen auch die Prüfung der Befestigung am Baukörper (soweit möglich) sowie die Montage der Seilsysteme. Zu einer vollständigen Dokumentation gehört außerdem die Betriebsanweisung der Sicherungssysteme.

Betriebsanweisung

In der Betriebsanweisung wird z.B. dargestellt, bei welchen Seilsystemen es sich um ein Auffang- bzw. aufgrund zu geringer Absturzhöhe um ein Rückhaltesystem handelt. Des Weiteren sind Maßnahmen zur Rettung und Alarmierung des Notdienstes aufgeführt. Die Betriebsanweisung wird im Idealfall am Dachausstieg zusammen mit dem Dachaufsichtsplan ausgehängt. Dadurch haben auch Dritte die Möglichkeit, die Sicherungssysteme richtig zu deuten und zu benutzen. Die Betriebsanweisung ist Pflicht und muss daher auf dem aktuellen Stand gehalten werden.

Abb. 13.8: Ein Hinweisschild am Anschlagsystem gibt Auskunft über den Ersteller der Anlage und dass hierfür eine Dokumentation vorliegt.

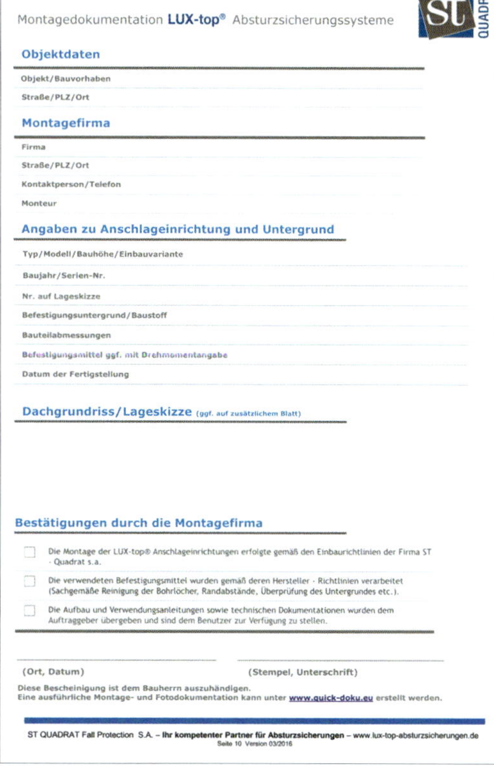

Montagedokumentation **LUX-top®** Absturzsicherungssysteme

st QUADRAT

Objektdaten

Objekt/Bauvorhaben

Straße/PLZ/Ort

Montagefirma

Firma

Straße/PLZ/Ort

Kontaktperson/Telefon

Monteur

Angaben zu Anschlageinrichtung und Untergrund

Typ/Modell/Bauhöhe/Einbauvariante

Baujahr/Serien-Nr.

Nr. auf Lageskizze

Befestigungsuntergrund/Baustoff

Bauteilabmessungen

Befestigungsmittel ggf. mit Drehmomentangabe

Datum der Fertigstellung

Dachgrundriss/Lageskizze (ggf. auf zusätzlichem Blatt)

Bestätigungen durch die Montagefirma

- ☐ Die Montage der LUX-top® Anschlageinrichtungen erfolgte gemäß den Einbaurichtlinien der Firma ST · Quadrat s.a.
- ☐ Die verwendeten Befestigungsmittel wurden gemäß deren Hersteller · Richtlinien verarbeitet (Sachgemäße Reinigung der Bohrlöcher, Randabstände, Überprüfung des Untergrundes etc.).
- ☐ Die Aufbau und Verwendungsanleitungen sowie technischen Dokumentationen wurden dem Auftraggeber übergeben und sind dem Benutzer zur Verfügung zu stellen.

(Ort, Datum) (Stempel, Unterschrift)

Diese Bescheinigung ist dem Bauherrn auszuhändigen.
Eine ausführliche Montage- und Fotodokumentation kann unter www.quick-doku.eu erstellt werden.

ST QUADRAT Fall Protection S.A. – **Ihr kompetenter Partner für Absturzsicherungen** – www.lux-top-absturzsicherungen.de
Seite 10 Version 03/2016

Abb. 13.9: Die Dokumentation kann sowohl handschriftlich als auch per App einschließlich Fotodokumentation erstellt werden.

Jährliche Prüfungen

Das Absturzsicherungssystem sollte einmal pro Jahr geprüft werden. Das gilt für die Anschlagpunkte und Seile wie auch für die Gurte und Verbindungsmittel. Des Weiteren müssen alle Benutzer einmal im Jahr im Umgang mit Anseilschutz geschult werden. Dadurch erhält der ausführende Betrieb vor allem bei niedriger Klassifizierung nach DGUV-I 201-056 die Befähigung, die auf den Dachflächen vorgehaltenen Sicherungssysteme benutzen zu dürfen.

Um eine fach- und sachgerechte Dokumentation erstellen zu können, bietet beispielsweise die Firma ST-Quadrat eine Web-Applikation an. Bei Aufruf der Seite www.quick-doku.eu können Verarbeiter die geforderte Dokumentation für die Befestigung der Anschlageinrichtungen per Internetbrowser erstellen. Neben einer übersichtlichen Dokumentation der Befestigung von Anschlageinrichtungen bietet das digitale Werkzeug außerdem die Erfassung und Auswertung aller wichtigen Montagedaten, inklusive Fotodokumentation am PC oder Smartphone.

Eine ordnungsgemäße Dokumentation schützt

Wenn sich beispielsweise herausstellt, dass der Befestigungsuntergrund nicht der gewählten Montagevariante/Systemvariante entspricht, sind Gewährleistungsansprüche gegenüber dem Verarbeiter vorprogrammiert. Im Schadensfall wird sich der Hersteller immer auf seine der Produktlieferung beigelegte Montageanweisung berufen. Mit einer regelsicheren Fachmontage nach Angaben des Herstellers und mit einer ordnungsgemäßen Dokumentation sind die Verarbeiter immer auf der sicheren Seite. Schließlich hängen Menschenleben davon ab.

14 Qualitätssicherung bei Metallarbeiten

Ob historisches Kunsthandwerk, Denkmalschutz oder moderne Hightech-Metalldächer und Metallfassaden – die Leistungen im Klempnerhandwerk verschwinden nicht unter Putz.

Egal ob Neubau oder Modernisierung, ob Repräsentativbau oder Einfamilienhaus: Das Klempnerhandwerk führt die Dachdeckungen und Fassadenbekleidungen mit hochwertigen Materialien, wie Kupfer, Titanzink, Aluminium und Edelstahl, aus. Das traditionsreiche und hoch spezialisierte Metallhandwerk spielt in der Gegenwartsarchitektur eine immer größere Rolle.

Charakteristisch für den Beruf des Klempners ist, dass er sowohl in der Lage sein muss, die verschiedenen Blechmaterialien den Architektenwünschen entsprechend zu gestalten und zu formen als auch die vielfältigen industriellen Bausysteme für Dach und Fassade zu verarbeiten und zu kombinieren. Somit bietet der Klempner ein geschlossenes Leistungsspektrum rund um das Metalldach und die Metallfassade.

Nur eine systematische Bewältigung jeder Bauaufgabe, von der Kalkulation über die Bauausführung bis hin zur Abrechnung, sichert die Qualität der auszuführenden Leistung. Sie führt zu wirtschaftlichen Erfolgen und fördert das Ansehen des Unternehmens.

Sowohl bei der Arbeitsvorbereitung als auch bei der Bauausführung und der anschließenden Kontrolle ist Qualitätsmanagement gefragt. In diesem Kapitel folgen praktische Hinweise für eine möglichst reibungslose Auftragsabwicklung.

Abb. 14.1: Neues schaffen: Klempner gestalten Hightech-Fassaden in der modernen Architektur.

Abb. 14.2: Bestand sichern: Klempner sind Profis im Denkmalschutz und in der Bausanierung.

Der für die Bauausführung wichtigste Schritt ist die Arbeitsvorbereitung, die bereits mit der Materialbestellung beginnt. Aufgrund der vielfältigen Materialoberflächen, die in der Branche angeboten werden, empfehlen sich eindeutige Angaben bei der Bestellung im Fachhandel. Der nächste Schritt ist die Überprüfung der Fertigungsmöglichkeiten in der Werkstatt und vor Ort. So ist es manchmal preiswerter, Spezialprofile in externen Kantservice-Unternehmen herstellen zu lassen. Diese Unternehmen können mit ihrer Maschinenausrüstung auch komplizierteste Profile mit den Maßen 6 bis 8 m termingerecht fertigen. Eine Anfrage lohnt sich!

Vor der Montage von Metalldächern und Metallfassaden müssen Einflussgrößen ermittelt und berücksichtigt werden. Dazu gehören z.B. anfallende Windlasten, die für die fachgerechte Befestigung projektbezogen geprüft werden sollten. Bei Gebäuden in exponierten Lagen sind u.U. Sondermaßnahmen erforderlich, die vom Planer vorgegeben werden oder mit ihm abgestimmt werden müssen.

Ein weiterer bedeutsamer Faktor für eine fachgerechte Bauausführung ist die temperaturbedingte Dehnungsbewegung der Metalldeckung oder -bekleidung. Auf der Grundlage der Handwerksregeln, der Herstellerrichtlinien und der mitgeltenden Normen sind detailliert vorbereitete Verlegepläne zu erstellen. Sie sollten alle notwendigen Angaben über die Deckung der Dächer und Fassaden beinhalten. Diese Unterlagen sind für eine fachgerechte Bauausführung sowie für die Kontrolle von Fachbauleitern und Mitarbeitern vor Ort unverzichtbar. Die Verlegepläne enthalten beispielsweise Vorgaben zu Falzrichtungen, Haftabständen, Fest- und Normalbereichen sowie architektonische Vorgaben wie einzuhaltende Rastermaße. Sie können zudem wichtige Nachweise beispielsweise in Schadens- und Streitfällen sein oder auch als Planungsgrundlage für spätere Einbauten dienen.

Eine gut strukturierte Baustellenplanung, unterstützt durch Checklisten, hilft dem Klempner- oder Dachdeckermeister vor Ort, schnell und sicher mit seinen Bauaufgaben zu beginnen. So sorgt er zum Schutz der Mitarbeiter zunächst für die Baustellensicherheit. Anschließend prüft er die Leistungen der Vorgewerke. Hierzu zählen beispielweise Schalungsdicke, fluchtgerechte Ausführung der Unterkonstruktion, korrekte Ausführung der Dampfsperre, Lüftungsöffnungen, Belüftungsebene und der Zustand der Dämmung. Für die Dachdeckung wird dann aufgemessen und Material disponiert.

Um Streitigkeiten zu vermeiden, ist es empfehlenswert, die erstellten Verlegepläne und Werkskizzen von der Bauleitung prüfen und genehmigen zu lassen. Die Einhaltung der planmäßigen Vorgaben bei der Bauausführung sollten beweiskräftig festgehalten werden. Hierzu zählen auch zu erbringende Nebenleistungen wie der Schutz vor Feuchteeintrag durch Tagwasser in die Dachkonstruktion oder in den Baukörper. Andererseits können fehlende Schutzmaßnahmen dokumentiert werden. Häufig werden Planen und Notentwässerungen bei Gerüstumbauten von anderen Handwerkern entfernt, was nicht selten zu großen Wasserschäden führt. Mit der modernen digitalen Fotografie können diese Beweise zum eigenen Schutz, aber auch um eigene Schadensansprüche geltend machen zu können, leicht gesichert werden.

15 Anhang

15.1 Tabellen

Tabelle 15.1: Umrechnung Grad zu Prozent

Umrechnungstabelle Grad in Prozent

1–15°	%	16–30°	%	31–45°	%
1°	1,7	16°	28,7	31°	60,1
2°	3,5	17°	30,6	32°	62,5
3°	5,2	18°	32,5	33°	64,9
4°	7,0	19°	34,4	34°	67,5
5°	8,7	20°	36,4	35°	70,0
6°	10,5	21°	38,4	36°	72,6
7°	12,3	22°	40,4	37°	75,4
8°	14,1	23°	42,4	38°	78,1
9°	15,8	24°	44,5	39°	81,0
10°	17,6	25°	46,6	40°	83,9
11°	19,4	26°	48,8	41°	86,9
12°	21,3	27°	51,0	42°	90,0
13°	23,0	28°	53,2	43°	93,3
14°	24,9	29°	55,4	44°	96,6
15°	26,8	30°	57,7	45°	100,0

Tabelle 15.2: Mindestdachneigungen[1]

Dachneigung	
< 3°	Rollennahtgeschweißte Deckung aus nicht rostendem Stahl; Sondermaßnahmen für andere Metalle[1)]
≥ 3° bis < 7°	Doppelstehfalzdeckung Im Dachneigungsbereich ≥ 3° bis < 7° sind Sondermaßnahmen erforderlich (z.B. Falzdichtungen, Falzerhöhung bzw. Unterdach[2)]) [4)]
≥ 3° bis < 15 °	Zusätzliche Maßnahmen bei Titanzink, wenn nicht direkt auf Holz verlegt, z.B. strukturierte Trennlage
≥ 7°	Deutsche Leistendeckung
≥ 1,5°	Industriell vorgefertigte Stehfalzprofile, ohne Querstöße, Durchbrüche, Oberlichter usw. oder mit geschweißten Querstößen
≥ 2,9°	Industriell vorgefertigte Stehfalzprofile, mit gedichteten Querstößen, Durchbrüchen, Oberlichtern usw.
≥ 25° bis < 80°	Belgische Leistendeckung
≥ 25°	Winkelstehfalzdeckung[3)]
≥ 10°	Bleideckung mit Hohl- oder Holzwulst

1) Im Dachneigungsbereich < 3° bei gewölbten Dächern (Tonnendächer und Rundgauben) sind falzdichtende Maßnahmen, Falzerhöhung oder Unterdächer erforderlich.

2) Trennlagen, die durch die Befestigung der Haften oder anderer Bauteile perforiert werden, stellen kein Unterdach dar.

3) ≥ 35° bei erhöhten Anforderungen. Erhöhte Anforderungen können sich aus klimatischen Verhältnissen oder exponierten Lagen ergeben, z. B. starkem Wind, schneereiche Gebiete.

4) Ausnahme: Bei Sparrenlängen bis zur halben maximalen Scharenlänge können Zusatzmaßnahmen erforderlich werden.

1 In der Regel fordern die Hersteller von verzinntem nichtrostenden Stahl neigungsunabhängig zusätzliche dichtende Maßnahmen.

Tabelle 15.3: Lötübersicht

LÖTTECHNIK ÜBERSICHT 1							
Werkstoff/Hersteller	**Oberfläche**	**Fabrikat**	**Löt-/Verbindungstechniken**	**Nahtvorbereitung**	**Flussmittel** Hersteller-empfehlungen	**Lot** Hersteller-empfehlungen	**Sonstige Hersteller-/Verarbeitungshinweise** Immer: Flussmittelreste entfernen
Röhr + Stolberg GmbH							
Blei	Unbehandelt	Saturnblei	Weichlöten und Schweißen	Verbindungsflächen reinigen und sparsam mit Lötwasser bestreichen	Chemet Z-04	S-Pb60Sn40	
Blei	Vorbewittert	Venusblei	Weichlöten und Schweißen	Patina dreiseitig entfernen (oben/unten/oben) und sparsam mit Lötwasser bestreichen	Chemet Z-04	S-Pb60Sn40	
Brandt Edelstahldach GmbH							
Edelstahl	Blank	Ferrinox IIB	Nieten und Weichlöten	Verunreinigungen, Fette, Öl, Bitumen entfernen	Ferrinox 4000	S-Pb70Sn30	10–15 mm Nahtbreite
Edelstahl	Behandelt	Ferrinox mattiert	Nieten und Weichlöten	Verunreinigungen, Fette, Öl, Bitumen entfernen	Ferrinox 4000	S-Pb70Sn30	10–15 mm Nahtbreite
Edelstahl	Verzinnt	Ferrinox verzinnt	Nieten und Weichlöten	Verunreinigungen, Fette, Öl, Bitumen entfernen	Ferrinox 4000	S-Pb70Sn30	10–15 mm Nahtbreite
Aperam							
Chromstahl (1.4510)	Verzinnt	Uginox Patina	Nieten und Weichlöten	Verunreinigungen, Fette, Öl, Bitumen entfernen	Ferrinox 4000	S-Pb70Sn30	10–15 mm Nahtbreite
Chromnickelstahl (1.4301)	Mattiert	Uginox Top	Nieten und Weichlöten	Verunreinigungen, Fette, Öl, Bitumen entfernen	Ferrinox 4000	S-Pb70Sn30	10–15 mm Nahtbreite
Häuselmann Metall GmbH							
Chromnickelstahl (1.4301)	Mattiert	Mattplus	Nieten und Weichlöten	Verunreinigungen, Fette, Öl, Bitumen entfernen	Ferrinox 4000	S-Pb70Sn30	10-15 mm Nahtbreite
Thyssenkrupp Nirosta GmbH							
Chromnickelstahl (1.4301)	Mattiert	Roof-Inox	Nieten und Weichlöten	Verunreinigungen, Fette, Öl, Bitumen entfernen	Ferrinox 4000	S-Pb70Sn30	10–15 mm Nahtbreite
KME Germany AG & Co. KG							
Kupfer	Blank	Tecu Classic	Weichlöten	Bei Dachrinnen: Wulst ausschneiden, vorhandenen Grat entfernen	Z-02, Flux Copper von Chemet GmbH	S-SnCu 3	Nahtbereich metallisch blank und trocken, ca. 10 mm Nahtüberdeckung, Lötspalt < 0,5 mm, Arbeitstemperatur ca. 235 °C
			Nieten und Weichlöten	Bei Dachrinnen: Wulst ausschneiden, vorhandenen Grat entfernen	Z-02, Flux Copper von Chemet GmbH	S-PbSn40(Sb)	Zur Aufnahme der Scherkräfte entlang der Naht im Abstand von 30 mm nieten, Arbeitstemperatur ca. 185 °C
			Hartlöten	Bei Dachrinnen: Wulst ausschneiden, vorhandenen Grat entfernen, Naht evtl. heften	nicht erforderlich	Cu 92 P Ag_645/825 (CP105) Cu 94 P_710/890 (CP203)	Ausglühzone durch hohe Arbeitstemperatur ca. 720 °C, Achtung: Brandgefahr! Sicherheitsvorkehrungen treffen

Tabelle 15.3: Lötübersicht

Werkstoff/ Hersteller	Oberfläche	Fabrikat	Löt-/Verbindungs-techniken	Nahtvorbereitung	Flussmittel Hersteller-empfehlungen	Lot Hersteller-empfehlungen	Sonstige Hersteller-/ Verarbeitungshinweise Immer: Flussmittelreste entfernen
LÖTTECHNIK ÜBERSICHT 2							
KME Germany AG & Co. KG							
Kupfer	Oxidiert	Tecu Oxid	Weichlöten	Bei Dachrinnen: Wulst ausschneiden, vorhandenen Grat entfernen	Z-02, Flux Copper von Chemet GmbH	S-SnCu 3	Nahtbereich metallisch blank und trocken, ca. 10 mm Nahtüberdeckung, Lötspalt < 0,5 mm, Arbeitstemperatur ca. 235 °C
			Nieten und Weichlöten	Bei Dachrinnen: Wulst ausschneiden, vorhandenen Grat entfernen	Z-02, Flux Copper von Chemet GmbH	S-PbSn40(Sb)	Zur Aufnahme der Scherkräfte entlang der Naht im Abstand von 30 mm nieten, Arbeitstemperatur ca. 185 °C
			Hartlöten wird nicht empfohlen, hohe Temperatur zerstört die Oxidschicht	–	–	–	–
Kupfer	Patiniert	Tecu Patina	Weichlöten	Bei Dachrinnen: Wulst ausschneiden, vorhandenen Grat entfernen	Z-02, Flux Copper von Chemet GmbH	S-SnCu 3	Nahtbereich metallisch blank und trocken, ca. 10 mm Nahtüberdeckung, Lötspalt < 0,5 mm, Arbeitstemperatur ca. 235 °C
			Hartlöten wird nicht empfohlen, hohe Temperatur zerstört die Patinaschicht				
Kupfer	Verzinnt	Tecu Zinn	Weichlöten	Bei Dachrinnen: Wulst ausschneiden, vorhandenen Grat entfernen	Z-02, Flux Copper von Chemet GmbH	S-SnCu 3	Nahtbereich metallisch blank und trocken, ca. 10 mm Nahtüberdeckung, Lötspalt < 0,5 mm, Arbeitstemperatur ca. 235 °C, Flussmittelreste entfernen
			Hartlöten wird nicht empfohlen, hohe Temperatur beschädigt die Zinnschicht				
Kupferlegierung	Blank	Tecu Gold	Weichlöten	Wulst ausschneiden, vorhandenen Grat entfernen	Flux Gold von Chemet GmbH	Lot Gold von Chemet GmbH	Nahtbereich metallisch blank und trocken, ca. 10 mm Nahtüberdeckung, Lötspalt < 0,5 mm, Arbeitstemperatur ca. 270 °C

Tabelle 15.3: Lötübersicht (Fortsetzung)

LÖTTECHNIK ÜBERSICHT 2							
Werkstoff/ Hersteller	**Oberfläche**	**Fabrikat**	**Löt-/Verbindungs-techniken**	**Nahtvorbereitung**	**Flussmittel** Hersteller-empfehlungen	**Lot** Hersteller-empfehlungen	**Sonstige Hersteller-/ Verarbeitungshinweise** Immer: Flussmittelreste entfernen
Aurubis AG							
Kupfer	Oxidiert	Nordic Braun	Weichlöten	Oxidschicht entfernen	F-SW 21, 22 oder 25	L-SN97CU3	15 mm Nahtbreite
			Hartlöten	Oxidschicht entfernen		L-CUP6 oder L-AG2P	10 mm Nahtbreite
			TIG Schweißen	Oxidschicht entfernen			
			MIG Schweißen	Oxidschicht entfernen			
	Voroxidiertes und patiniertes Kupfer	Nordic Green Plus	Weichlöten	Oxidschicht und Patina mechanisch entfernen	F-SW 21, 22 oder 25	L-SN97CU3	15 mm Nahtbreite
			Hartlöten	Oxidschicht und Patina mechanisch entfernen		L-CUP6 oder L-AG2P	10 mm Nahtbreite
			TIG Schweißen	Oxidschicht und Patina mechanisch entfernen			
			MIG Schweißen	Oxidschicht und Patina mechanisch entfernen			
Kupferlegierung	Aluminium Bronze	Nordic Royal	Weichlöten	Verunreinigungen, Öl und Fett entfernen	Chemet ZD-pro	L-PbSn40(Sb)	15 mm Nahtbreite
Kupferlegierung	Messing Kupfer	Nordic Brass	Weichlöten	Verunreinigungen, Öl und Fett entfernen		L-SN97CU3	15 mm Nahtbreite
			Hartlöten	keine Vorbereitung		Messinglot	10 mm Nahtbreite
			TIG Schweißen	keine Vorbereitung			
Rheinzink GmbH & Co. KG							
Titanzink	prePatina	walzblank	Weichlöten	Verunreinigungen entfernen, Entfetten nicht erforderlich	Felder ZD-pro Chemet Z-04-S	S-Pb60Sn40, identisch mit L-PbSn40(Sb) Rheinzink-Lötzinnbleifrei SnZNn80	Hammerkolben > 350 g (besser 500 g), Löttemperatur ca. 250 °C, Überlappungsbreite 10–15 mm, Lötspalt ca. 0,2 mm, max. 0,5 mm
Titanzink	prePatina	blaugrau	Weichlöten	Verunreinigungen entfernen, Entfetten nicht erforderlich	Felder ZD-pro	S-Pb60Sn40, identisch mit L- PbSn40(Sb) Rheinzink-Lötzinnbleifrei SnZNn80	Hammerkolben > 350 g (besser 500 g), Löttemperatur ca. 250 °C, Überlappungsbreite 10–15 mm, Lötspalt ca. 0,2 mm, max. 0,5 mm
Titanzink	prePatina	schiefergrau	Weichlöten	Verunreinigungen entfernen, Felder-Lösemittel anwenden, Entfetten nicht erforderlich, festhaftende Schichten abrasiv mit Edelstahlwolle entfernen	Felder ZD-pro	S-Pb60Sn40, identisch mit L- PbSn40(Sb) Rheinzink-Lötzinnbleifrei SnZNn80	Hammerkolben > 350 g (besser 500 g), Löttemperatur ca. 250 °C, Überlappungsbreite 10–15 mm, Lötspalt ca. 0,2 mm, max. 0,5 mm

Tabelle 15.3: Lötübersicht (Fortsetzung)

LÖTTECHNIK ÜBERSICHT 2							
Werkstoff/ Hersteller	**Oberfläche**	**Fabrikat**	**Löt-/Verbindungstechniken**	**Nahtvorbereitung**	**Flussmittel** Herstellerempfehlungen	**Lot** Herstellerempfehlungen	**Sonstige Hersteller-/ Verarbeitungshinweise** Immer: Flussmittelreste entfernen
Nedzink GmbH							
Titanzink	Walzblank	Nedzink Naturel	Weichlöten	Verunreinigungen, Öl und Fett entfernen. Die Nahtzone dreiseitig mit Lötwasser einstreichen.	Lötwasser ZD Alle Flussmittel für Zink/Feinzink F-SW 11 nach DIN EN 29454.1 3.2.2 A	Blei-Zinn Lot: S-Pb60Sn40 (Sb) nach DIN EN 29453 Schmelzbereich: 183–235 °C	10 mm Nahtbreite horizontal / 5 mm vertikal Die Naht ist in einem Lötvorgang durchzulöten. Die Nahtbreite ist vollständig mit Lot auszufüllen. Lotbesatz auf der Nahtoberfläche ergibt keine zusätzliche Festigkeit.
Titanzink	Vorbewittert	Nedzink Nova	Weichlöten	Bei Nedzink Nova sind sowohl die temporäre, transparente Schutzschicht, als auch die Vorpatinierung chemisch zu entfernen: Lötwasser „ZD-pro“ dreiseitig (Unterdeckung oben / Überdeckung oben / Überdeckung unten) – auftragen. Etwa 30 Sekunden einwirken lassen.	Felder ZD-pro; F-SW 11 nach DIN EN 29454.1 2.2.2 A Felder „ZD-Spezial“ nach DIN EN 29454.1, 3.2.2.A (F-SW 11)	Blei-Zinn Lot: S-Pb60Sn40 (Sb) nach DIN EN 29453 Schmelzbereich: 183–235 °C	Zusätzlich zum Lötvorgang beim Naturel, ist die Naht mit einem nochmaligen Auftrag von Lötwasser zu versehen. Die Temperatur des Lötkolbens sollte etwas über der für walzblanke Oberflächen liegen.
Titanzink	Vorbewittert	„Nedzink Noir anthrazit – schwarz“	Weichlöten	Bei Nedzink Nova sind sowohl die temporäre, transparente Schutzschicht, als auch die Vorpatinierung chemisch zu entfernen: Lötwasser „ZD-pro“ dreiseitig (Unterdeckung oben / Überdeckung oben / Überdeckung unten) – auftragen. Etwa 30 Sekunden einwirken lassen.	Felder ZD-pro; F-SW 11 nach DIN EN 29454.1 2.2.2 A Felder „ZD-Spezial“ nach DIN EN 29454.1, 3.2.2.A (F-SW 11)	Blei-Zinn Lot: S-Pb60Sn40 (Sb) nach DIN EN 29453 Schmelzbereich: 183–235 °C	Zusätzlich zum Lötvorgang beim Naturel, ist die Naht mit einem nochmaligen Auftrag von Lötwasser zu versehen. Die Temperatur des Lötkolbens sollte etwas über der für walzblanke Oberflächen liegen.
Umicore Bausysteme GmbH							
Titanzink	Walzblank	VM Zinc	Weichlöten	Verunreinigungen, Öl und Fett entfernen, Oberfläche muss metallisch blank sein	Zinn 7	L-PbSn40(Sb)	10 mm Nahtbreite im waagerechten bzw. leicht geneigten Bereiche, 5 mm Nahtbreite im senkrechten Bereich
Titanzink	Vorbewittert	Quartz-Zinc, Anthra-Zinc	Weichlöten	Verunreinigungen, Öl und Fett entfernen, Oberfläche muss metallisch blank sein	Deca-VM-Zinc	L-PbSn40(Sb)	10 mm Nahtbreite im waagerechten bzw. leicht geneigten Bereich, 5 mm Nahtbreite im senkrechten Bereich

1) Die Aufstellung erfolgte nach Herstellerangaben. Änderungen, Irrtümer und Druckfehler vorbehalten.

Tabelle 15.4: Brandverhalten von Baustoffen und Bauteilen (Klassifizierung ohne Bodenbeläge)

deutsche bauaufsichtliche Benennung	**Zusatzanforderung**		**Klasse zum Brandverhalten EN 13501-1**	**Baustoffklasse DIN 4102-1**
	keine Rauchentwicklung	**kein brennendes Abtropfen/ Abfallen**		
nicht brennbar ohne brennbare Bestandteile	X	X	A1	A1
nicht brennbar mit brennbaren Bestandteilen	X	X	A2 - s1 d0	A2
schwer entflammbar	X	X	B, C - s1 d0	B1
		X	B, C - s3 d0	
	X		B, C - s1 d2	
			B, C - s3 d2	
normal-entflammbar		X	D - s3 d0	B2
			D - s2 d2	
			D - s3 d2	
			E	
			E - d2	
leicht entflammbar			F	B3

Tabelle 15.5: Erläuterungen der Kurzbezeichnungen

Kriterium/Anforderung	
A	kein Beitrag zum Brand
B	sehr begrenzter Beitrag zum Brand
C	begrenzter Beitrag zum Brand
D	hinnehmbarer Beitrag zum Brand
E	hinnehmbares Brandverhalten
F	keine Leistung festgestellt
s	**Smoke** (Rauchentwicklung)
s1	geringe Rauchentwicklung
s2	mittlere Rauchentwicklung
s3	hohe Rauchentwicklung, bzw. Rauchentwicklung nicht geprüft
d	**Droplets** (brennendes Abtropfen)
d0	kein brennendes Abtropfen/Abfallen innerhalb von 600 Sekunden
d1	kein brennendes Abtropfen/Abfallen mit einer Nachbrennzeit länger als 10 Sekunden innerhalb von 600 Sekunden
d2	keine Leistung festgestellt
fl	Brandverhaltensklasse für Bodenbeläge

15.2 Bild- und Literaturnachweis

3P Technik Filtersysteme GmbH, Donzdorf
Abb. 1.52

ACO Hochbau Vertrieb GmbH, Büdelsdorf
Abb. 1.87

Adobe Stock: ©vegefox.com-stock.adobe.com
Abb. 6.1

Airteam Aerial Intelligence GmbH, Berlin
Abb. 6.6, 6.7

Altvater GmbH, Nufringen
Abb. 12.29

Aurubis AG, Hamburg
Abb. 3.7

Bade Dächer GmbH & Co. KG, Bad Bevensen
Abb. 11.9

Bedachungen Sindermann GmbH, Dortmund
Abb. 11.1

Bemo Systems GmbH, Ilshofen
Abb. 4.19 bis 4.24

BESSEY Tool GmbH & Co. KG, Bietigheim-Bissingen
Abb. 7.1 bis 7.3, 7.9 Tab. 7.1, Abb. in Tab. 7.2

Betschart F. + Söhne AG, Illgau/Schweiz
Abb. 3.29, 3.30

Bloss AG, Erstfeld/Schweiz
Abb. 2.71, 2.73 a bis c, 2.74, 2.76, 2.77

BOHEME® SYSTEMS Vertriebs GmbH, München
Abb. 2.31

Bundesverband der Deutschen Heizungsindustrie, Köln
Abb. 5.3

CIDAN Machinery Austria GmbH, Feldkirch/Österreich
Abb. 7.49

Contrial Systems GmbH, Leinfelden-Echterdingen
Abb. 3.3

DEHN & SÖHNE GmbH & Co. KG, Neumarkt
Abb. 9.4 bis 9.8

Deutsche FOAMGLAS GmbH, Hilden
Abb. 2.5

Deutsche Rockwool GmbH & Co. KG, Gladbeck
Abb. 2.54 bis 2.57

Deutsches Kupferinstitut, Düsseldorf
Abb. 11.24

DOMICO Dach-, Wand- und Fassadensysteme KG, Vöcklamarkt/Österreich
Abb. 3.11, 4.29 bis 4.32

DRÄCO Power Tools - Max Draenert Apparatebau GmbH & Co. KG, Deizisau
Abb. 7.36, 7.38

Engel Spenglerei GmbH, Kaltental
Abb. 6.11

EUROMAC S.p.A., Formigine/Italien
Abb. 3.15

Eurosafe Solutions GmbH, Koblenz
Abb. 3.5

Fachverband Baustoffe und Bauteile für vorgehängte hinterlüftete Fassaden e.V., Berlin
Abb. 3.2, 3.5, 3.39, 3.40

Flaschnerei Wolfgang Huber, Kißlegg
Abb. 7.10, 8.16, 11.21, 14.2

Flaschnerei Stelzer, Ellwangen
Abb. 2.34

FLEISCHER Metallfaszinationen, Neuhaus am Rennweg
3.1, 3.21

FLEX-Gruppe der HTWK Leipzig, Alexander Stahr
Abb. 5.7, 5.8

Florence Gross, Sersheim, Fotograf Aldo Amoretti
Abb. 5.11, 5.18

Fraunhofer-Institut für Chemische Technologie, Pfinztal
Tab. 11.3

Fraunhofer-Institut für Werkzeugmaschinen und Umformtechnik IWU, Peter Scholz, Chemnitz
Abb. 5.9

Friedrich Burk GmbH & Co. KG, Ravensburg
Abb. 3.8

G. Bosshard AG, Altdorf/Schweiz
Abb. 1.6, 7.43

Gebr. Adelsberger GmbH, Munchen
Abb. 7.33, 7.45 bis 7.48

GKD Gebrüder Kufferath AG, Düren
Abb. 3.24, 3.25

GESIPA Blindniettechnik GmbH, Mörfelden-Walldorf
Abb. 12.21 bis 12.24

Goehrke Bedachung und Solartechnik, Mechernich
Abb. 11.3

Grammer Solar GmbH, Amberg
Abb. 5.3, 5.4

Grimm, Günter, HWK Dresden
Abb. 2.15 a)

Grömo GmbH & Co. KG, Marktoberdorf
Abb. 1.45 bis 1.48

Gütegemeinschaft Bleihalbzeug e.V., Krefeld
Abb. 8.2 bis 8.12, 8,15

Helwig Hans und Raum Planungs GmbH, Lorsch
Abb. 11.4

DDM Martin Henrichs, Neunkirchen
Abb. 3.6

Heuel & Söhne GmbH, Sundern
Abb. 2.69

Hubert Plenter GmbH, Münster-Wolbeck
Abb. 13.2

IBG – Gräßel OBJEKT-PLANUNG, Erlangen
Abb. 4.25 bis 4.28

Innotec GmbH & Co. KG, Moers
Abb. 12.30

IFBS Internationaler Verband für den Metallleichtbau, Krefeld
Abb. 4.2

Institut für Solarenergieforschung GmbH, Emmerthal
Abb. 5.10

Institut für Umweltschutz der HWK Münster
Abb. 10.3

Irrgeher Dichtungstechnik & Brandschutz GmbH, Leverkusen
Abb. 3.38

Jörg Uhlending, Dülmen
Abb. 10.2

Jorns AG, Lotzwil/Schweiz
Abb. 7.39 a und b

Johann Hermann Picard GmbH & Co. KG, Wuppertal
Abb. 12.9

Kalzip GmbH, Koblenz
Abb. 4.3 bis 4.5, 4.15, 4.16, 4.34, 4.36, 5.23, 11.2, 11.4, 13.3, 13.4

Klempnerwerkstatt der HWK Münster, Thomas Maue
Abb. 12.2 bis 12.7

Klempner- und Kupferschmiedemuseum, Karlstadt
Abb. 12.11

Kiesel GmbH, Aichwald-Schanbach
Abb. 7.11 bis 7.20

Klöber GmbH & Co. KG, Ennepetal
Abb. 2.7

KME Germany AG & Co. KG, Osnabrück
Abb. 1.43, 3.16, 3.17, 7.15, 11.8, 11.10, 11.11, 11.18, 12.25 bis 12.28

Krehle GmbH, Landsberg
Abb. 2.31, 2.32

Hans Laukien GmbH, Kiel
Abb. 3.14

Lázló A. Szántó, Kecskemét/Ungarn
Abb. 1.7 bis 1.15, 1.27, 1.28, 1.31 bis 1.33, 1.51, 1.64, 1.70, 1.73, 1.76 bis 1.83, 2.17, 2.18, 2.33, 2.46, 2.47, 2.51 a und b, 2.52 a und b, 2.53

LIPPERT-PROFIL GmbH&Co. KG, Lauterbach
Abb. 2.16

Lorenz Sporer Metallornamente, München
Abb. 8.17 bis 8.20

Lübke baumetal GmbH, Arnsberg-Hüsten
Abb. 8.21 bis 8.27

MAAS Profile GmbH, Ilshofen
Abb. 3.4, 3.18, 3.20, 11.19, 11.20 a bis d

Mall GmbH, Umweltsysteme, Donaueschingen
Abb. 1.56

Markus Friedrich Datentechnik, Eichwalde bei Berlin
Abb. 2.35 bis 2.37

martelleria Blechformtechnik Martin Deggelmann, Forstern
Abb. 3.27, 3.28

MASC Werkzeug Vertriebs GmbH, Senden
Abb. 1.85, 2.15, 2.16, 7.23, 7.24

Max Keim Spenglerei, Ortenburg
Abb. 2.28

Metalltechnik Georg Wurst, Höchenschwand
Abb. 7.29

MSA Latchways, Wiltshire/England
Abb. 13.3, 13.4

Nautilus Wassermanagement GmbH & Co. KG, Buxtehude
Abb. 1.53

Peter Neuhold, Dipl.-Ing., Illingen
Abb. 3.35, 3.36

Erhard Pongratz, ö.b.v. Sachverständiger der HWK Münster
Abb. 1.2, 1.3

Peter Prinzing GmbH, Lonsee-Urspring
Abb. 7.44

Poschinger GmbH, Thyrnau
Abb. 5.16

PREFA, Wasungen/Croce & Wir
Abb. 2.29 a und b, 5.21, 5.22

Protectum Dachsysteme GmbH, Tuntenhausen
Abb. 2.66, 2.67, 5.1, 5.14, 5.15, 5.19, 11.12, Tabelle 2.7

PSS INTERSERVICE AG Switzerland, Geroldswil
Abb. 3.32

RAKU-Fabrikate für Dach + Wand GmbH, Idar-Oberstein
Abb. 1.4, 1.5

Ramseyer und Dilger AG, Bern/Schweiz
Abb. 2.1

RAU GmbH, Meitingen-Herbertshofen
Abb. 7.4, 7.21, 7.22, 7.25, 7.26

Rheinzink GmbH & Co. KG, Datteln
Abb. 1.1, 1.19, 1.54, 1.55, 2.30, 2.49, 3.9, 3.12, 3.13, 3.31, 14.1

RIMEX Metals GmbH, Winterbach
Abb. 11.13

Röhr + Stolberg GmbH, Krefeld
Abb. 11.5 bis 11.7

Roger Wanner Kunstspenglerei, Wölflinswil/Schweiz
Abb. 12.8

Scherrer Metec AG, Zürich/Schweiz
Abb. 12.10

Schlebach GmbH, Friedewald
Abb. 2.12, 2.13, 2.58, 2.59, 7.34, 7.35

B. Schlichter GmbH & Co. KG, Lathen Abb. 4.35

Schneefangsysteme REES GmbH & Co. KG, Oberstdorf
Abb. 2.61 bis 2.65, 2.68, 5.12, 5.13, 5.24, 5.25, Tab. 2.9

Hans Schröder Maschinenbau GmbH, Wessobrunn-Forst
Abb. 7.32, 7.41,13.9

Schwartmanns Maschinenbau GmbH, Wesseling
Abb. 13.10

Schweizerisch-Lichtensteinischer Gebäudetechnikverband (Suissetec), Zürich/Schweiz
Abb. 2.10, 2.11, 2.75

Seidewitz GmbH, Heusenstamm
Abb. 11.15

SEMA GmbH, Wildpoldsried
Abb. 6.8 bis 6.10, 6.12

SIHGA GmbH, Gmunden/Österreich
Abb. 6.3, 6.4

Slinet-ASCO GmbH, Bischofswiesen
Abb. 7.30

Thomas Sobireg, Wuppertal
Abb. 1.26

Stahl-Informationszentrum, Düsseldorf
Abb. 11.14

ST Quadrat S.A., Beyren/Luxemburg
Abb. 13.7, 13.8

TRUMPF GmbH & Co. KG, Ditzingen
Abb. 7.8

Tyco Thermal Controls GmbH, Heidelberg
Abb. 1.37, 1.38

Umicore Bausysteme GmbH, Essen
Abb. 3.8, 11.17, 11.31 bis 11.33

Wilhelm Ungeheuer + Söhne GmbH, Schmitten
Abb. 1.41, 1.42

Zambelli Fertigungs GmbH & Co. KG, Grafenau
Abb. 1.20 bis 1.22

Zambelli RIB-ROOF GmbH & Co. KG, Stephansposching
Abb. 4.6, 4.10 bis 4.12, 5.20

Zentralverband des Deutschen Dachdeckerhandwerks – Fachverband für Dach-, Wand- und Abdichtungstechnik – e.V., Köln
Abb. 1.17, 1.18, 1.23 bis 1.25, 1.34, 1.35, 1.49, 1.57 bis 1.59, 1.66 bis 1.68, 1.75, 1.81, 2.38, 2.43, 2.48

ZVSHK Zentralverband Sanitär Heizung Klima, St. Augustin
Abb. 1.36, 2.4, 2.6, 2.19, 2.41 bis 2.45, 2.70

Literaturnachweis

Siepenkort, Klaus und Szántó, Lázló A.: Klempnerdetails an Dach und Fassade. Verlagsgesellschaft Rudolf Müller GmbH & Co. KG, Köln 2020

(Hrsg.) Zentralverband des Deutschen Dachdeckerhandwerks – Fachverband für Dach-, Wand- und Abdichtungstechnik – e.V. : Deutsches Dachdeckerhandwerk Regelwerk. RM Rudolf Müller Medien GmbH & Co. KG, Köln 2023

(Hrsg.) ZVSHK – Zentralverband Sanitär Heizung Klima: Richtlinien für die Ausführung von Klempnerarbeiten an Dach und Fassade (Klempnerfachregeln). Sankt Augustin, 2023

(Hrsg.) IFBS Internationaler Verband für den Metallleichtbau, Krefeld: Richtlinie für die Planung und Ausführung von Dach-, Wand- und Deckenkonstruktionen aus Metallprofiltafeln, Dezember 2020

15.3 Danksagung

Für die Unterstützung bei der Erstellung des Manuskripts mit Text und Bildmaterial bedanke ich mich herzlich bei Dr. h.c. Josef Frank (MBA) von der Dachplanwerk GmbH in München, der mir die Vorlage für meine Zeichnung zur Abbildung 5.17 im Buch geliefert hat, bei dem Fotografen Ralf Dieter Bischof sowie Mike Fleischer von FLEISCHER Metallfaszinationen aus Neuhaus am Rennweg für das beigesteuerte Titelbild und die Abbildung 3.1 und bei Martin Binder, Geschäftsführer der LUX-top/St QUADRAT Fall Protection S. A. für seine Unterstützung bei der inhaltlichen Aktualisierung und Illustration von Kapitel 13 „Arbeitsschutz".

15.4 Stichwortverzeichnis

F

G

H

I

K

L

M

N